常用室内设计家具图集

Pattern Book of Staple Furniture for Interior Design

叶铮 编著

中国建筑工业出版社

图书在版编目(CIP)数据

常用室内设计家具图集/叶铮编著. —北京：中国建筑工业出版社，2007(2021.4重印)
ISBN 978-7-112-09719-7

Ⅰ. 常… Ⅱ. 叶… Ⅲ. 家具-设计-中国-图集 Ⅳ. TS664.2-64

中国版本图书馆 CIP 数据核字(2007)第 164225 号

责任编辑：徐 纺 邓 卫 李颖春
责任设计：郑秋菊
装帧设计：朱 涛
责任校对：王 爽 孟 楠

常用室内设计家具图集
Pattern Book of Staple Furniture for Interior Design
叶铮 编著

中国建筑工业出版社出版、发行（北京西郊百万庄）
各地新华书店、建筑书店经销
北京市密东印刷有限公司印刷

开本：889×1194毫米 1/16 印张：43 字数：1331千字
2008年4月第一版 2021年4月第四次印刷
定价：**98.00**元
ISBN 978-7-112-09719-7
(16383)

版权所有 翻印必究
如有印装质量问题，可寄本社退换
（邮政编码 100037）

目录

前　言		**5**
坐具类		**13**
F1	沙发	*14*
F2	沙发椅	*161*
F3	椅凳	*191*
桌案类		**295**
F4	桌子	*296*
F5	桌台	*366*
F6	几案	*387*
F7	办公桌	*505*
F8	会议桌	*526*
储物类		**539**
F9	橱柜	*540*
F10	柜架	*624*
卧具类		**637**
F11	床榻	*638*
F12	床头柜	*669*
后　记		**684**

前　言

一、家具与室内

如果将建筑空间视为舞台，那么家具无疑是舞台中的各类角色。以此类比，可反映出家具在建筑空间中的地位及相互关系。家具发展源远流长，内涵博大精深，但它的发展始终伴随着室内建筑的变化而进步，甚至在更久远的时空内，两者曾不分彼此。家具设计在室内设计正式成为一个独立行业登台问世之前，一直是室内设计的代名词，是现代室内设计的前身，即便是室内设计在近现代急速发展的情况下，家具设计仍在室内空间的设计史中占有极大的比重。这点可由美国《INTERIOR DESIGN》前主编史坦利·亚伯克隆比撰写的《室内设计100年》一书中进一步得以印证。许多在室内设计史上引起变革，抑或成为一代标志的设计，有不少恰是一把椅子或者是一张沙发。由此可见，家具发展史在很大程度上是一部室内设计发展史。因为，家具设计具体反映了该时代的生产技术、空间功能、生活方式、审美风尚、地域特征、文化观念……是社会特征的综合显现。显然，对家具的认识与创造自然成为室内设计师和建筑师们的重要基本功，同时亦是衡量一名室内设计师专业素养的标杆。历史上有无数著名的设计大师，如密斯·凡·德·罗、勒·柯布西耶、弗兰克·赖特、菲利普·斯达克、弗兰克·盖里……均有传世的经典家具之作，这些都证实了大师非凡的设计才华。正是有了这些家具的最终诞生，才突显出那些建筑和室内空间的完美。可以讲，若要成为一名优秀的室内设计师或是建筑师，他同时也必须是一名出色的家具设计师。

二、关于本图集

随着时代的发展,家具设计亦朝着专业化细分方向发展。除了作为工业设计范畴的家具设计外,室内设计自始都是家具设计的主要领域。进而言之,室内设计师同时作为家具设计师,仍是一个主流方向。它由此决定着"舞台"与"角色"间的和谐搭配。在此背景下,本书所提供的六百余件家具图,系上海泓叶室内设计工作室多年设计实践中所积累绘制的作品,其中绝大部分都被应用在泓叶的各个设计项目中,尤其存在于款客空间的室内设计中。酒店作为款客空间的主要设计对象,在强调风格个性化、注重视觉影响力的理念下,若不按照各自环境要求自行设计绘制家具产品图,则对整体效果的最终保障是难以想像的。同时,也很少有现购的家具产品能符合并满足具体环境对家具的选配要求。

好的室内设计要求其家具是从整体环境中生长出来的。因此,大量家具设计图的积累成为每位室内设计师和设计事务所的繁重工作与必修课程。多年来泓叶按自身的理解,绘制了这些家具图,一为最终能保障实施和控制效果,同时积累成集;二为同行提供方便,以共享专业财富。

古今中外,家具世界浩如烟海、博大精深、各成一体。本图集所汇集的家具基本取自"泓叶"平日实践与设计项目的具体内容。因此,本图集更多注重其实用性、常用性、资料性,而较少注重家具大家庭的完整性与系统性。有许多形式的家具都未被包括在内,它仅是家具世界中冰山一角。再者,本图集的适用范围也是有限的。首先本图集中多为木制家具,并以单件定制为主;第二,家具的使用范围主要以款客空间为主,如酒店、餐饮、会所……仅有少量办公空间的家具内容;第三,模压家具、板式家具、注塑家具、金属家具等批量化工业化产品不包含在本图集中(办公类除外);第四,本图集的内容基本以适合目前流行的风格式样为主,注重可操作性,而非一本反映家具发展历史的图集。最后还需要说明的是:本图集中的家具,无论其分类名称,抑或大小尺寸,都是从每个具体案例中直接选取而来,因此有些命名提法和尺度规格不具有常规性与普遍性,因而同本书中的坐具图表及桌案图表内容有所出入,在此特意说明。

三、家具与分类

关于家具的分类和称谓这一问题,可直接反映出人们对家具的认识方式和理解深度。通过对家具分类与称谓的思考,可以充分显露出家具的复杂性和多意性的特点。这是时间的冲撞、空间的冲撞、观念的冲撞……当我们将每个具体的家具进行分类及命名时,困惑随之而来。

在家具分类及称呼这个问题上,可谓是五花八门,无一系统统一的家具分类定论。首先在分类上,家具可按功能分:有坐具类、卧具类等;可按材料分:有实木类、金属类、藤编类等;可按工艺分:有模压类、手工类、板式类等;可按空间分:有办公类、酒店类、家居类等；可按时间分：有唐代、明代、清代等；可按地域分：有苏式、广式、法式、美式等；可按文化风格分：有中国明清风格、西方文艺复兴风格、洛可可风格、新古典风格等。因此，站在不同的立场，就有不同的家具分类法，不同的家具分类法，必然导致对家具不同的命名。而任何一种分类，都受到自身文化背景和生活方式的限定，虽说都能自成一体，却难以包容来自其他时空地域内的家具多样化概念。就拿中国传统明清家具的分类命名而言，虽然源远流长，极为完备，但面对西方家具的大量涌入，却在分类与称谓上碰到困惑和空白。如果这仅仅是横向上的冲击，那么大量现代家具的产生更在纵向上带来了新的问题和空白。这是传统与现代的碰撞，有时更多新生的家具形式，还未来得及在现有的分类概念中找到自己的坐标，就已存在于家具市场的潮流中。

然而，最感困惑的仍是同类或同一家具的模糊性与复杂性。首先，在同类家具中没有严格的分界线，这就带来了家具概念的含糊多意。如坐具类中的沙发与椅子之间存在无数变体，既非沙发又非椅子；又如桌案类中的桌、几、案之间，称谓混乱，概念模糊。上述问题都说明了即使在同类家具中的不同家具，在概念上也有相当重叠和近似的部分，这使得在称呼上会显得含混多意。更有意味的是，即便是同一个家具，它的称呼在不同环境中同样是多变的。不难发现，同一家具因不同的摆放位置，所显示的功能会随之改变，使得对其叫法有所不一。比如，条型案几，靠墙面放叫边几，将它放到沙发背后，则叫背几。又如，高度约600mm的小圆桌，放在咖啡厅中两沙发（椅）之间，称咖啡桌，若将它放在客厅沙发边上，则可叫圆几，如此情况不胜枚举。另有，同一家具置于不同文化背景中，其命名亦有所不同。如中国人称为"几"和"案"的家具，在西方分类中一并以"桌"（table）相称，仅称"几"为coffer table，"案"为side table。更有甚者，同一家具因不同的使用，也导致其称呼、甚至分类完全不同，就如我们把一个小方凳，放在一圈沙发中央，用来放置茶具。此刻的方凳则成为了方几。如此等等，都说明哪怕是同一家具，因不同的摆放、不同的文化、不同的使用，将会形成完全不同的称呼，甚至分类。更何况有些家具形式，在目前根本找不到确切的中文名称，如center table等。综观上述现象，无非进一步揭示家具的多意性与复杂性。现实中，人们对家具的分类与命名既受到中国传统明清家具的影响，又受到西方传统家具的冲击，加上许多现代家具的新概念。于是，对家具的认识总是片段的、含糊的、模棱两可的，缺乏系统性和完整性，这恰恰是由家具的多意性、复杂性、不定性使然。这样的情况甚至出现在许多家具制造商中，在对自己的产品进行命名的时候，都是随意性极大的。

为此，在编辑本图集过程中，我们立足于中国传统家具分类的基本框架，进一步吸收西方家具与现代家具的概念形式，以本书所示的具体内容为基础，按人的使用功能为分类原则，将家具在大类别上分为坐具类、桌案类、储物类、卧具类四大类别（见图表-1）。另有一些类别因未出现在本图集中而不包含在此。

四、分类简述

坐具类 一个被支起的平面,距地约为450mm,并供人席坐的家具总称。坐具类在中国家具发展史中是一个后起的类别,它是继卧具之后,在唐朝逐渐发展起来的家具形式,虽说坐具类家具起步较晚,但在现代家具中,由于其种类繁多,款式造型最为丰富,成为现代家具中引领时尚潮流的主角和标志,同时也是与时代科技水平紧密相连,技术含量最高的家具形式。由于东、西方的文化差异,坐具有着不同的发展体系,特别是以沙发为代表的西方文化,在现代家具行业中占有重要地位,极大地丰富了坐具的具体内容,这便促使对坐具的再分类需立足于一个更为宽泛的基础。在此,我们将坐具分为沙发、椅子、凳子,和那些介于沙发和椅子之间的,既非椅子又非沙发的坐具——沙发椅。而沙发与沙发椅,就如同沙发椅与椅子,很难有明确的划分界限。如何界定坐具间的概念,通常需从尺度、款式、坐姿、坐面材料这四个方面综合分析,最终加以区别。首先是尺度鉴别,尺度可细分为座高和座深,一般情况下,椅子的座高为470mm,座深为430mm;沙发的座高为400mm,座深为580mm;沙发椅的座高为430mm,座深为520mm。上述座深和座高均为理想化的纯功能尺寸。而现实中的每款坐具,因造型款式的不同,均在此基础上有不同程度的尺寸变化,并且通过座高与座深之和的尺度衡量来控制其座高与座深的递减关系,不论何种坐具(凳子不含在此),只要座高增加,即会相应减缩座深;反之座深增加,即减少座高,使其相互之和的数值保持在有效控制范围内。这对坐具设计有一定的帮助,而此数值并非一成不变,一般上下50mm。但是,沙发、沙发椅、椅子之间的尺度有部分是出现重叠现象的,因此尺度亦并非是唯一的划分途径,如前所述的款式、坐姿、材料都是综合考量的其他因素。就坐姿而言,从直坐到半躺,包括了从凳子到沙发的所有坐具类型,而硬制的座面材料也无疑被排除在沙发和沙发椅之外,参见坐具类图表(见图表-2)。

  关于该图表有几点要加以说明。第一,所有数字均以mm为单位;第二,所有数字均以纯功能尺寸表示,不包含因造型因素所最终形成的尺寸;第三,本图表以亚洲人体尺度为标准;第四,沙发座深不含靠垫,若增加靠垫,座深加至700mm,或每加一层靠垫增加座深120mm左右;第五,所有座高均以座面包面材料的自然高度为准;第六,椅子类不包含如吧椅等特殊类型;第七,座面材料为软面的凳子又称沙发凳;第八,座高与座深之和的数值可有效控制任意可变范围内的座高与座深之搭配;第九,本图集中部分坐具的尺寸和本图表有出入,那是因为这些坐具的样式与设计均采用西方人的人体工学数值,因而尺度较显宽大。

桌案类 如同椅凳的产生那样,桌子是继"几"和"案"之后,伴随着椅凳的出现而产生的新成员。桌案类是一个由几案向桌子发展的家具类别,也是现代家具中极为活跃多意的类别。在中国古代,因人们席地而坐,案和几曾代替着桌子的功能。当时,小者为几,大者为案。而桌的出现总是伴随着椅凳,开拓着人类生活方式的新习惯。桌、案、几的概念其相同之处是都有一个被支起的水平面,并且具有摆放物品或供人们伏案作习之功能,它们之间联系甚密,通常很难区别它们之间的界限。如条几、条桌、案桌等概念，有时甚至同一家具因摆放在不同的空间位置，或作用不同，其称呼与内涵即会发生变化。在桌案类中，除桌、案、几的概念外，还有台、坛之概念，共计五种形式。如何区分它们，可由功能、尺度、空间摆位、行为模式、固定搭配等诸方面综合评定。桌子，高度约为720mm。具有明确的使用功能，满足人们伏案作习的行为模式，如习字、阅读、饮食、打牌……通常必须和相匹配的椅凳类家具搭配使用，如餐桌与餐椅、书桌与书椅、办公桌与办公椅……除了按功能区分外，还可按造型分为圆桌、方桌、长方桌、条桌……"几"，桌案类中的重要内容，它比桌低，是一种文化习惯上的空间陈设，是一种配套性的家具，是一种用来填充空间的特殊小桌，是一种使周围坐具产生联系和聚合的区域纽带，是一个可用来供放茶具等小件东西的平面……其作用极为丰富复杂，如按功能可将"几"分为茶几、案几、香几、炕几等，按形状可分为方几、圆几、条几等，按空间摆位可分为角几、边几、背几等。几类家具在现代家具中十分活跃，也是花样形式最多的家具类型之一。其中茶几最为常见，高度约在200~500mm之间，以供人喝茶、咖啡，常摆放于沙发、椅子之间。香几和花几目前较少使用，高度约1000mm，以供放香炉和花盆。炕几是中国北方人放在床上代替小桌使用的。角几，常放在沙发或椅子边角处，角几的形状可方可圆，高度较接近于坐具类的扶手，约600mm。条几，呈狭长形，主要起陈设作用。若放在沙发背后，则名背几，放在墙边，又可谓边几。"案"，较高大的条桌，是桌的特殊形式，常称案桌。自身装饰性很强，靠墙而置。典型代表为中式翘头案，其主要功能是作为空间中某种固定习惯之陈设，有一定的装饰、礼仪、宗教等色彩，装点空间，显示尊贵，其精神功能远甚于实用性。在西方，案的概念最接近Console一词。本图集在桌案类中还引入了台与坛的概念。"台"，即三面围合的高桌，高度约为1000mm，且有桌上挡屏。如领位台、讲台、接待台等。"坛"，其实就是一种特殊的桌子，其主要功能是摆放花卉等陈设，主要指中央花桌（center table）或中央桌坛，常放置于厅堂的中央位置，在空间中起到聚焦点睛之用，装饰性极强，以显空间气贵奢华。参见桌案类图表（见图表-3）。

储物类 我们将具有储藏和陈列物品功能的家具统称为储物类家具。它由橱柜类和柜架类两种分类构成。相比之下，储物类家具不如坐具类和桌案类家具来得复杂难解。通常人们将带有抽屉的桌视为橱，加上门扇又称柜，门扇与抽屉相结合则叫橱柜。橱柜中按使用功能又可分为电视柜、餐具柜、茶水柜、衣帽柜……有些橱柜除储藏功能外，更具有空间陈设作用，那些高度约在半人左右的橱柜，常兼有案的角色。摆放在厅堂、入口和房间的显著部位，用以装点环境。柜架类系指中国传统家具中的亮格，即由四柱框架所支起的层板，如书架、博古架、装饰架……如果在架子上再安上门扇，即柜架结合，古称亮格柜。而储物类中另有一类别，那就是箱子和匣子，由于此类作为家具现已日趋消失，而由工业产品设计代之，所以未在本图集中出现。总体来讲，储物类家具在现代家具发展中没有坐具类和桌案类的发展来的庞大，尤其是坐具类家具，几乎成为现代家具流变在各时空段的代表。究其原因，其中有一重要因素，那就是在现代室内设计中，许多储物功能已在空间设计中被统一规划，如壁橱、衣帽间、储藏室……如此，更多的物品被隐藏在空间界面之外，恰似当代盛行的简约主义风格一般。

卧具类 床，卧具之核心，其历史较其他类别的家具更为久远。在中国古代，家具是以床为中心的，床在座椅出现之前，既是卧具又是坐具，只是到了唐朝之后，床才与坐具分道扬镳。如同储物类家具一般，床的设计式样及外延功能，也是由传统的复杂逐渐演变为现代的简洁单纯。如传统的架子床、跋步床、罗汉床等这些较为繁复的形式，已逐步在当今的卧具中消失。床仅被理解为一个抬高的大平面，抑或是一个床垫。这本身就反映出现代的室内空间，已摆脱以卧室、卧具为中心的生活观念。这样的情况亦类似于储物类家具，在现代家具的流变中渐渐失去其中心地位。同时说明人们对床的理解亦更趋直接纯粹，从而排除了许多原有的附加功能及繁复的装饰。而同床最相近的一个概念即为榻，榻与床的区别类似于沙发和沙发椅，或是桌子与茶几的区别，榻较床更小，更随意，而床较榻作为卧具更为正式。此外，与床相配套的还有床头柜和床尾凳两种家具形式，本图集也将此一并归入卧具类中。

　　如上为本图集的分类简述，若有抛砖引玉之可能，则感欣慰。由于水平有限，有望各位专家学者不吝指教，为完善现代家具事业的学术理论，共同添砖加瓦。

叶铮
2007年夏末

图表-1

家具四大类	坐具类	凳子
		椅子
		沙发椅
		沙发
	桌案类	案
		桌
		几
		台
		坛
	储物类	橱柜
		柜架
	卧具类	床
		榻
		床头柜
		床尾凳

图表-2

坐具类图表

坐具类	基本型		可变范围	座高·座深之和	坐姿	座面材料	描述
凳子	座高	420	250～500	无	直坐	硬面、软面	无靠背
	座深>180		>180				
椅子	座高	470	450～500	900（±50）	半直坐	硬面、软面	有靠背
	座深	430	400～450				
沙发椅	座高	430	400～500	950（±50）	半直坐、靠	软面	介于椅子与沙发之间
	座深	520	500～550				
沙发	座高	400	350～430	980（±80）	靠、半躺	软面	宽松、柔软介于坐与躺之间
	座深	580	550～630				

图表-3

桌案类图表

大类	常用小类	基本功能	基本高度	可变高度	空间摆位	固定搭配	常用形状	行为模式	相互关系
案	各类案桌	装饰空间 具有礼仪、陈设、宗教、供奉等功能	800	750～1100	靠墙		长条形		较桌高
桌	餐桌 书桌 办公桌 会议桌 棋牌桌 梳妆桌	满足具有伏案行为的各种功能 如习字、阅读、用膳、娱乐等	720	700～780	任意	椅子 凳子	方形 圆形 矩形 多边形 椭圆形 ……	伏	较案低 较几高、大
	咖啡桌		680	600～700					
几	炕几	空间填充 坐具间的联系 习惯陈设 摆放茶具、饰物……	280	250～320	卧具上	床 榻	矩形	摆放	较桌小、低
	茶几		350	200～500	座具间	沙发 沙发椅 椅子	圆形 方形		
	角几		550	500～640	座具旁		异形		
	案几（条几）		700	600～720	座具背		条形		
	香几、花几		1000	800～1300			方形 矩形		
台	讲台 领位台 接待台	接待 传授	1000	900～1200	面朝观（来）者		矩形 半弧形 条形	站	高桌 有桌上挡屏
坛	中央桌坛 花桌	观赏 陈列	750	720～850	室内（厅堂）中央		方形 圆形 椭圆形 多边形		华丽的桌

坐具类

F1 沙发
F2 沙发椅
F3 椅凳

坐具类 – 沙发

F1-01 单人沙发

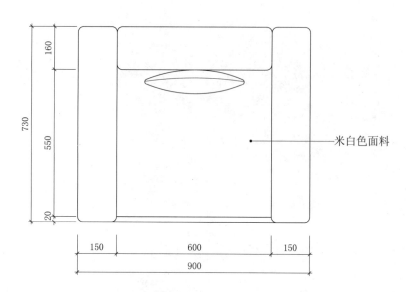

单人沙发平面图

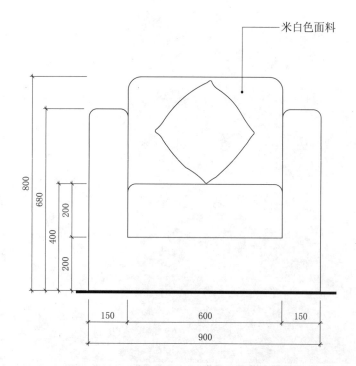

单人沙发正立面图

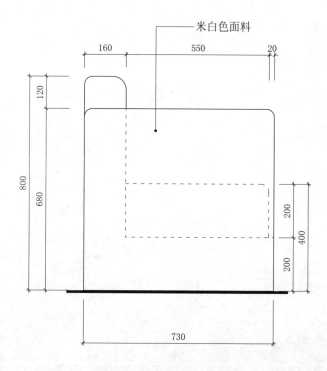

单人沙发侧立面图

坐具类 – 沙发

F1-02　三人沙发

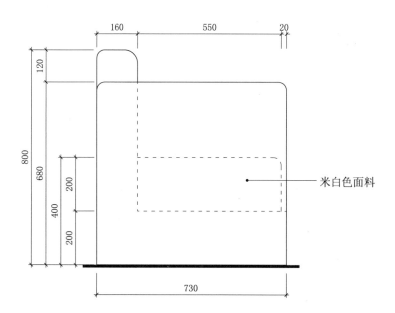

米白色面料

三人沙发侧立面图

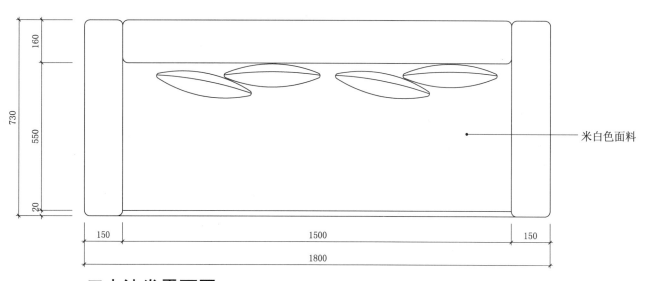

米白色面料

三人沙发平面图

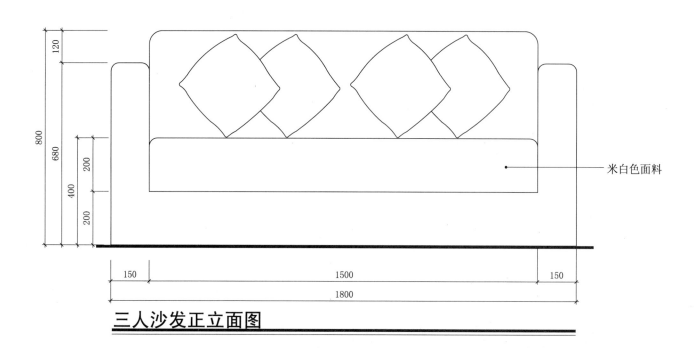

米白色面料

三人沙发正立面图

坐具类 - 沙发
F1-03 单人沙发

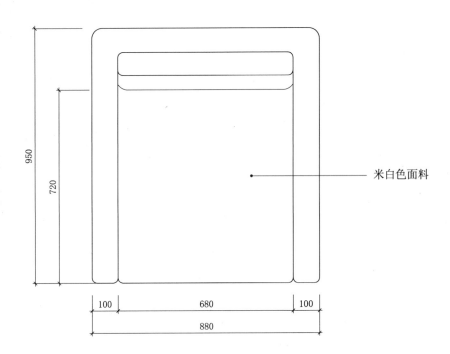

单人沙发平面图

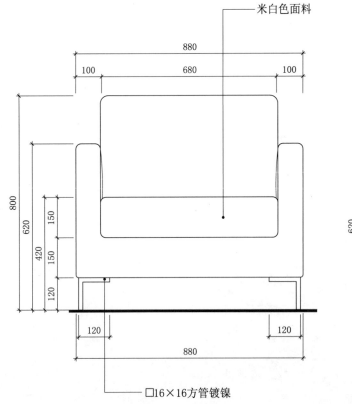

单人沙发正立面图

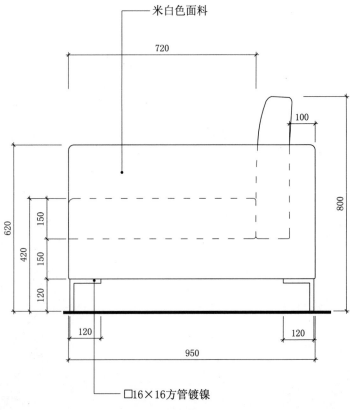

单人沙发侧立面图

坐具类 - 沙发

F1-04 双人沙发

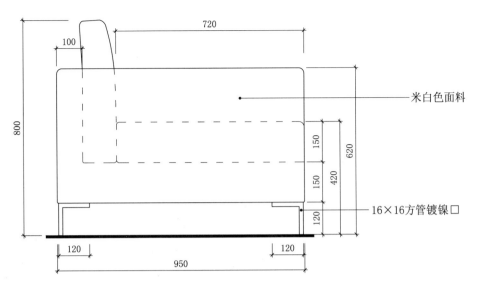

双人沙发侧立面图

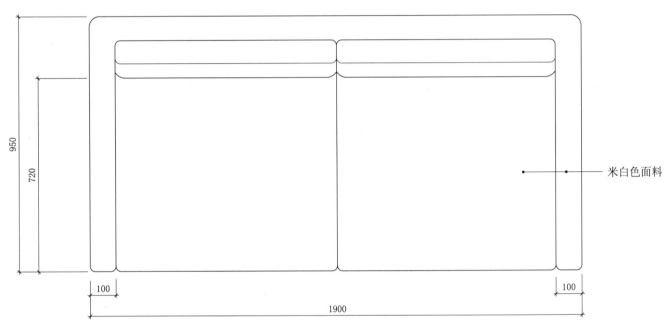

双人沙发平面图

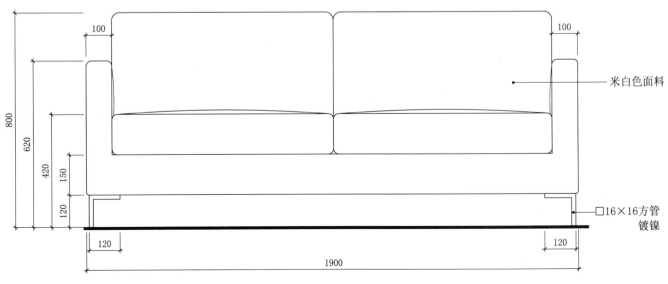

双人沙发正立面图

坐具类 - 沙发

F1-05　三人沙发

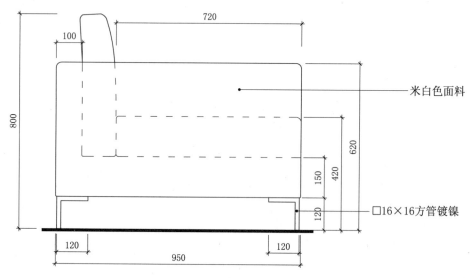

三人沙发侧立面图

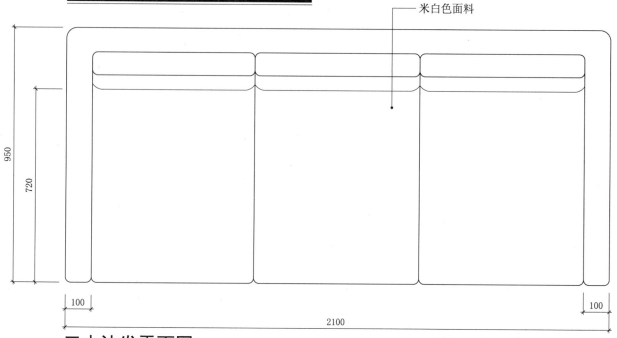

三人沙发平面图

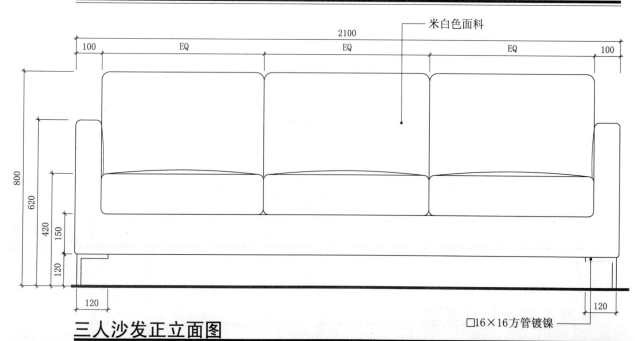

三人沙发正立面图

坐具类 – 沙发
F1-06 单人沙发

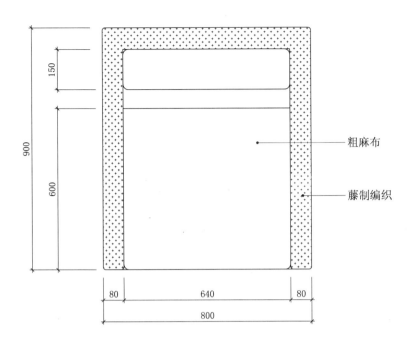

单人沙发平面图

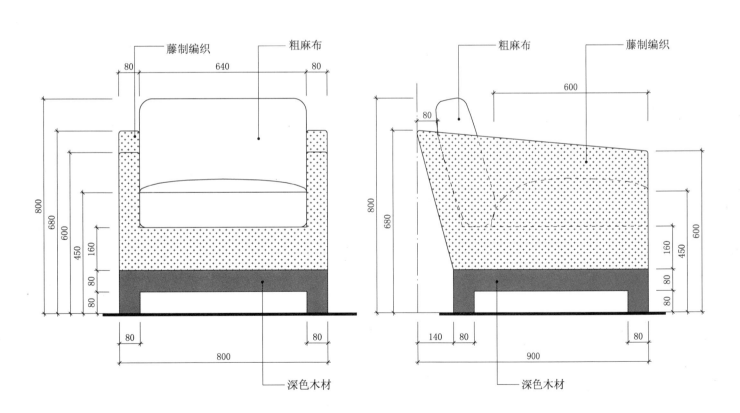

单人沙发正立面图　　**单人沙发侧立面图**

坐具类 — 沙发
F1-07　三人沙发

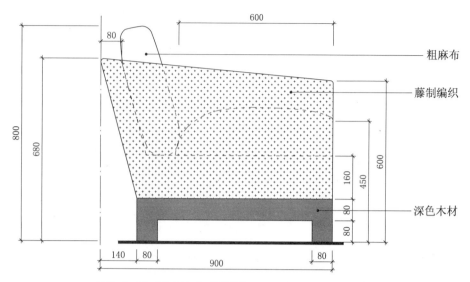

三人沙发侧立面图

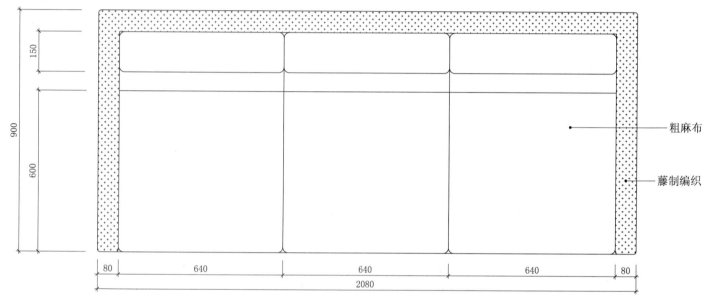

三人沙发平面图

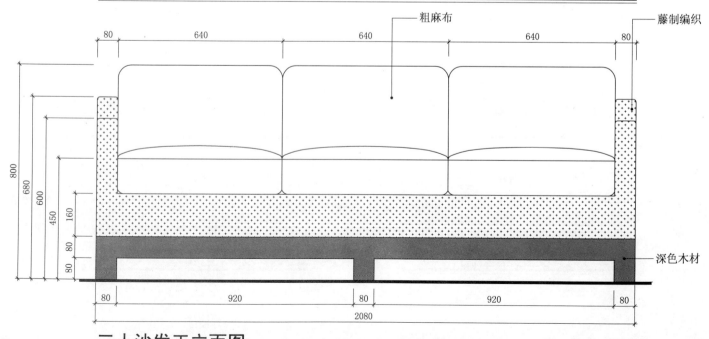

三人沙发正立面图

坐具类 – 沙发

F1-08　单人沙发

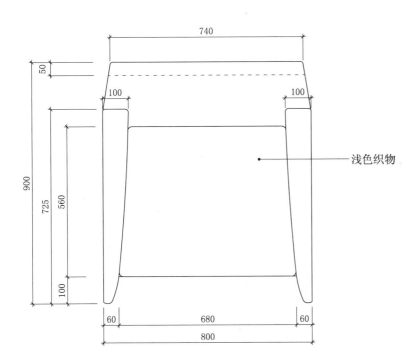

单人沙发平面图

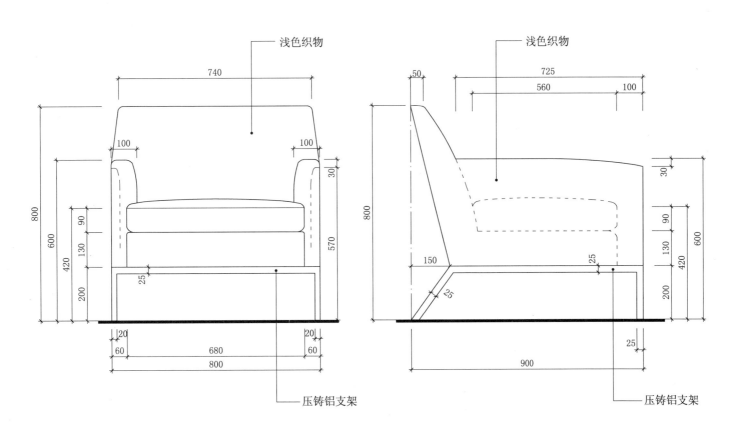

单人沙发正立面图　　　**单人沙发侧立面图**

坐具类 – 沙发

F1-09 三人沙发

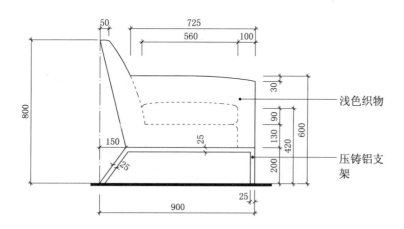

三人沙发侧立面图

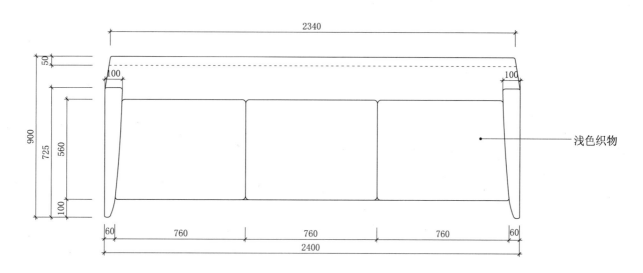

三人沙发平面图

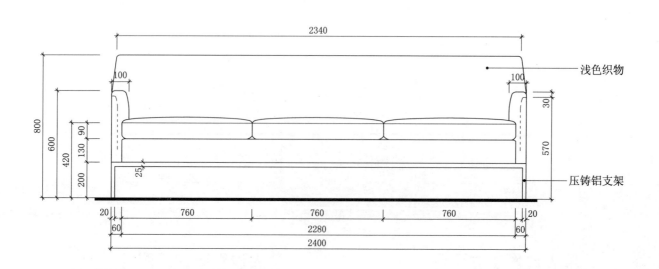

三人沙发正立面图

坐具类 – 沙发
F1-10　单人沙发

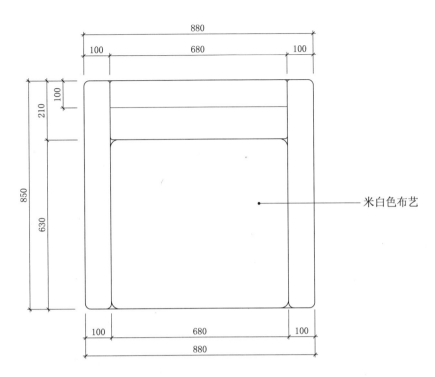

单人沙发平面图

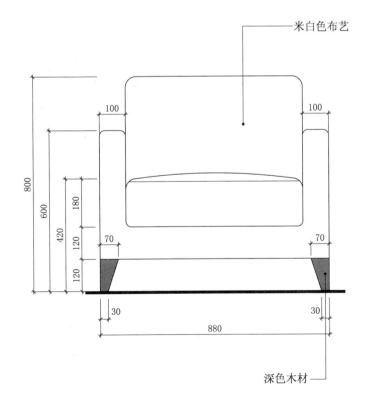

单人沙发正立面图

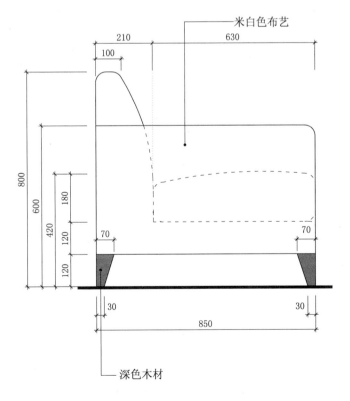

单人沙发侧立面图

坐具类 – 沙发
F1-11 双人沙发

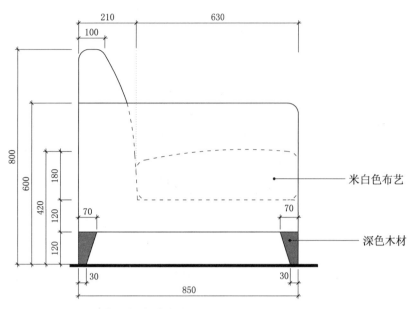

双人沙发侧立面图

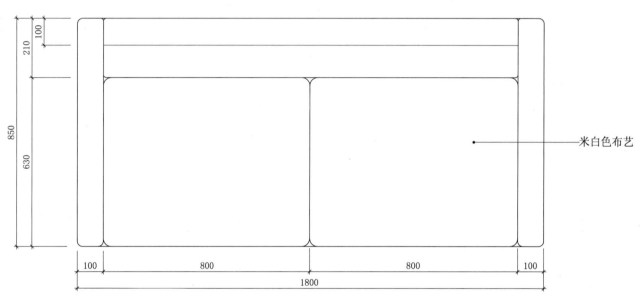

双人沙发平面图

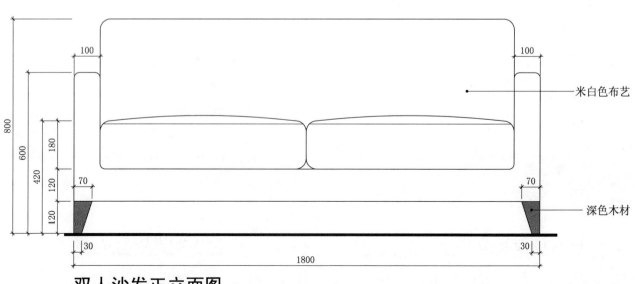

双人沙发正立面图

坐具类 - 沙发
单人沙发

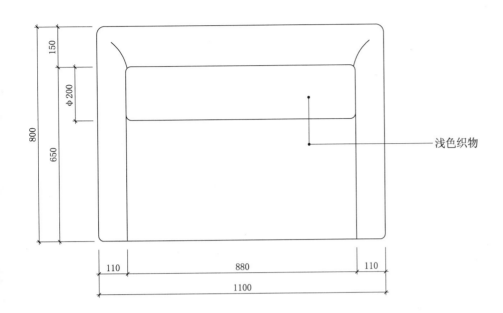

单人沙发平面图

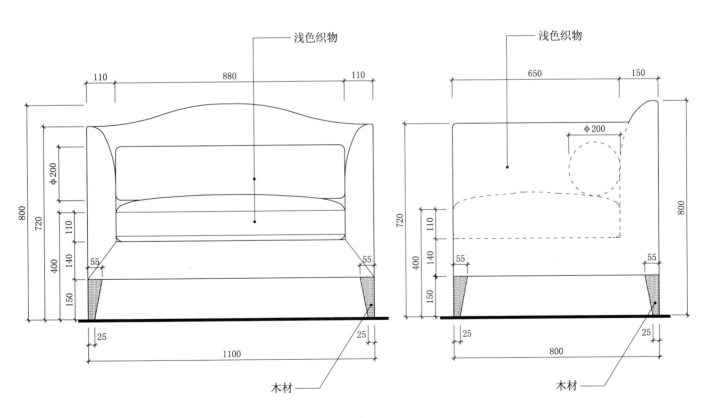

单人沙发正立面图　　**单人沙发侧立面图**

坐具类 - 沙发
F1-13　三人沙发

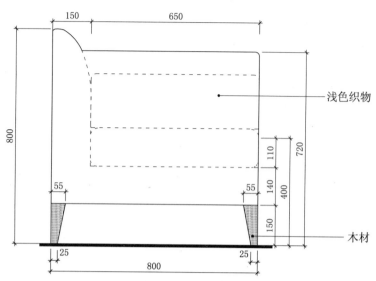

三人沙发侧立面图

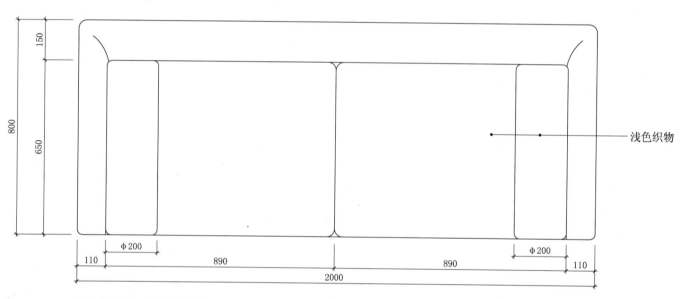

三人沙发平面图

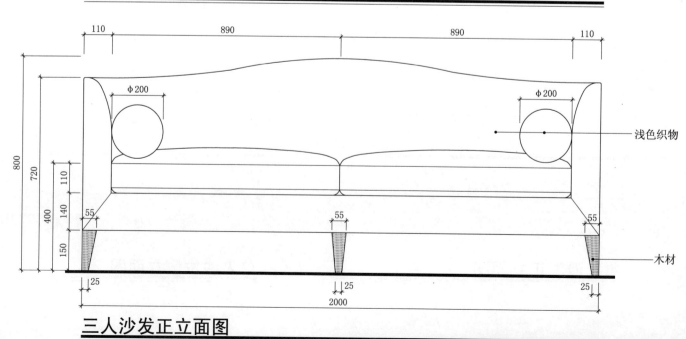

三人沙发正立面图

坐具类 - 沙发

F1-14　单人沙发

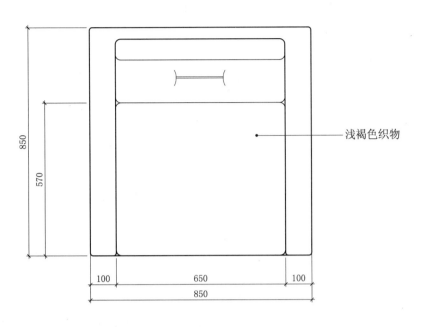

单人沙发平面图

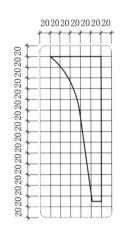

A 详图

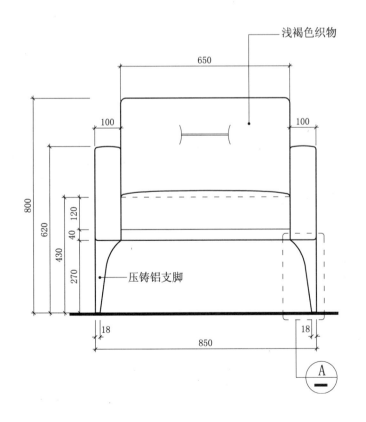

单人沙发正立面图　　**单人沙发侧立面图**

坐具类 — 沙发

F1-15　三人沙发

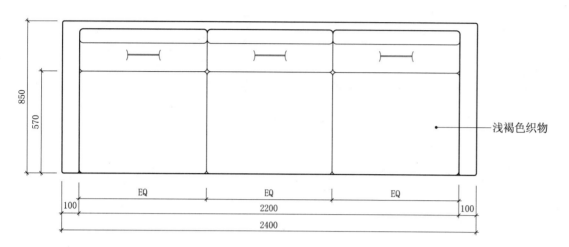

三人沙发平面图

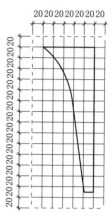

A 详图

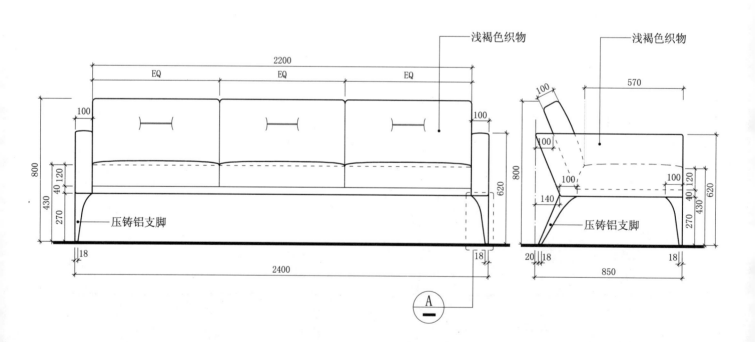

三人沙发正立面图　　　　**三人沙发侧立面图**

坐具类 – 沙发

F1-16　单人沙发

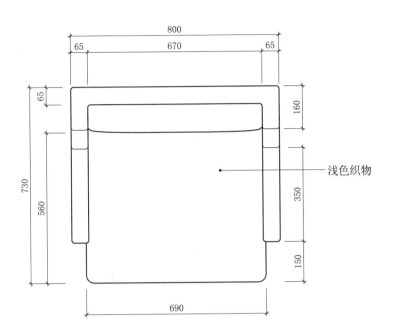

单人沙发平面图

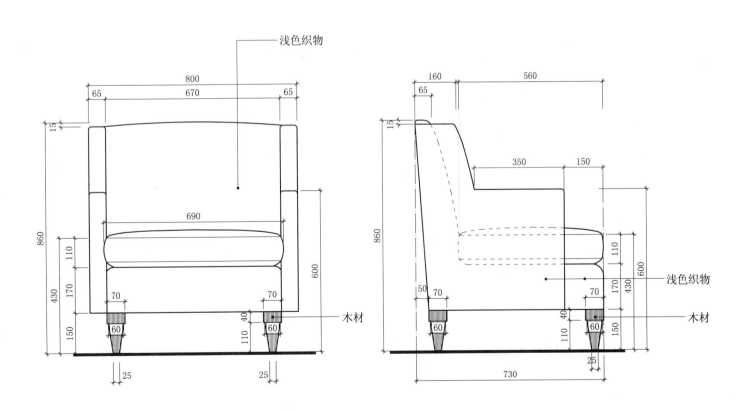

单人沙发正立面图　　　**单人沙发侧立面图**

坐具类 — 沙发

F1-17 双人沙发

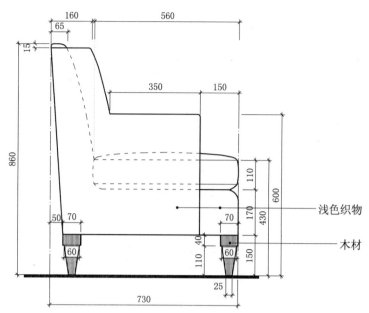

双人沙发侧立面图

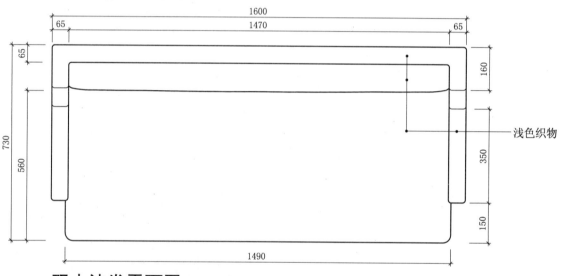

双人沙发平面图

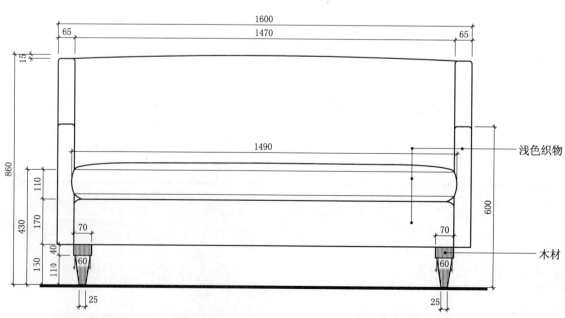

双人沙发正立面图

坐具类 — 沙发

F1-18　单人沙发

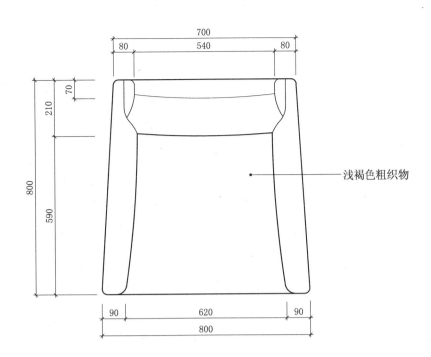

单人沙发平面图

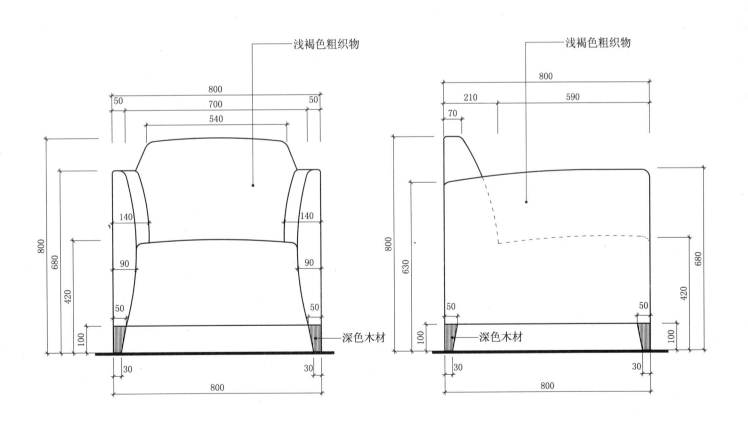

单人沙发正立面图　　　　**单人沙发侧立面图**

坐具类 — 沙发

F1-19 三人沙发

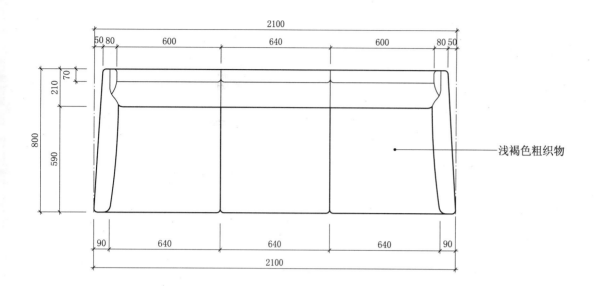

三人沙发平面图

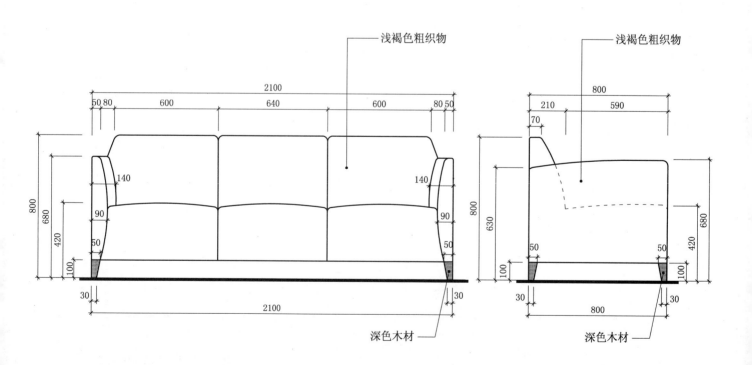

三人沙发正立面图　　　　　**三人沙发侧立面图**

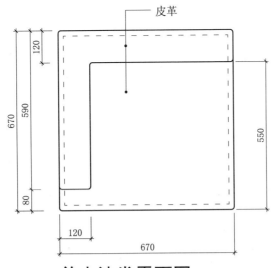

单人沙发平面图

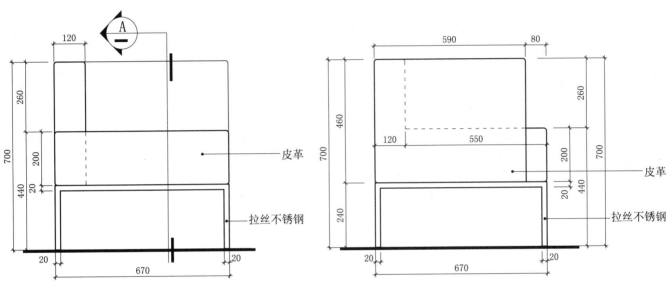

单人沙发正立面图   **单人沙发左侧立面图**

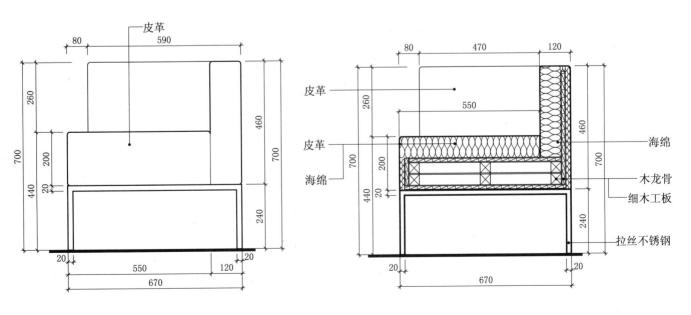

单人沙发右侧立面图   **A 剖面图**

坐具类 - 沙发

F1-21　三人沙发

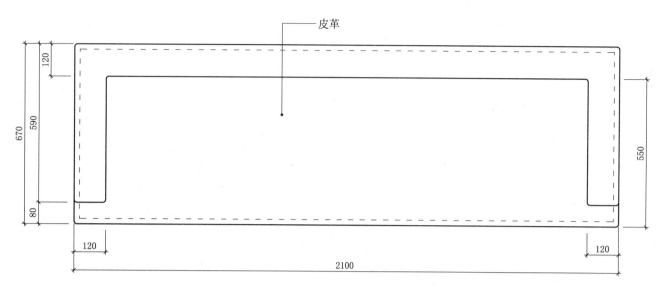

三人沙发平面图

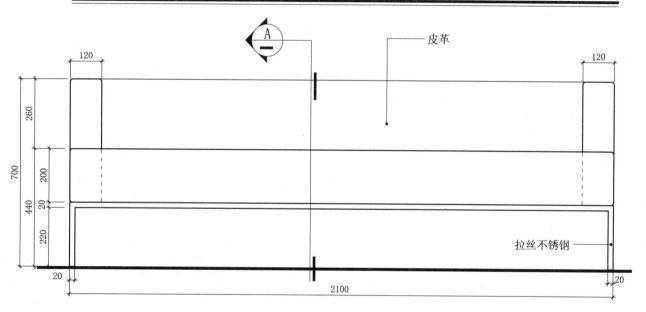

三人沙发正立面图

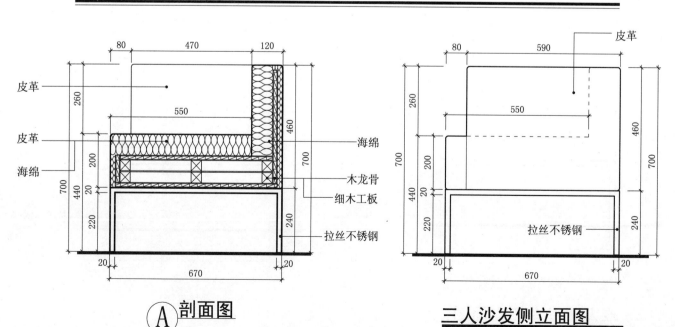

A 剖面图　　　**三人沙发侧立面图**

坐具类 – 沙发
F1-22 单人沙发

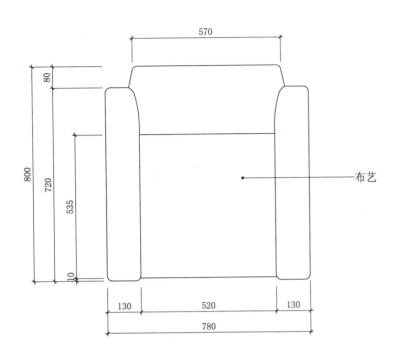

单人沙发平面图

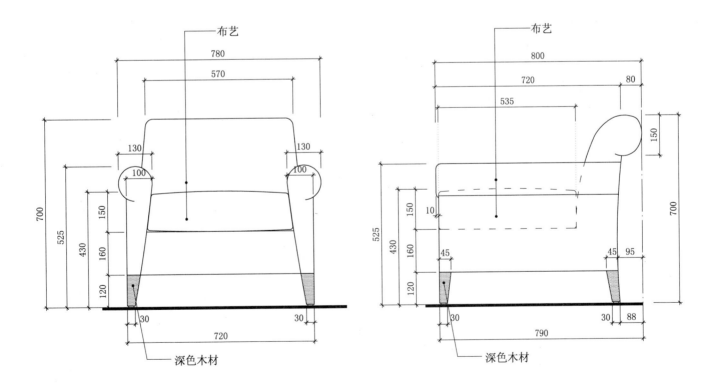

单人沙发正立面图　　**单人沙发侧立面图**

坐具类 - 沙发
F1-23 双人沙发

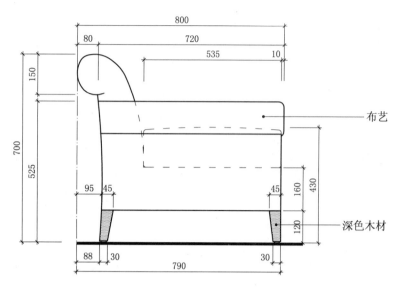

双人沙发侧立面图

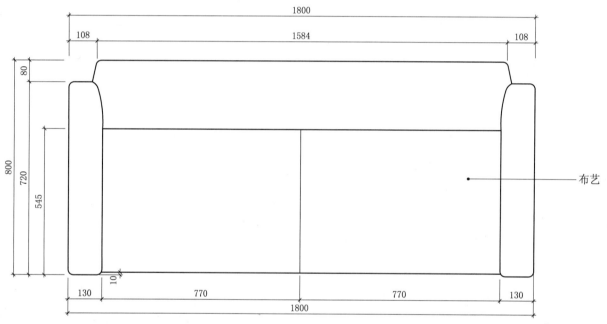

双人沙发平面图

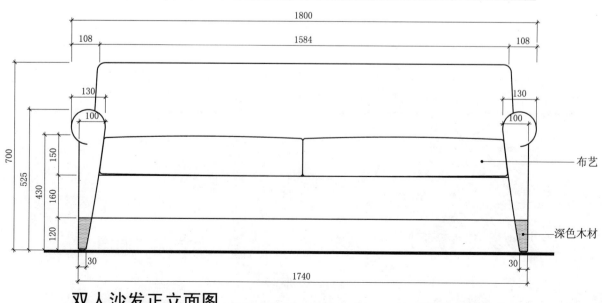

双人沙发正立面图

坐具类 – 沙发

F1-24 单人沙发

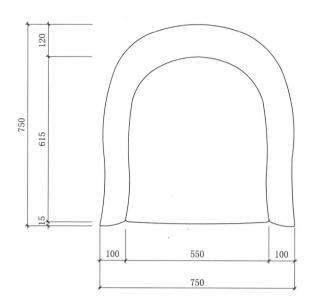

单人沙发平面图

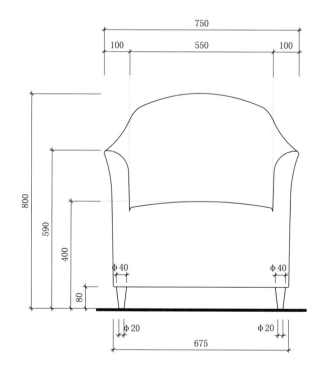

单人沙发正立面图

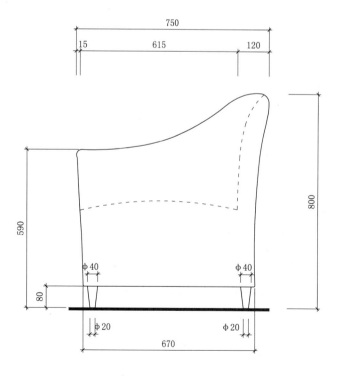

单人沙发侧立面图

坐具类 — 沙发
F1-25 单人沙发

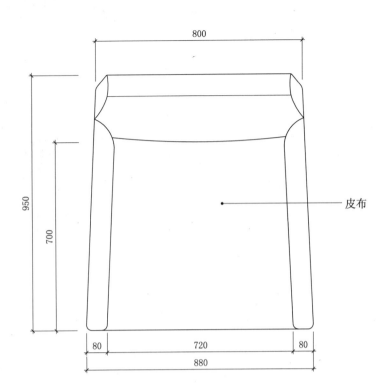

单人沙发平面图

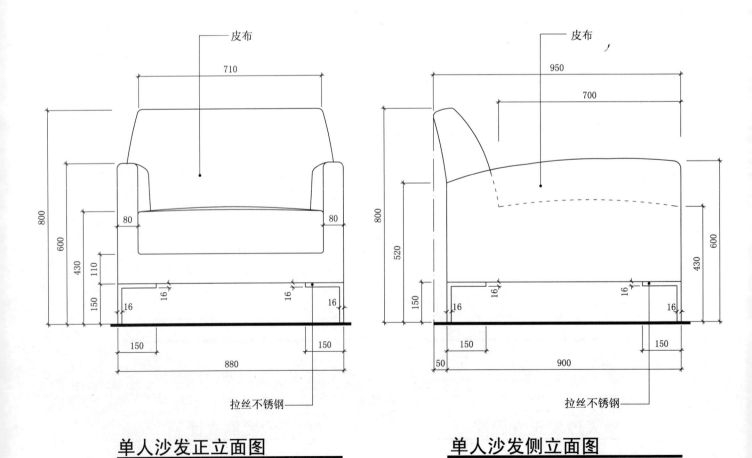

单人沙发正立面图　　　　**单人沙发侧立面图**

坐具类 – 沙发
F1-26 单人沙发

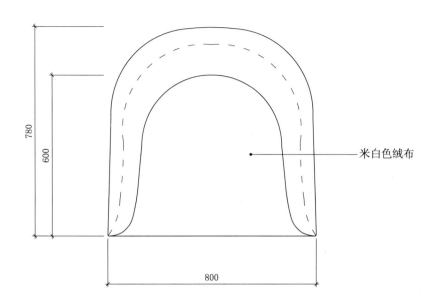

单人沙发平面图

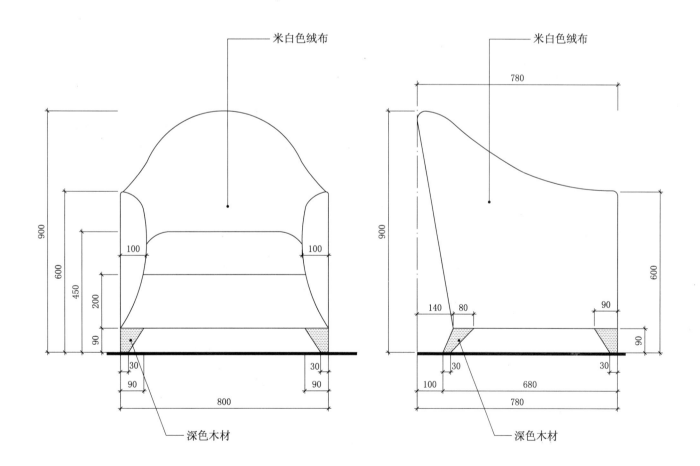

单人沙发正立面图   **单人沙发侧立面图**

坐具类 – 沙发
F1-27　单人沙发

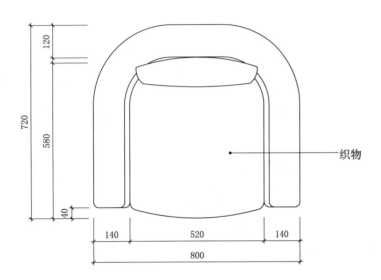

单人沙发平面图

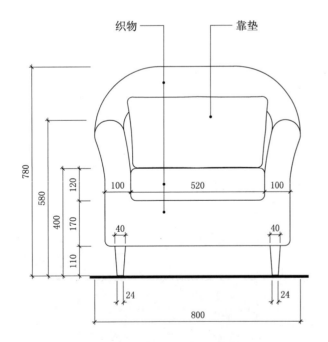

单人沙发正立面图

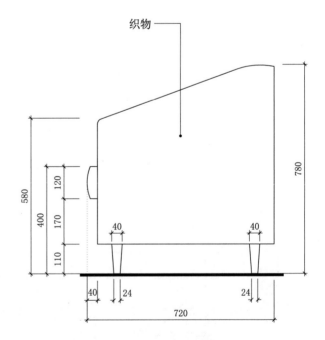

单人沙发侧立面图

坐具类 – 沙发
F1-28 单人沙发

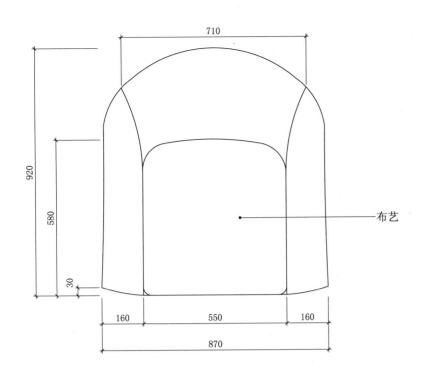

单人沙发平面图

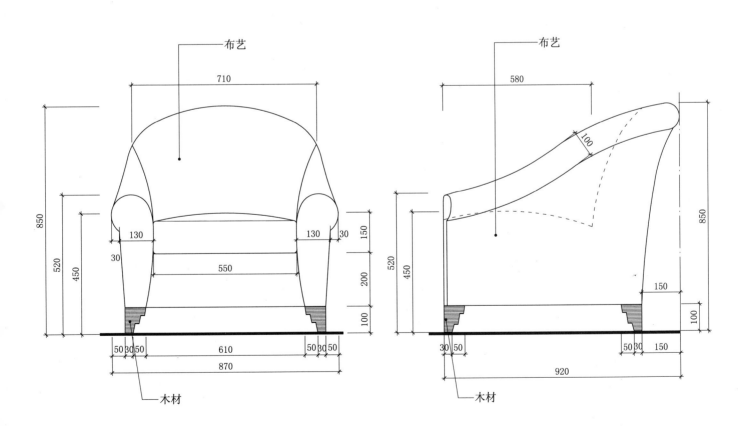

单人沙发正立面图　　**单人沙发侧立面图**

坐具类 – 沙发
F1-29　单人沙发

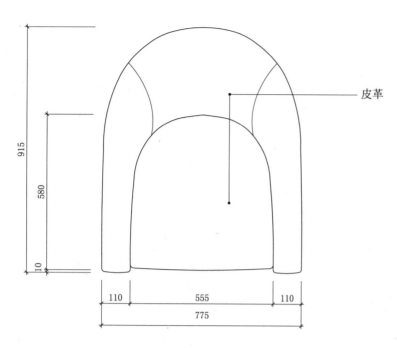

单人沙发平面图

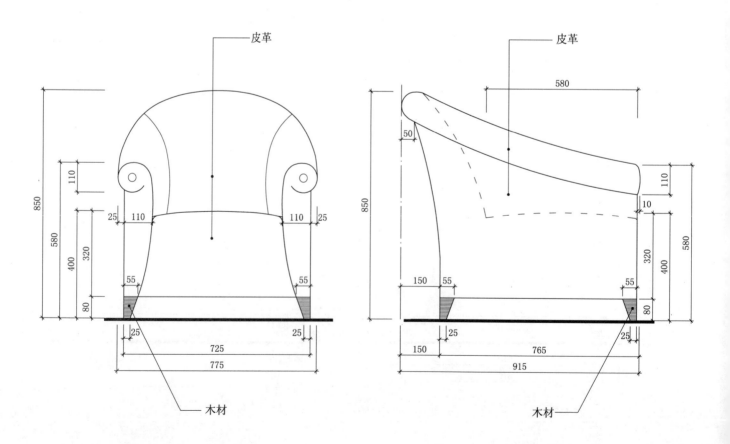

单人沙发正立面图　　　　**单人沙发侧立面图**

坐具类 — 沙发
F1-30 单人沙发

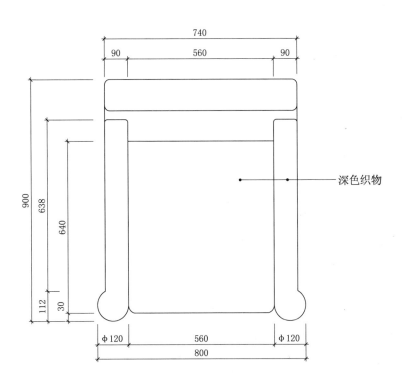

单人沙发平面图

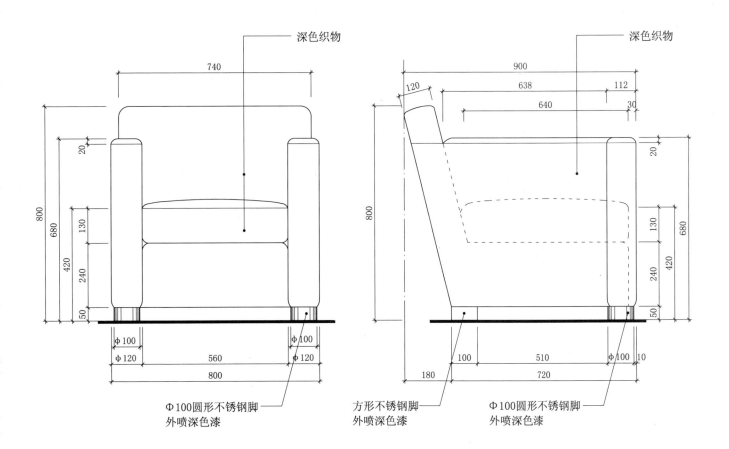

单人沙发正立面图　　**单人沙发侧立面图**

坐具类 - 沙发
F1-31　单人沙发

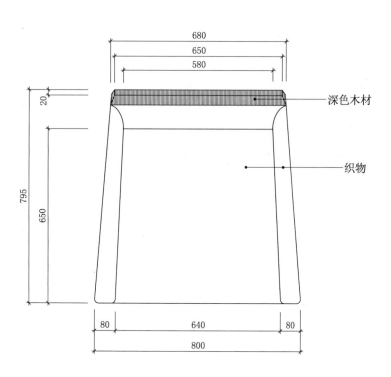

单人沙发平面图

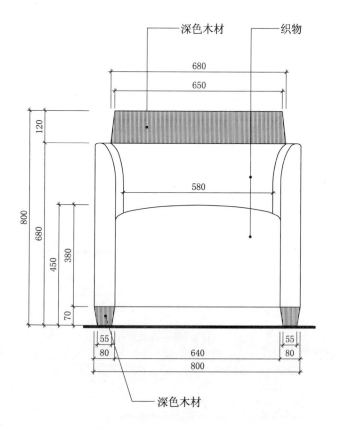

单人沙发正立面图

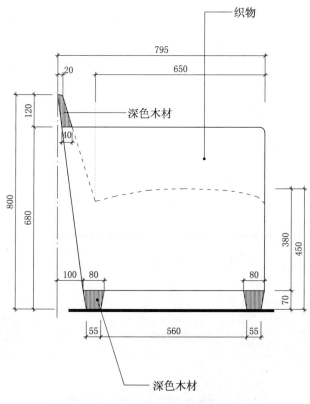

单人沙发侧立面图

坐具类 - 沙发
F1-32　单人沙发

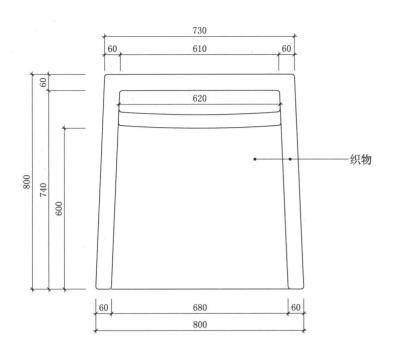

单人沙发平面图

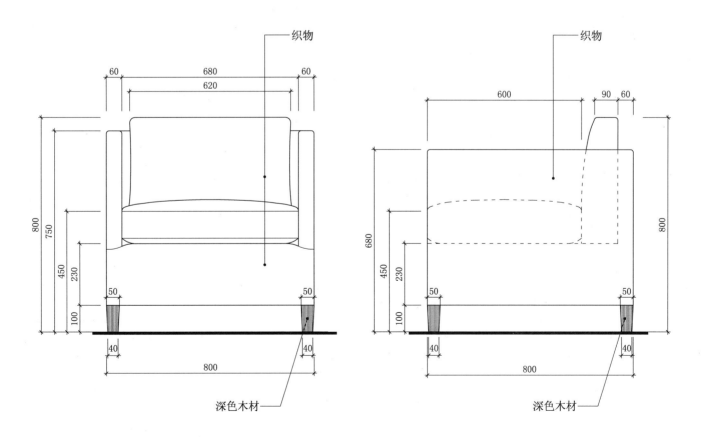

单人沙发正立面图　　　　**单人沙发侧立面图**

坐具类 — 沙发

F1-33　单人沙发

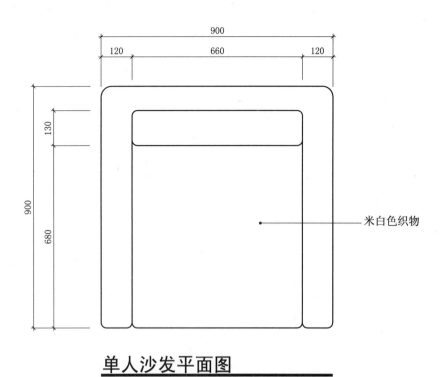

单人沙发平面图

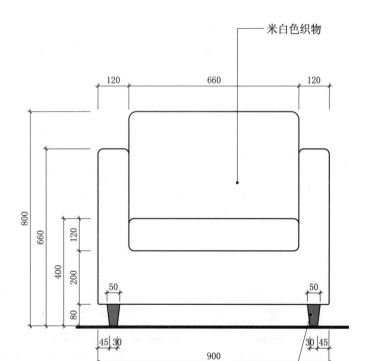

单人沙发正立面图

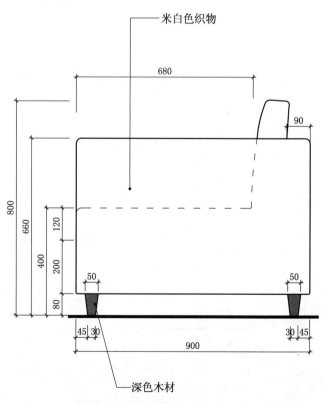

单人沙发侧立面图

坐具类 – 沙发
F1-34　单人沙发

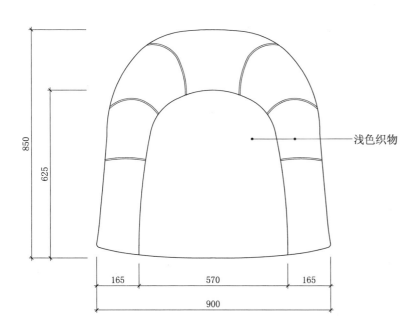

单人沙发平面图

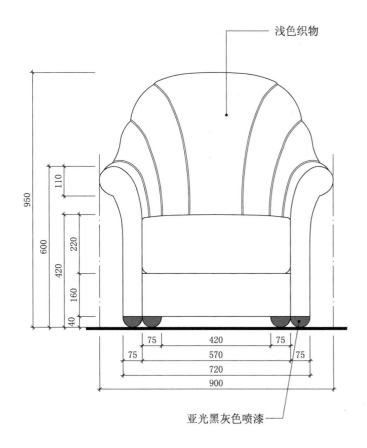

单人沙发正立面图

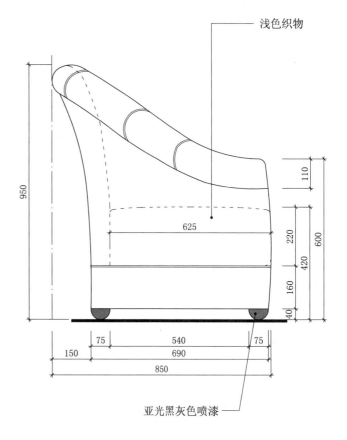

单人沙发侧立面图

坐具类 – 沙发
F1-35 单人沙发

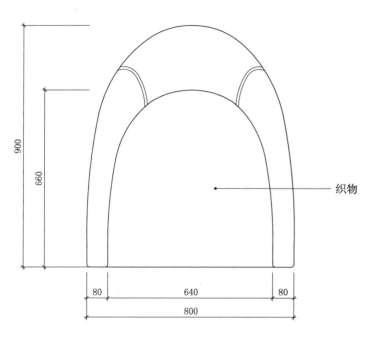

单人沙发平面图

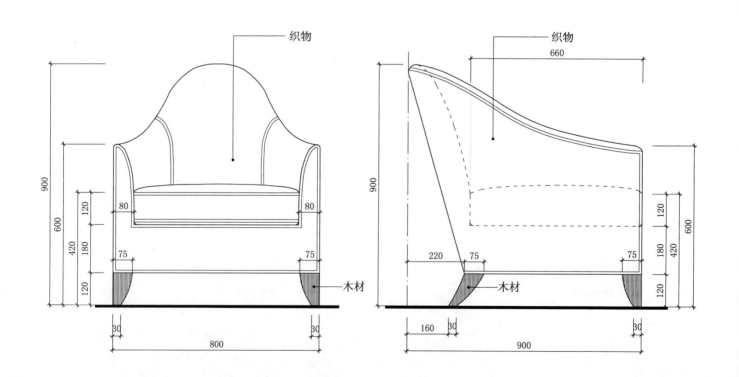

单人沙发正立面图　　**单人沙发侧立面图**

坐具类 – 沙发
F1-36 单人沙发

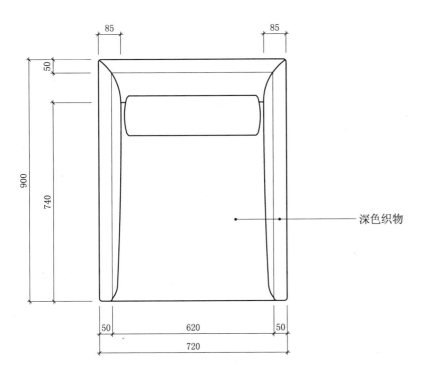

单人沙发平面图

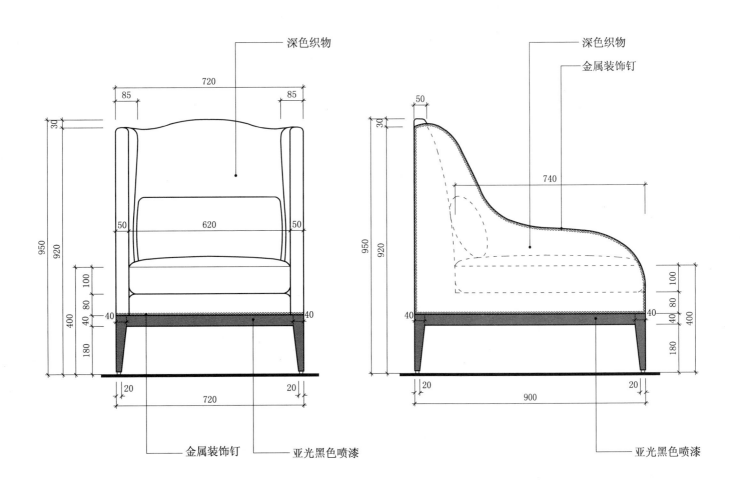

单人沙发正立面图　　**单人沙发侧立面图**

坐具类 — 沙发
F1-37 单人沙发

单人沙发平面图

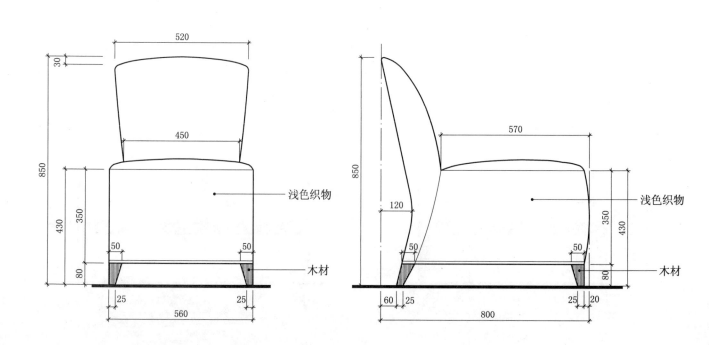

单人沙发正立面图　　　　**单人沙发侧立面图**

坐具类 - 沙发

F1-38 单人沙发

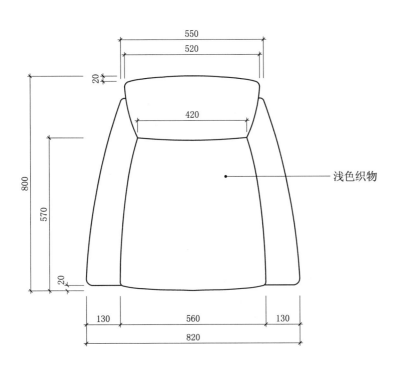

单人沙发平面图

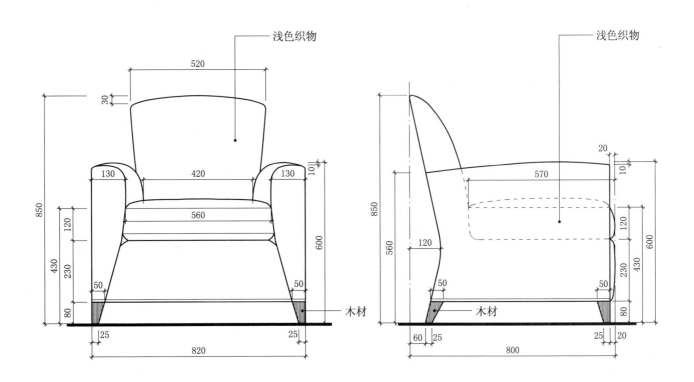

单人沙发正立面图　　　　**单人沙发侧立面图**

坐具类 - 沙发
F1-39　单人沙发

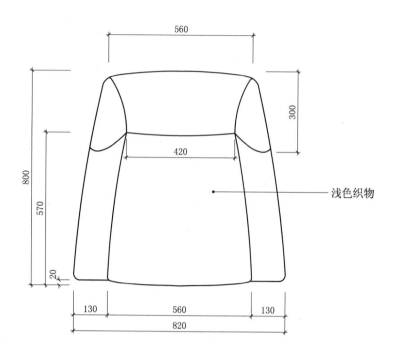

单人沙发平面图

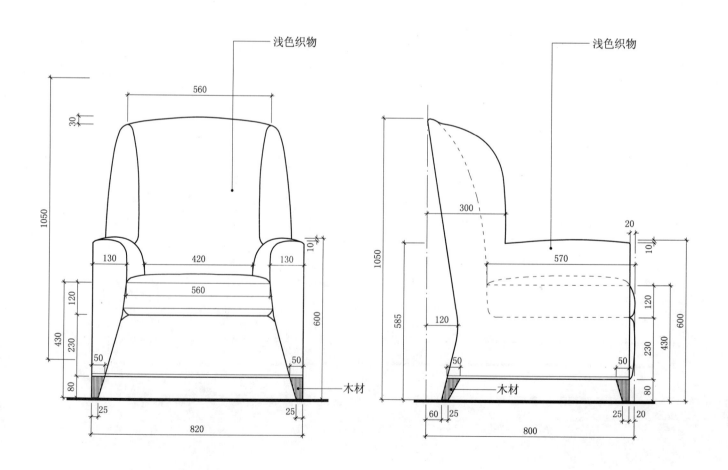

单人沙发正立面图　　　　**单人沙发侧立面图**

坐具类 — 沙发

F1-40 单人沙发

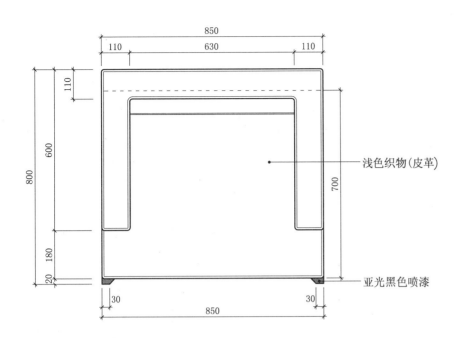

单人沙发平面图

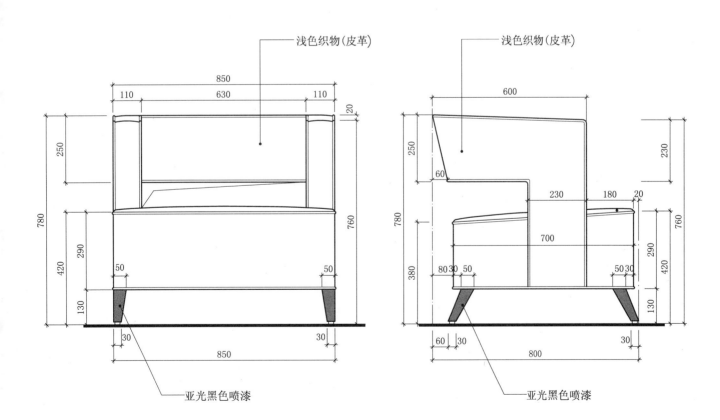

单人沙发正立面图　　**单人沙发侧立面图**

坐具类 – 沙发
F1-41 单人沙发

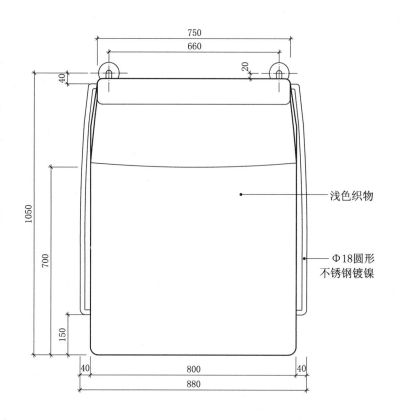

单人沙发平面图

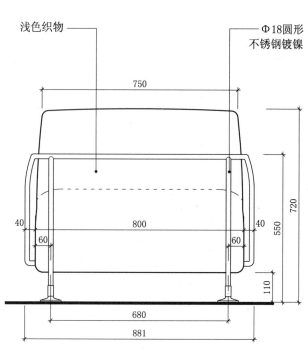

单人沙发背立面图

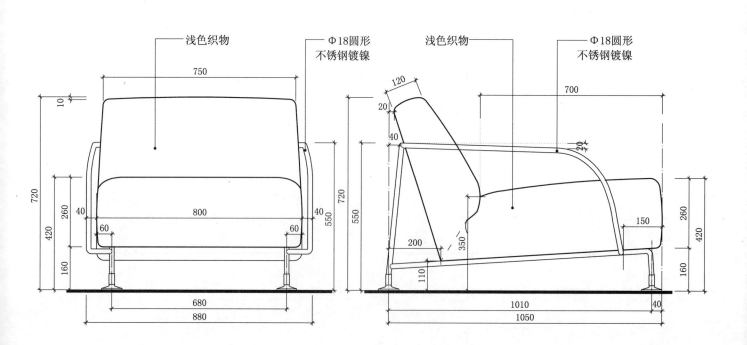

单人沙发正立面图　　**单人沙发侧立面图**

坐具类 - 沙发
F1-42 单人沙发

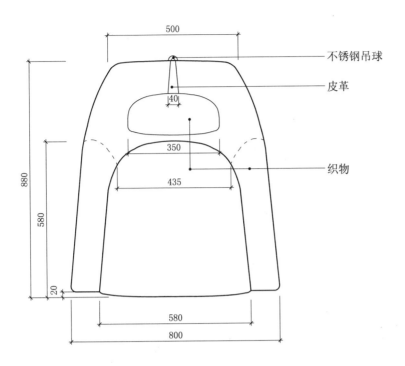

单人沙发平面图

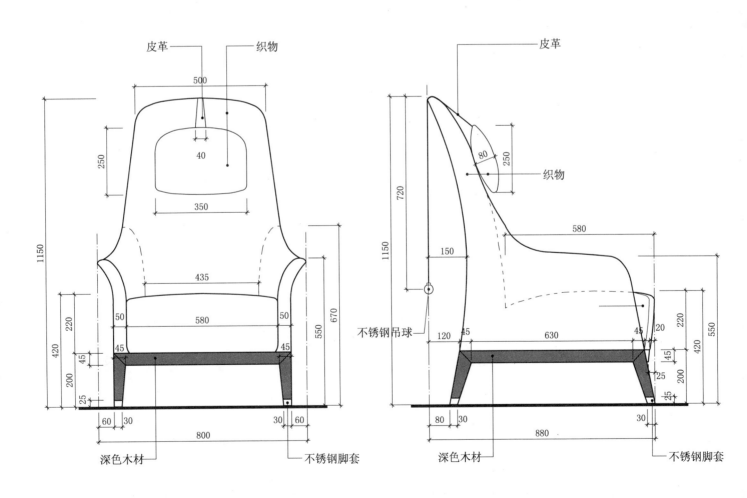

单人沙发正立面图   **单人沙发侧立面图**

坐具类 - 沙发
F1-43 单人沙发

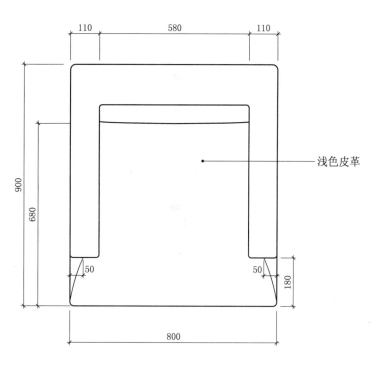

单人沙发平面图

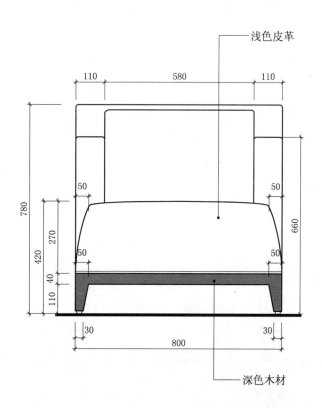

单人沙发正立面图

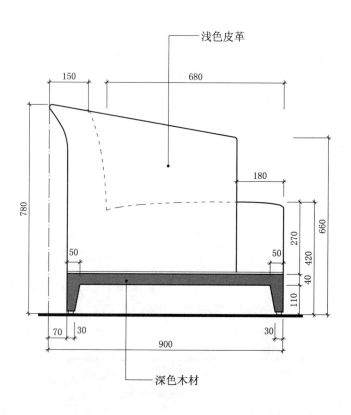

单人沙发侧立面图

坐具类 – 沙发

F1-44　单人沙发

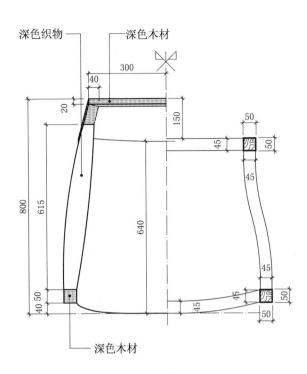

单人沙发平面图

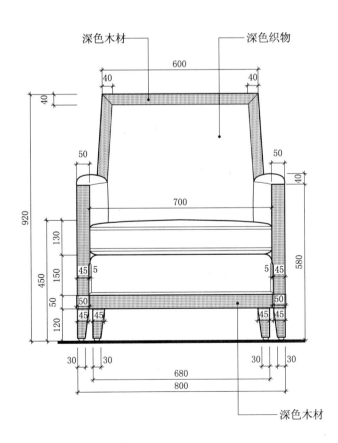

单人沙发正立面图

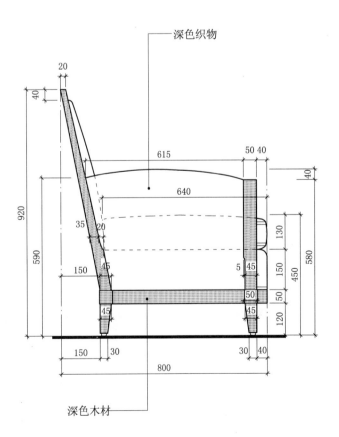

单人沙发侧立面图

坐具类 - 沙发
F1-45 单人沙发

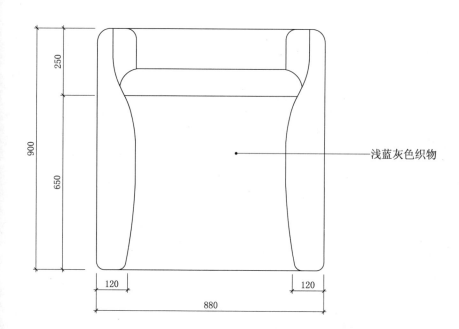

单人沙发平面图

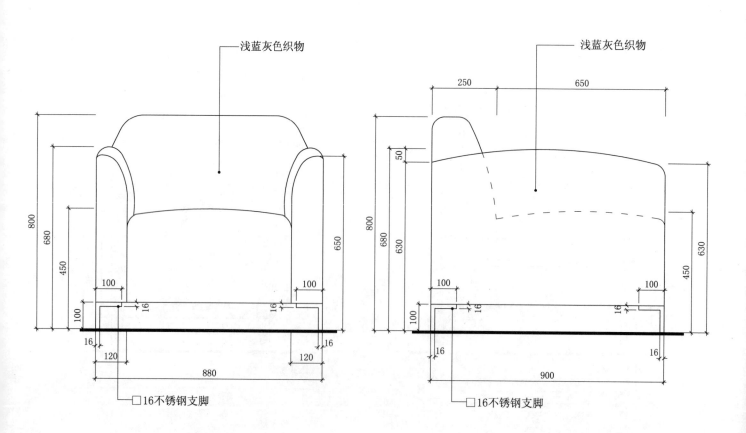

单人沙发正立面图　　　　**单人沙发侧立面图**

坐具类 - 沙发
F1-46 单人沙发

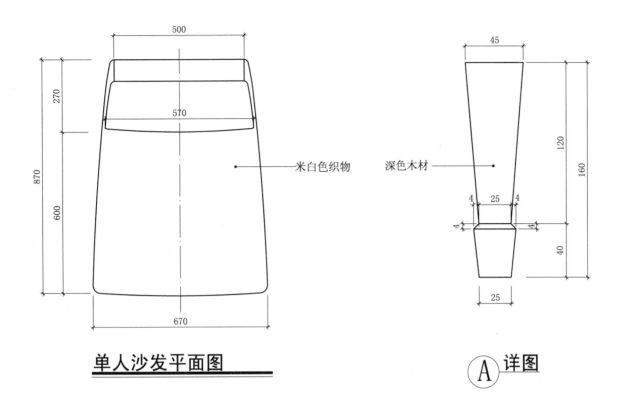

单人沙发平面图　　　A 详图

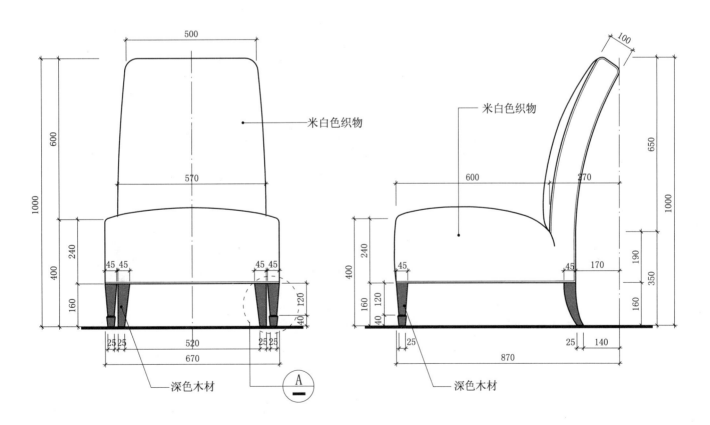

单人沙发正立面图　　　单人沙发侧立面图

坐具类 - 沙发
F1-47 单人沙发

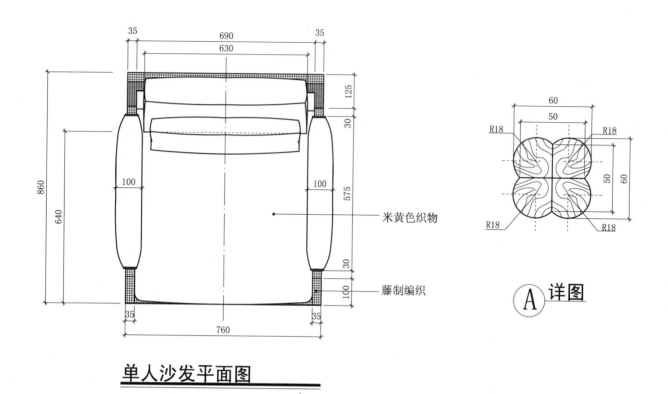

单人沙发平面图

A 详图

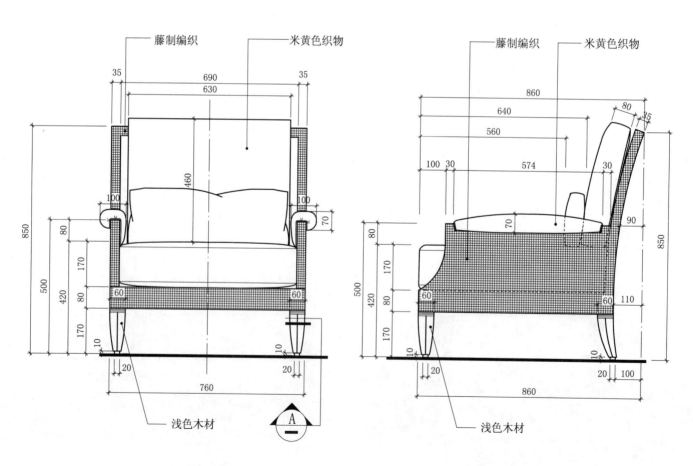

单人沙发正立面图

单人沙发侧立面图

坐具类 – 沙发
F1-48 单人沙发

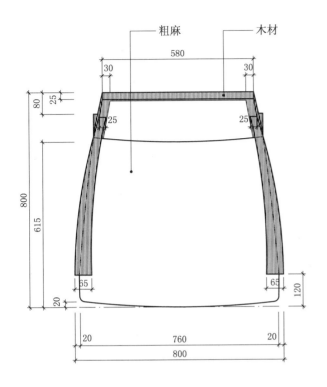

单人沙发平面图　　　　单人沙发背立面图

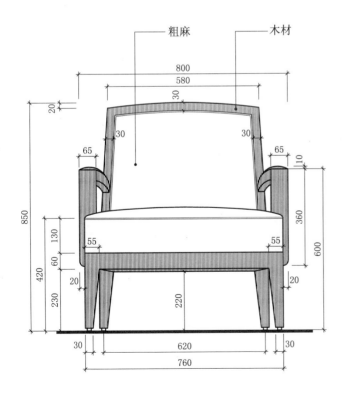

单人沙发正立面图　　　　单人沙发侧立面图

坐具类 — 沙发

F1-49　单人沙发

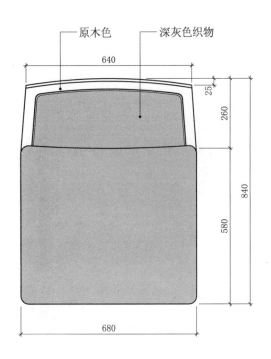

单人沙发平面图

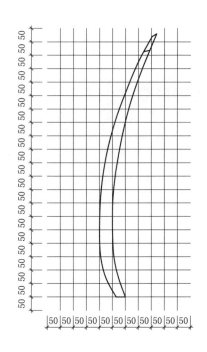

靠背侧立面放样图

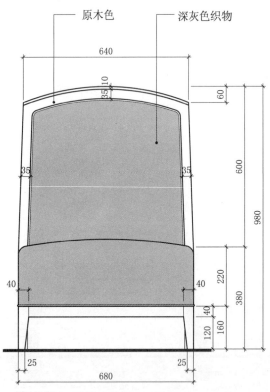

单人沙发正立面图

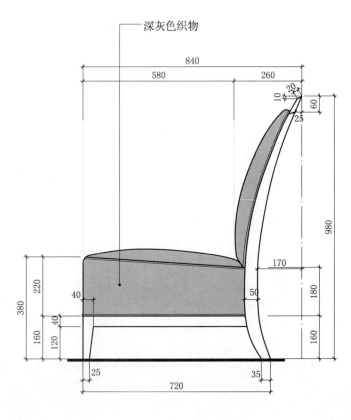

单人沙发侧立面图

坐具类 - 沙发

F1-50 单人沙发

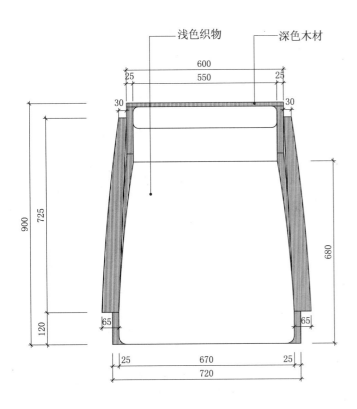

单人沙发平面图　　　　单人沙发背立面图

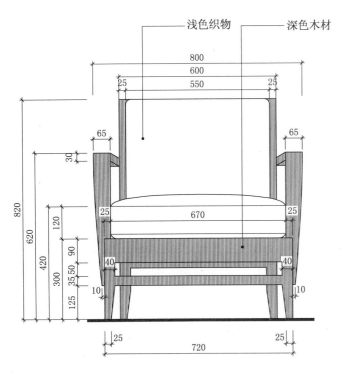

单人沙发正立面图　　　　单人沙发侧立面图

坐具类 - 沙发

F1-51 单人沙发

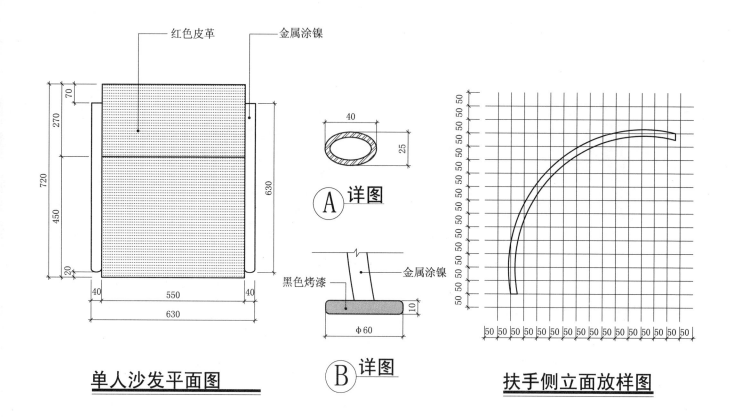

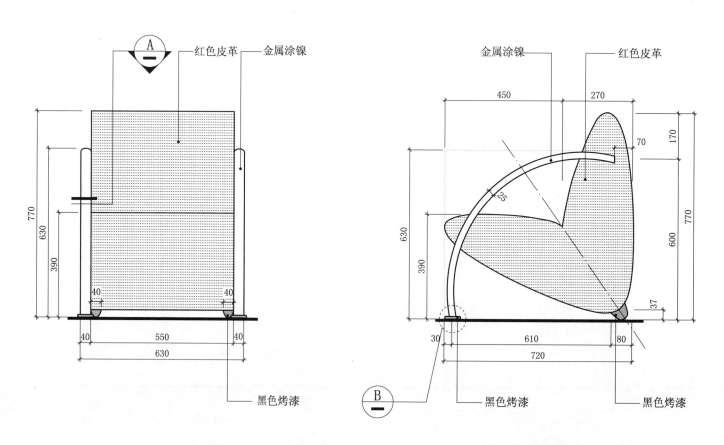

坐具类 – 沙发
F1-52 单人沙发

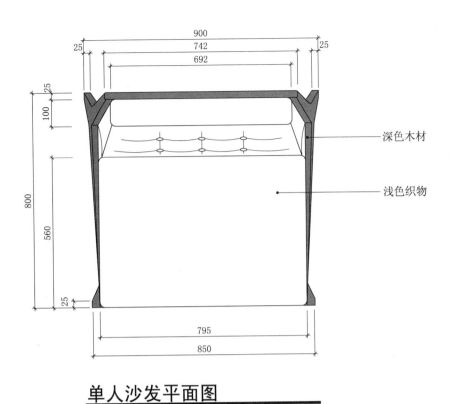

单人沙发平面图

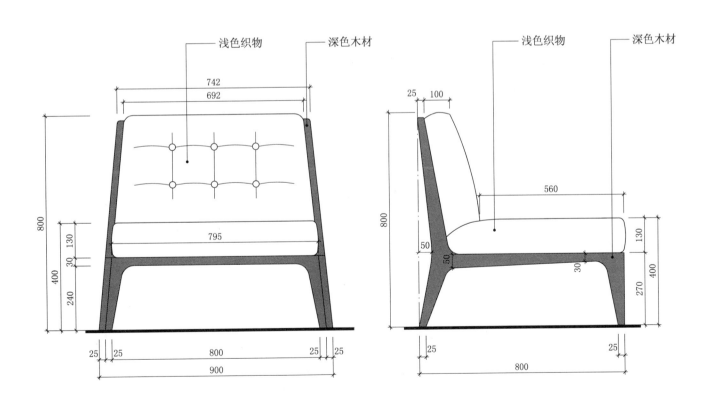

单人沙发正立面图　　　　　　**单人沙发侧立面图**

坐具类 – 沙发
F1-53　单人沙发

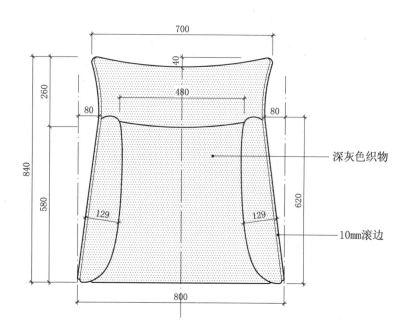

单人沙发平面图

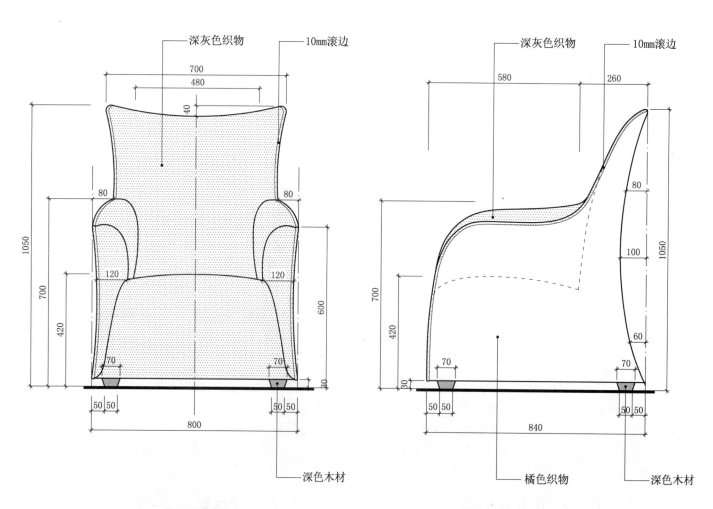

单人沙发正立面图　　　**单人沙发侧立面图**

坐具类 - 沙发

F1-54　单人沙发

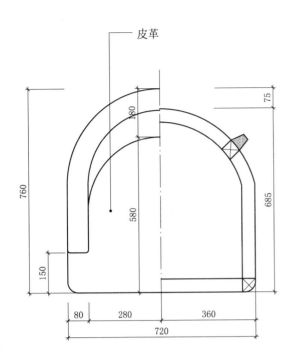

单人沙发平面图

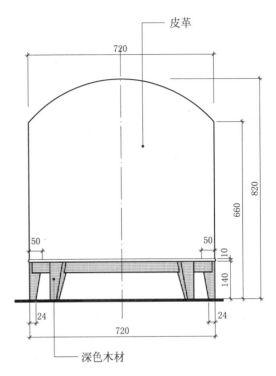

单人沙发背立面图

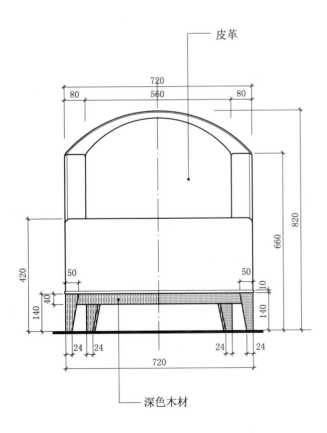

单人沙发正立面图

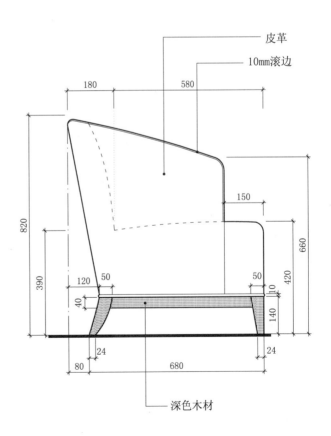

单人沙发侧立面图

坐具类 - 沙发
F1-55 单人沙发

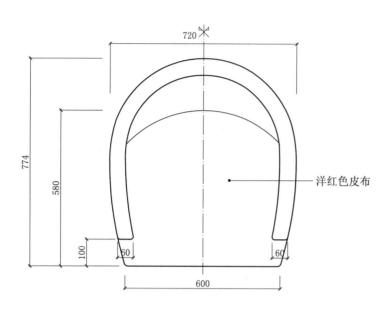

单人沙发平面图

A 详图

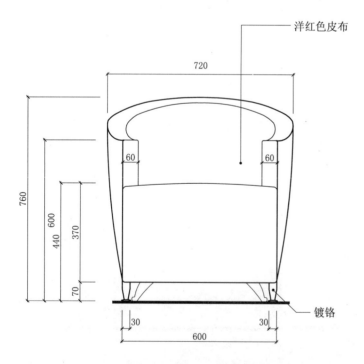

单人沙发正立面图

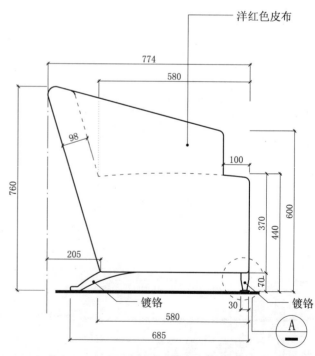

单人沙发侧立面图

坐具类 – 沙发

F1-56 单人沙发

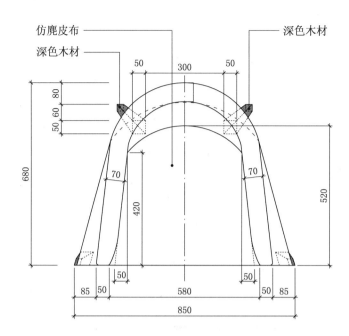

单人沙发侧立面图

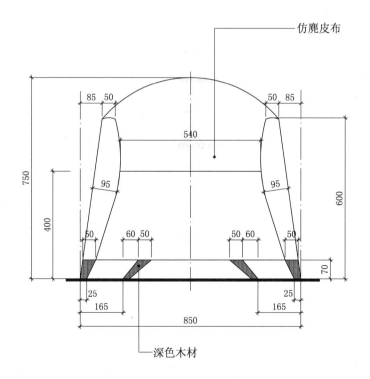

单人沙发正立面图

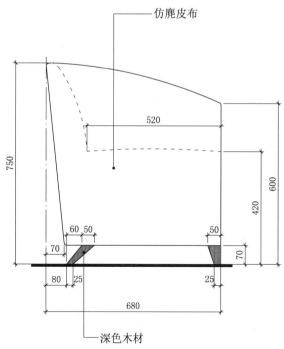

单人沙发侧立面图

坐具类 - 沙发

F1-57 单人沙发

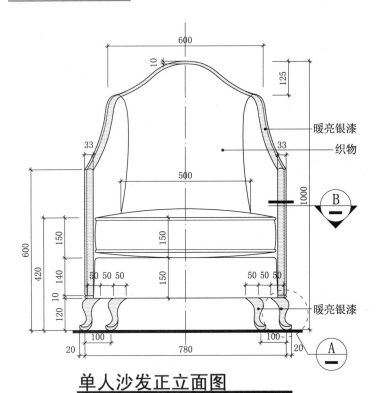

单人沙发正立面图

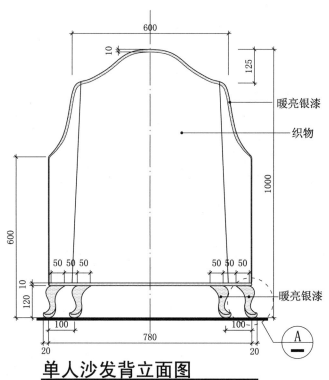

单人沙发背立面图

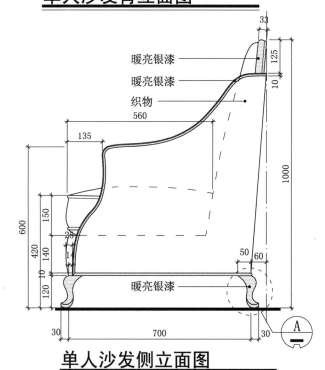

单人沙发平面图

单人沙发侧立面图

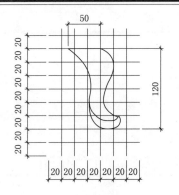

Ⓐ 详图

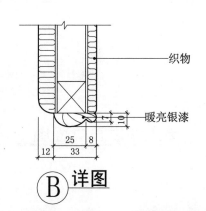

Ⓑ 详图

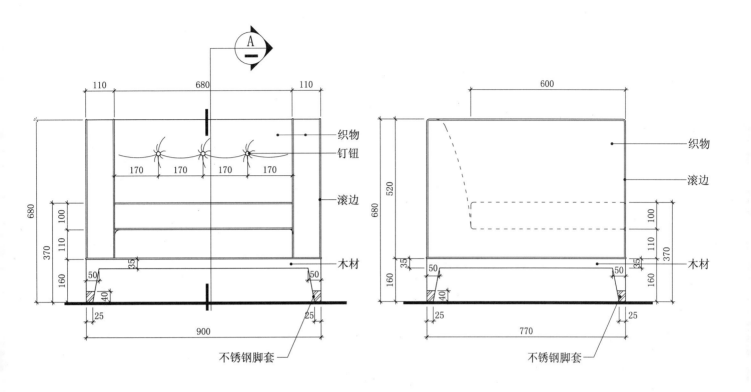

单人沙发正立面图   **单人沙发侧立面图**

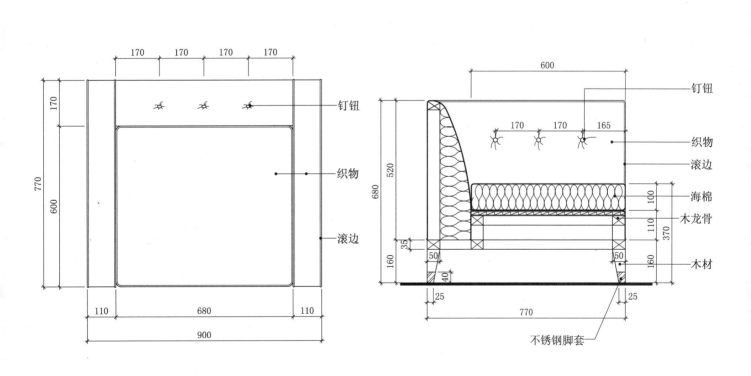

单人沙发平面图   Ⓐ **剖面图**

坐具类 - 沙发

F1-59　单人沙发

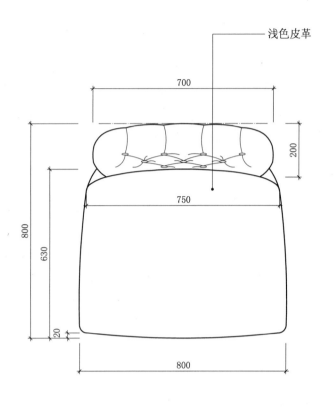

单人沙发平面图　　　　**单人沙发背立面图**

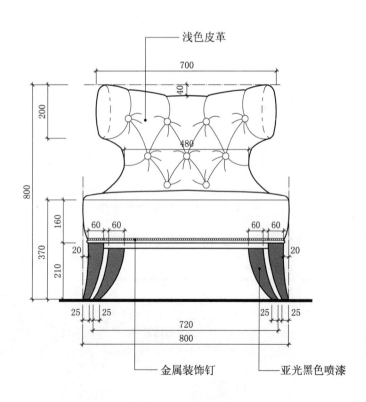　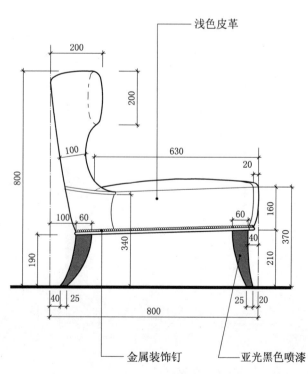

单人沙发正立面图　　　　**单人沙发侧立面图**

坐具类 - 沙发
F1-60 单人沙发

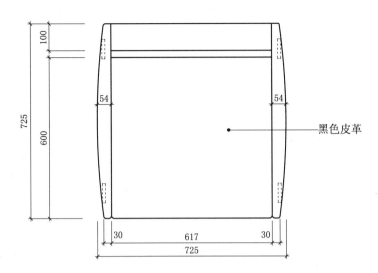

单人沙发平面图

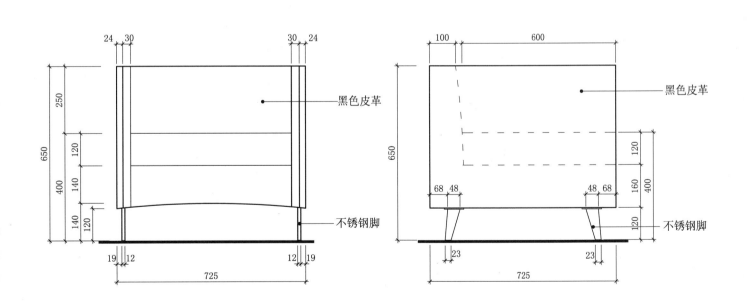

单人沙发正立面图　　　　**单人沙发侧立面图**

坐具类 - 沙发

F1-61 单人沙发

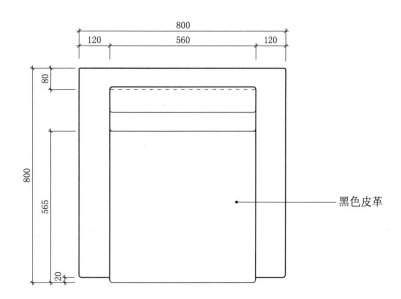

单人沙发平面图

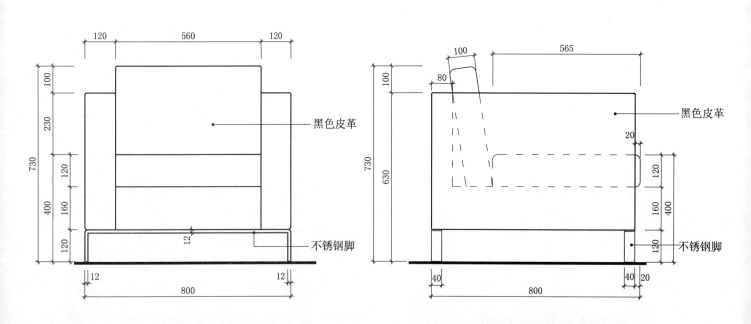

单人沙发正立面图　　　　**单人沙发侧立面图**

坐具类 – 沙发
F1-62　单人沙发

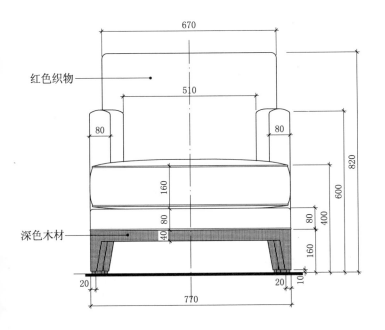

单人沙发正立面图

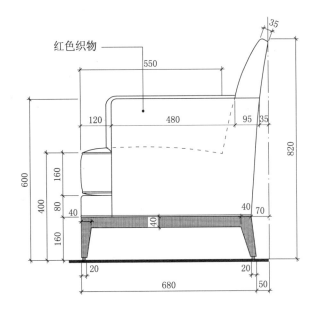

单人沙发侧立面图

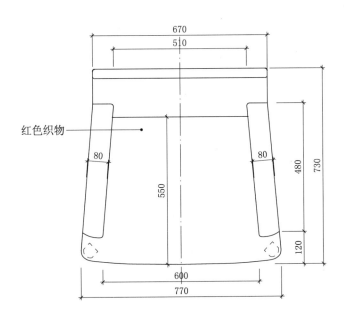

单人沙发平面图

坐具类 — 沙发

F1-63 单人沙发

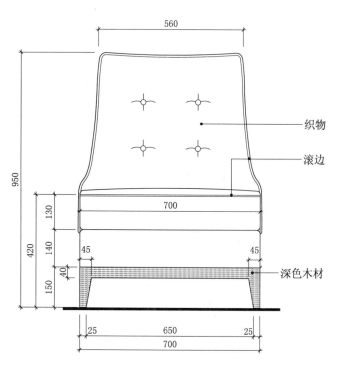

单人沙发正立面图

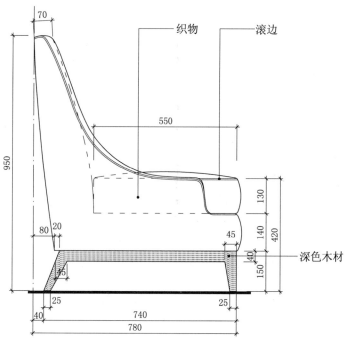

单人沙发侧立面图

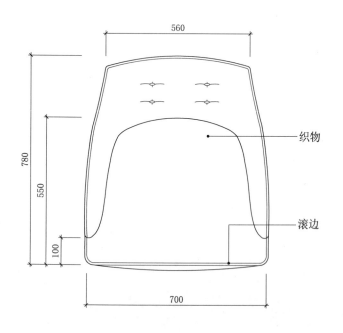

单人沙发平面图

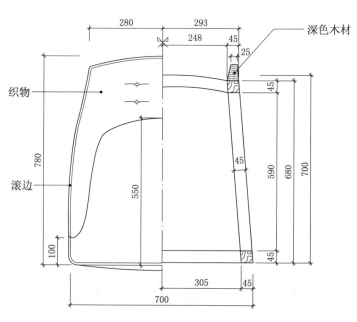

单人沙发平面图

坐具类 - 沙发
F1-64 单人沙发

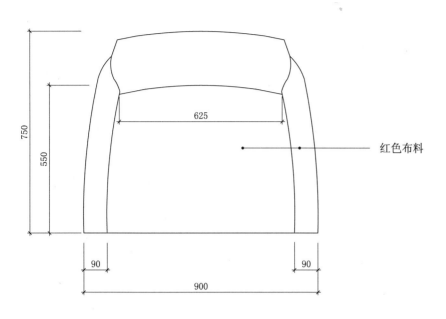

单人沙发平面图

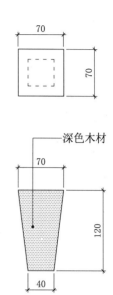

A 详图

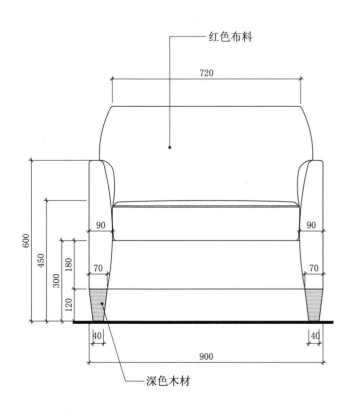

单人沙发正立面图

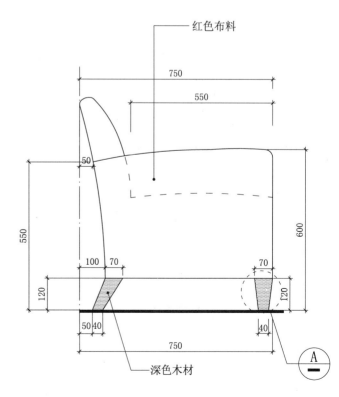

单人沙发侧立面图

坐具类 – 沙发

F1-65 单人沙发

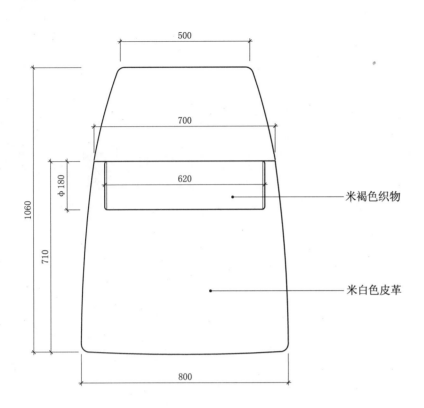

单人沙发平面图

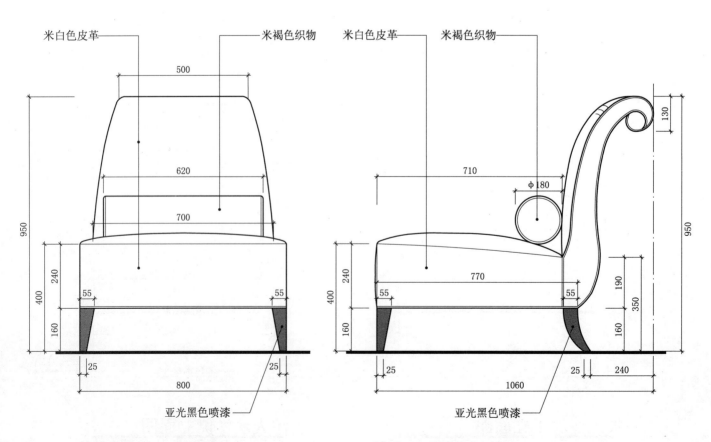

单人沙发正立面图　　**单人沙发侧立面图**

坐具类 - 沙发

F1-66　双人沙发

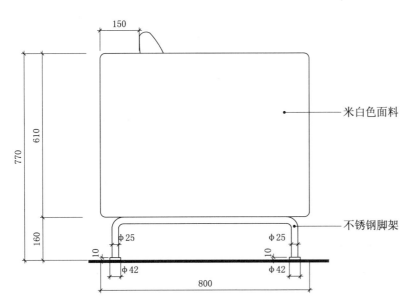

双人沙发侧立面图

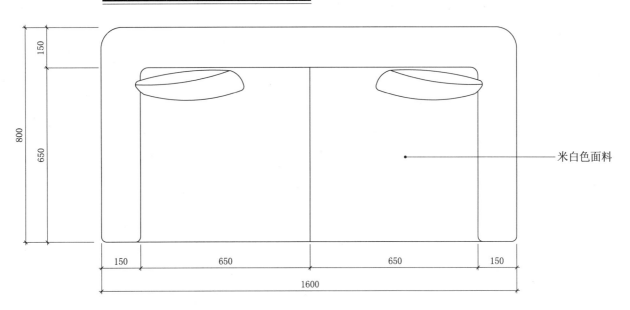

双人沙发平面图

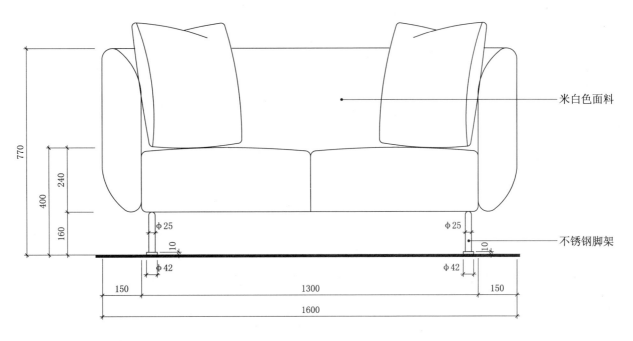

双人沙发正立面图

坐具类 — 沙发

F1-67　双人沙发

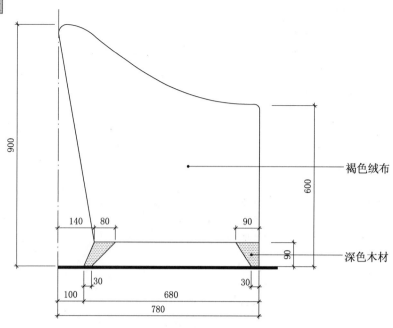

双人沙发侧立面图

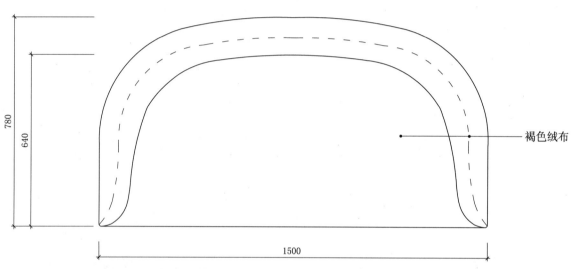

双人沙发平面图

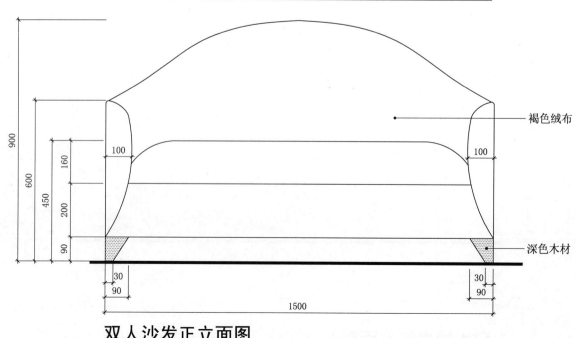

双人沙发正立面图

坐具类 - 沙发

F1-68　双人沙发

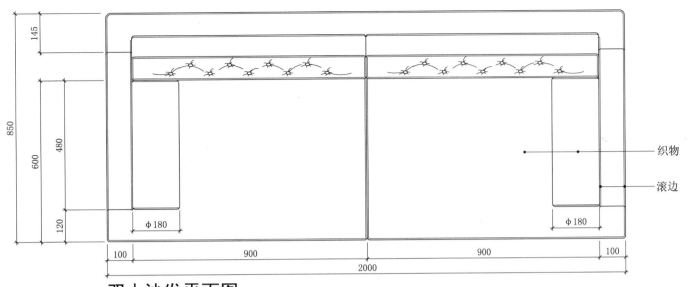

双人沙发平面图

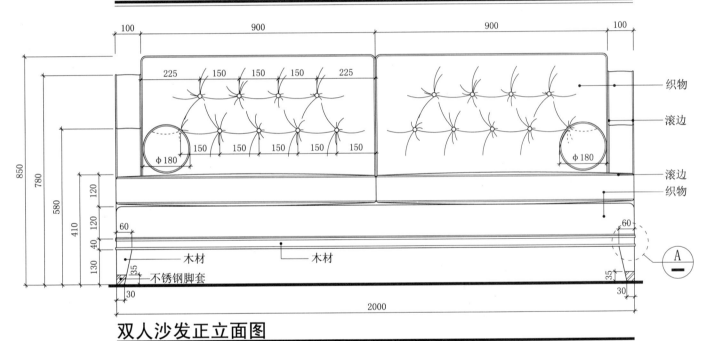

双人沙发正立面图

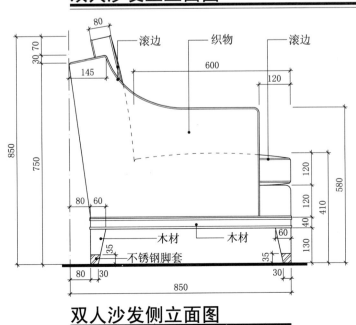

双人沙发侧立面图

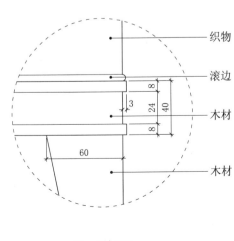

A 详图

坐具类 — 沙发
F1-69　双人沙发

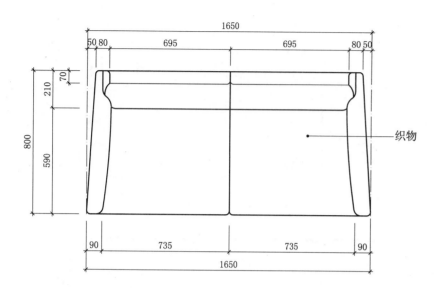

双人沙发平面图

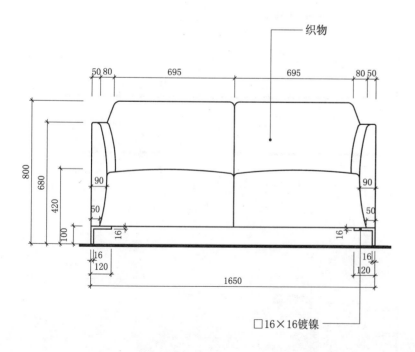

双人沙发正立面图

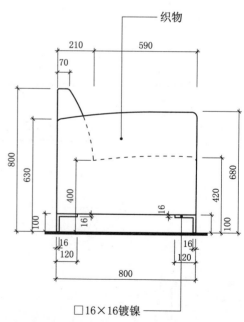

双人沙发侧立面图

坐具类 - 沙发
F1-70　双人沙发

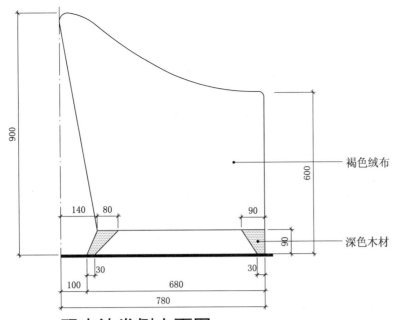

双人沙发侧立面图

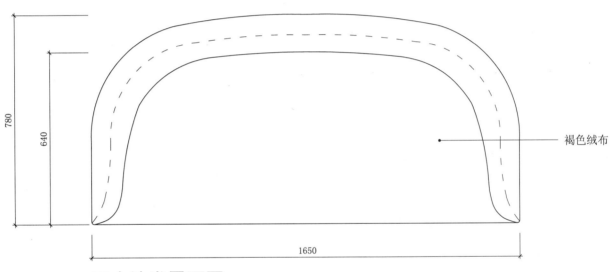

双人沙发平面图

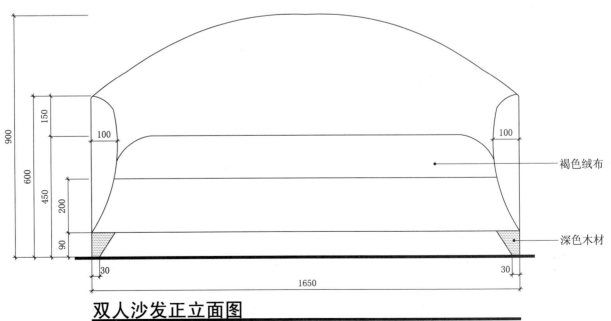

双人沙发正立面图

坐具类 - 沙发
F1-71 双人沙发

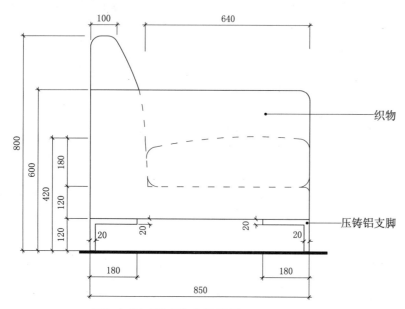

双人沙发侧立面图

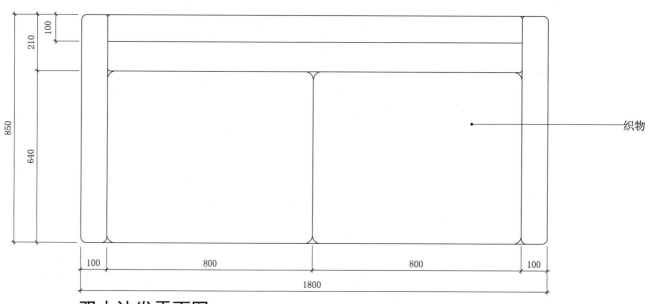

双人沙发平面图

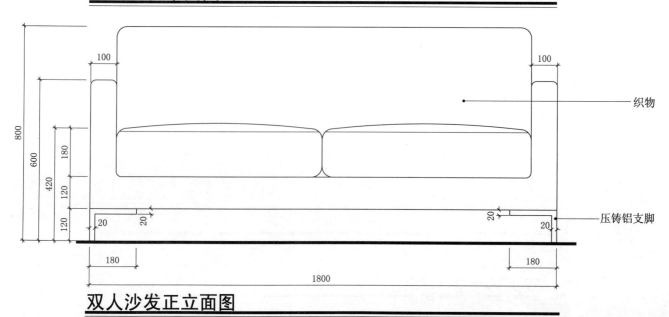

双人沙发正立面图

坐具类 – 沙发

F1-72　双人沙发

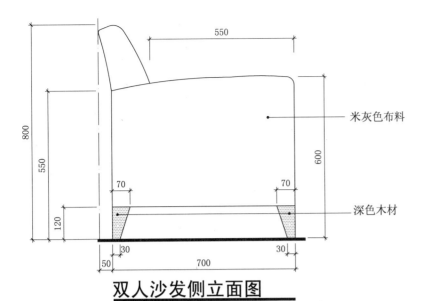

双人沙发侧立面图

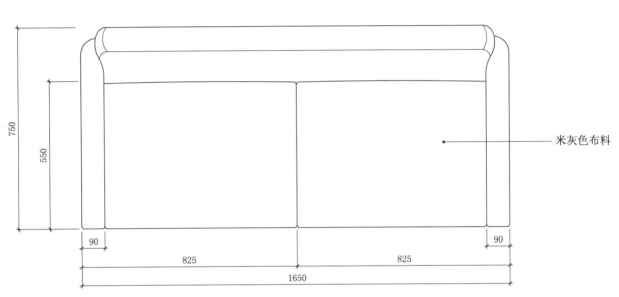

双人沙发平面图

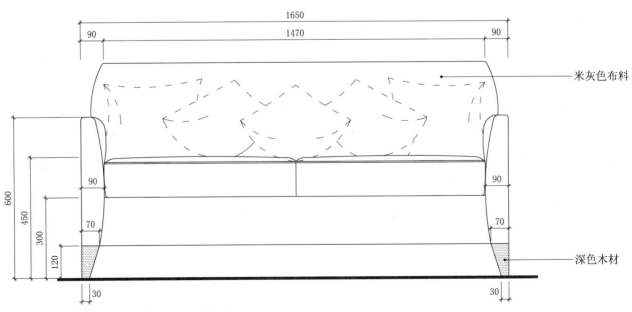

双人沙发正立面图

坐具类 – 沙发
F1-73 双人沙发

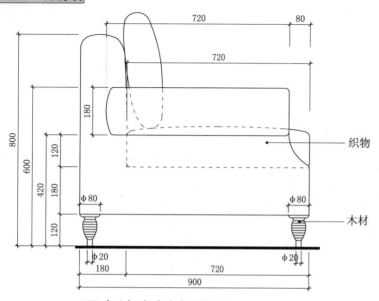

双人沙发侧立面图

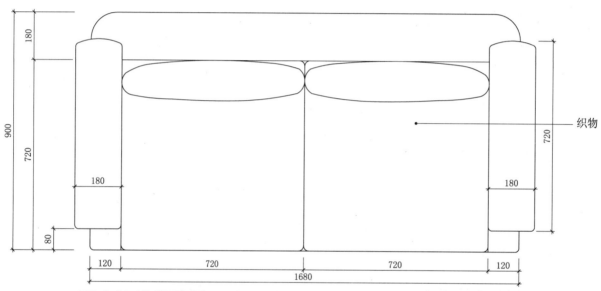

双人沙发平面图

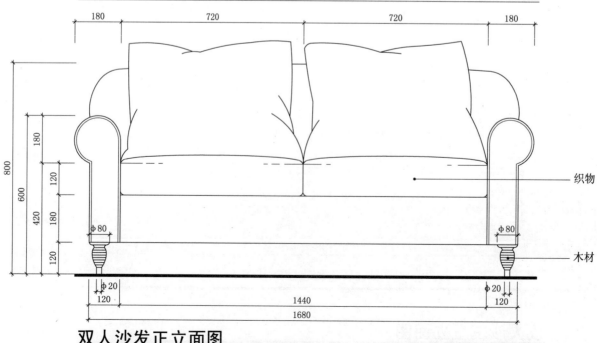

双人沙发正立面图

坐具类 – 沙发
F1-74　双人沙发

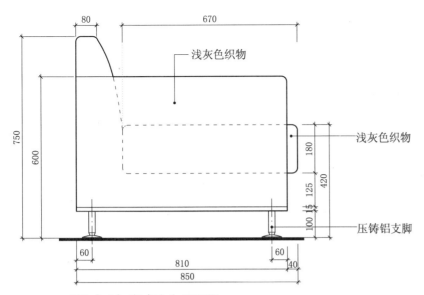

双人沙发侧立面图

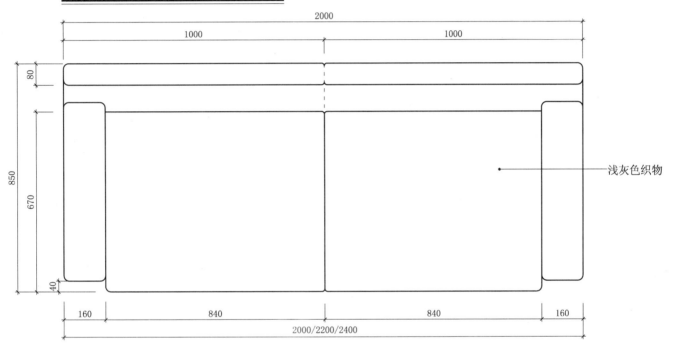

双人沙发平面图

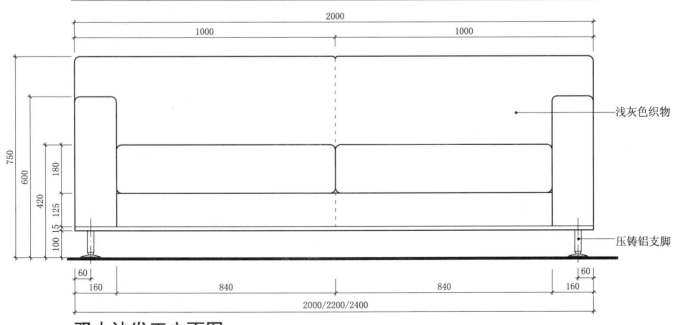

双人沙发正立面图

坐具类 - 沙发
F1-75 双人沙发

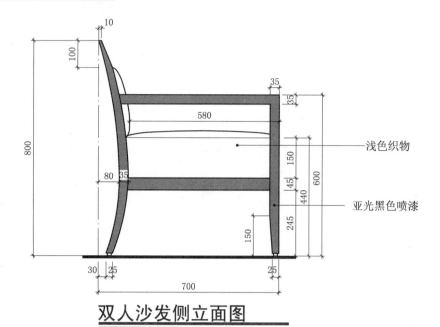

双人沙发侧立面图

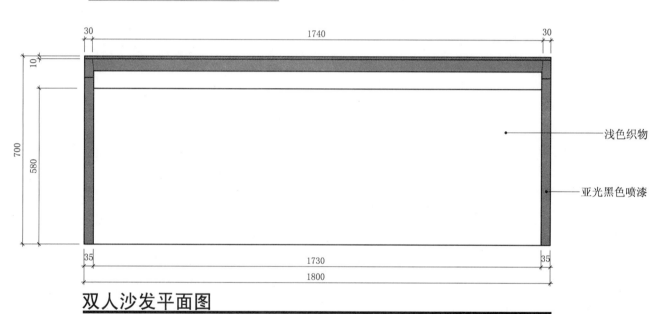

双人沙发平面图

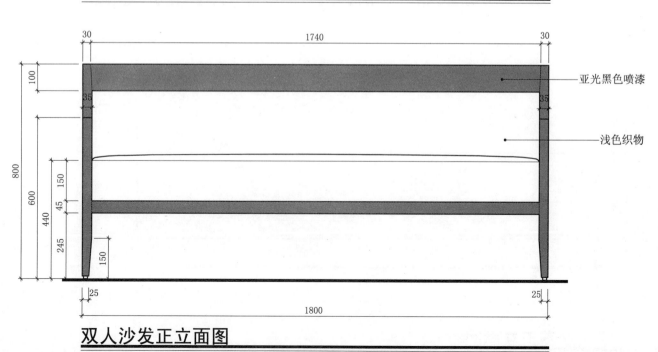

双人沙发正立面图

坐具类 – 沙发
F1-76　双人沙发

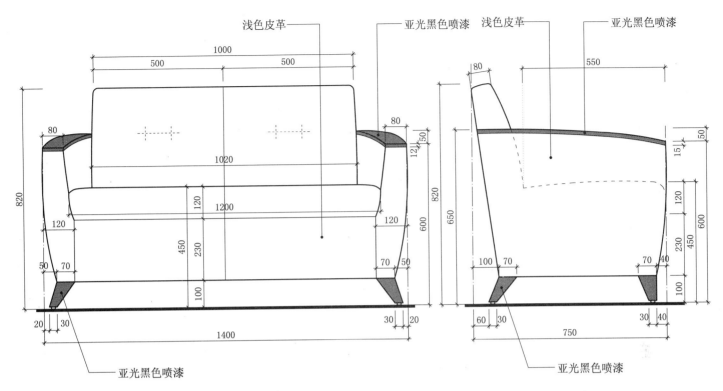

双人沙发正立面图　　　双人沙发侧立面图

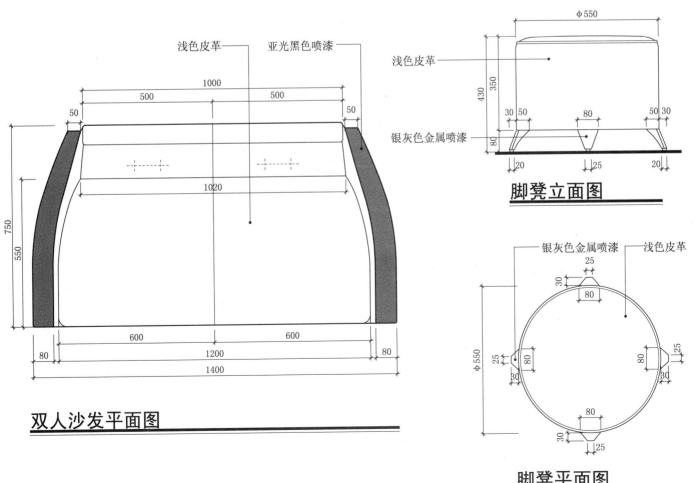

双人沙发平面图　　　脚凳立面图

脚凳平面图

坐具类 - 沙发
F1-77 双人沙发

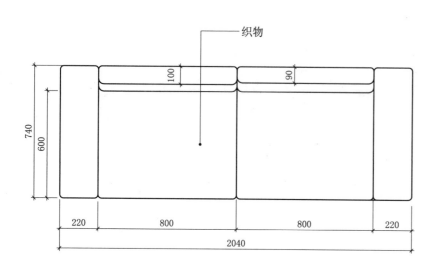

双人沙发平面图

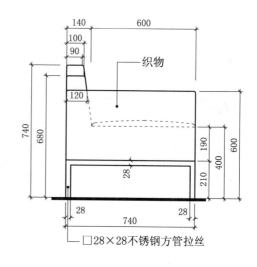

双人沙发左侧立面图

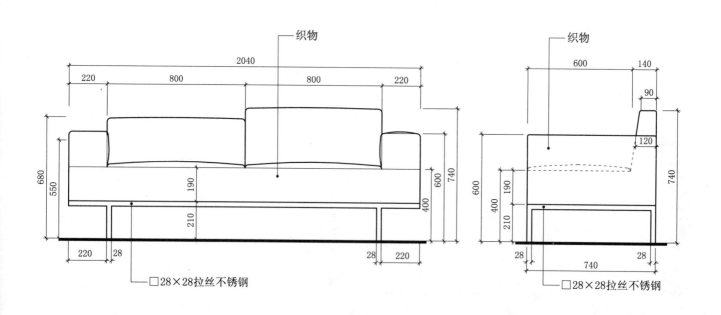

双人沙发正立面图　　　　双人沙发右侧立面图

坐具类 — 沙发

F1-78　三人沙发

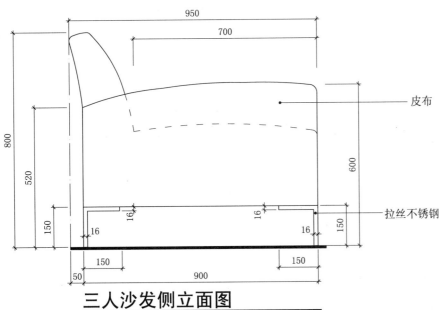

三人沙发侧立面图

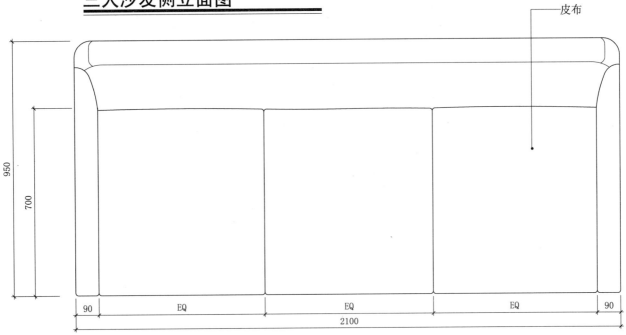

三人沙发平面图

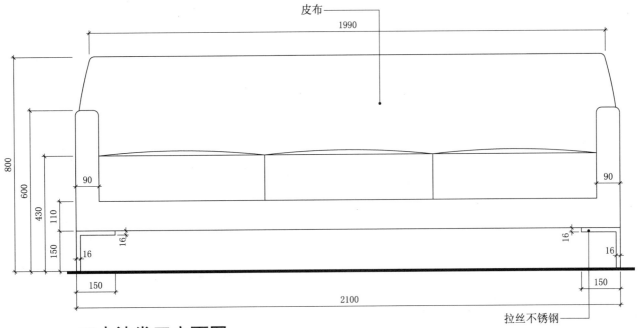

三人沙发正立面图

坐具类 - 沙发

F1-79 三人沙发

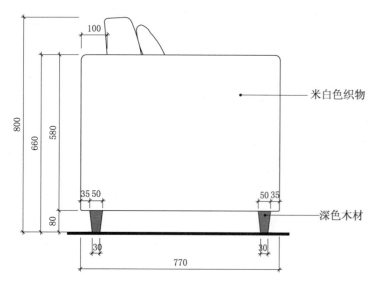

三人沙发侧立面图

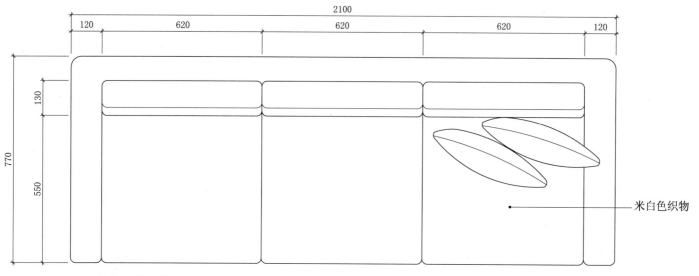

三人沙发平面图

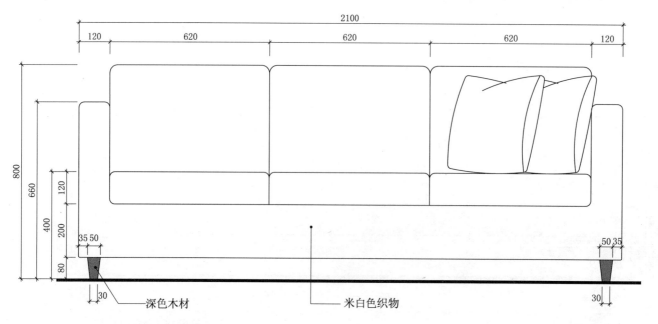

三人沙发正立面图

坐具类 - 沙发
F1-80　三人沙发

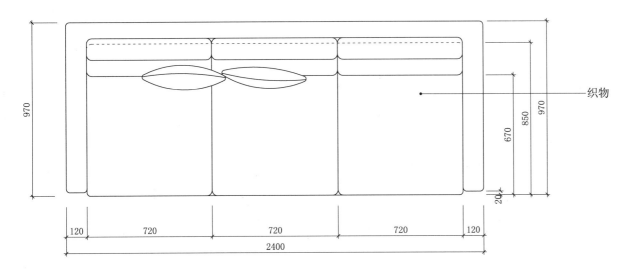

三人沙发平面图

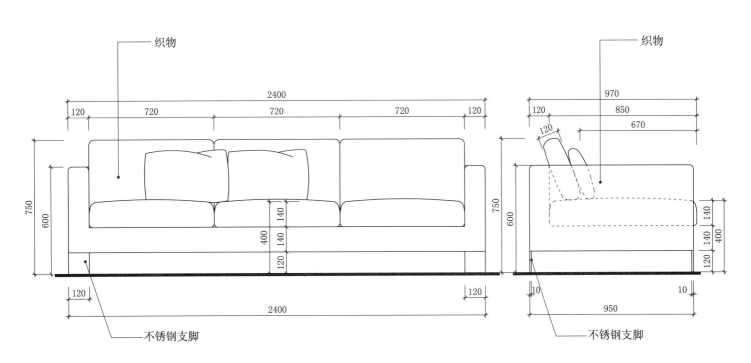

三人沙发正立面图　　　　　　　　　**三人沙发侧立面图**

坐具类 - 沙发
F1-81 三人沙发

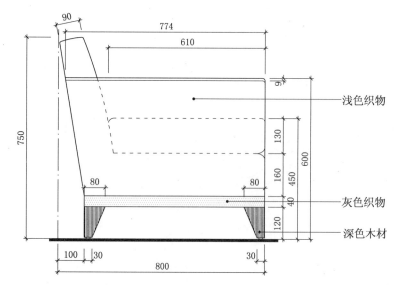

三人沙发侧立面图

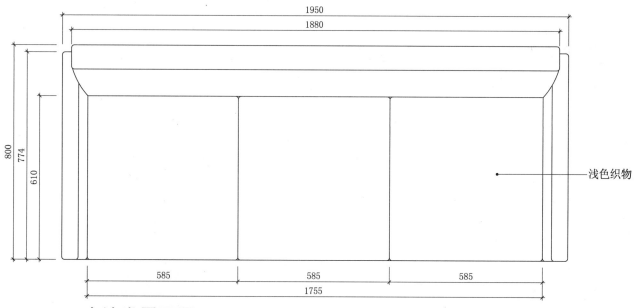

三人沙发平面图

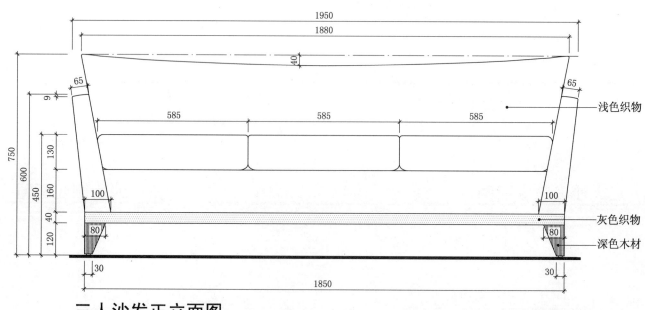

三人沙发正立面图

坐具类 - 沙发

F1-82　三人沙发

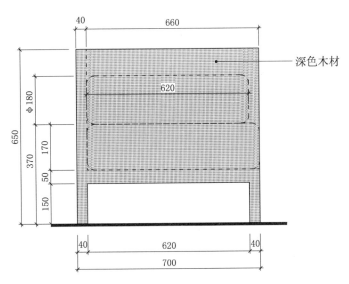

三人沙发侧立面图

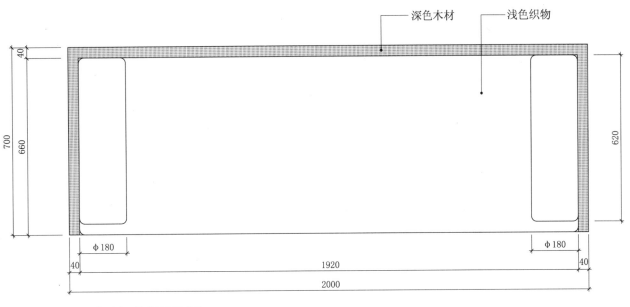

三人沙发平面图

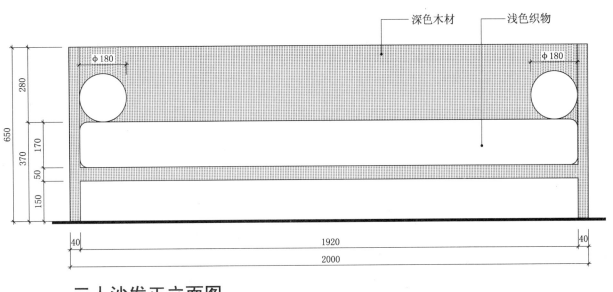

三人沙发正立面图

坐具类 – 沙发

F1-83　三人沙发

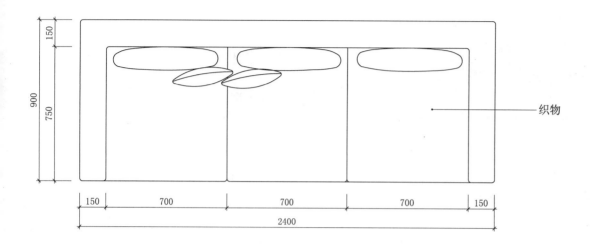

三人沙发平面图

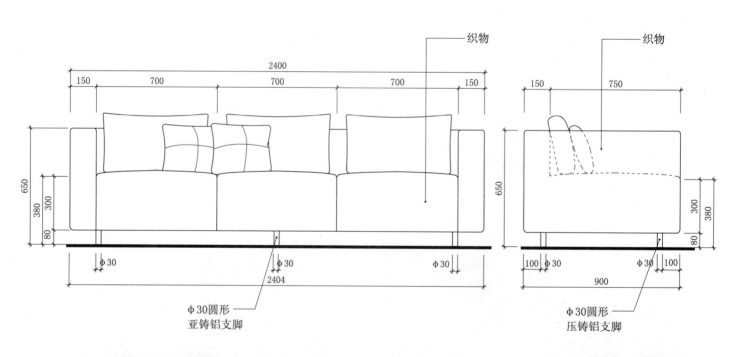

三人沙发正立面图　　　**三人沙发侧立面图**

坐具类 - 沙发
F1-84　三人沙发

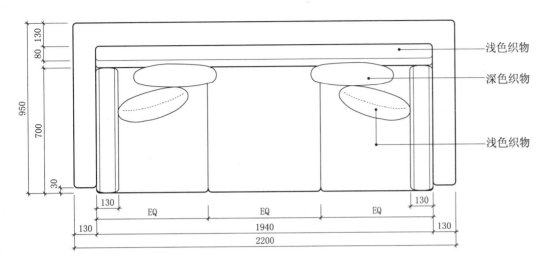

三人沙发平面图

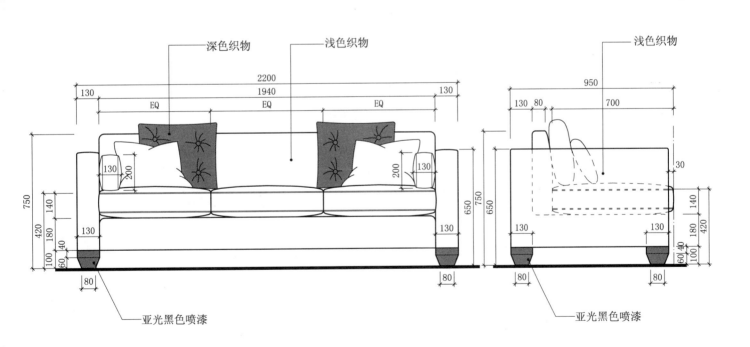

三人沙发正立面图　　　　　　　**三人沙发侧立面图**

坐具类 — 沙发
F1-85　三人沙发

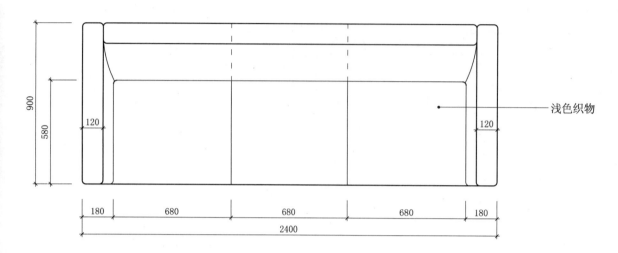

三人沙发平面图

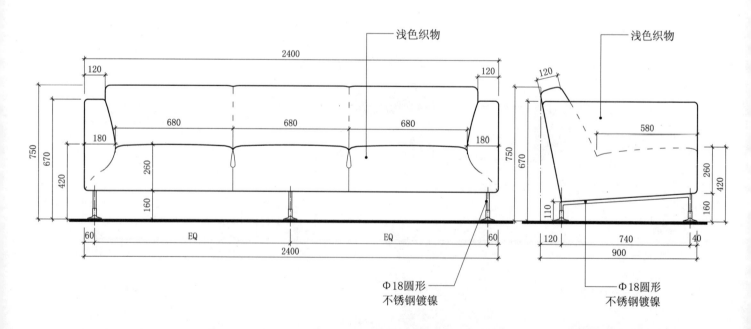

三人沙发正立面图　　　　　　　　　　　　**三人沙发侧立面图**

坐具类 - 沙发

F1-86　三人沙发

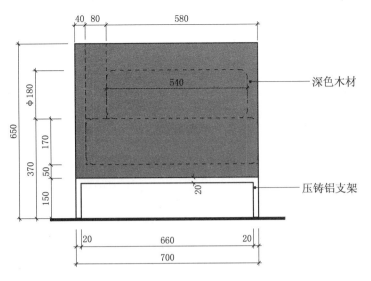

三人沙发侧立面图

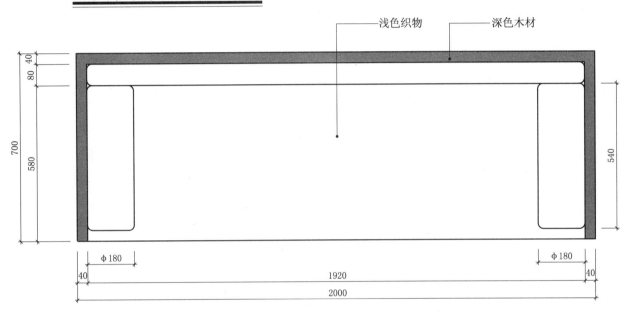

三人沙发平面图

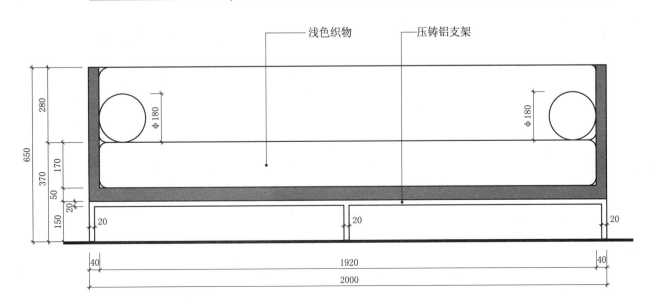

三人沙发正立面图

坐具类 — 沙发

F1-87 三人沙发

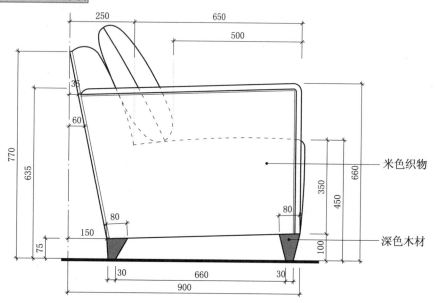

三人沙发侧立面图

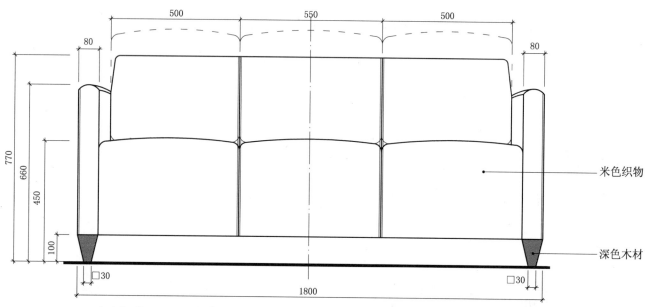

三人沙发正立面图

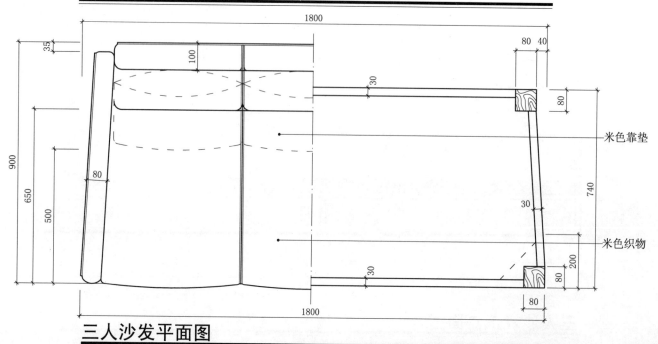

三人沙发平面图

坐具类 — 沙发

F1-88　加长沙发

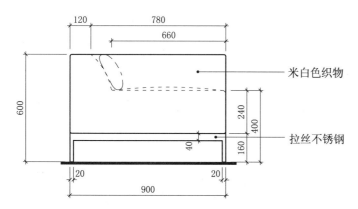

加长沙发侧立面图

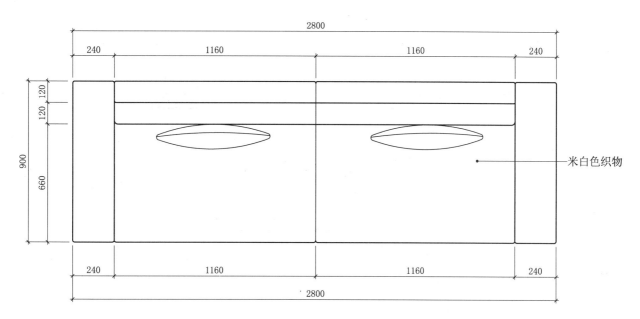

加长沙发平面图

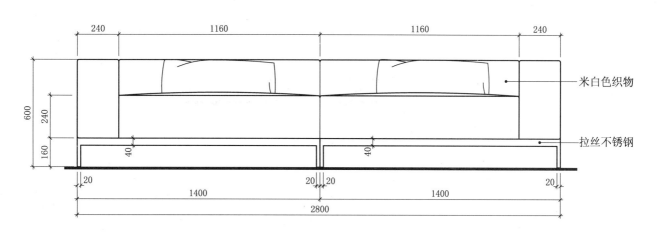

加长沙发正立面图

坐具类 – 沙发
F1-89 加长沙发

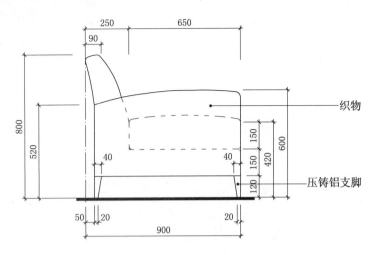

加长沙发侧立面图

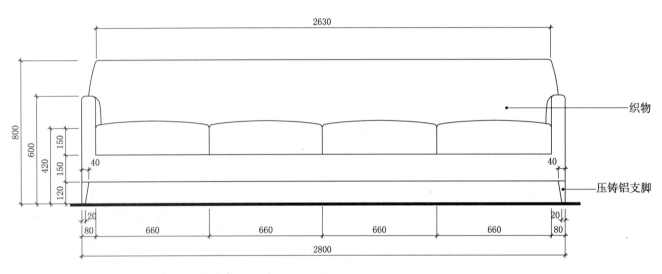

加长沙发正立面图

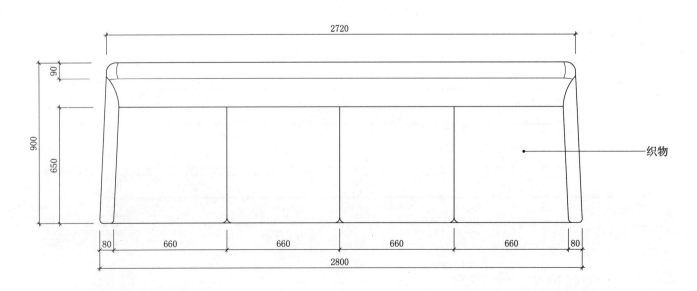

加长沙发平面图

坐具类 — 沙发

F1-90　加长沙发

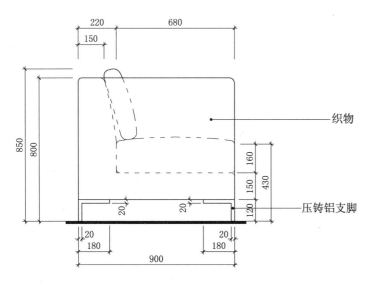

加长沙发侧立面图

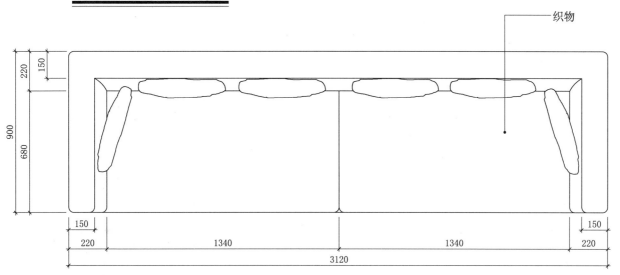

加长沙发平面图

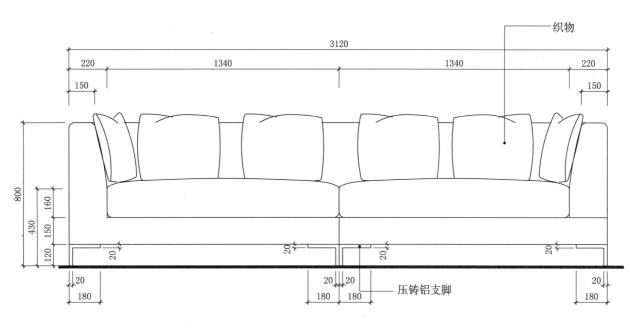

加长沙发正立面图

坐具类 - 沙发
F1-91　加长沙发

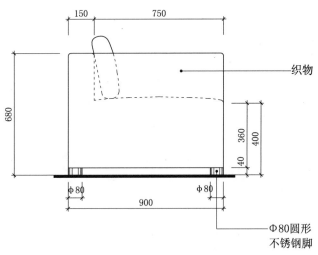

加长沙发侧立面图

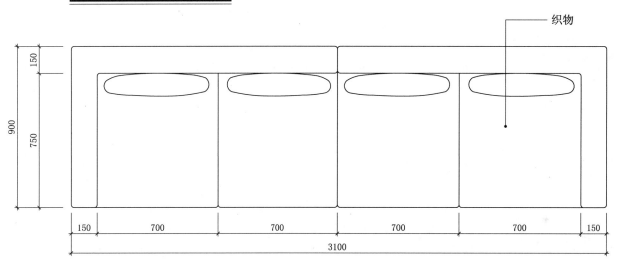

加长沙发平面图

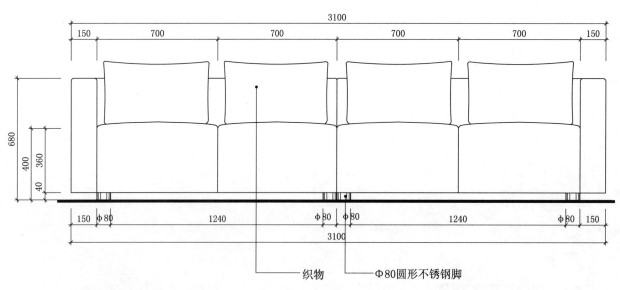

加长沙发正立面图

坐具类 – 沙发
F1-92 加长沙发

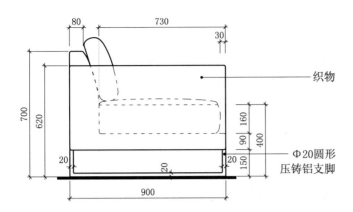

加长沙发侧立面图

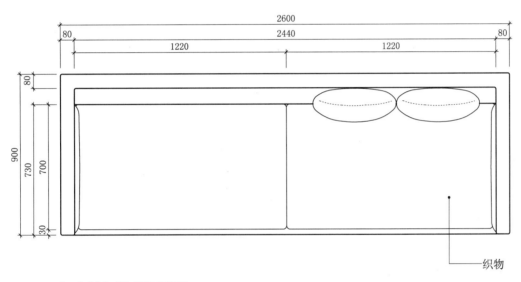

加长沙发平面图

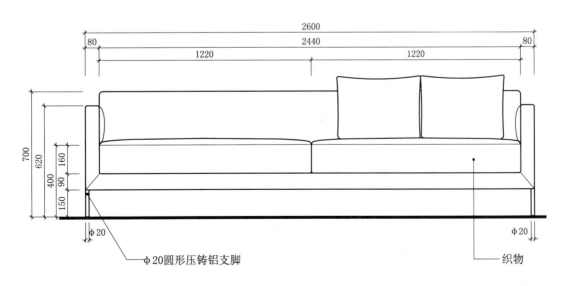

加长沙发正立面图

坐具类 – 沙发
F1-93　加长沙发

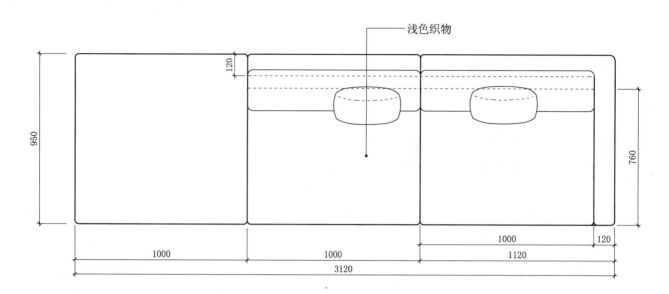

加长组合沙发平面图

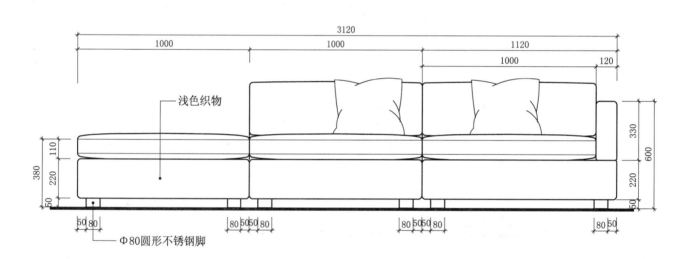

加长组合沙发正立面图

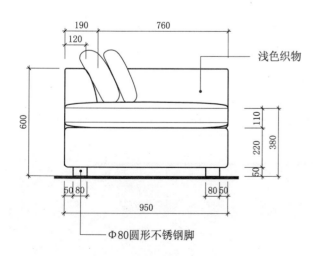

加长组合沙发左侧立面图

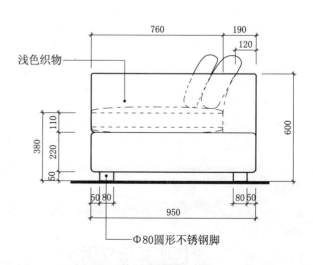

加长组合沙发右侧立面图

坐具类 - 沙发
F1-94 加长沙发

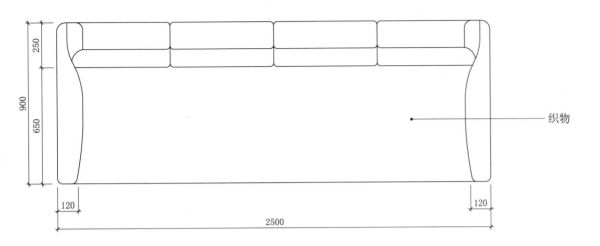

加长沙发平面图

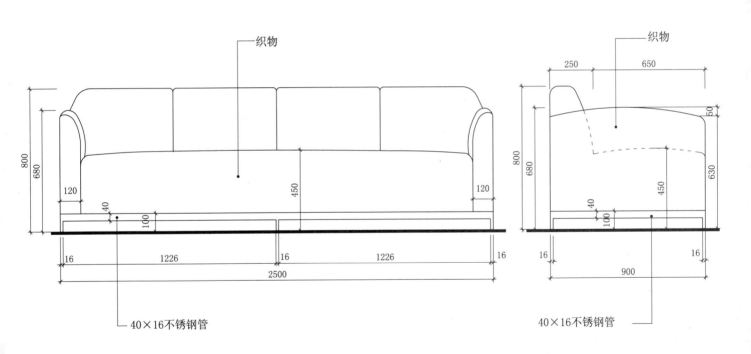

加长沙发正立面图　　　　　　　　　　**加长沙发侧立面图**

坐具类 — 沙发
F1-95　休闲沙发

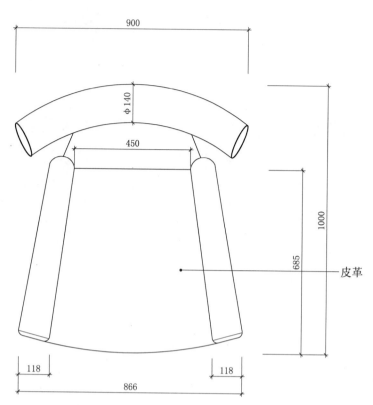

休闲沙发平面图

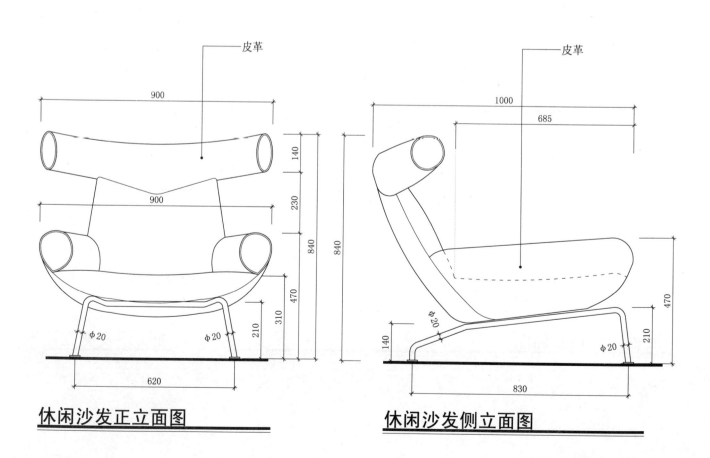

休闲沙发正立面图　　　**休闲沙发侧立面图**

坐具类 - 沙发
F1-96 休闲沙发

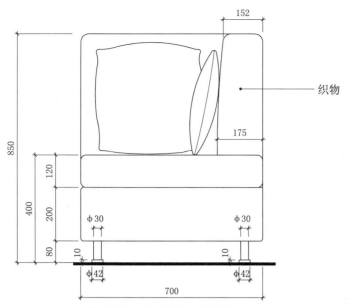

休闲沙发侧立面图

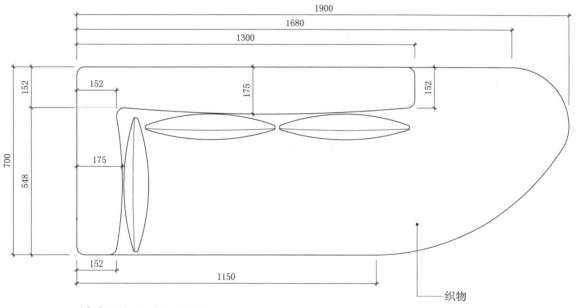

休闲沙发平面图

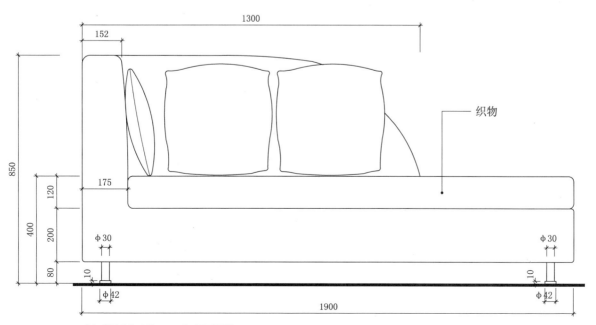

休闲沙发正立面图

坐具类 — 沙发

F1-97 休闲沙发

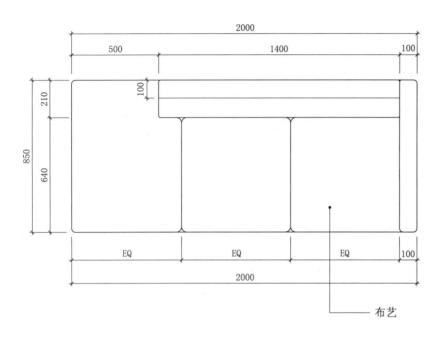

休闲沙发平面图

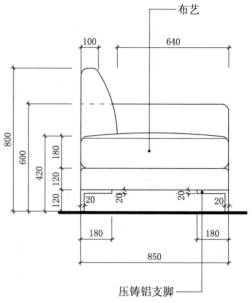

休闲沙发左侧立面图

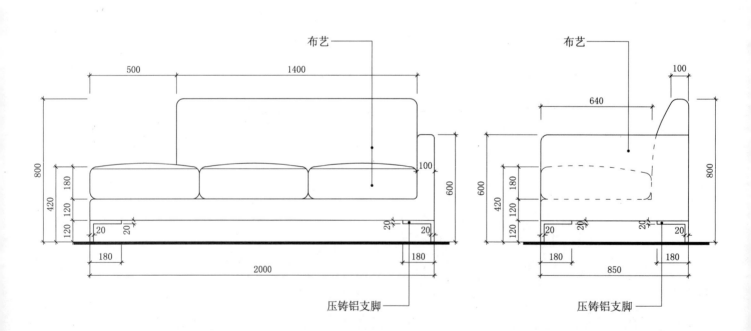

休闲沙发正立面图　　休闲沙发右侧立面图

坐具类 - 沙发
F1-98　休闲沙发

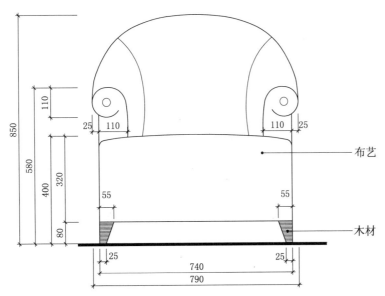

休闲沙发正立面图

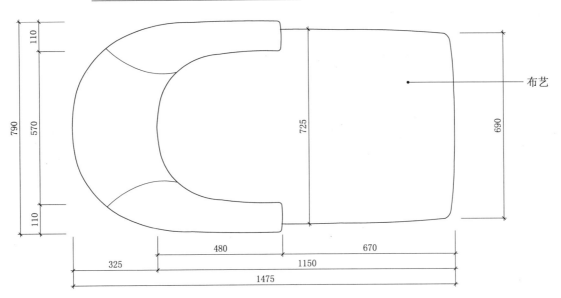

休闲沙发平面图

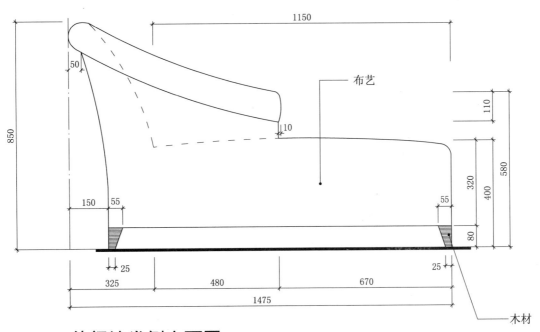

休闲沙发侧立面图

坐具类 - 沙发
F1-99　休闲沙发

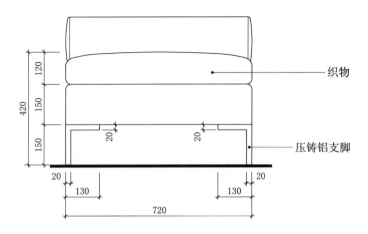

休闲沙发侧立面图

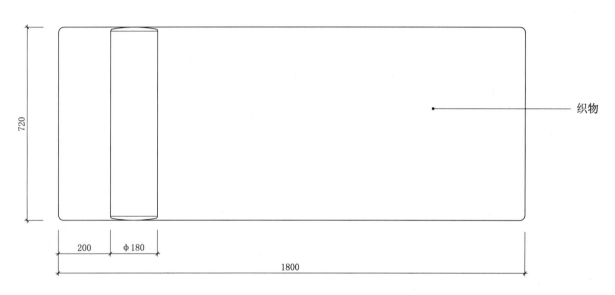

休闲沙发平面图

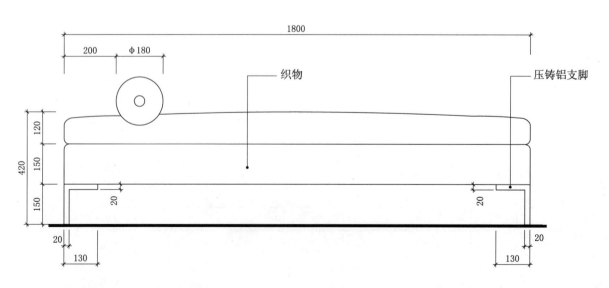

休闲沙发正立面图

坐具类 – 沙发
F1-100　休闲沙发

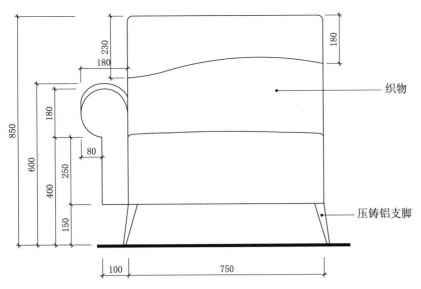

休闲沙发侧立面图

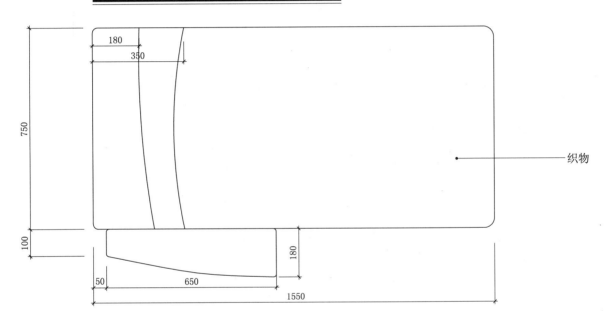

休闲沙发平面图

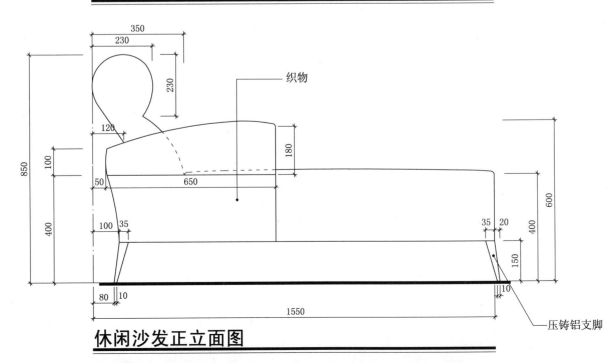

休闲沙发正立面图

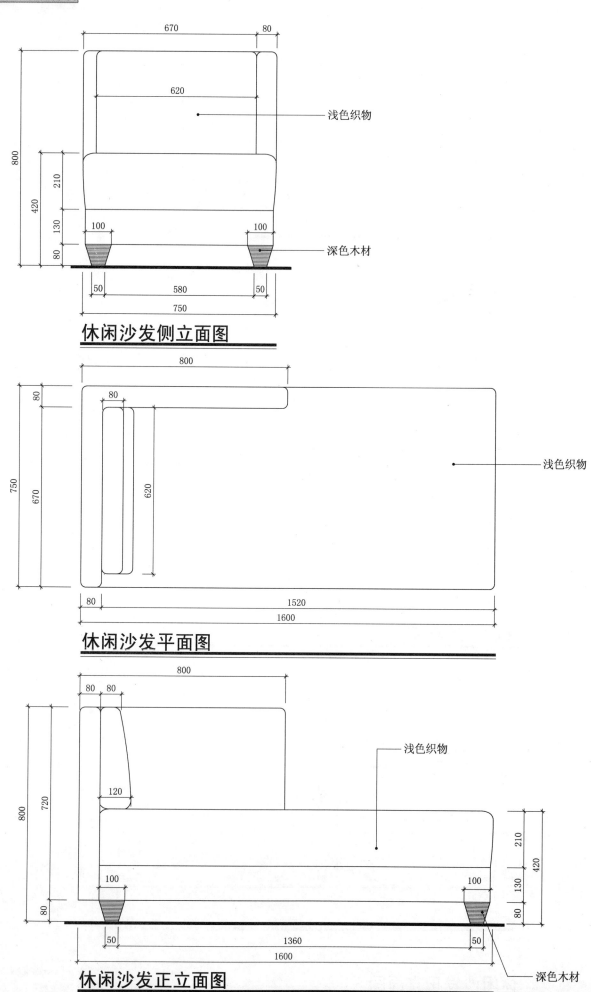

坐具类 - 沙发
F1-102　休闲沙发

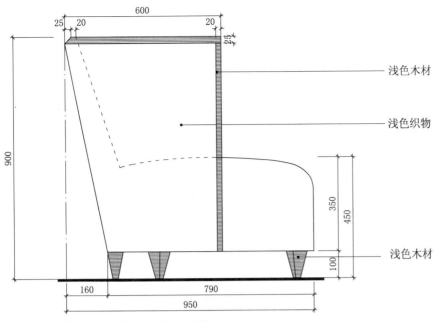

休闲沙发侧立面图

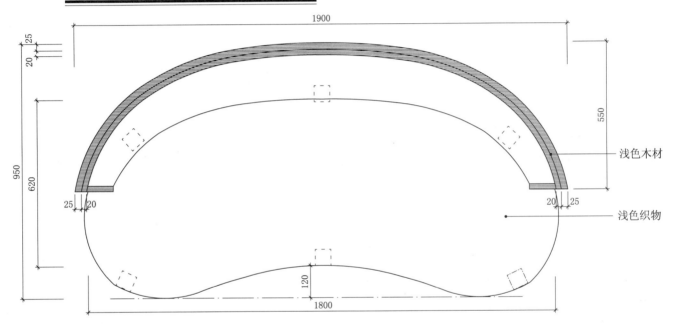

休闲沙发平面图

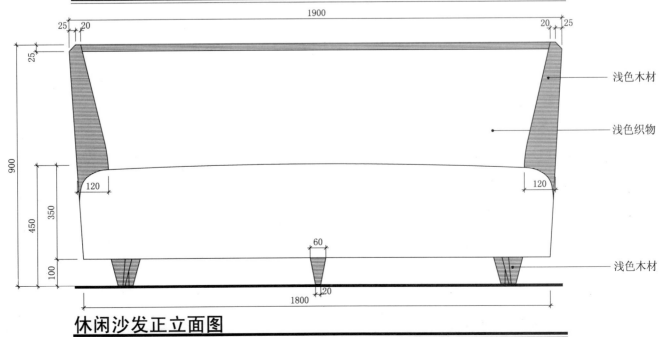

休闲沙发正立面图

坐具类 - 沙发
F1-103 休闲沙发

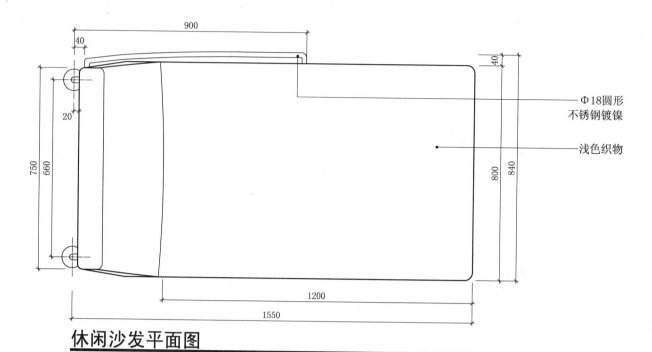

休闲沙发平面图

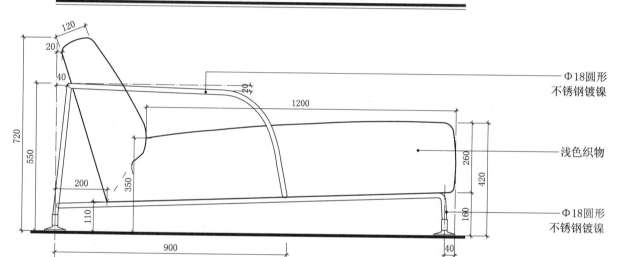

休闲沙发侧立面图

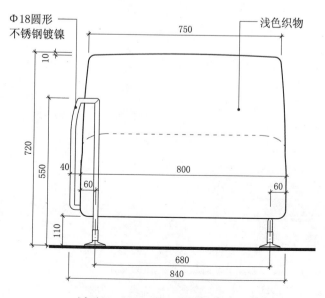

休闲沙发背立面图

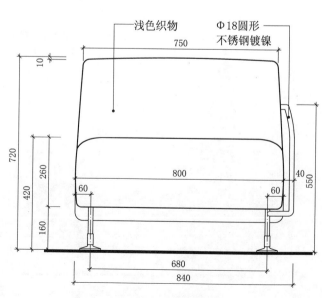

休闲沙发正立面图

坐具类 – 沙发
F1-104　休闲沙发

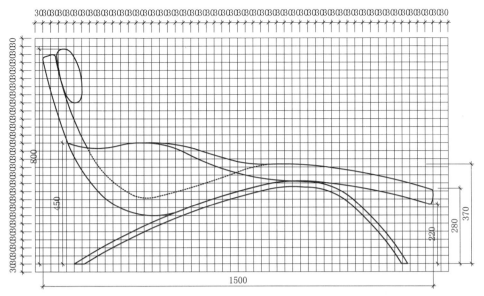

休闲沙发侧立面放样图

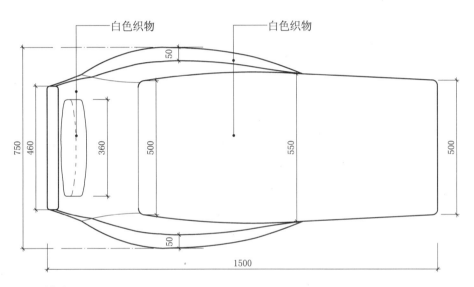

休闲沙发平面图

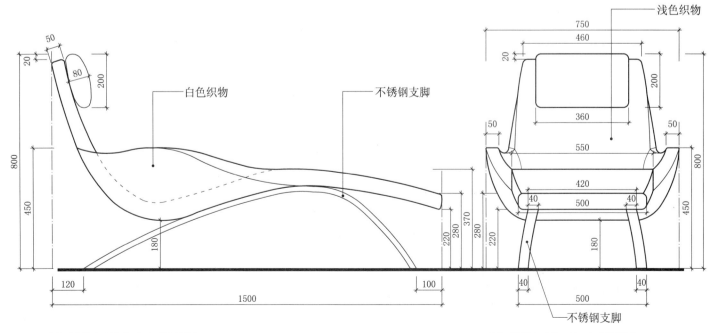

休闲沙发侧立面图　　　　　休闲沙发正立面图

坐具类 — 沙发

F1-105　休闲沙发

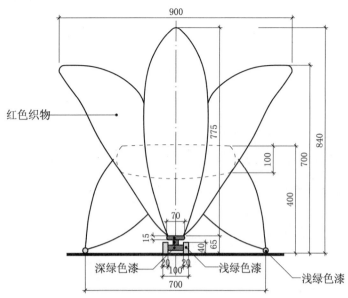

休闲沙发背立面图

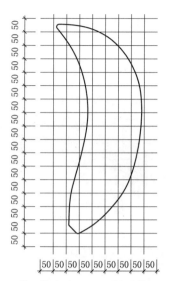

靠背侧立面放样图

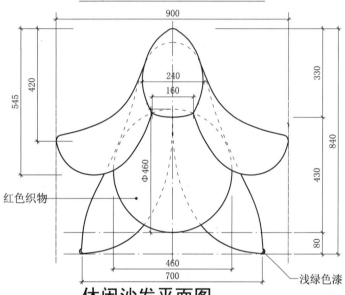

休闲沙发平面图

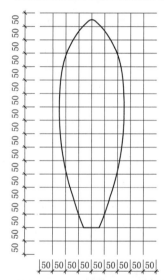

靠背正立面放样图

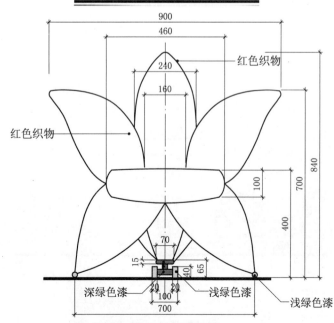

休闲沙发正立面图

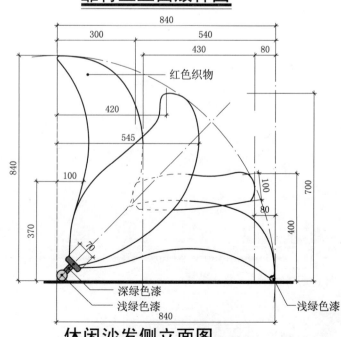

休闲沙发侧立面图

坐具类 – 沙发
F1-106 休闲沙发

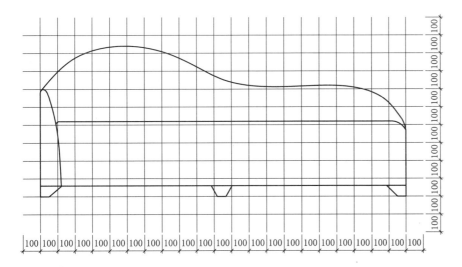

弧形靠背放样图

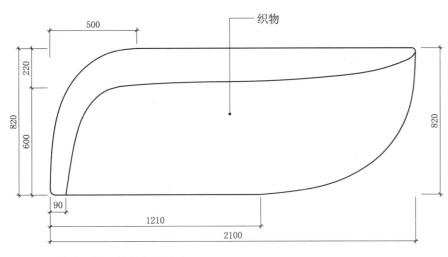

休闲沙发平面图

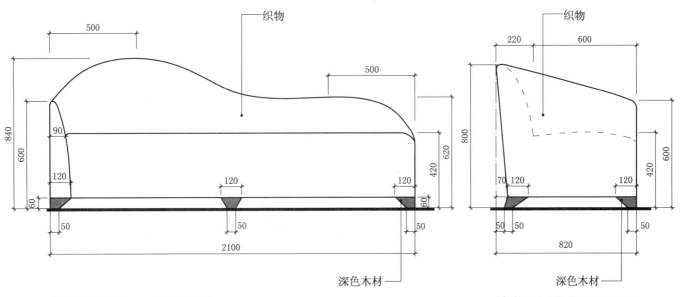

休闲沙发正立面图　　休闲沙发侧立面图

坐具类 – 沙发
F1-107　休闲沙发

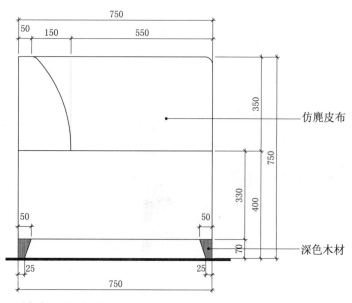

休闲沙发侧立面图

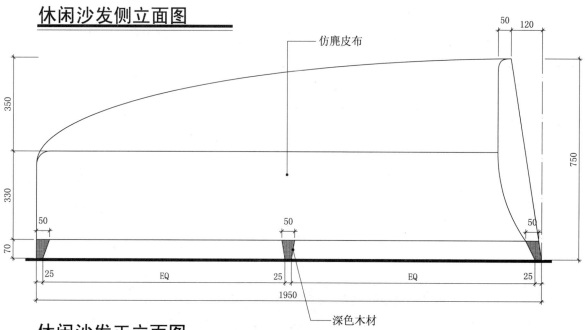

休闲沙发正立面图

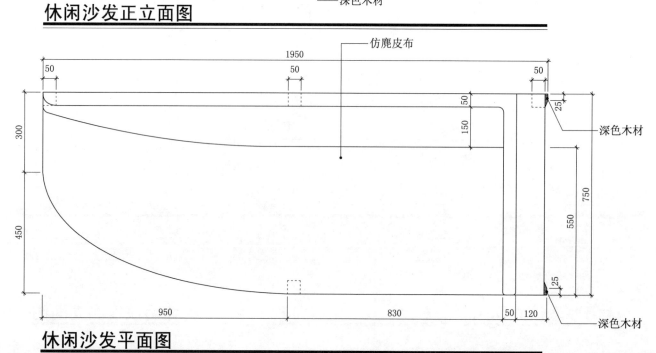

休闲沙发平面图

坐具类 — 沙发

F1-108　休闲沙发

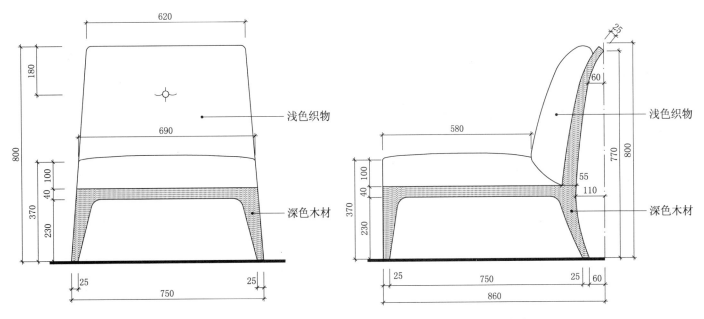

单人休闲沙发正立面图　　　单人休闲沙发侧立面图

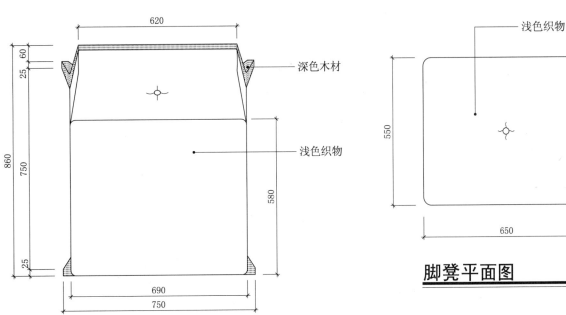

单人休闲沙发平面图　　　脚凳平面图

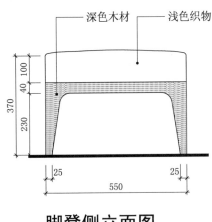

脚凳侧立面图

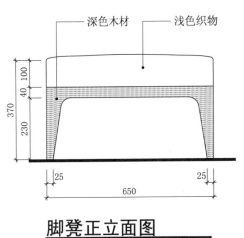

脚凳正立面图

坐具类 – 沙发
F1-109 休闲沙发

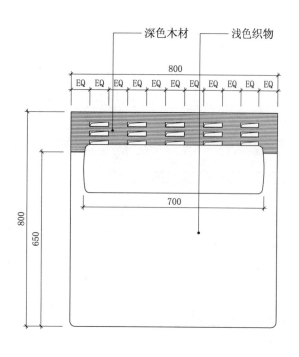

单人休闲沙发平面图

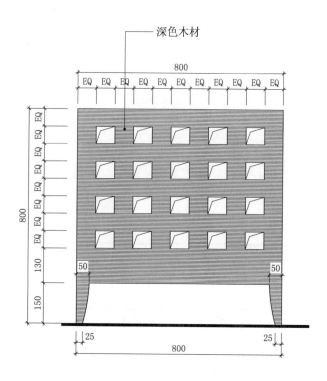

单人休闲沙发背立面图

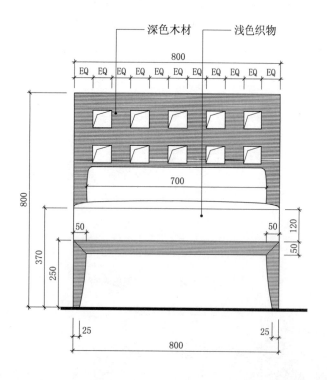

单人休闲沙发正立面图

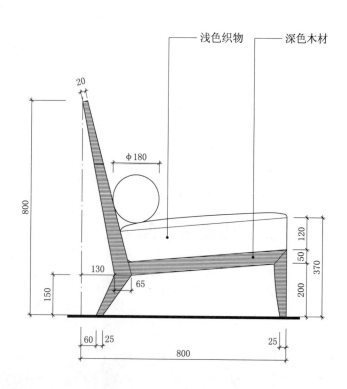

单人休闲沙发侧立面图

坐具类 - 沙发
F1-110 休闲沙发

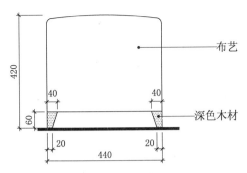

脚凳侧立面图

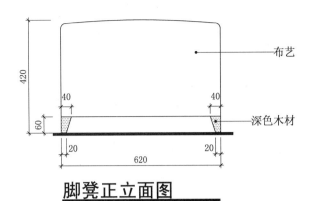

脚凳正立面图

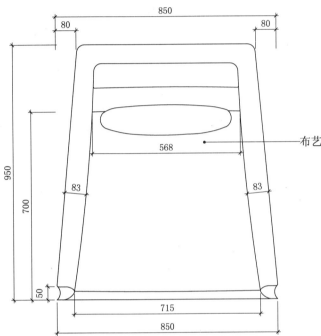

单人休闲沙发平面图

脚凳平面图

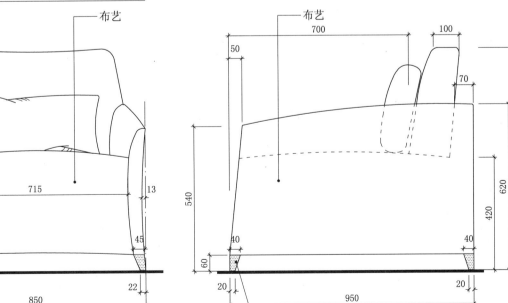

单人休闲沙发正立面图　　　**单人休闲沙发侧立面图**

坐具类 – 沙发
F1-111　休闲沙发

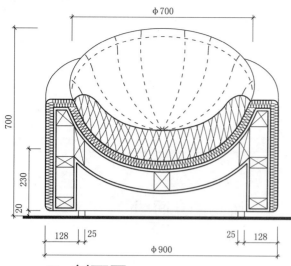

B 剖面图

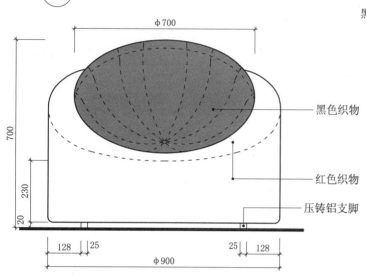

圆形休闲沙发正立面图

圆形休闲沙发侧立面图

圆形休闲沙发平面图

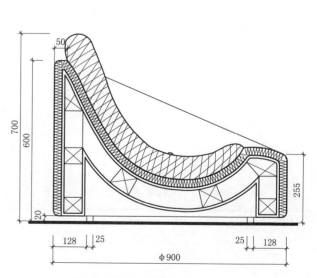

A 剖面图

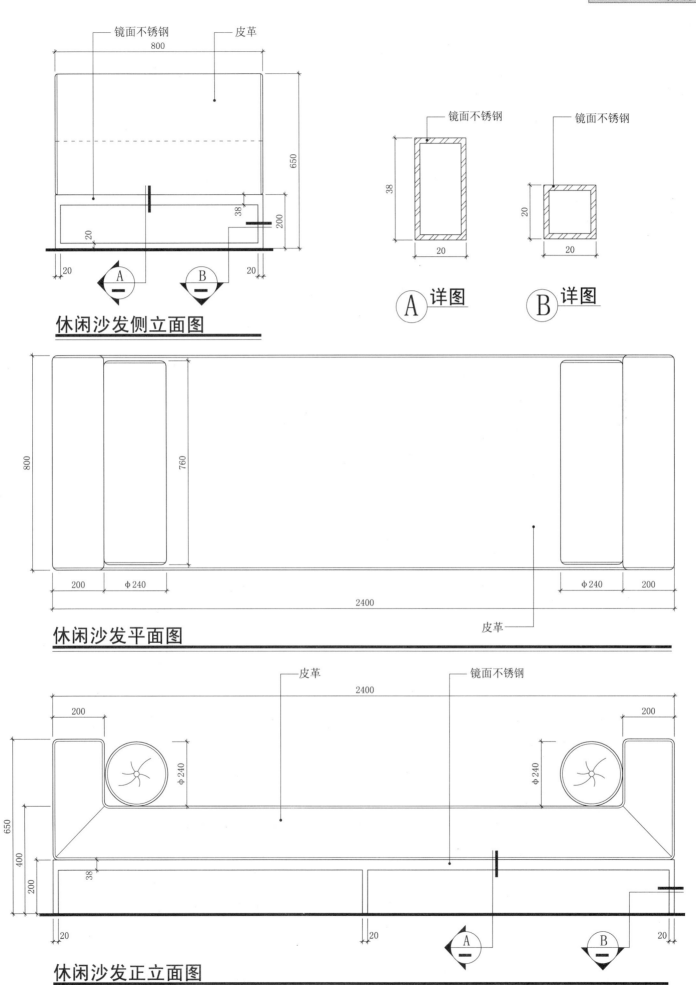

坐具类 - 沙发
F1-113　休闲沙发

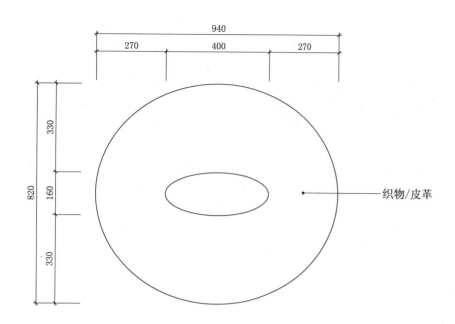

休闲沙发平面图

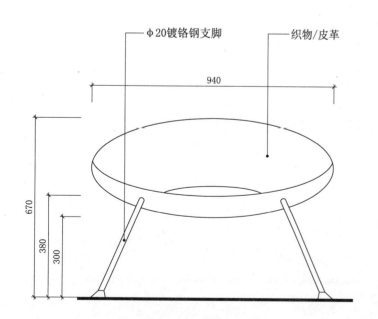

休闲沙发正立面图

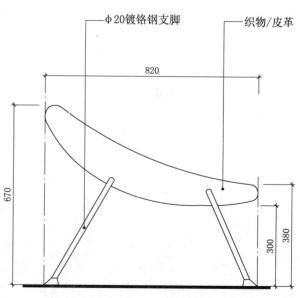

休闲沙发侧立面图

坐具类 – 沙发
F1-114 休闲沙发

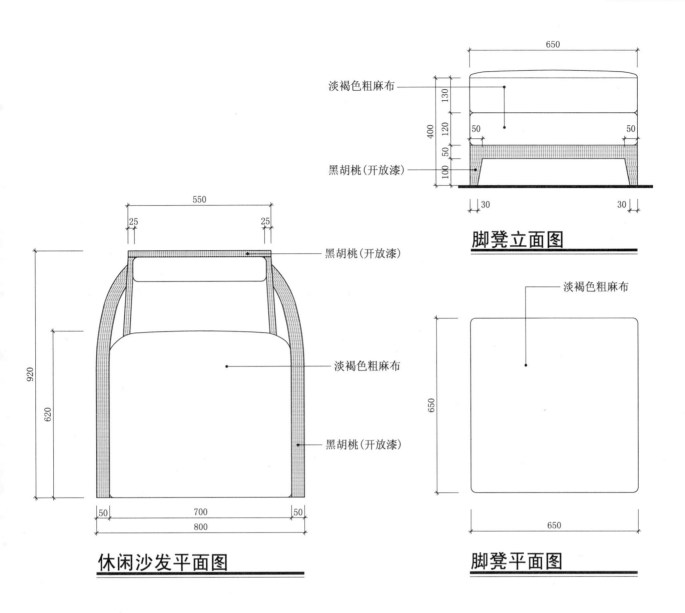

休闲沙发平面图

脚凳立面图

脚凳平面图

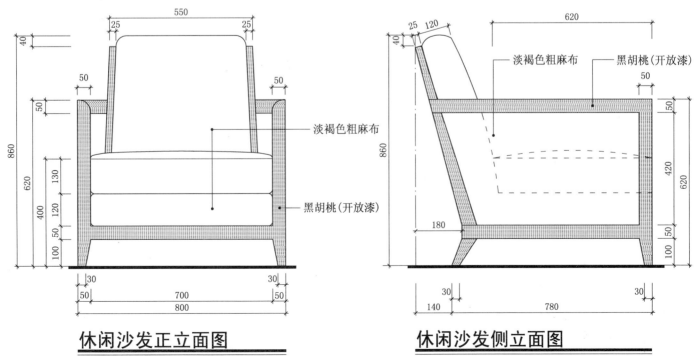

休闲沙发正立面图

休闲沙发侧立面图

坐具类 – 沙发
F1-115 高背沙发

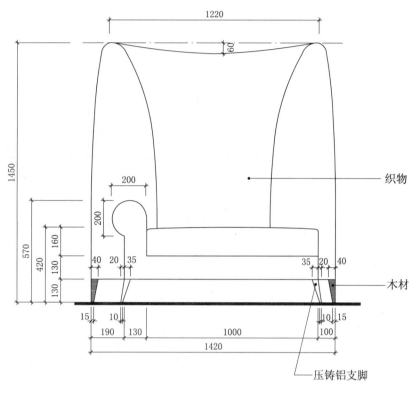

高背沙发正立面图

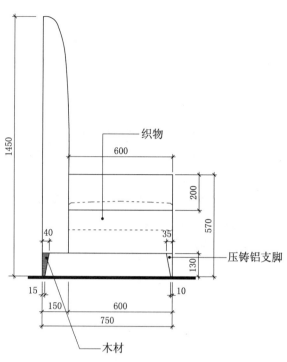

高背沙发侧立面图

高背沙发平面图

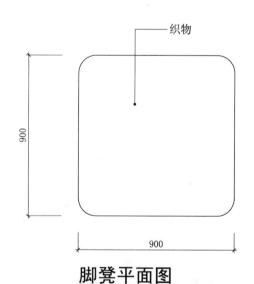

脚凳平面图

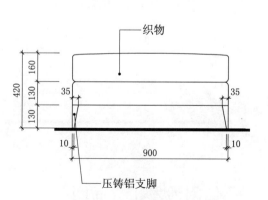

脚凳立面图

坐具类 - 沙发
F1-116 高背沙发

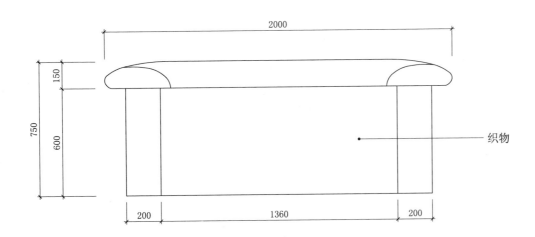

高背沙发平面图

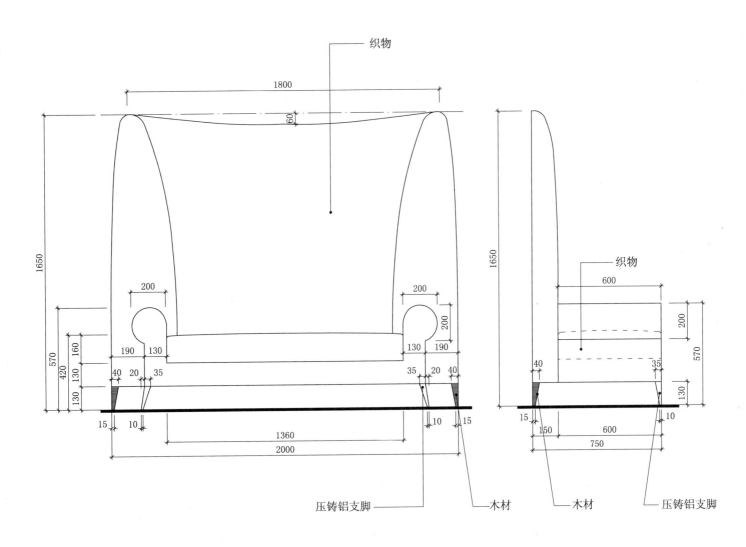

高背沙发正立面图　　　　**高背沙发侧立面图**

坐具类 - 沙发

F1-117 高背沙发

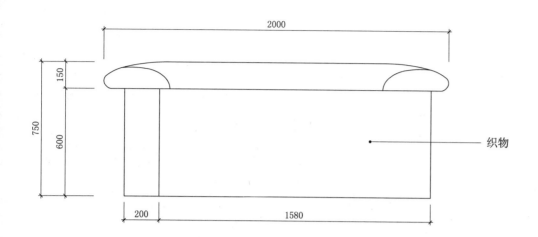

高背沙发平面图

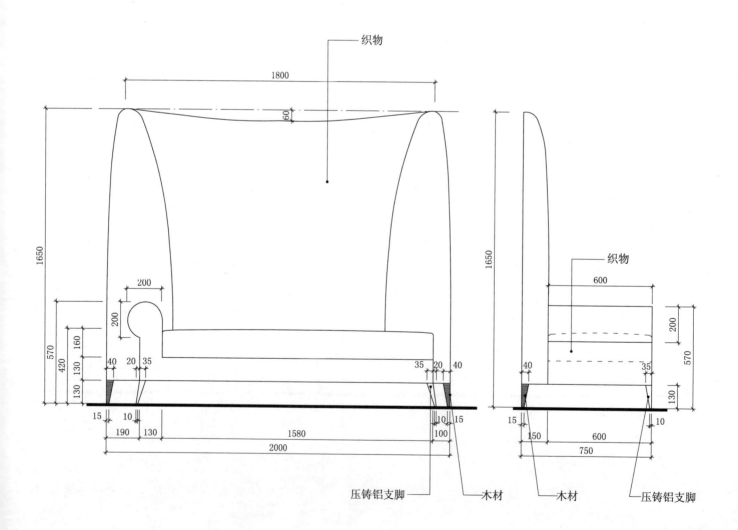

高背沙发正立面图　　　　　**高背沙发侧立面图**

坐具类 – 沙发
F1-118 高背沙发

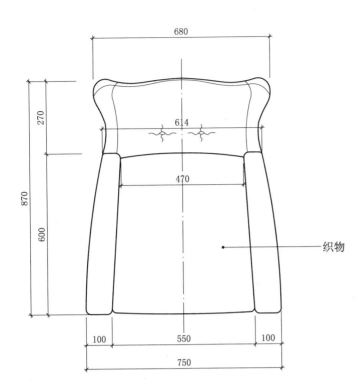

单人高背沙发平面图

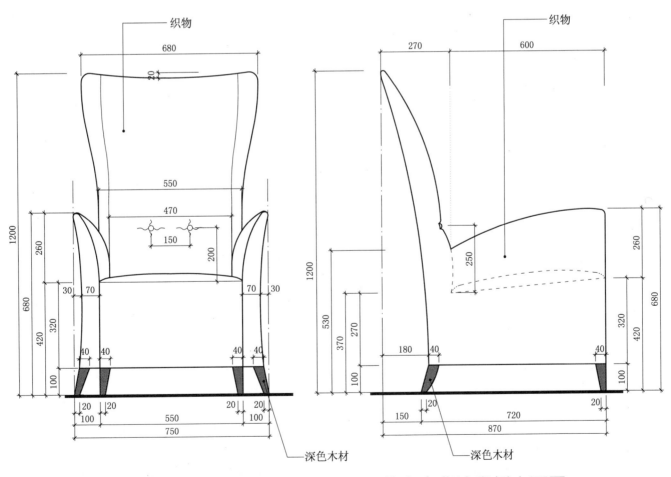

单人高背沙发正立面图　　**单人高背沙发侧立面图**

坐具类 – 沙发
F1-119 高背沙发

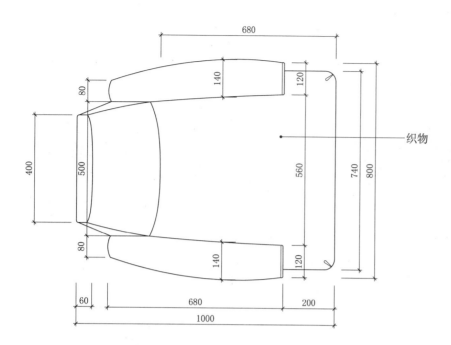

单人高背沙发平面图

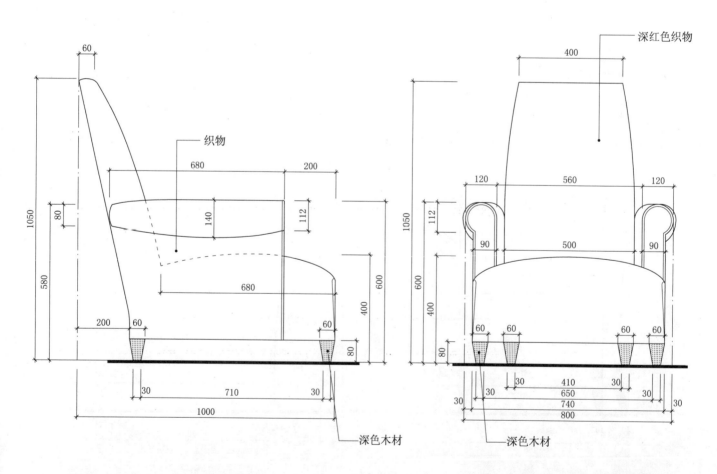

单人高背沙发侧立面图　　　　**单人高背沙发正立面图**

坐具类 – 沙发

F1-120　高背沙发

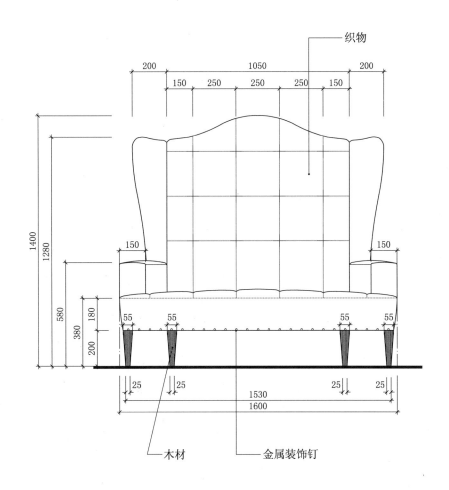

高背沙发正立面图

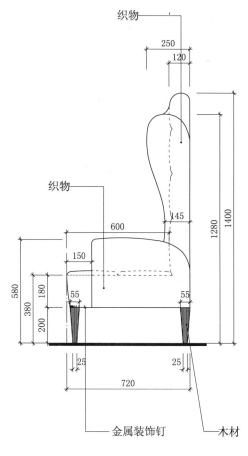

高背沙发侧立面图

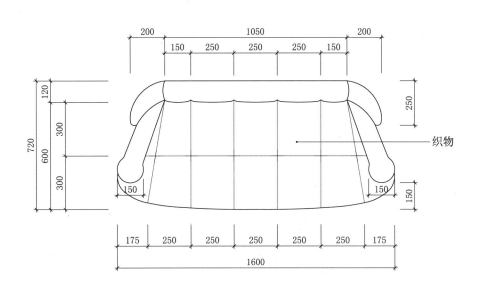

高背沙发平面图

坐具类 - 沙发
F1-121 高背沙发

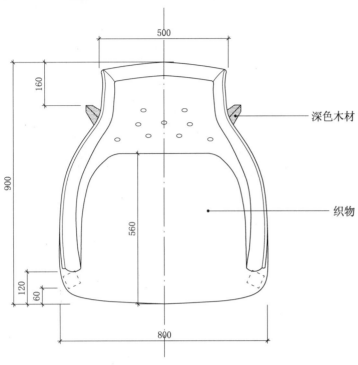

单人高背沙发平面图

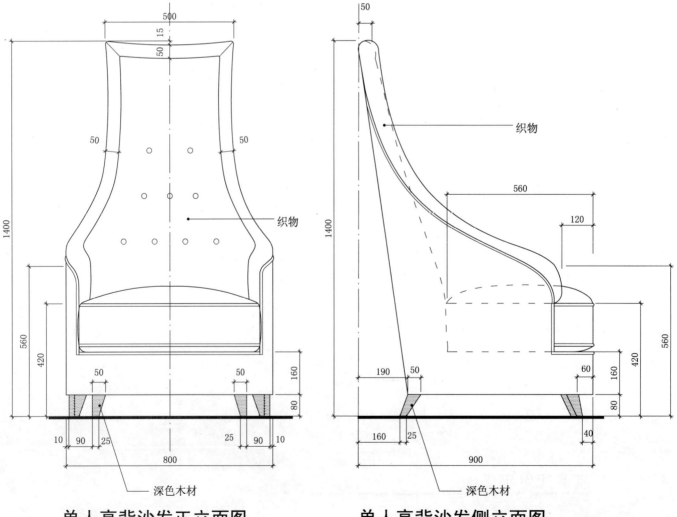

单人高背沙发正立面图　　**单人高背沙发侧立面图**

坐具类 – 沙发
F1-122 高背沙发

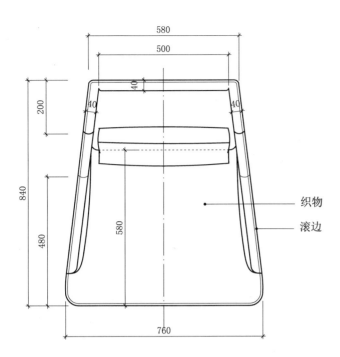

单人高背沙发平面图

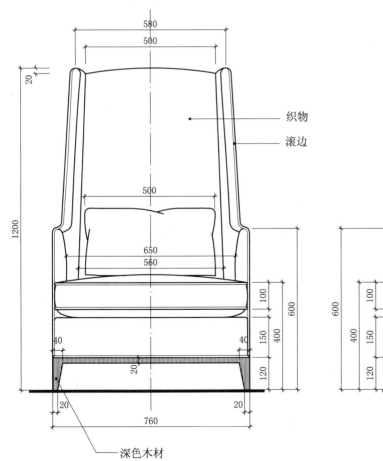

单人高背沙发正立面图

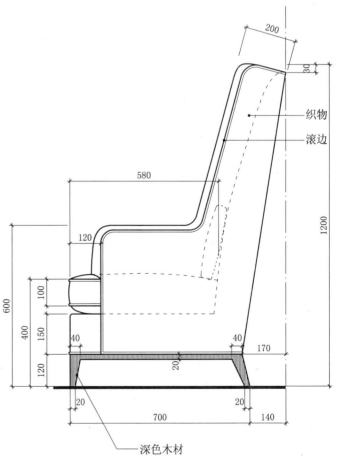

单人高背沙发侧立面图

坐具类 – 沙发
F1-123 高背沙发

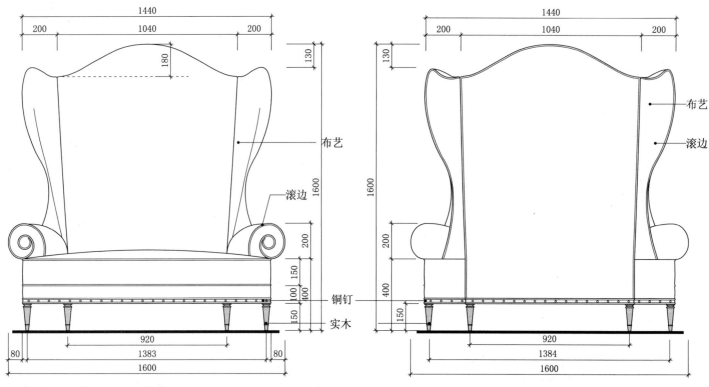

高背沙发正立面图　　　　　高背沙发背立面图

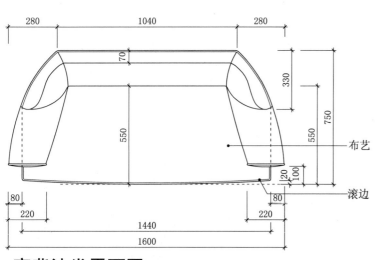

高背沙发平面图

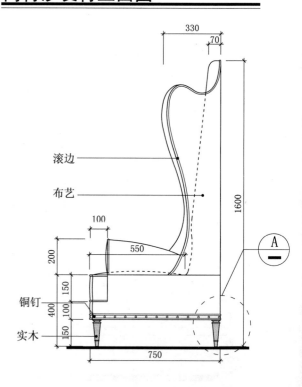

高背沙发侧立面图

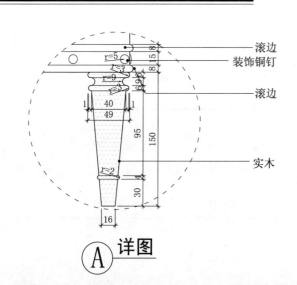

A 详图

坐具类 - 沙发
F1-124 转角沙发

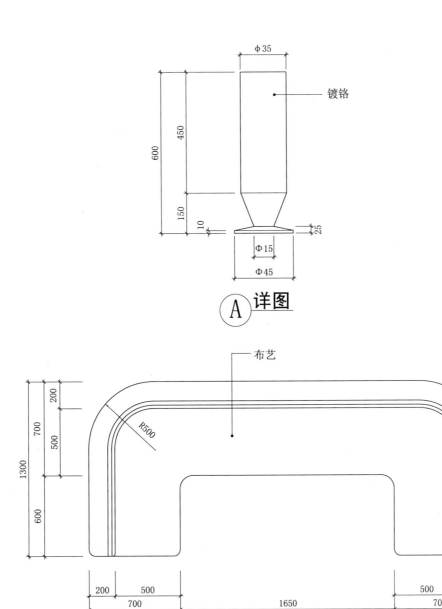

转角沙发平面图

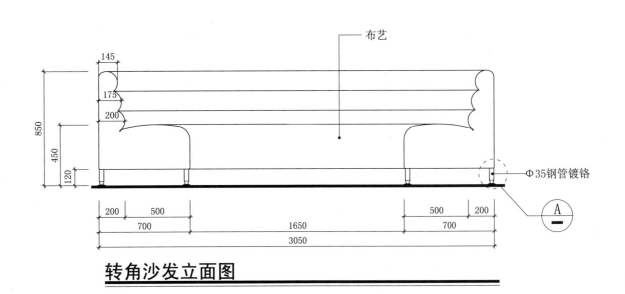

转角沙发立面图

坐具类 – 沙发
F1-125　转角沙发

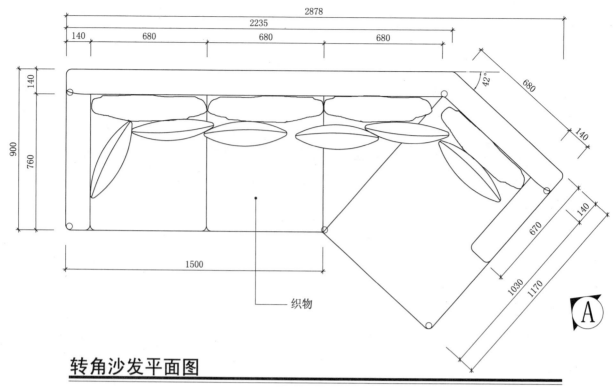

转角沙发平面图

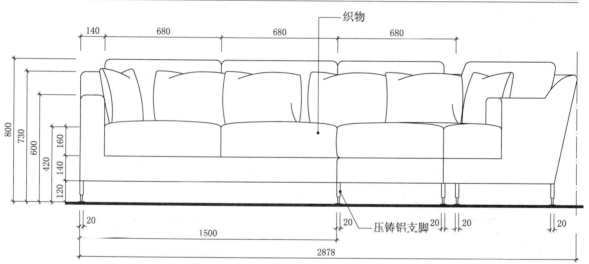

转角沙发正立面图

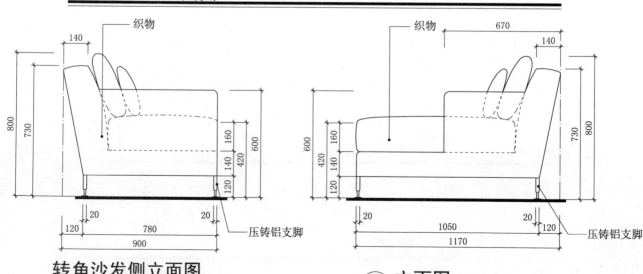

转角沙发侧立面图　　**A 立面图**

坐具类 – 沙发
F1-126 转角沙发

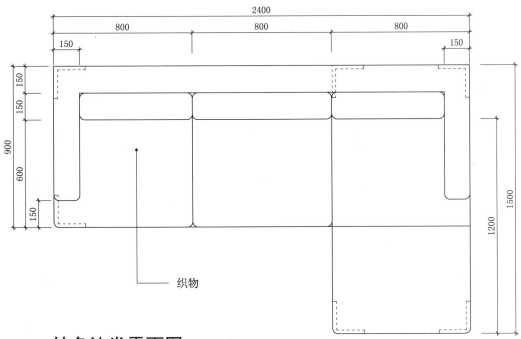

转角沙发平面图

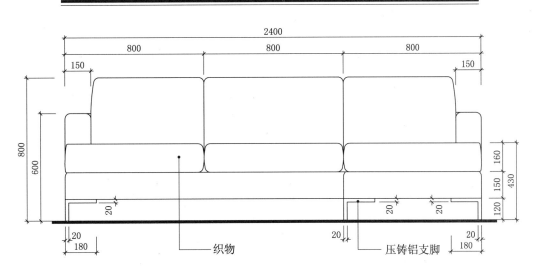

转角沙发正立面图

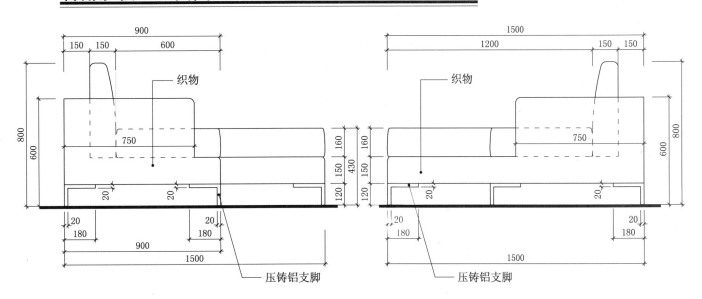

转角沙发左侧立面图　　**转角沙发右侧立面图**

坐具类 — 沙发
F1-127　转角沙发

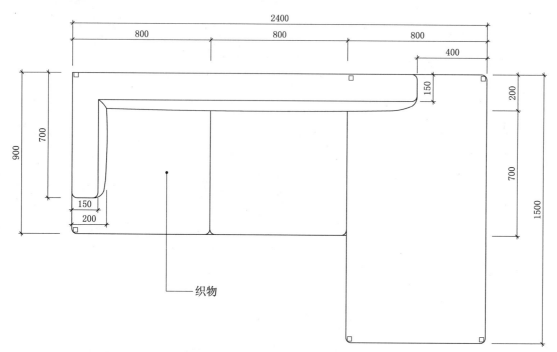

转角沙发平面图

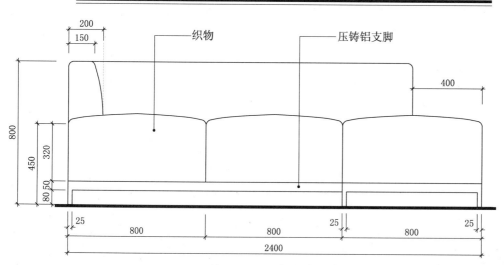

转角沙发正立面图

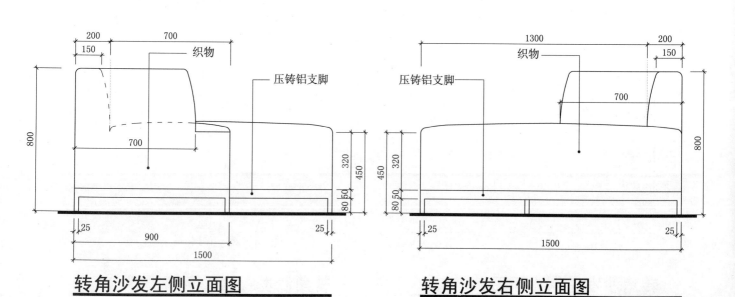

转角沙发左侧立面图　　　　**转角沙发右侧立面图**

坐具类 – 沙发

F1-128 转角沙发

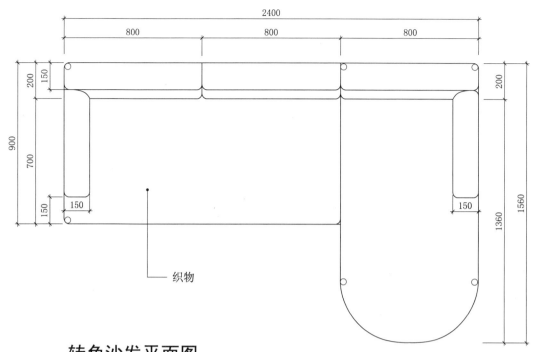

转角沙发平面图

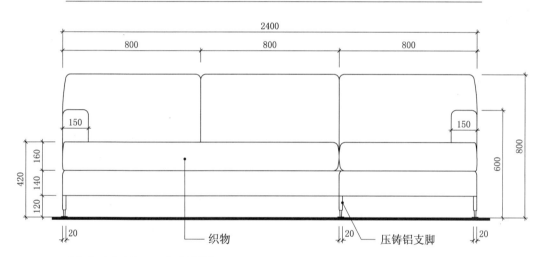

转角沙发正立面图

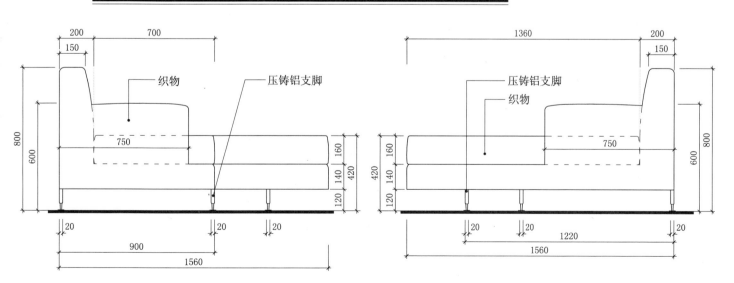

转角沙发左侧立面图　　　　**转角沙发右侧立面图**

坐具类 – 沙发
F1-129　转角沙发

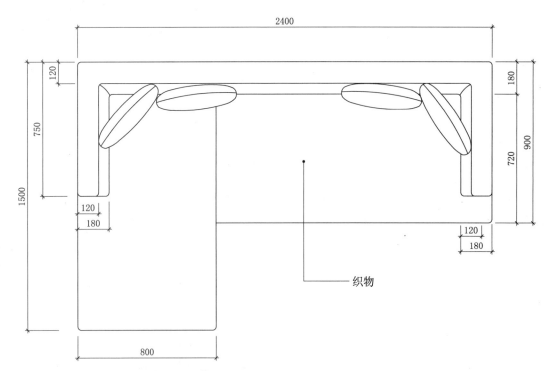

转角沙发平面图

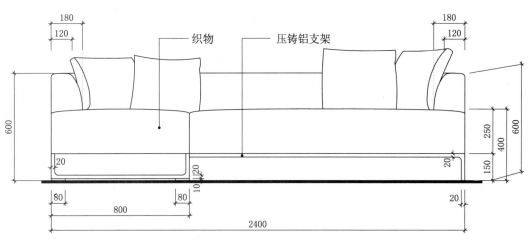

转角沙发正立面图

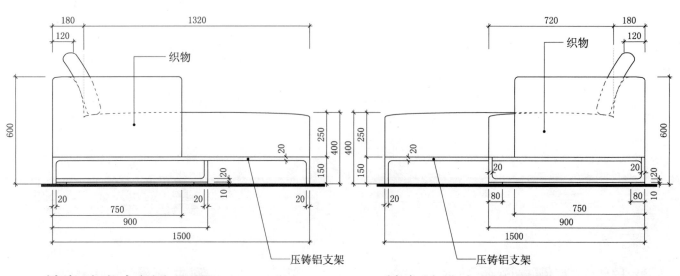

转角沙发左侧立面图　　　　**转角沙发右侧立面图**

坐具类 — 沙发
F1-130 转角沙发

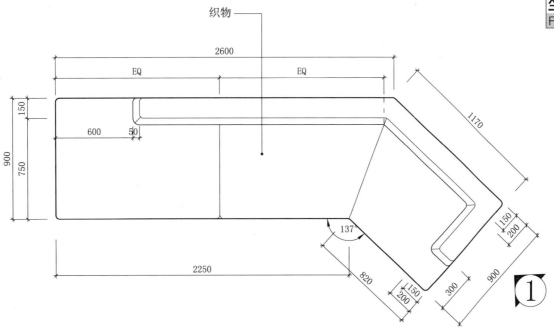

转角沙发平面图

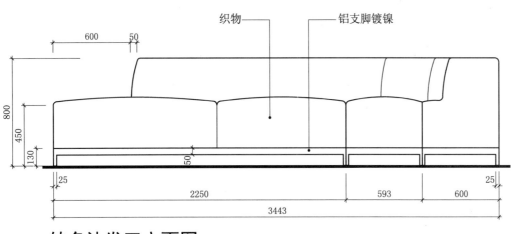

转角沙发正立面图

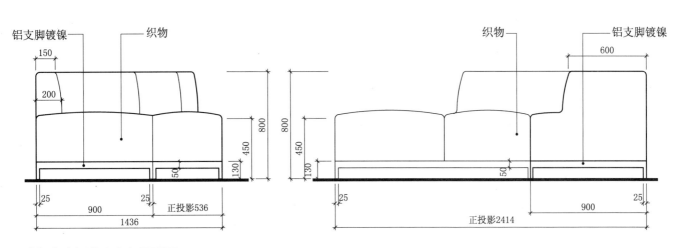

转角沙发侧立面图　　①**立面图**

坐具类 - 沙发

F1-131　转角沙发

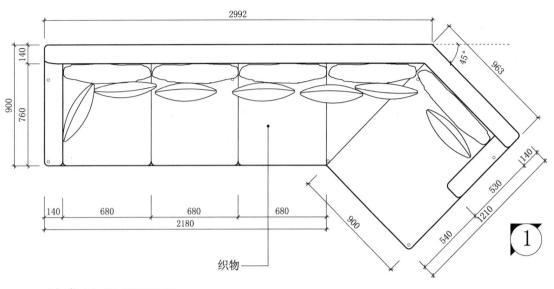

转角沙发平面图

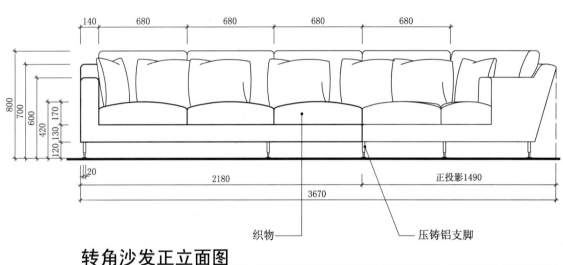

转角沙发正立面图

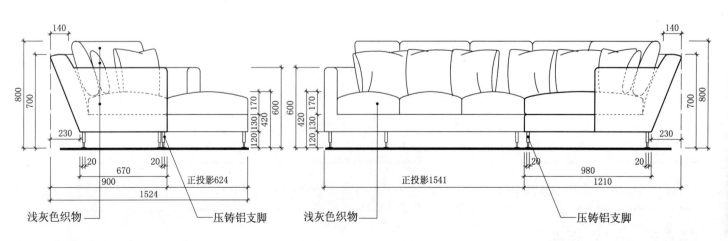

转角沙发侧立面图　　①**立面图**

坐具类 – 沙发
F1-132-01 转角沙发

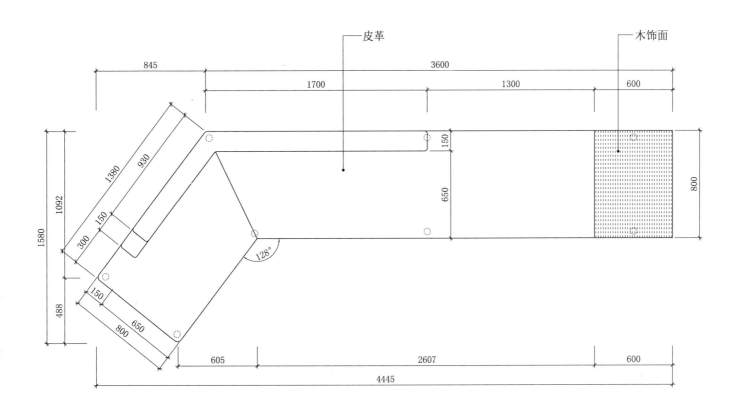

转角沙发平面图

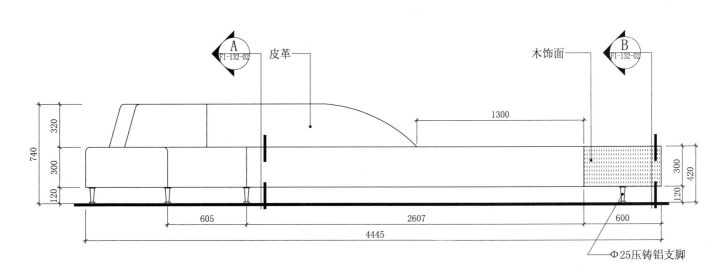

转角沙发正立面图

坐具类 - 沙发
F1-132-02 转角沙发

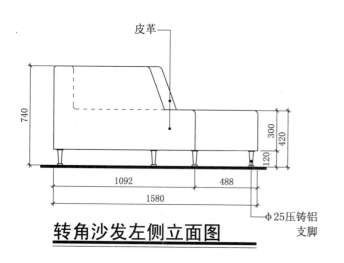

转角沙发左侧立面图

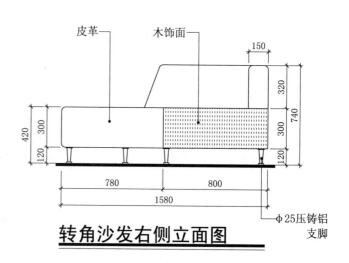

转角沙发右侧立面图

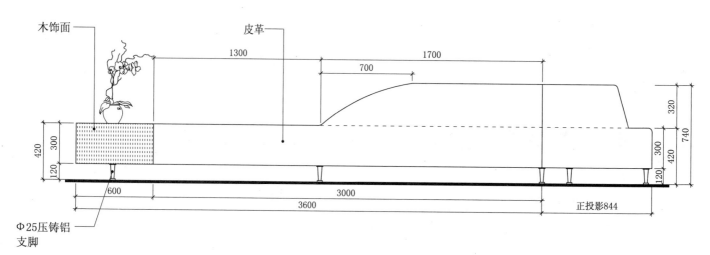

转角沙发背立面图

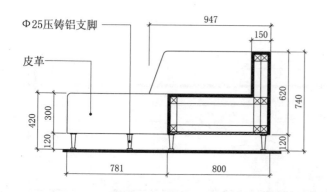

 剖面图

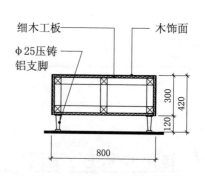

 剖面图

坐具类 – 沙发
F1-133-01 螺旋沙发

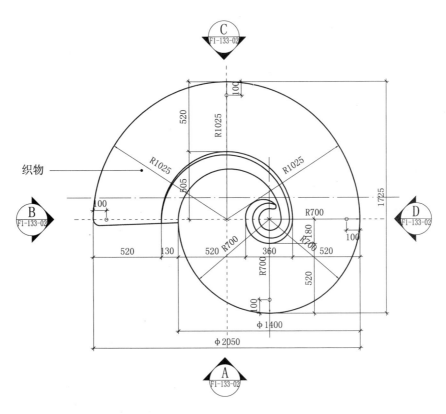

螺旋沙发平面图

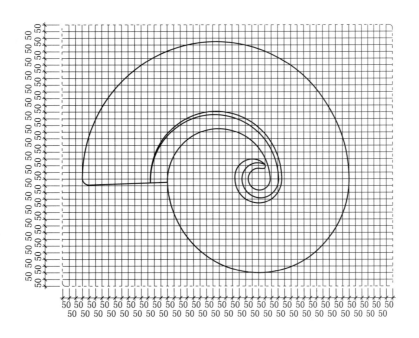

螺旋沙发平面放样图

坐具类 - 沙发
F1-133-02 螺旋沙发

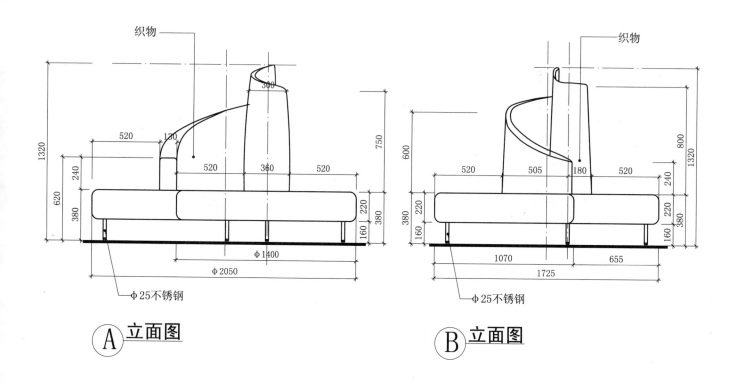

Ⓐ 立面图　　Ⓑ 立面图

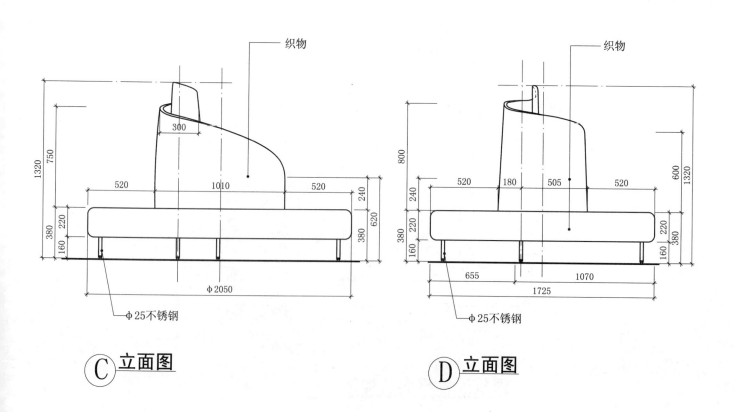

Ⓒ 立面图　　Ⓓ 立面图

坐具类 — 沙发
F1-134　螺旋沙发

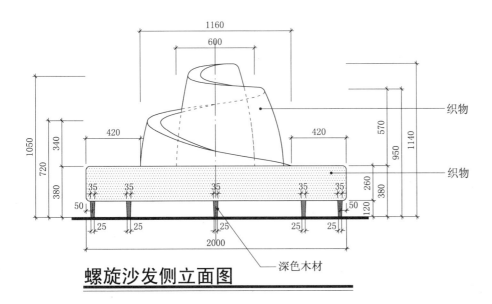

螺旋沙发侧立面图

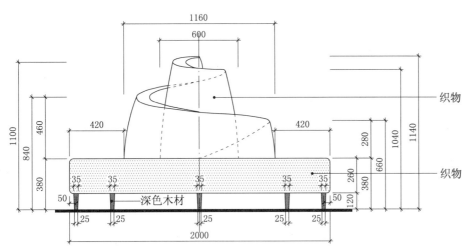

螺旋沙发正立面图

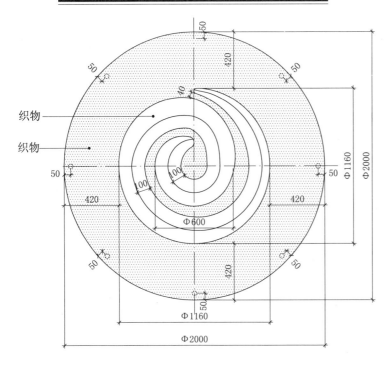

螺旋沙发平面图

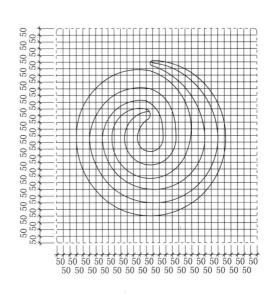

螺旋沙发平面放样图

坐具类 - 沙发
F1-135 圆形沙发

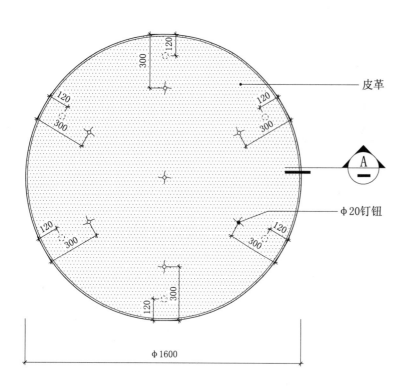

圆形沙发平面图

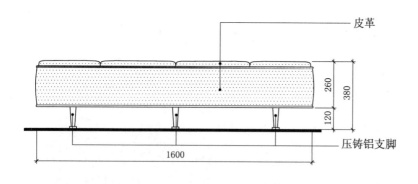

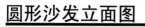
圆形沙发立面图

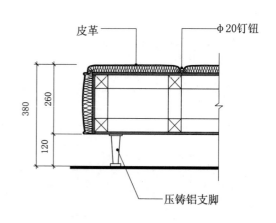

Ⓐ 详图

坐具类 — 沙发
F1-136-01 圆形沙发

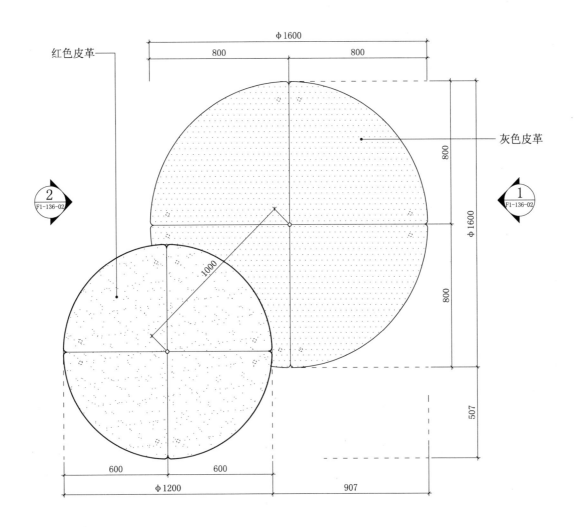

圆形沙发平面图

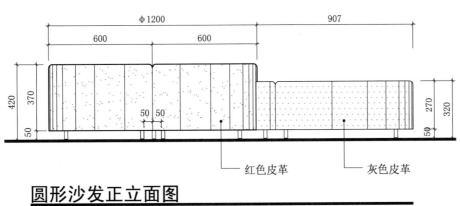

圆形沙发正立面图

坐具类 — 沙发
F1-136-02　圆形沙发

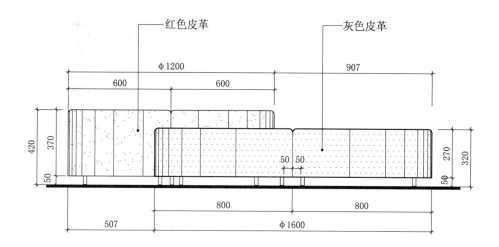

① 立面图

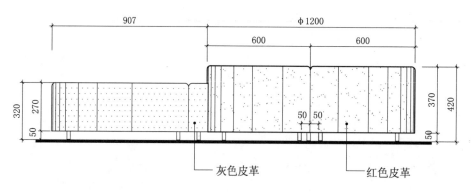

② 立面图

坐具类 - 沙发
F1-137　方块沙发

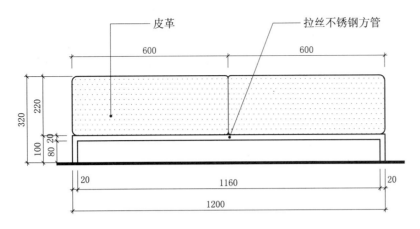

方块沙发侧立面图

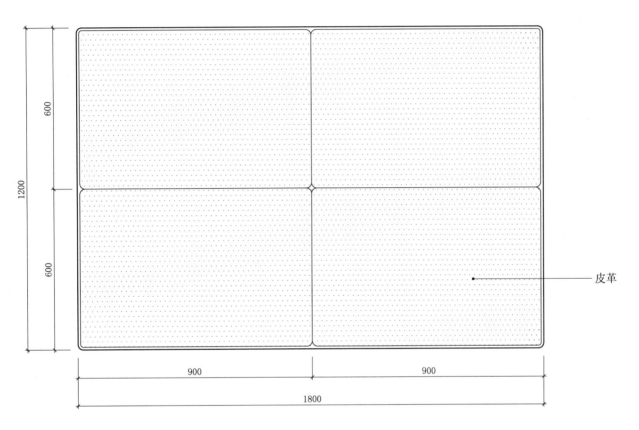

方块沙发平面图

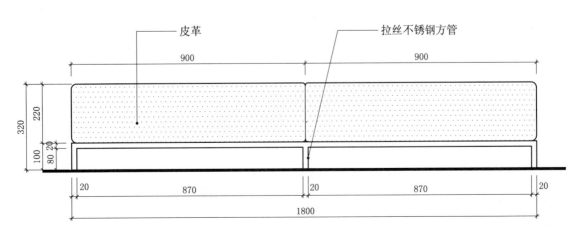

方块沙发正立面图

坐具类 － 沙发
F1-138　方块沙发

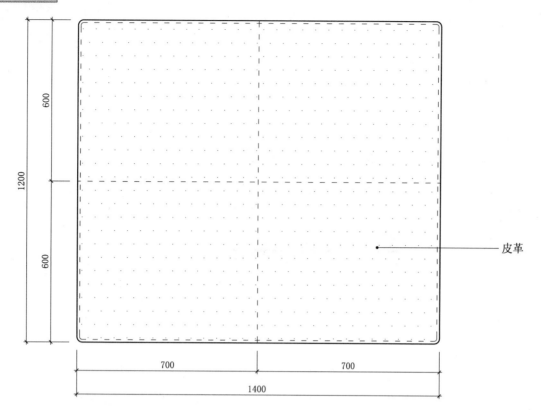

方块沙发平面图

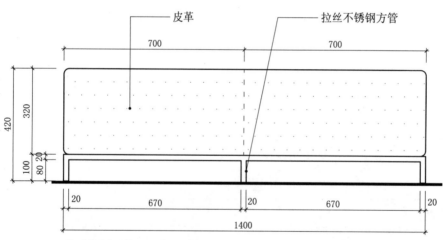

方块沙发正立面图

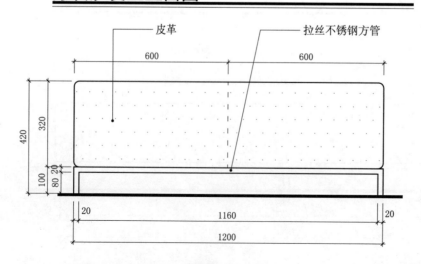

方块沙发侧立面图

坐具类 – 沙发
F1-139　方块沙发

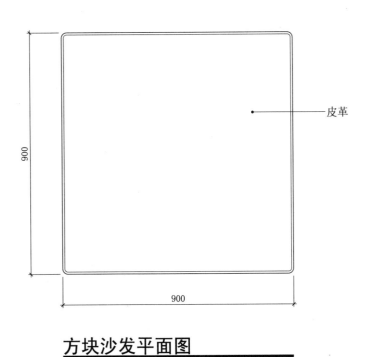

方块沙发平面图

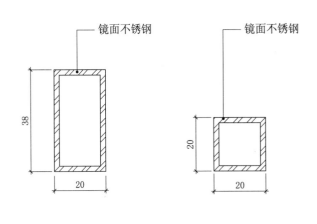

Ⓐ详图　　Ⓑ详图

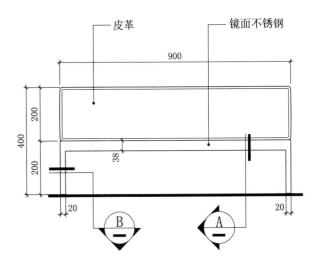

方块沙发正立面图

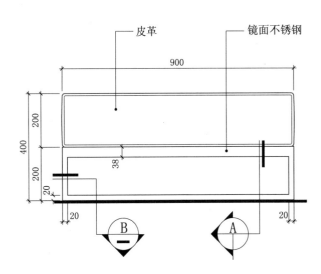

方块沙发侧立面图

坐具类 — 沙发
F1-140 双向沙发

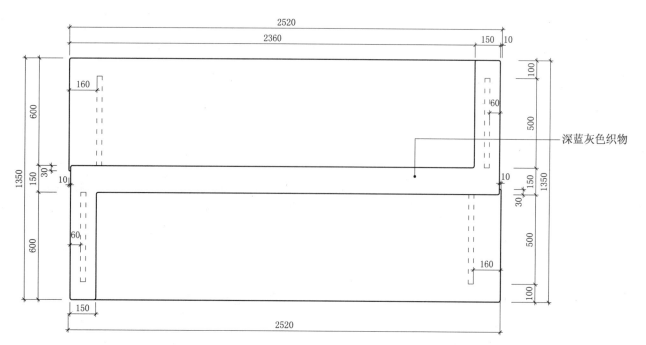

双向沙发平面图

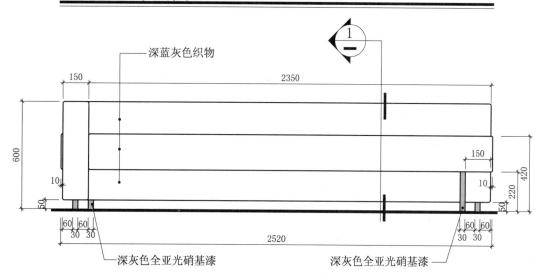

双向沙发正立面图

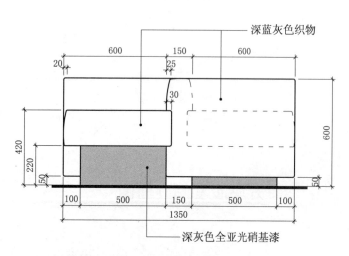

双向沙发右侧立面图

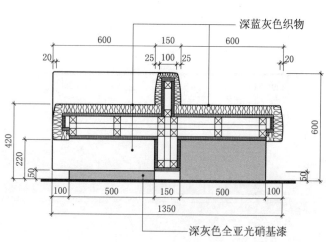

① 剖面图

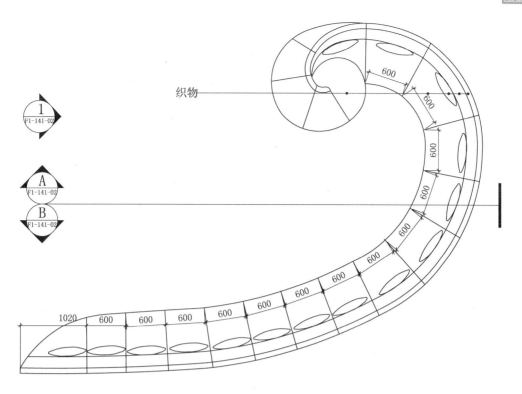

大型沙发平面图

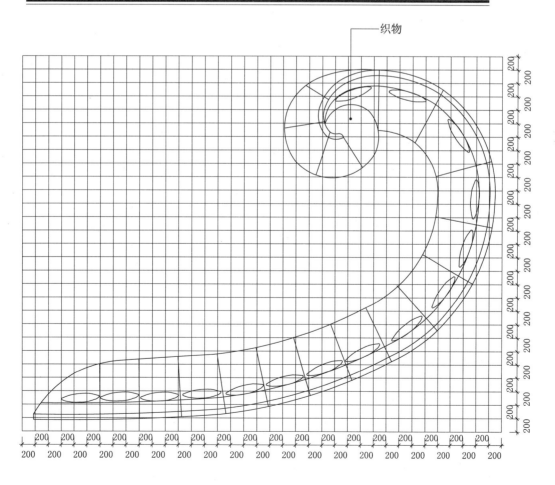

大型沙发平面放样图

坐具类 – 沙发
F1-141-02　大型沙发

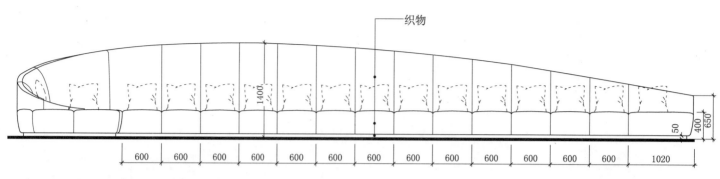

大型沙发立面展开图

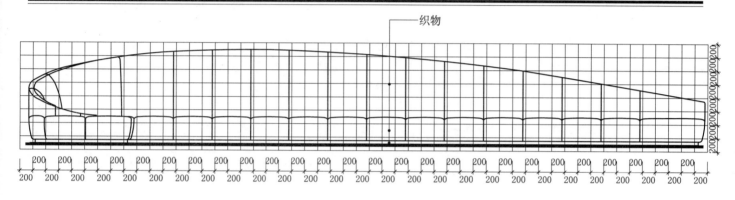

大型沙发立面展开放样图

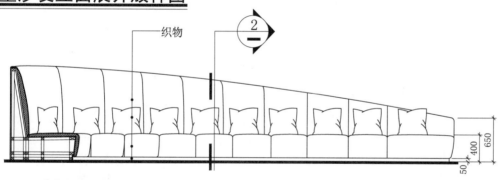

B　剖立面图

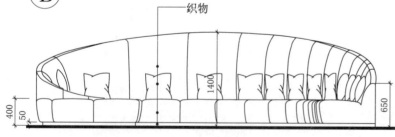

① 立面图

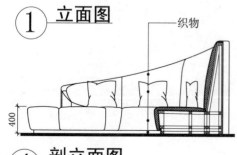

A　剖立面图

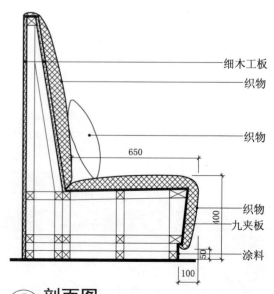

② 剖面图

坐具类 — 沙发

F1-142-01 大型沙发

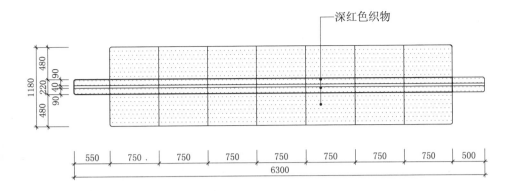

大型沙发平面图

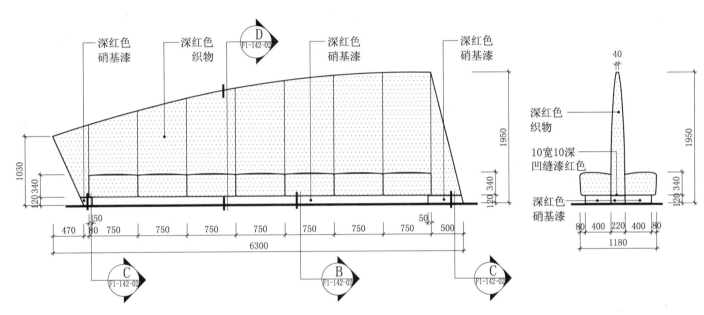

大型沙发正立面图

大型沙发右侧立面图

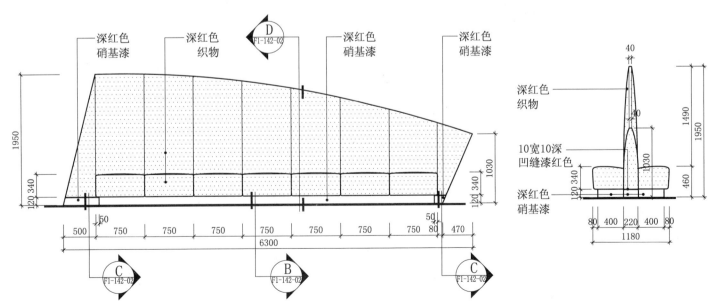

大型沙发背立面图

大型沙发左侧立面图

坐具类 – 沙发
F1-142-02　大型沙发

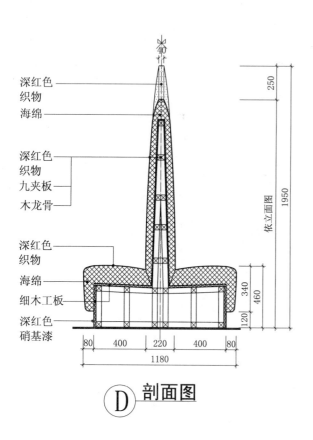

D 剖面图

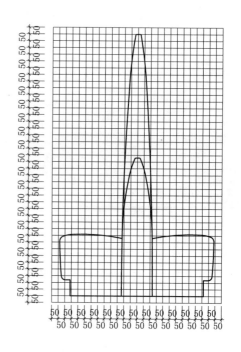

大型沙发左侧立面放样图

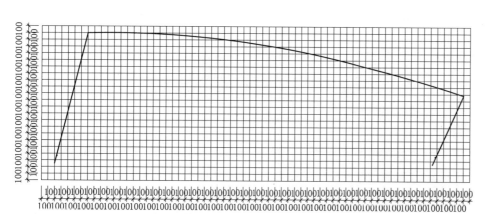

大型沙发背弧线放样图

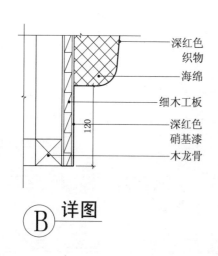

B 详图

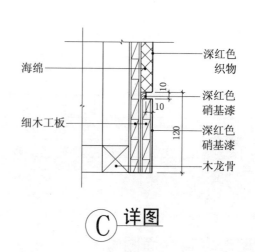

C 详图

坐具类 – 沙发椅
F2-01　休闲沙发椅

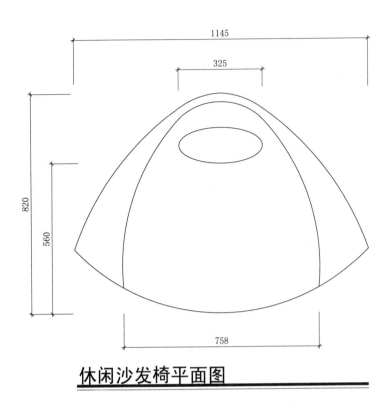

休闲沙发椅平面图

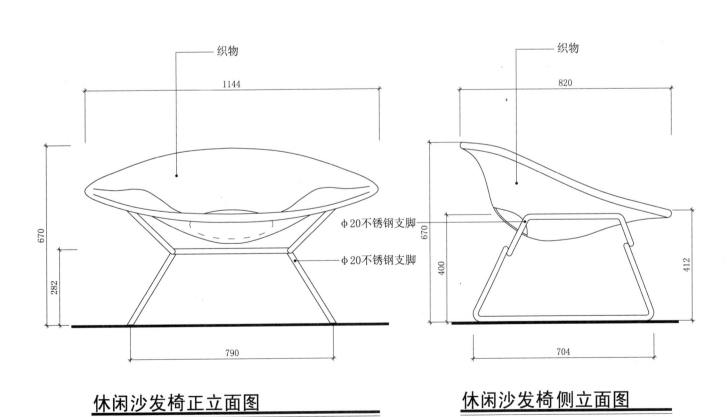

休闲沙发椅正立面图　　　　**休闲沙发椅侧立面图**

161

坐具类 - 沙发椅
F2-02 高背沙发椅

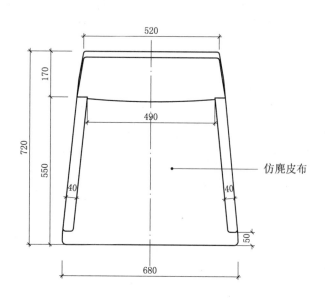

高背沙发椅平面图

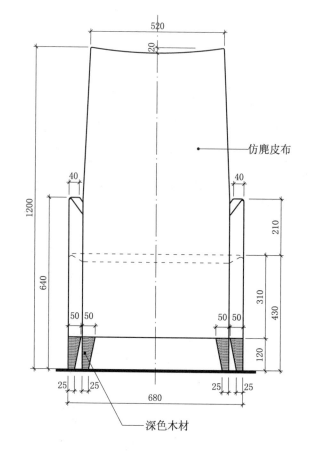

高背沙发椅背立面图

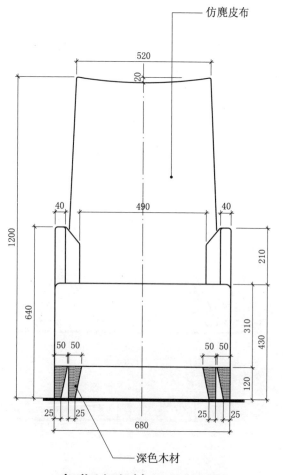

高背沙发椅正立面图

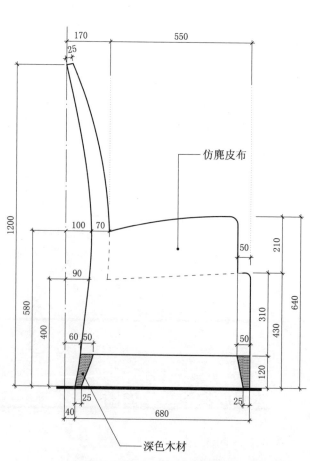

高背沙发椅侧立面图

坐具类 - 沙发椅

F2-03 高背沙发椅

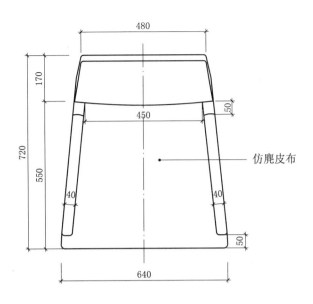

高背沙发椅平面图

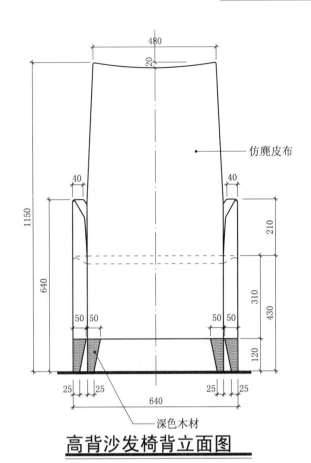

高背沙发椅背立面图

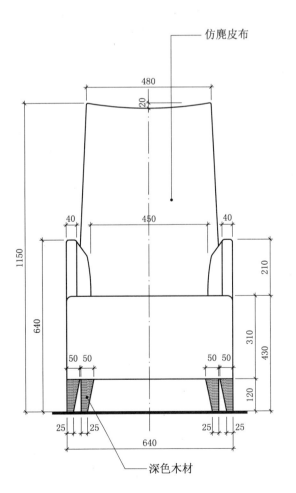

高背沙发椅正立面图

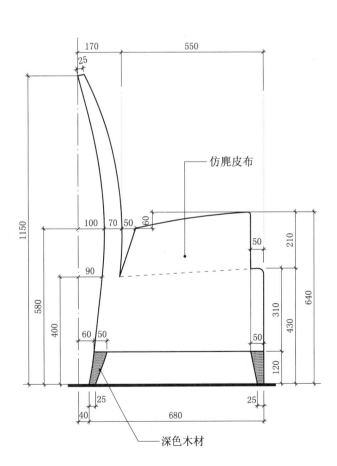

高背沙发椅侧立面图

坐具类 – 沙发椅

F2-04　高背沙发椅

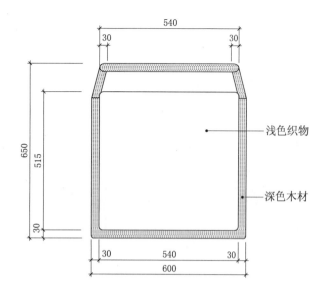

高背沙发椅平面图

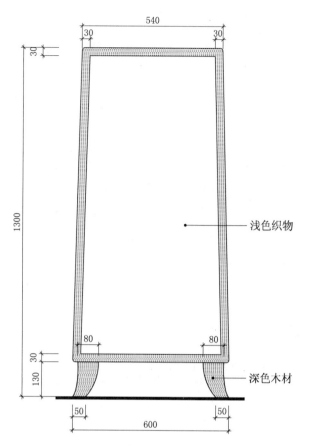

高背沙发椅背立面图

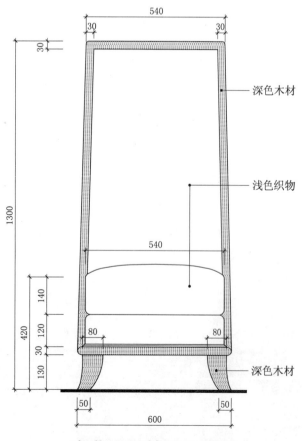

高背沙发椅正立面图

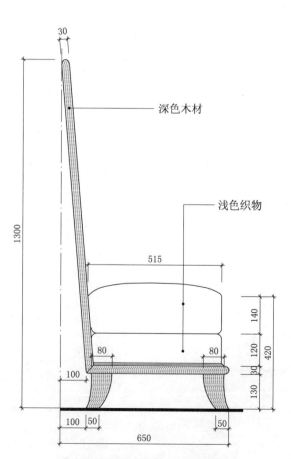

高背沙发椅侧立面图

坐具类 - 沙发椅

F2-05 高背沙发椅

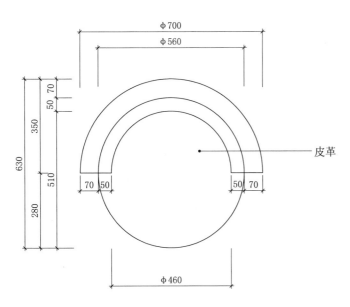

高背沙发椅平面图

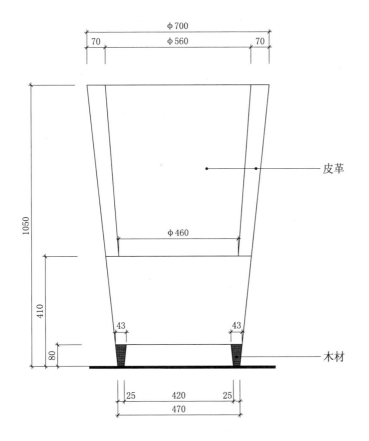

高背沙发椅正立面图

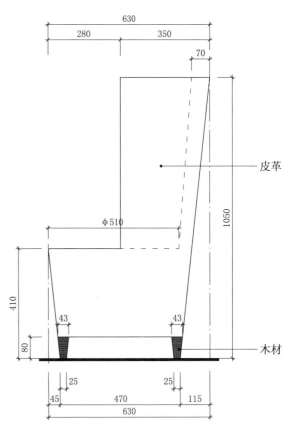

高背沙发椅侧立面图

坐具类 – 沙发椅
F2-06　高背沙发椅

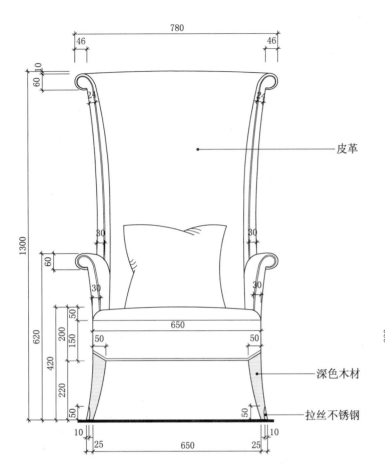

高背沙发椅正立面图

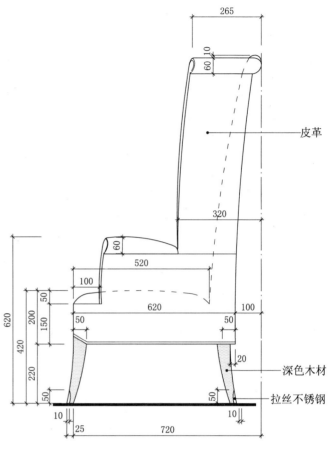

高背沙发椅侧立面图

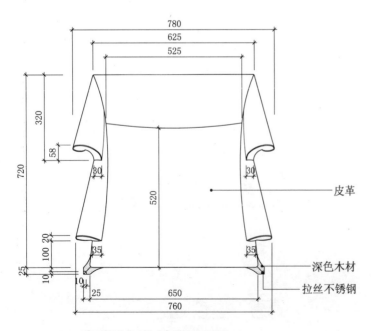

高背沙发椅平面图

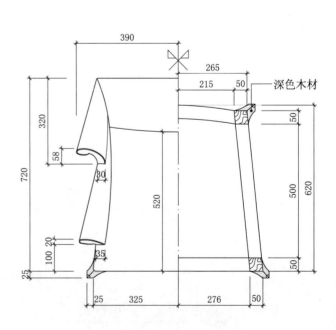

高背沙发椅平面图

坐具类 — 沙发椅
F2-07 高背沙发椅

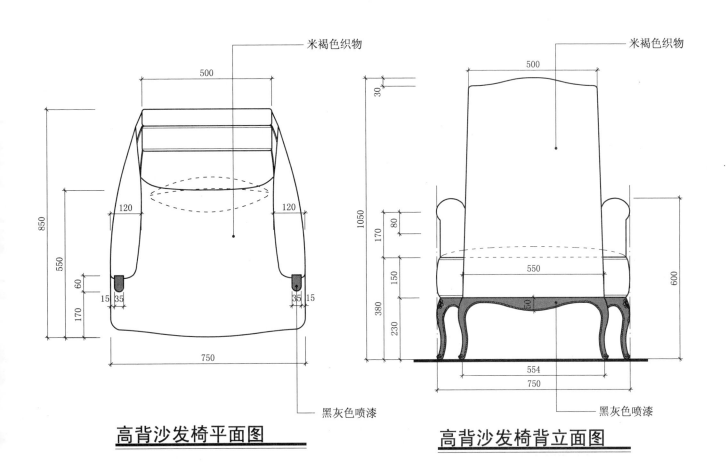

高背沙发椅平面图　　高背沙发椅背立面图

高背沙发椅正立面图　　高背沙发椅侧立面图

坐具类 - 沙发椅
F2-08　高背单扶沙发椅

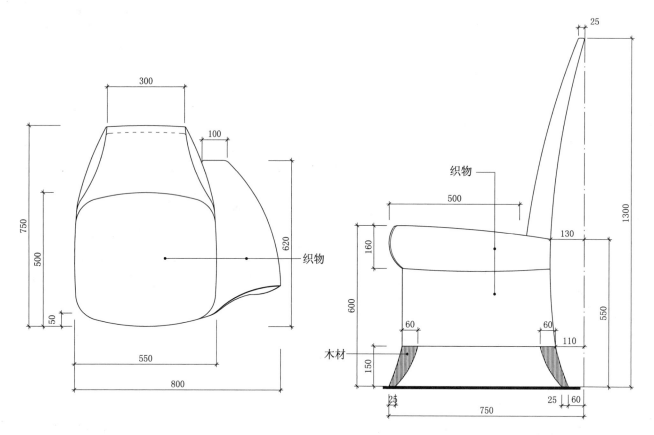

高背单扶沙发椅平面图　　　高背单扶沙发椅右侧立面图

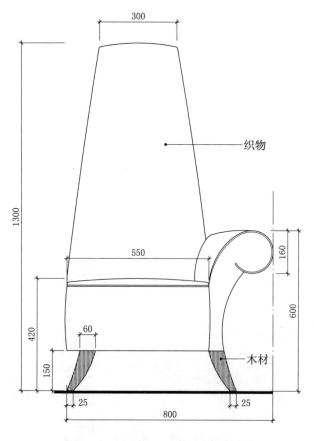

高背单扶沙发椅正立面图

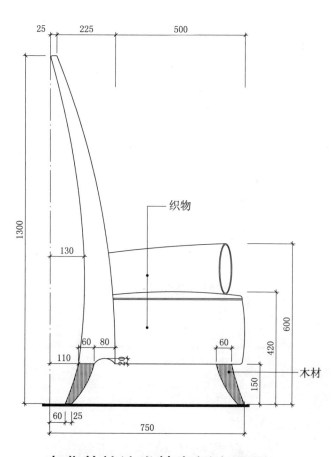

高背单扶沙发椅左侧立面图

坐具类 – 沙发椅

F2-09 沙发椅

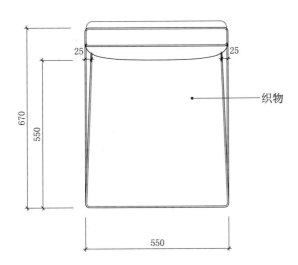

沙发椅平面图

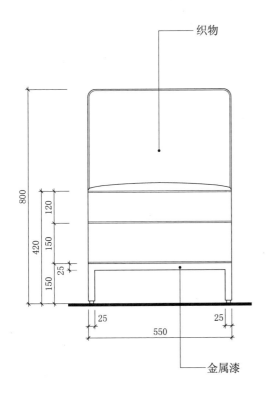

沙发椅正立面图

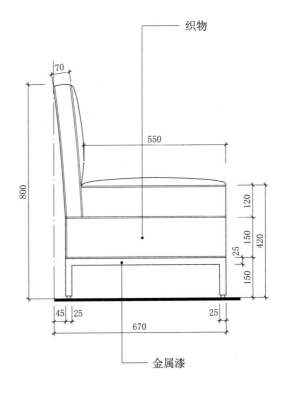

沙发椅侧立面图

坐具类 - 沙发椅

F2-10 沙发椅

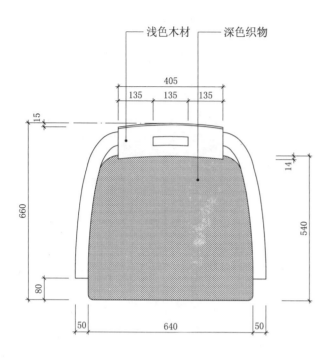

沙发椅平面图

沙发椅背立面图

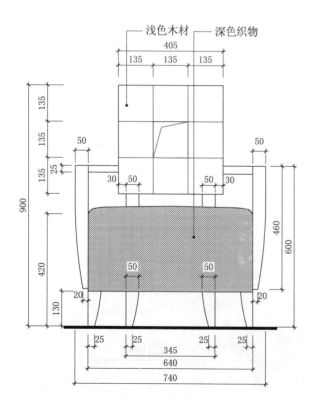

沙发椅正立面图

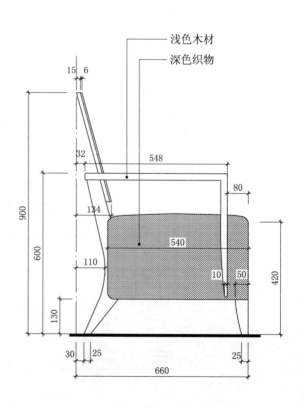

沙发椅侧立面图

坐具类 - 沙发椅

F2-11 沙发椅

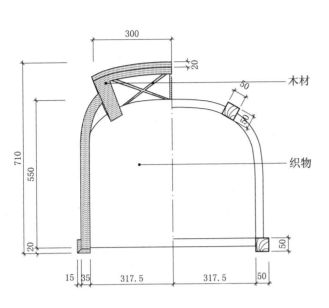

沙发椅平面图

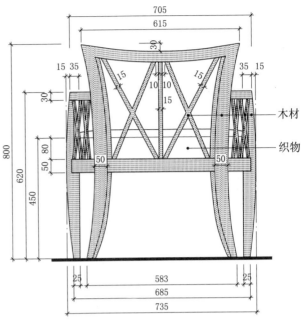

沙发椅背立面图

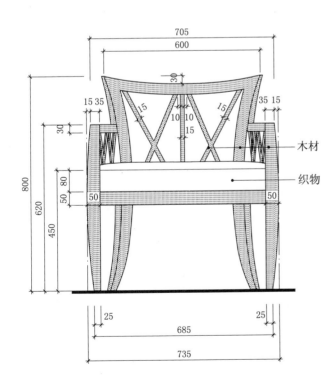

沙发椅正立面图

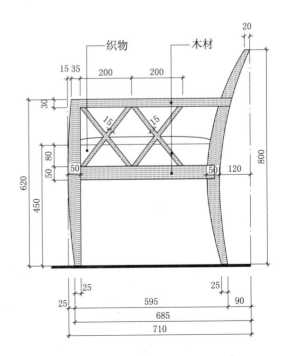

沙发椅侧立面图

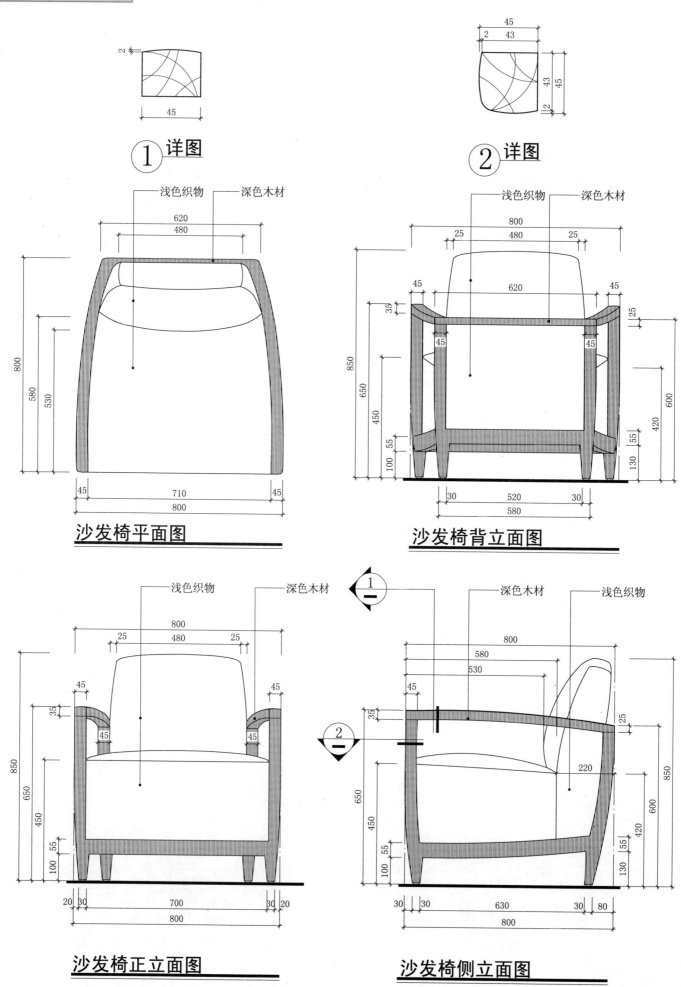

坐具类 – 沙发椅

F2-13 沙发椅

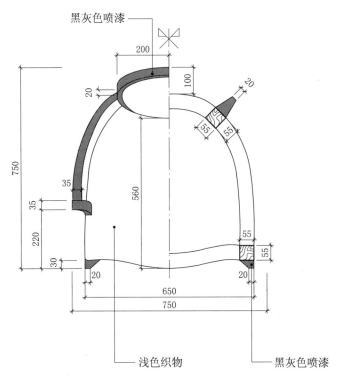

沙发椅平面图

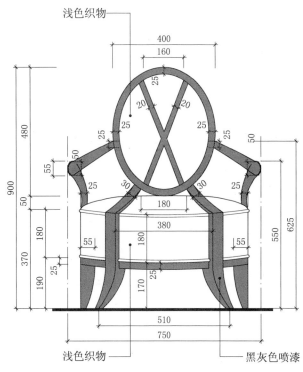

沙发椅背立面图

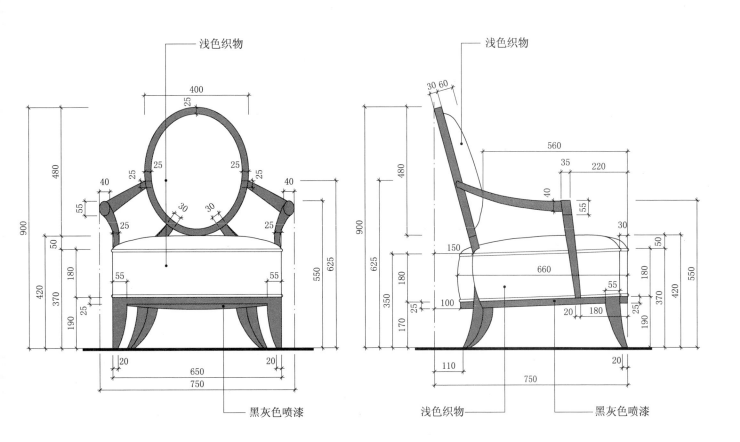

沙发椅正立面图

沙发椅侧立面图

坐具类 – 沙发椅

F2-14 沙发椅

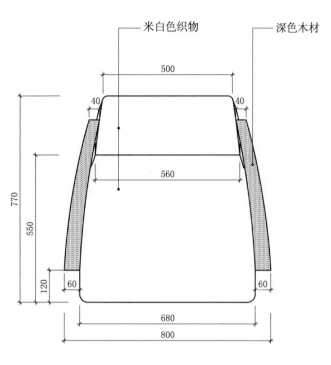

沙发椅平面图　　　　　**沙发椅背立面图**

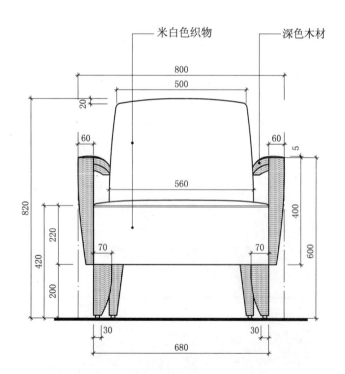

沙发椅正立面图　　　　**沙发椅侧立面图**

坐具类 – 沙发椅
F2-15　沙发椅

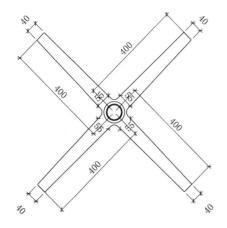

沙发椅不锈钢支脚平面图

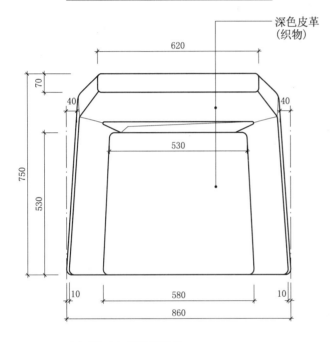

沙发椅平面图

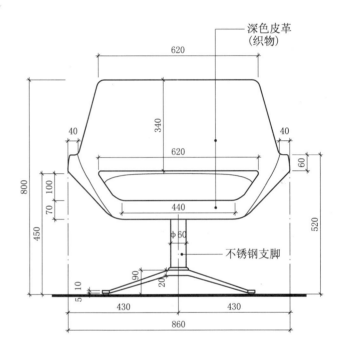

沙发椅背立面图

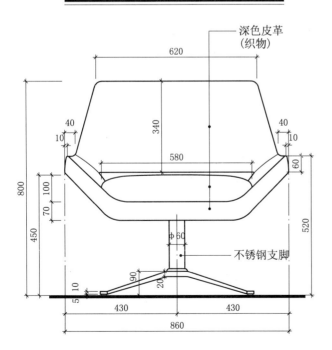

沙发椅正立面图

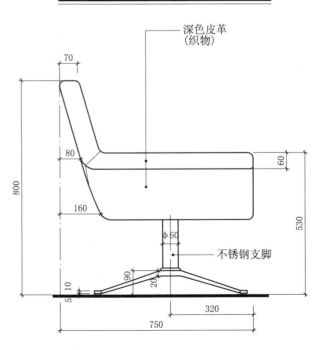

沙发椅侧立面图

坐具类 — 沙发椅

F2-16 沙发椅

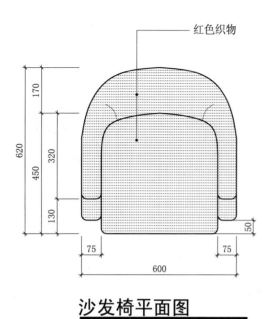

沙发椅平面图

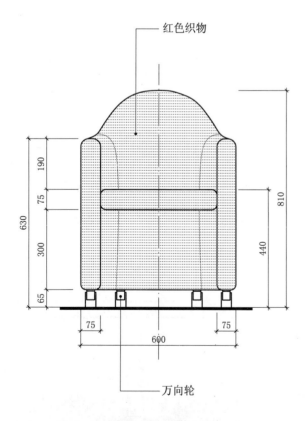

沙发椅正立面图

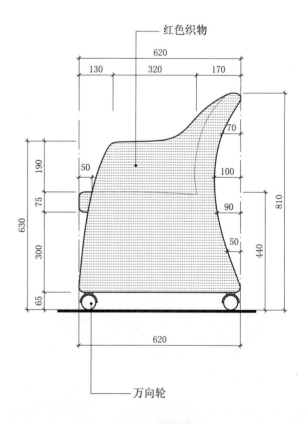

沙发椅侧立面图

坐具类 – 沙发椅
F2-17 沙发椅

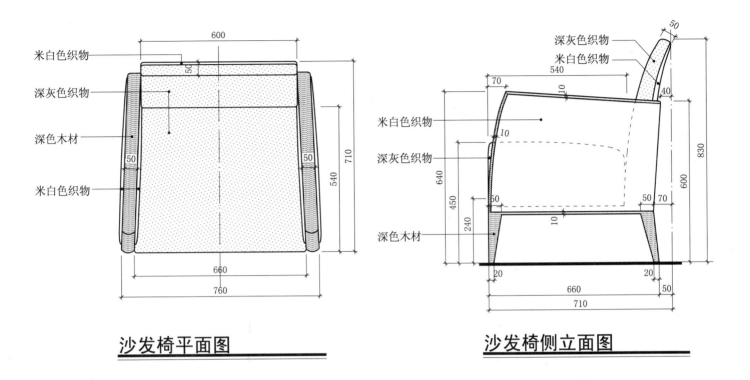

沙发椅平面图

沙发椅侧立面图

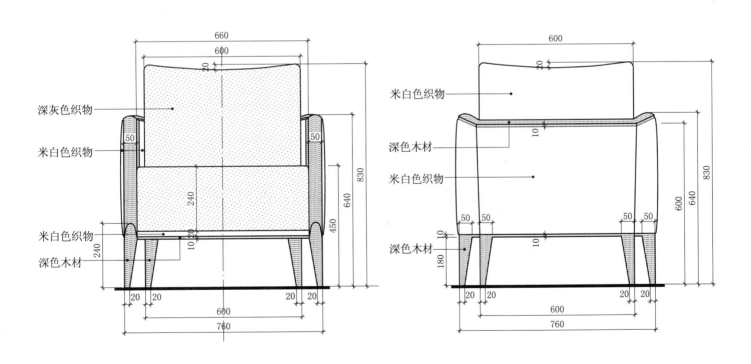

沙发椅正立面图

沙发椅背立面图

坐具类 - 沙发椅

F2-18 沙发椅

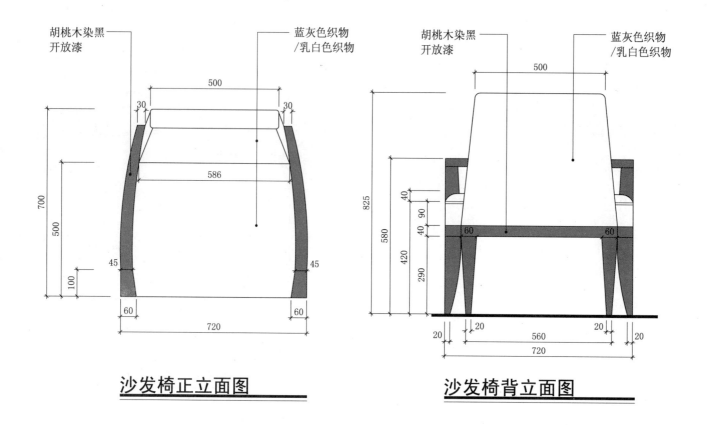

沙发椅正立面图　　　沙发椅背立面图

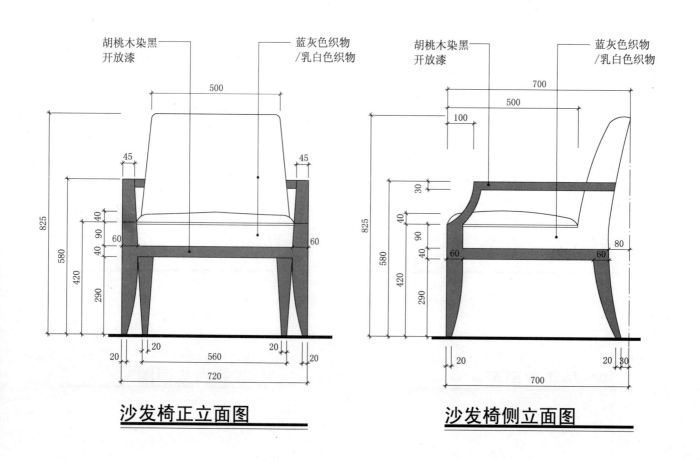

沙发椅正立面图　　　沙发椅侧立面图

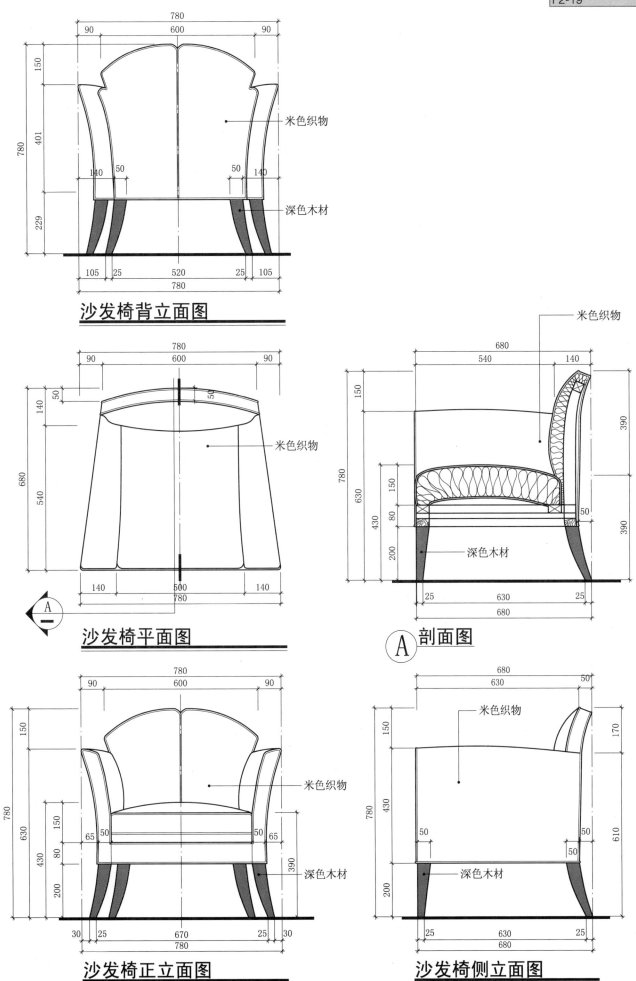

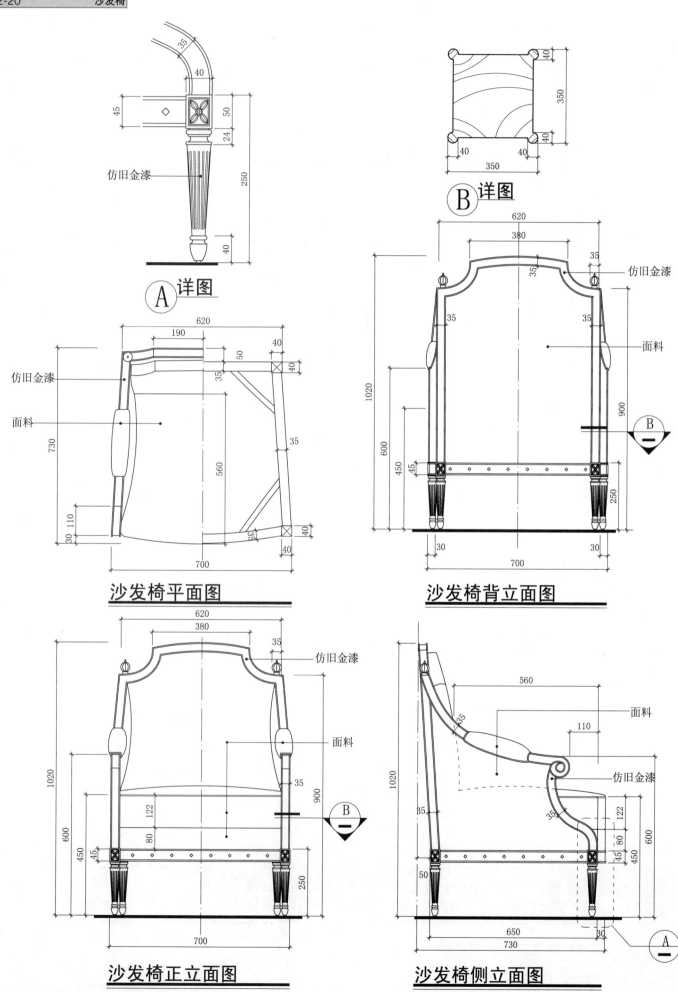

坐具类 - 沙发椅

F2-21 沙发椅

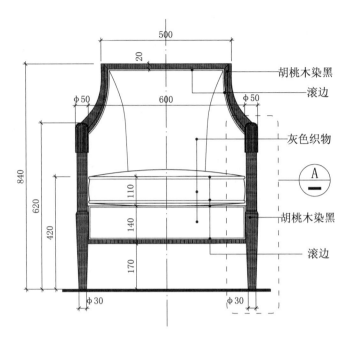

沙发椅正立面图

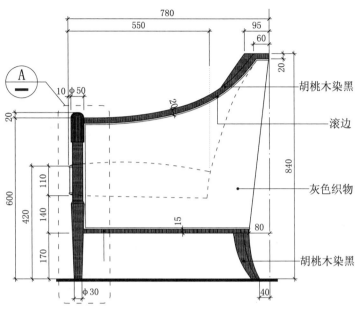

沙发椅侧立面图

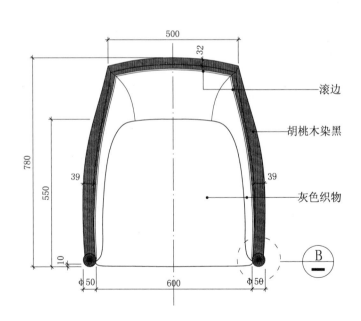

沙发椅平面图

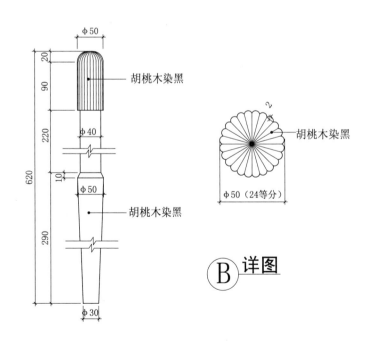

A 详图

B 详图

坐具类 - 沙发椅
F2-22　　沙发椅

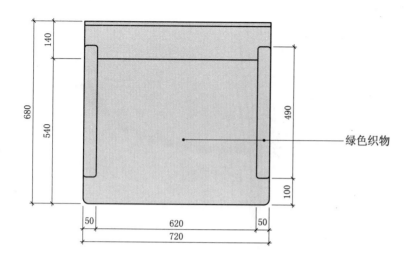

沙发椅平面图

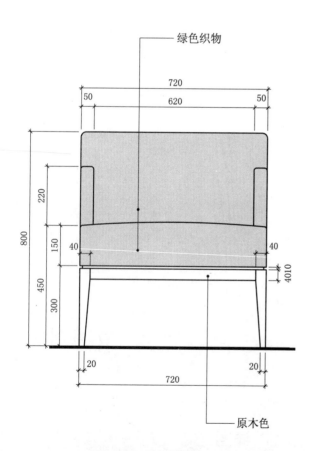

沙发椅正立面图

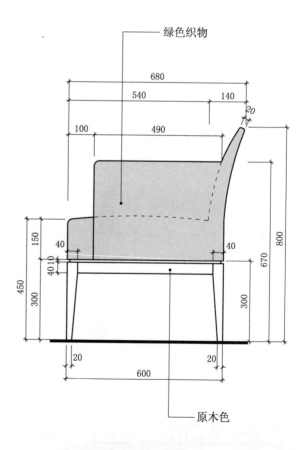

沙发椅侧立面图

坐具类 – 沙发椅

F2-23 沙发椅

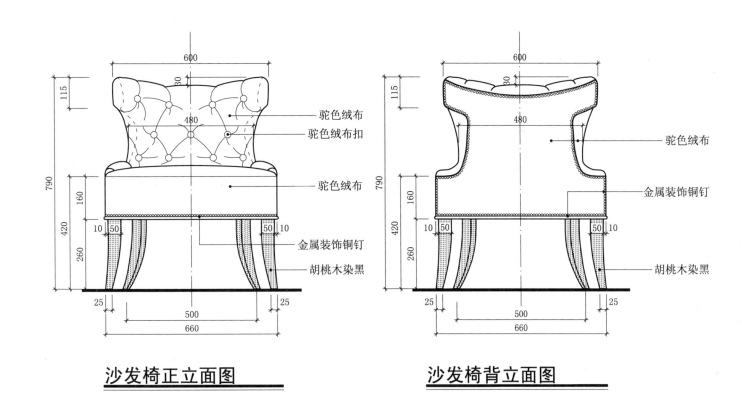

沙发椅正立面图

沙发椅背立面图

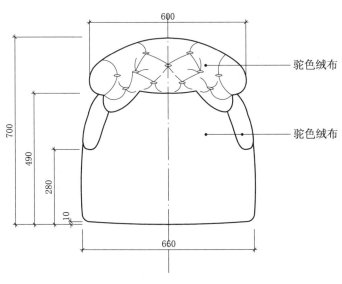

沙发椅平面图

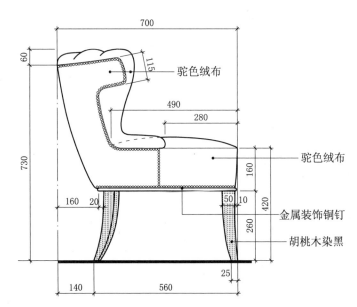

沙发椅侧立面图

坐具类 — 沙发椅

F2-24　　　沙发椅

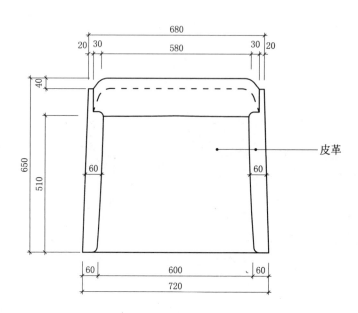

沙发椅平面图

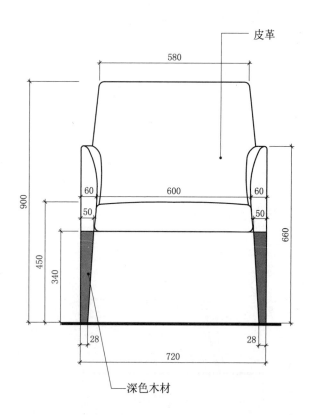

沙发椅正立面图

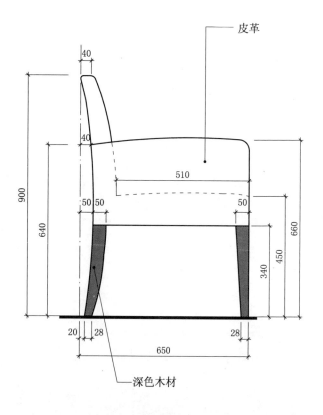

沙发椅侧立面图

坐具类 - 沙发椅
F2-25 沙发椅

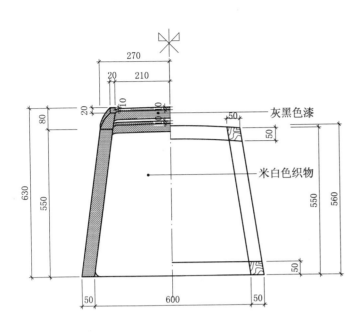

沙发椅平面图

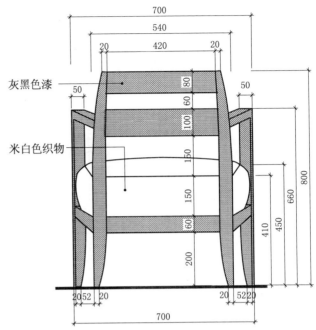

沙发椅背立面图

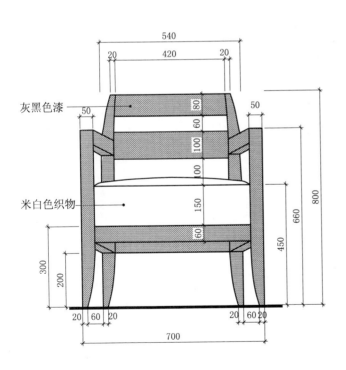

沙发椅正立面图

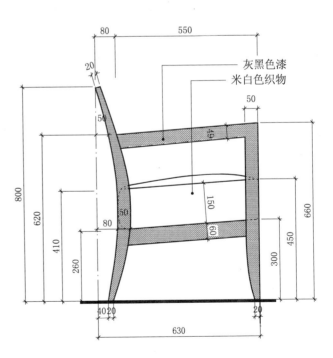

沙发椅侧立面图

坐具类 — 沙发椅
F2-26 沙发椅

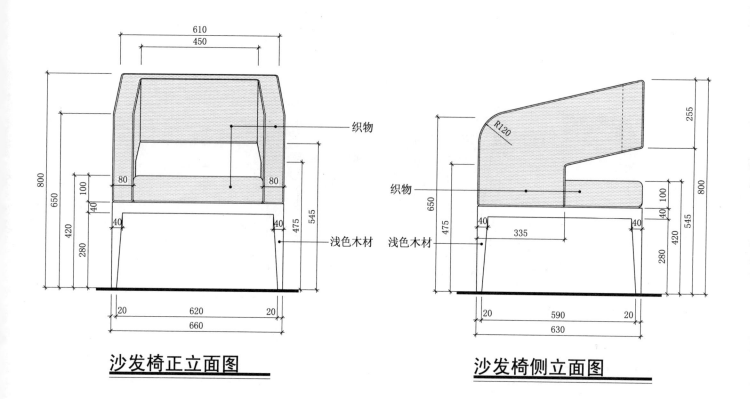

沙发椅正立面图　　　　沙发椅侧立面图

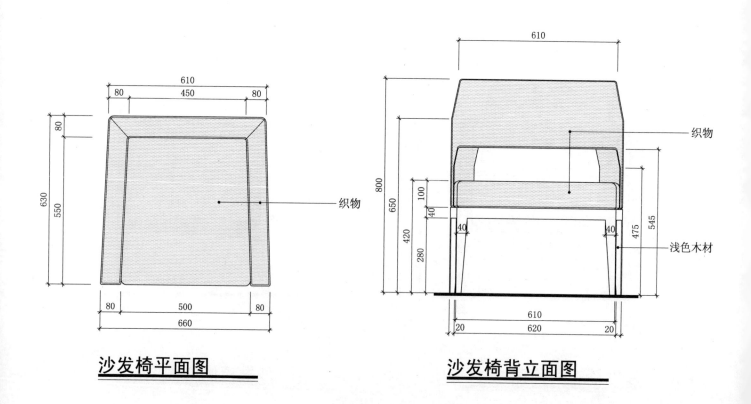

沙发椅平面图　　　　沙发椅背立面图

坐具类 - 沙发椅

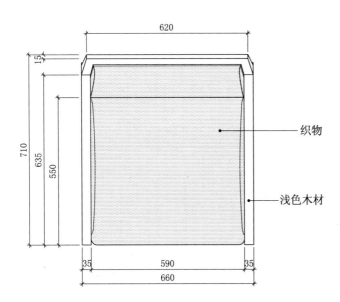

沙发椅平面图

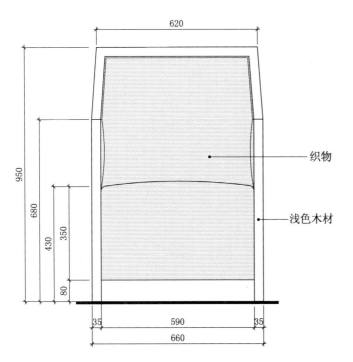

沙发椅正立面图

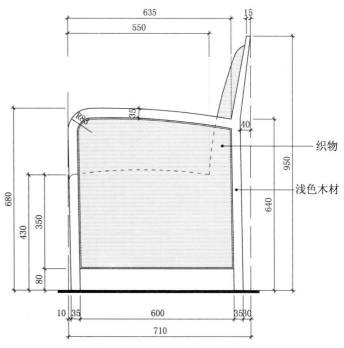

沙发椅侧立面图

坐具类 - 沙发椅
F2-28　沙发椅

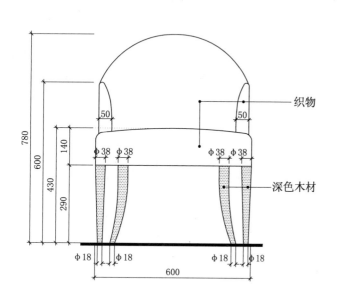

沙发椅正立面图

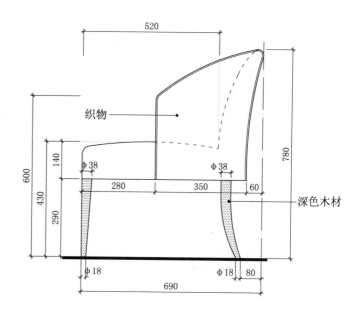

沙发椅侧立面图

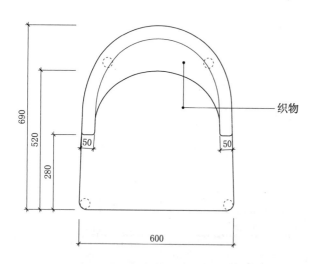

沙发椅平面图

坐具类 – 沙发椅

F2-29 沙发椅

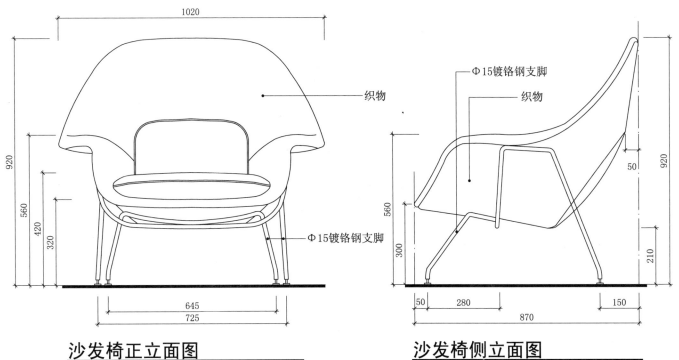

沙发椅正立面图

沙发椅侧立面图

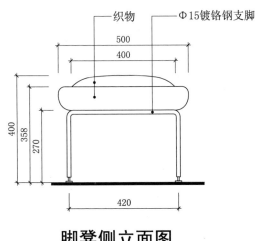

沙发椅平面图

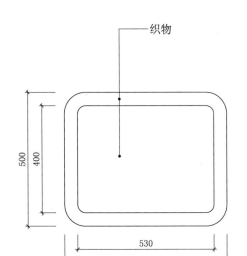

脚凳平面图

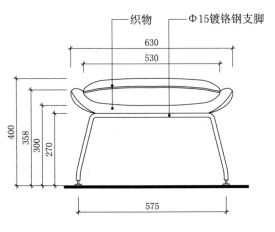

脚凳侧立面图

脚凳正立面图

坐具类 – 沙发椅

F2-30　沙发椅

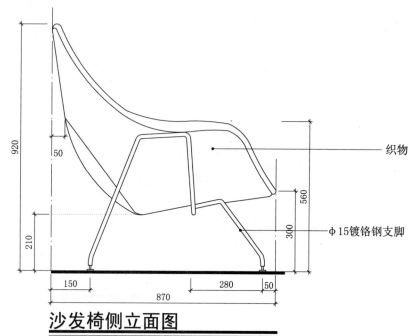

沙发椅侧立面图

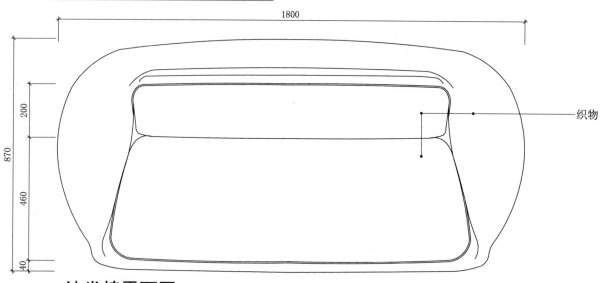

沙发椅平面图

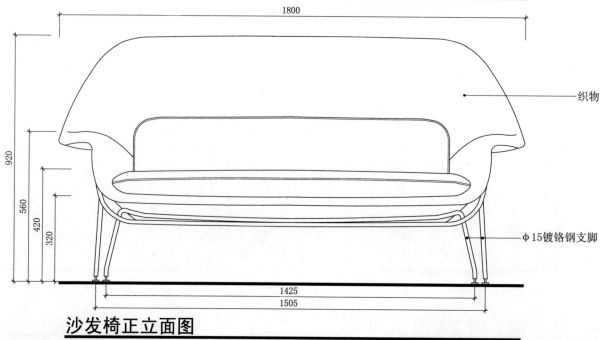

沙发椅正立面图

坐具类 – 椅凳

F3-01　模压餐椅

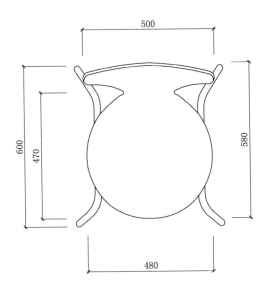

模压餐椅平面图

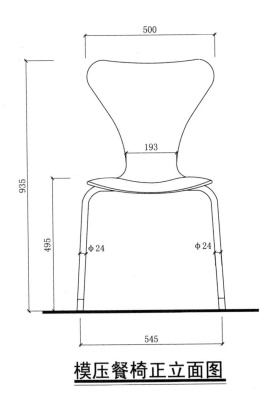

模压餐椅正立面图

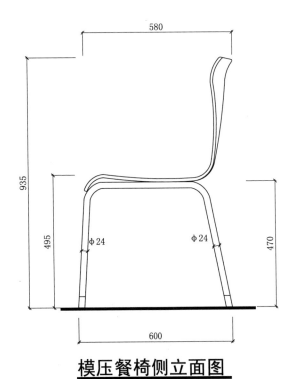

模压餐椅侧立面图

坐具类 — 椅凳
F3-02 模压餐椅

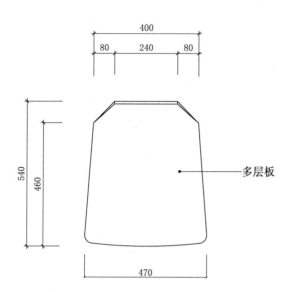

模压餐椅平面图

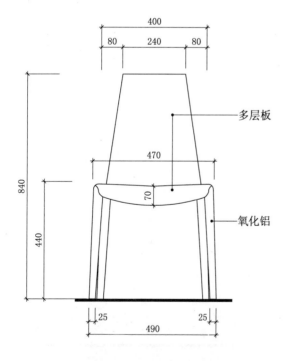

模压餐椅正立面图

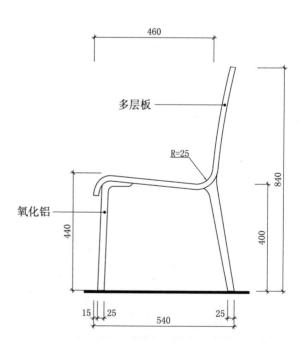

模压餐椅侧立面图

坐具类 - 椅凳
F3-03 餐椅

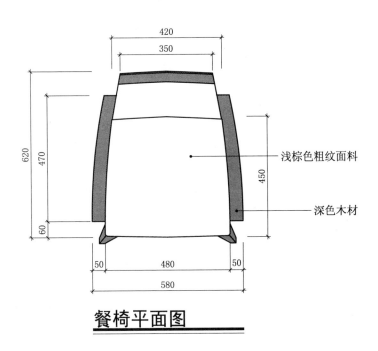

餐椅平面图

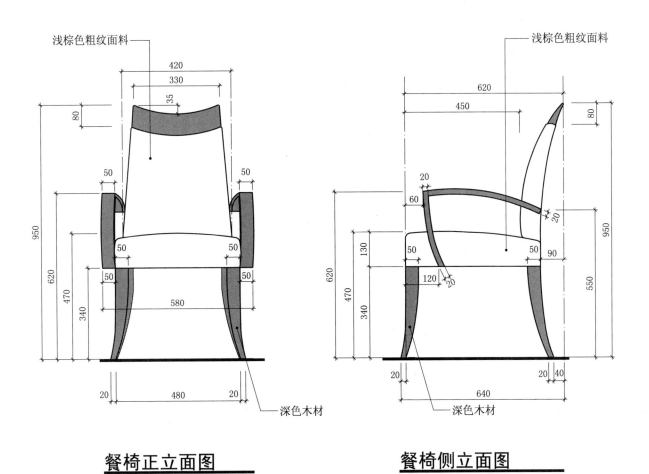

餐椅正立面图　　**餐椅侧立面图**

坐具类 - 椅凳

F3-04 餐椅

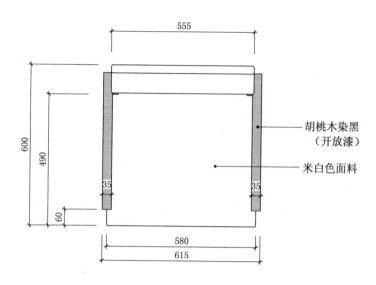

餐椅平面图

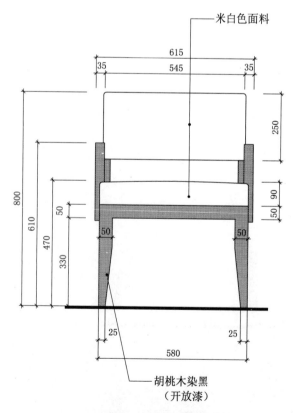

餐椅正立面图

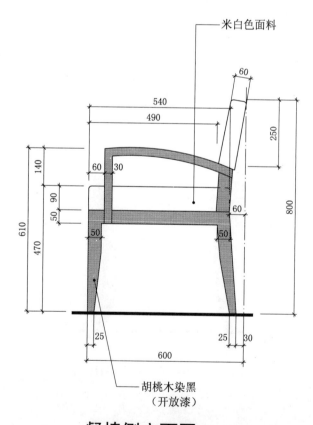

餐椅侧立面图

坐具类 - 椅凳
F3-05 餐椅

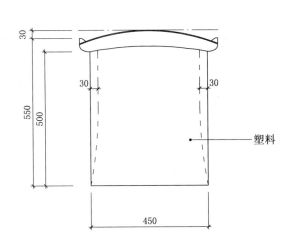

餐椅平面图　　　　**餐椅背立面图**

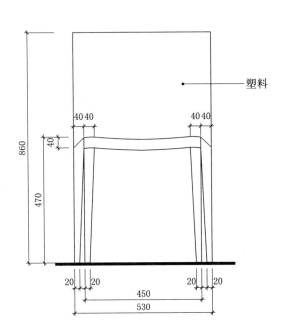

餐椅正立面图　　　　**餐椅侧立面图**

坐具类 - 椅凳
F3-06 餐椅

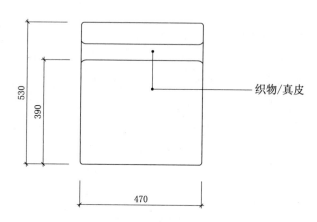

餐椅平面图

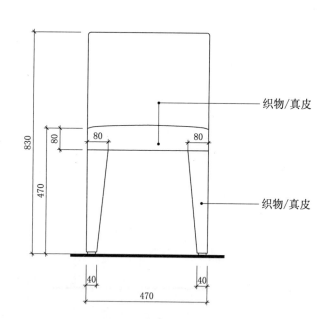

餐椅正立面图

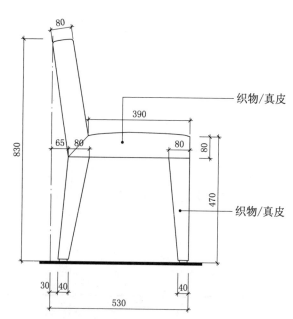

餐椅侧立面图

坐具类 – 椅凳

F3-07 餐椅

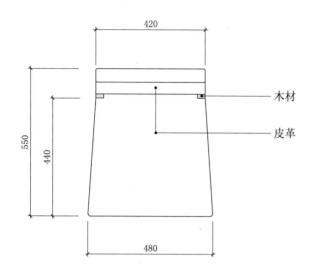

餐椅平面图

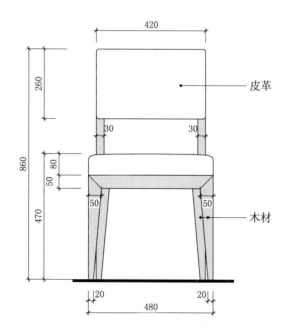

餐椅正立面图

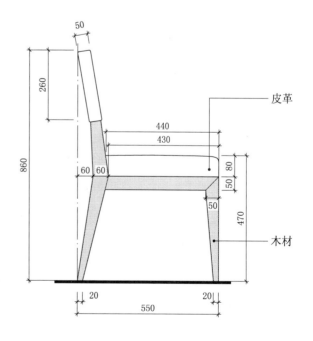

餐椅侧立面图

坐具类 - 椅凳
F3-08 餐椅

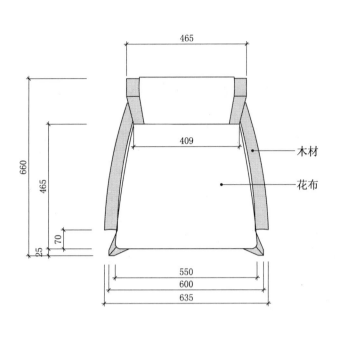

餐椅平面图

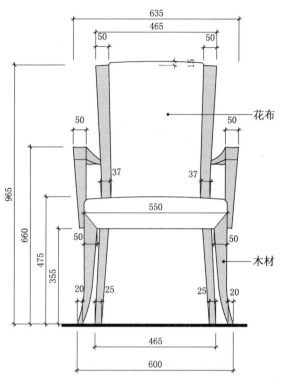

餐椅正立面图

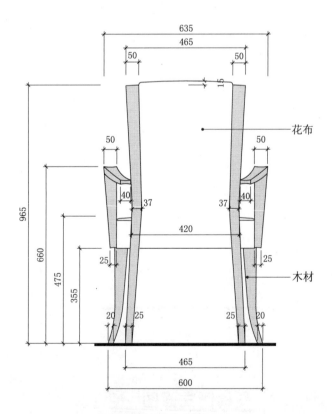

餐椅背立面图

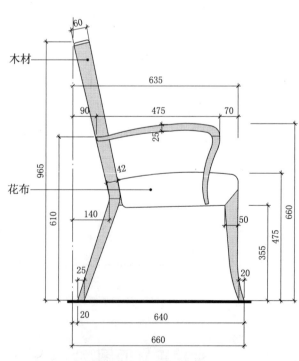

餐椅侧立面图

坐具类 - 椅凳
F3-09 餐椅

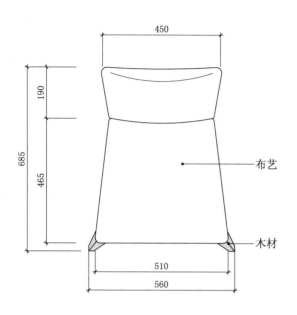

餐椅平面图

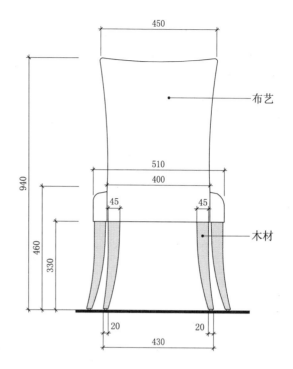

餐椅背立面图

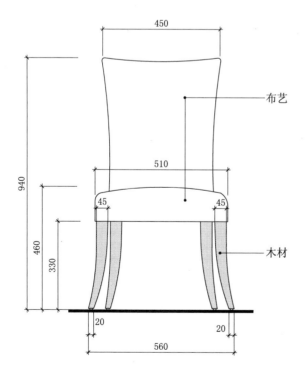

餐椅正立面图

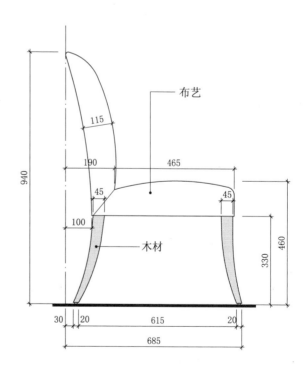

餐椅侧立面图

坐具类 – 椅凳

F3-10 餐椅

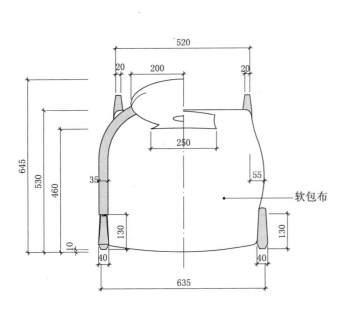

餐椅平面图

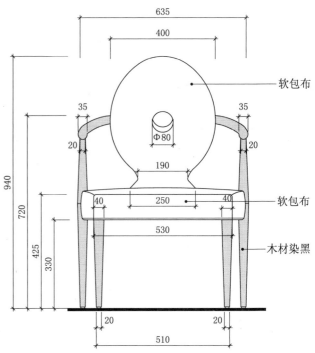

餐椅背立面图

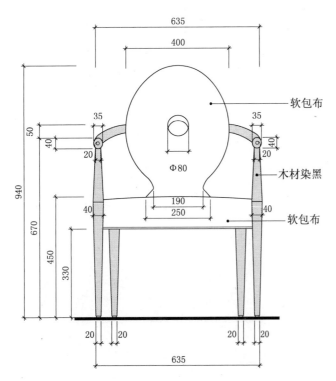

餐椅正立面图

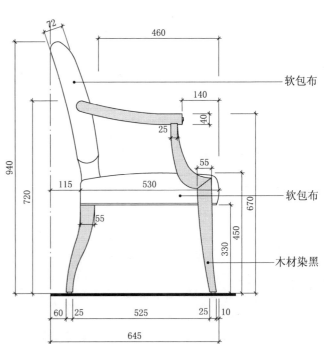

餐椅侧立面图

坐具类 - 椅凳
F3-11 餐椅

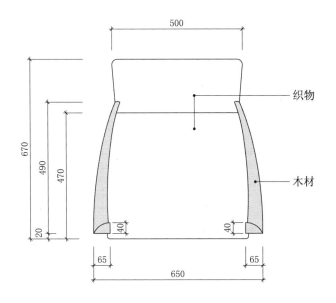

餐椅平面图

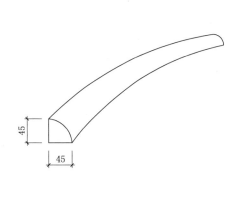

餐椅扶手轴测图

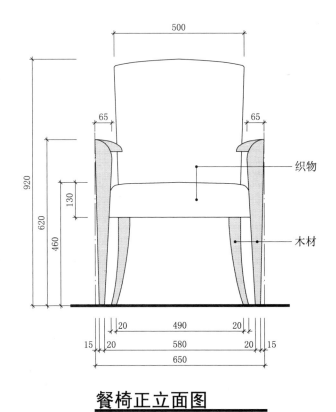

餐椅正立面图

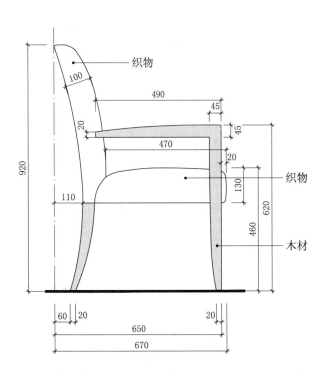

餐椅侧立面图

坐具类 - 椅凳
F3-12 餐椅

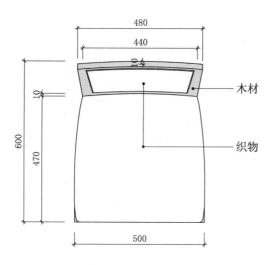

餐椅平面图

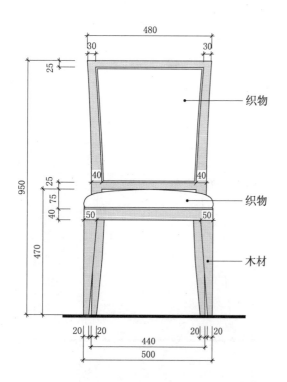

餐椅正立面图

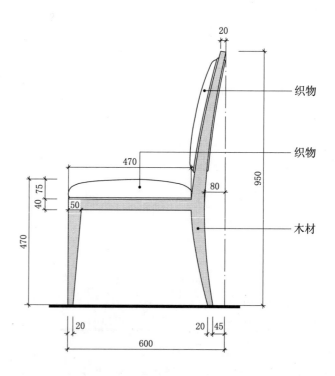

餐椅侧立面图

坐具类 - 椅凳
F3-13 餐椅

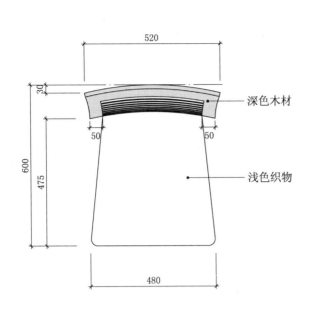

餐椅平面图

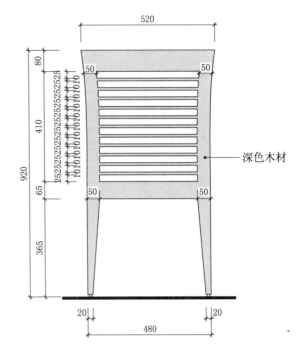

餐椅背立面图

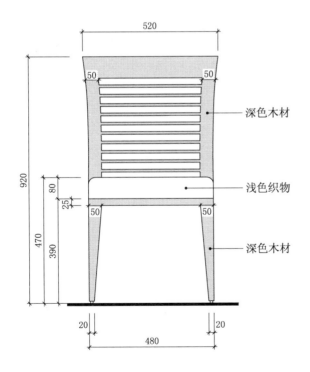

餐椅正立面图

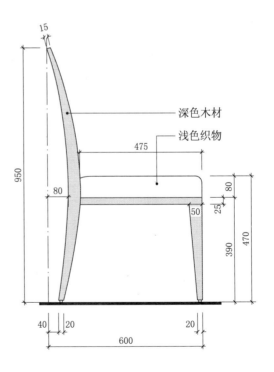

餐椅侧立面图

坐具类 - 椅凳
F3-14 餐椅

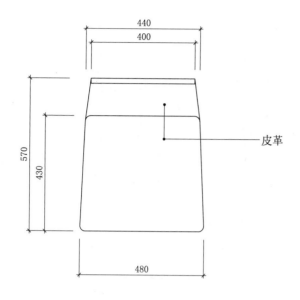

餐椅平面图

餐椅背立面图

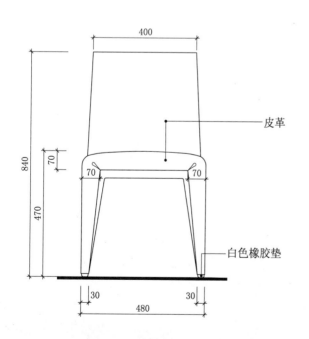

餐椅正立面图

餐椅侧立面图

坐具类 – 椅凳

F3-15 餐椅

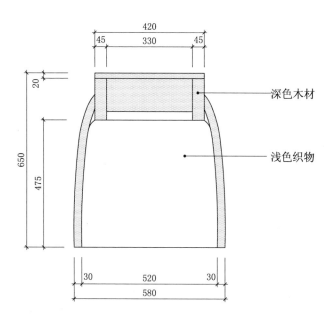

餐椅平面图

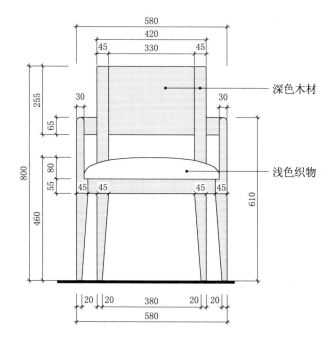

餐椅正立面图

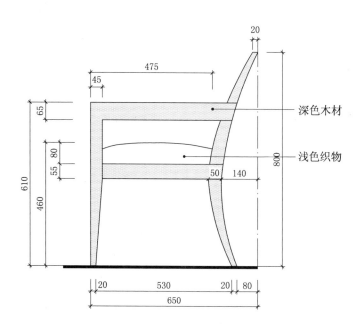

餐椅侧立面图

坐具类 – 椅凳
F3-16 餐椅

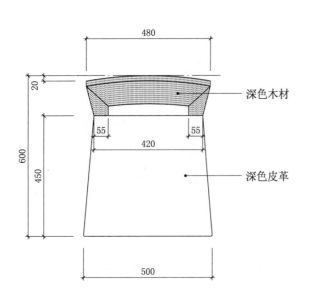

餐椅平面图　　　　**餐椅背立面图**

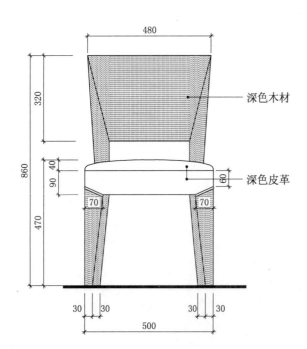

餐椅正立面图　　　　**餐椅侧立面图**

| 坐具类 – 椅凳 |
| F3-17　　餐椅 |

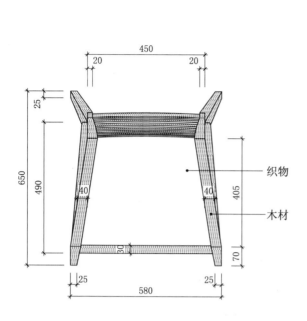

餐椅平面图

餐椅背立面图

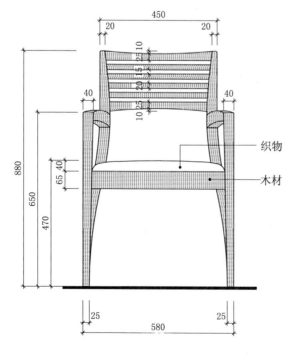

餐椅正立面图

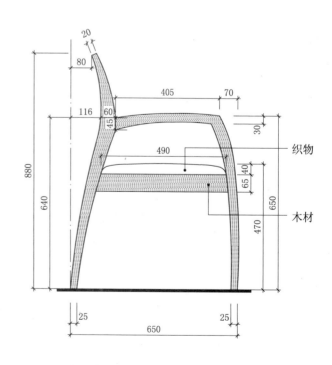

餐椅侧立面图

坐具类 – 椅凳
F3-18 餐椅

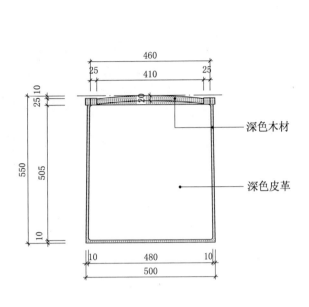

餐椅平面图

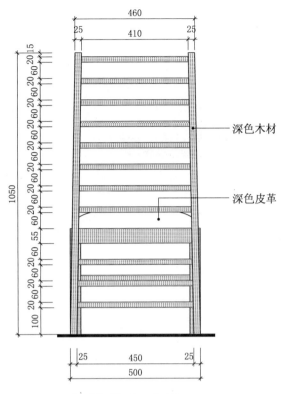

餐椅背立面图

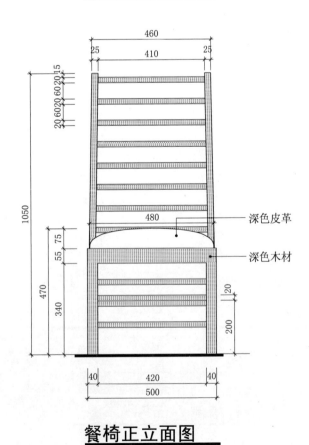

餐椅正立面图

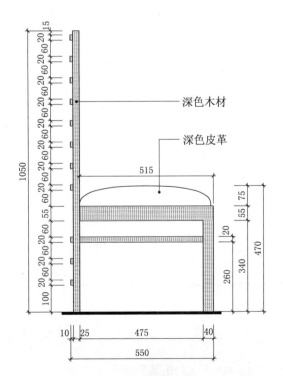

餐椅侧立面图

坐具类 - 椅凳

F3-19 餐椅

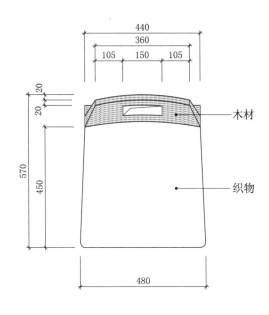

餐椅平面图

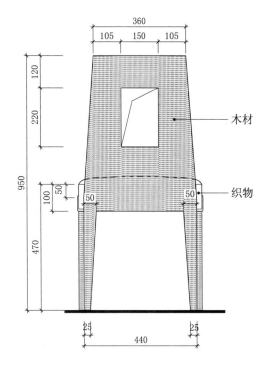

餐椅背立面图

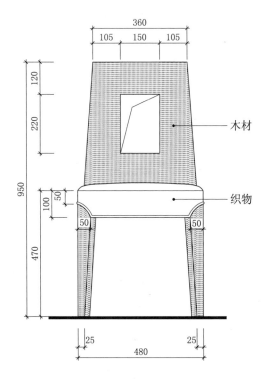

餐椅正立面图

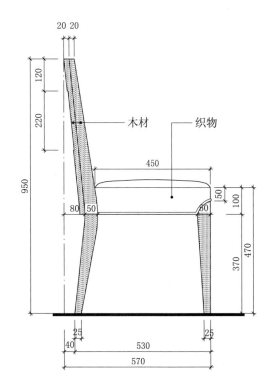

餐椅侧立面图

坐具类 — 椅凳
F3-20 餐椅

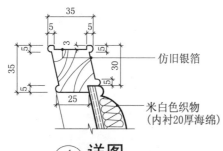

① 详图　　② 详图

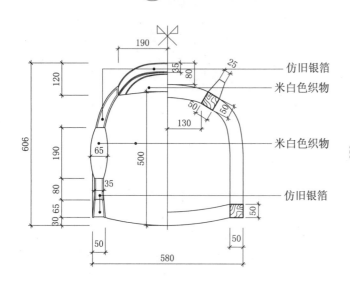

餐椅平面图　　餐椅背立面图

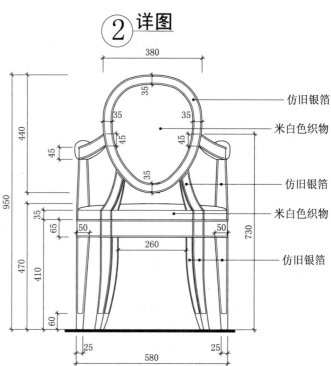

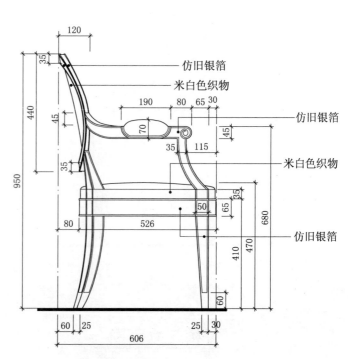

餐椅正立面图　　餐椅侧立面图

坐具类 - 椅凳
F3-21 餐椅

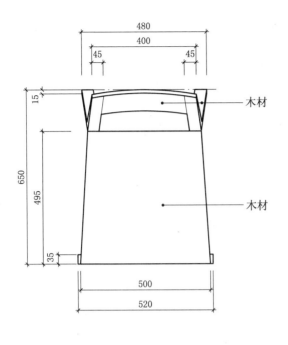

餐椅平面图

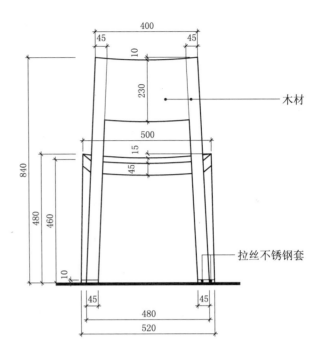

餐椅背立面图

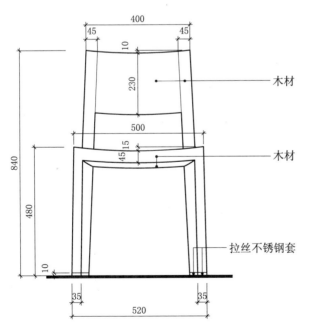

餐椅正立面图

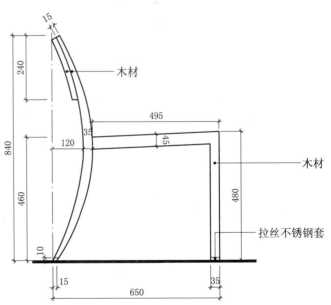

餐椅侧立面图

坐具类 – 椅凳
F3-22 餐椅

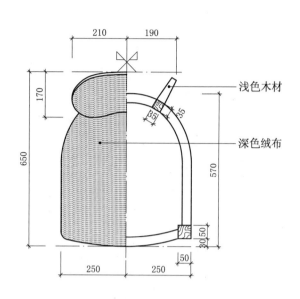

餐椅平面图

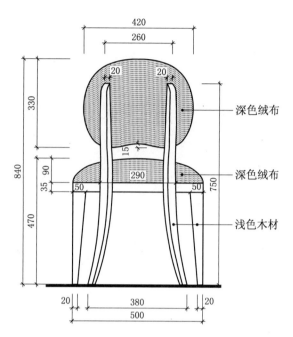

餐椅背立面图

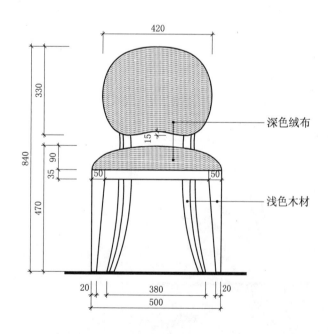

餐椅正立面图

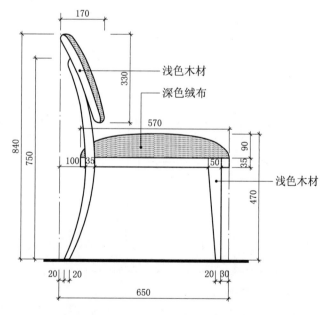

餐椅侧立面图

坐具类 — 椅凳

F3-23 餐椅

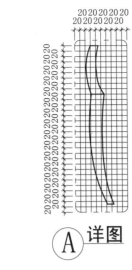

Ⓐ 详图

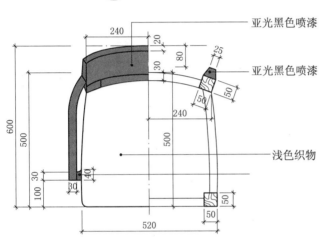

餐椅平面图

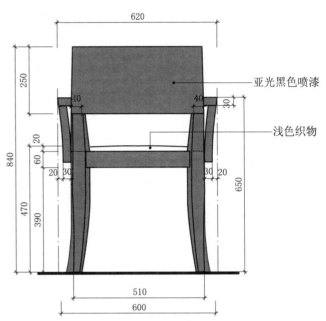

餐椅背立面图

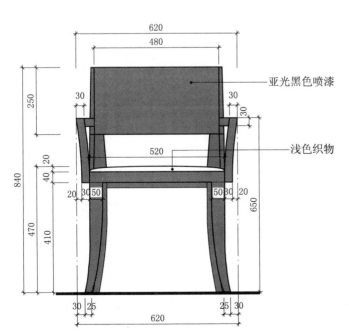

餐椅正立面图

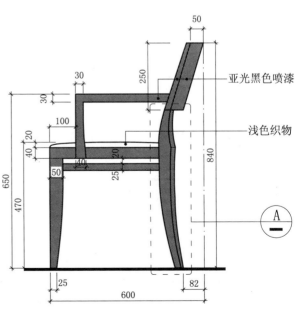

餐椅侧立面图

坐具类 - 椅凳

F3-24 餐椅

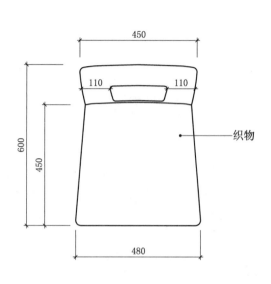

餐椅平面图

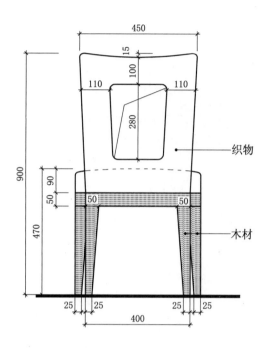

餐椅背立面图

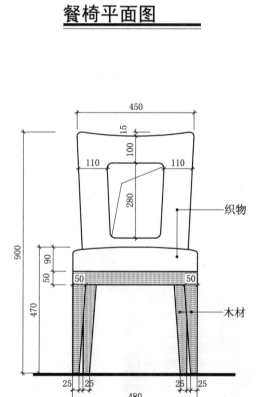

餐椅正立面图

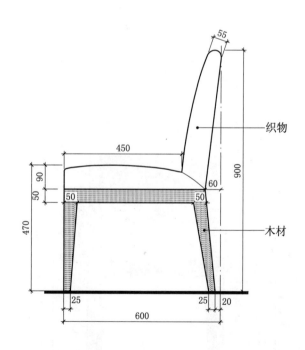

餐椅侧立面图

坐具类 – 椅凳
F3-25 餐椅

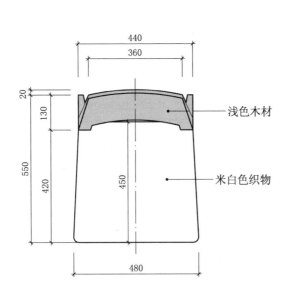

餐椅平面图

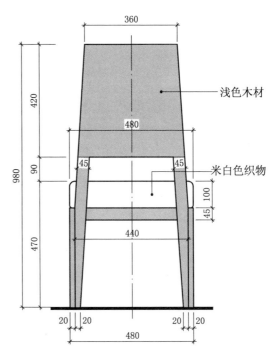

餐椅背立面图

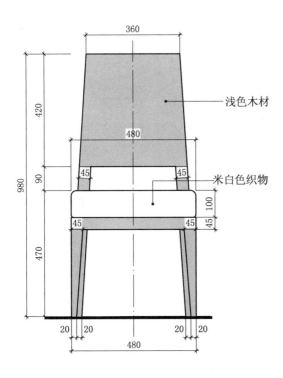

餐椅正立面图

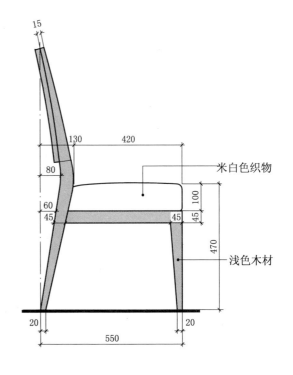

餐椅侧立面图

坐具类 - 椅凳
F3-26 餐椅

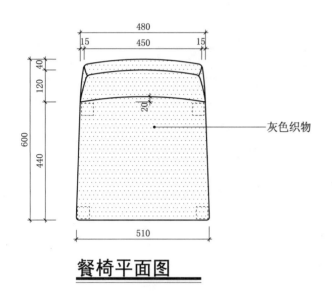

餐椅平面图

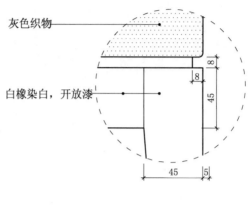

① 详图

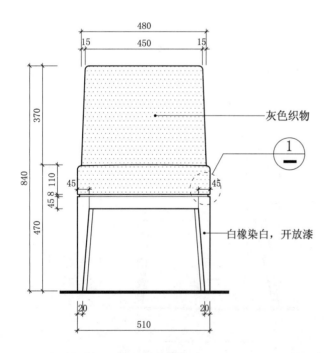

餐椅正立面图

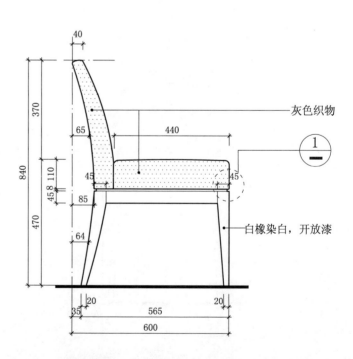

餐椅侧立面图

坐具类 - 椅凳

餐椅 F3-27

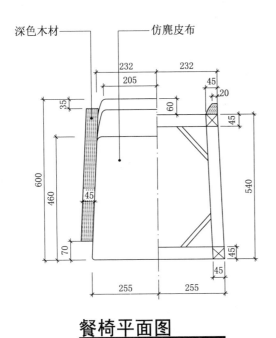

餐椅平面图

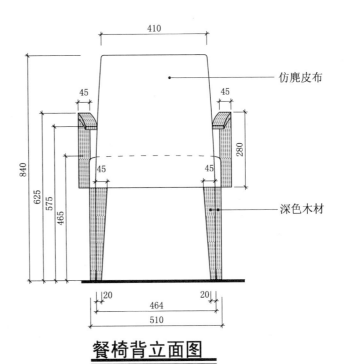

餐椅背立面图

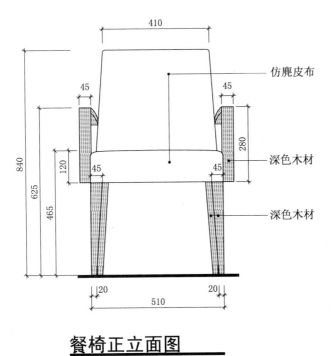

餐椅正立面图

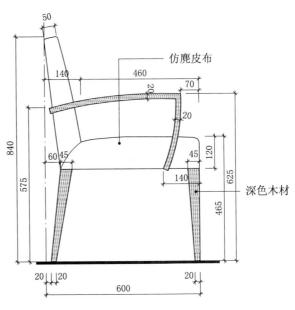

餐椅侧立面图

坐具类 - 椅凳

F3-28 餐椅

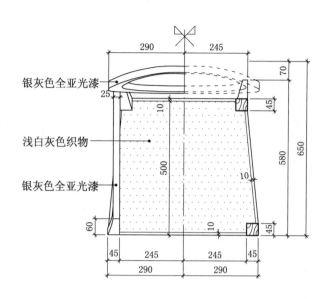

餐椅平面图　　　　**餐椅背立面图**

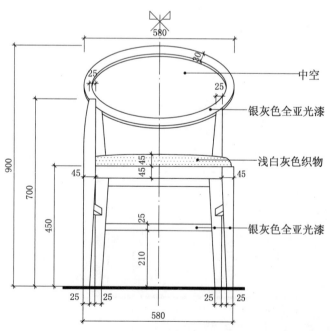

餐椅正立面图　　　　**餐椅侧立面图**

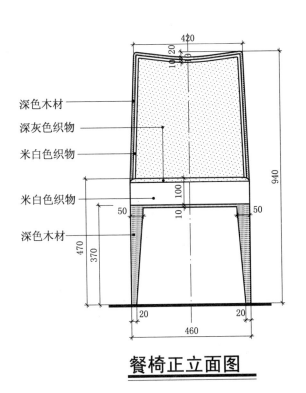

餐椅正立面图

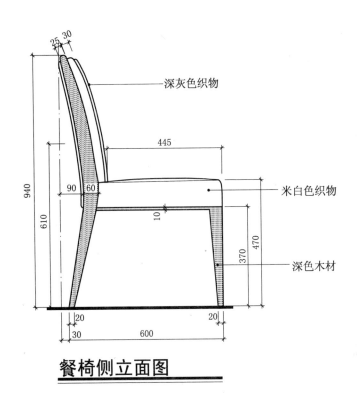

餐椅侧立面图

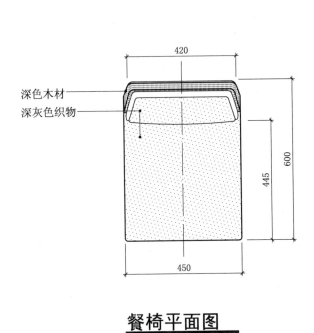

餐椅平面图

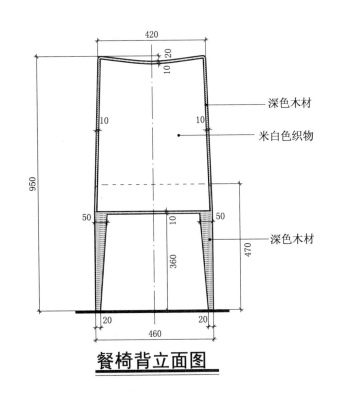

餐椅背立面图

坐具类 - 椅凳
F3-30 餐椅

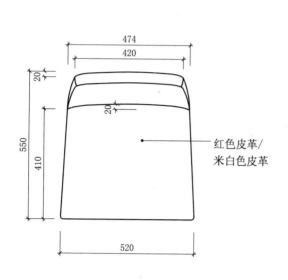

餐椅平面图

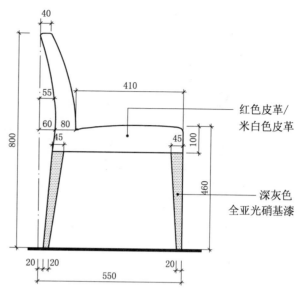

餐椅侧立面图

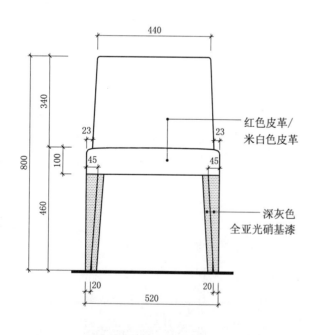

餐椅正立面图

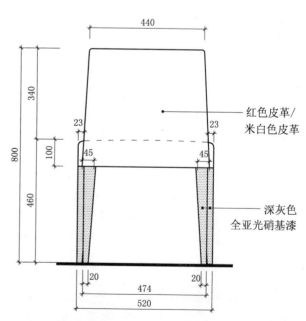

餐椅背立面图

坐具类 – 椅凳

F3-31 餐椅

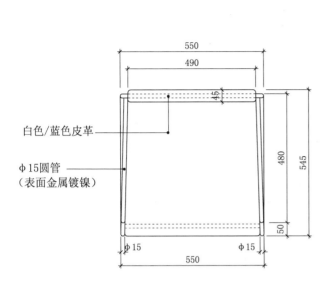

餐椅平面图

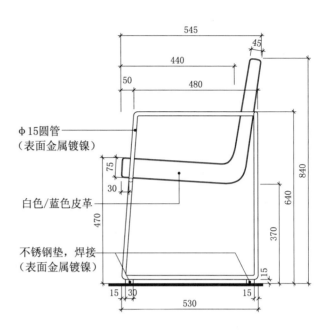

餐椅侧立面图

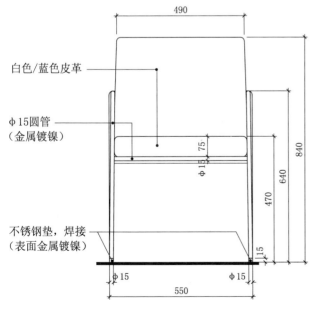

餐椅正立面图

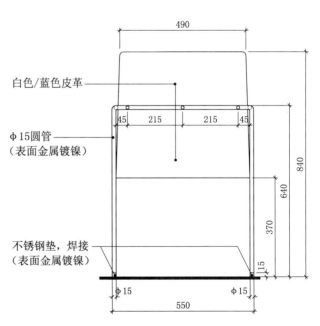

餐椅背立面图

坐具类 - 椅凳
F3-32　餐椅

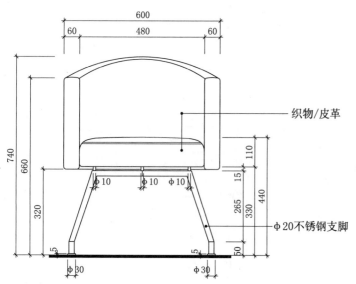

餐椅正立面图　　　　　　　　　　**餐椅侧立面图**

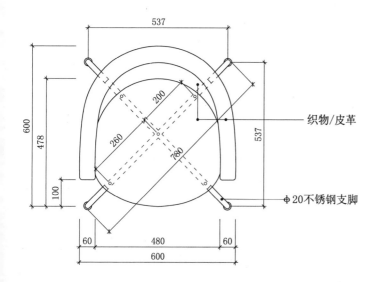

餐椅平面图

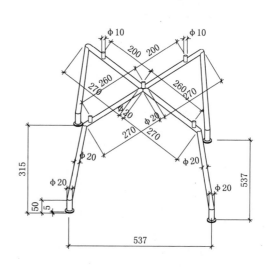

餐椅支脚构件图

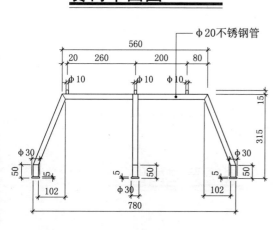

餐椅支脚立面图

坐具类 – 椅凳
F3-33 扶手椅

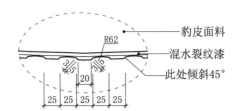
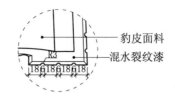

Ⓐ 详图   Ⓑ 详图

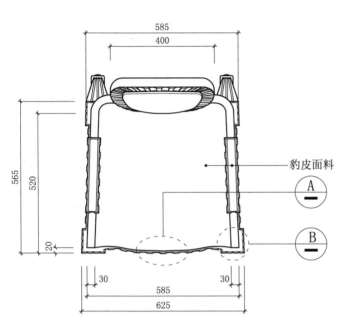

扶手椅平面图

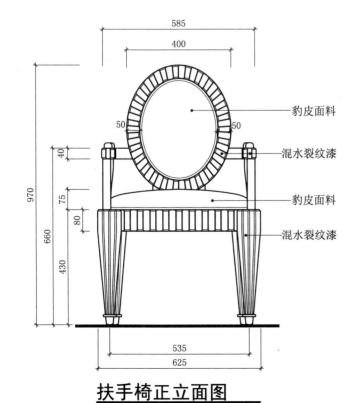

扶手椅背立面图

扶手椅正立面图   扶手椅侧立面图

坐具类 - 椅凳

F3-34 扶手椅

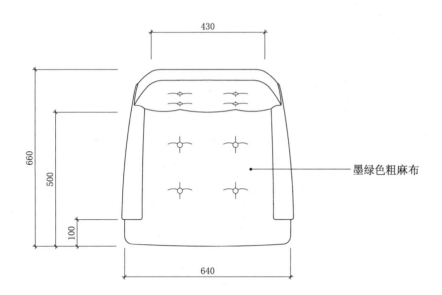

扶手椅平面图

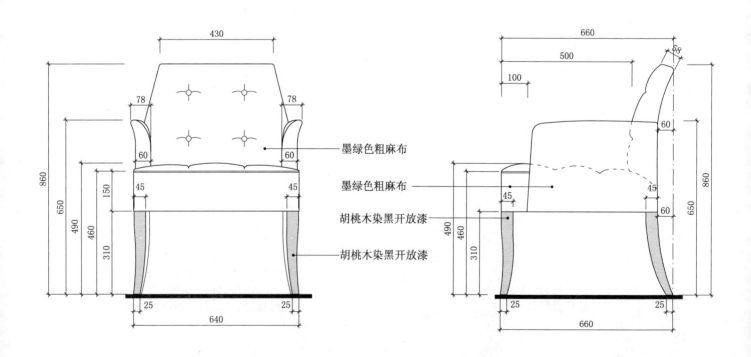

扶手椅正立面图　　　　**扶手椅侧立面图**

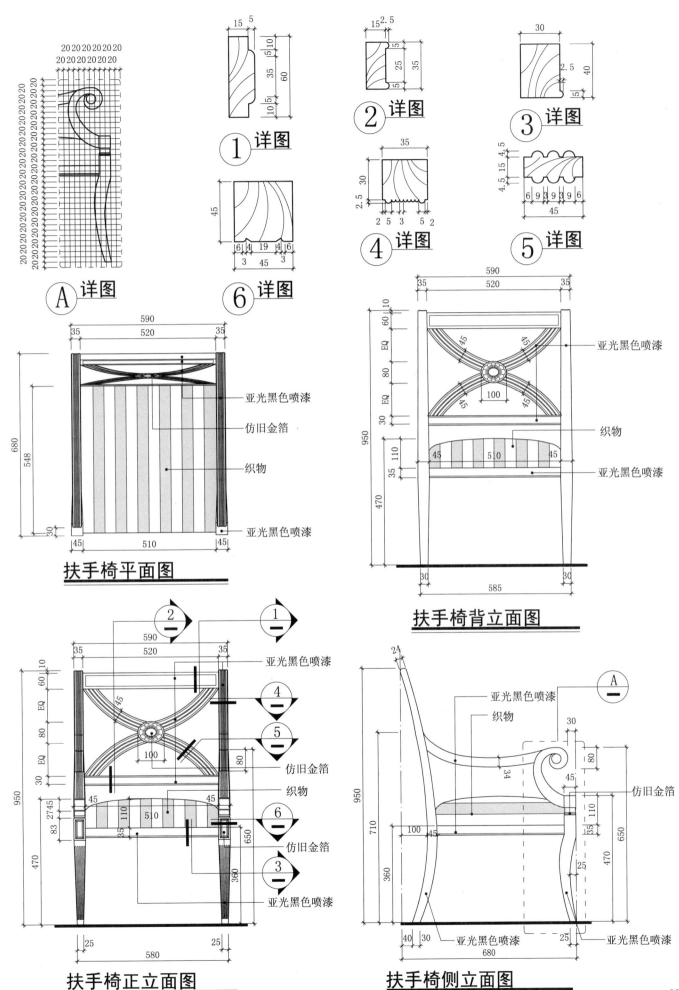

坐具类 - 椅凳
F3-36 扶手椅

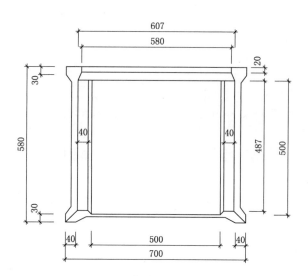

扶手椅平面图

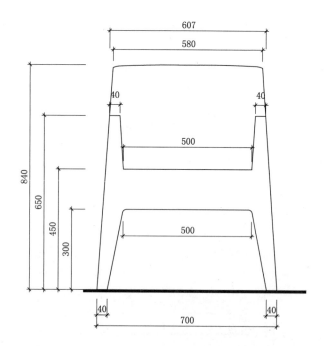

扶手椅正立面图

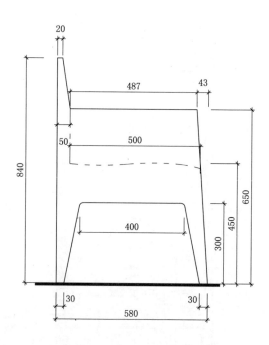

扶手椅侧立面图

坐具类 - 椅凳
F3-37 扶手椅

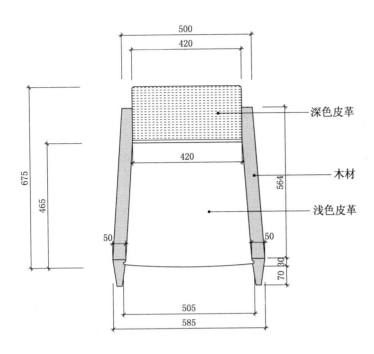

扶手椅平面图

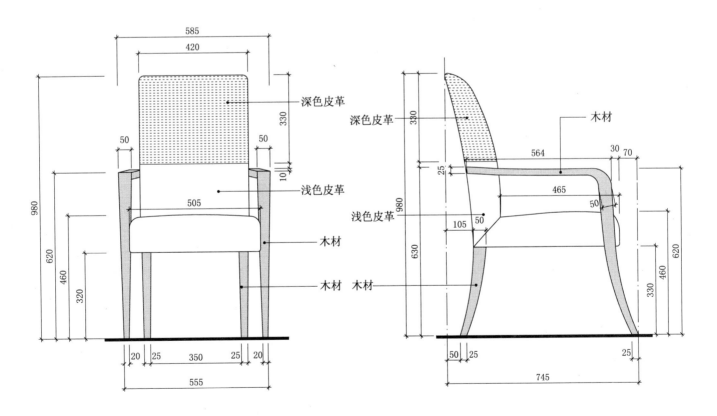

扶手椅正立面图　　　　**扶手椅侧立面图**

坐具类 – 椅凳
F3-38 扶手椅

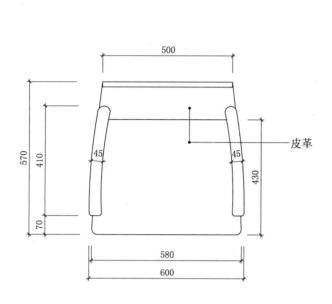

扶手椅平面图

扶手椅背立面图

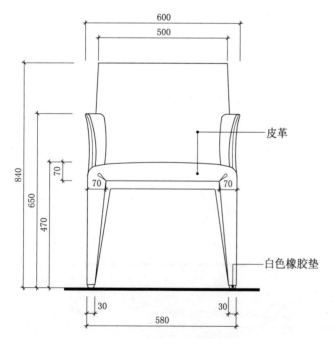

扶手椅正立面图

扶手椅侧立面图

坐具类 - 椅凳
F3-39　扶手椅

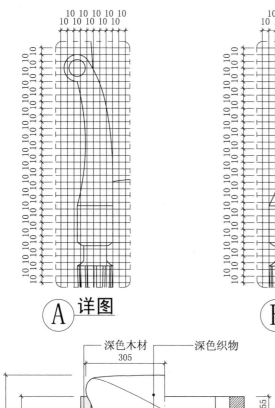
Ⓐ 详图

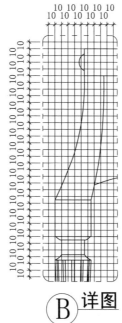
Ⓑ 详图

① 详图

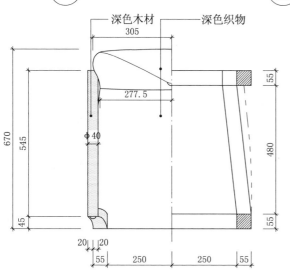
扶手椅平面图

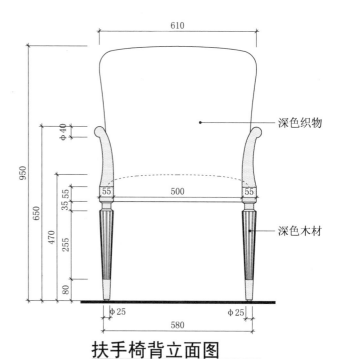
扶手椅背立面图

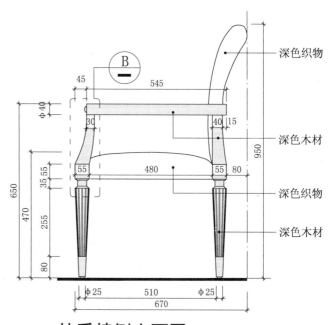
扶手椅正立面图　　　扶手椅侧立面图

229

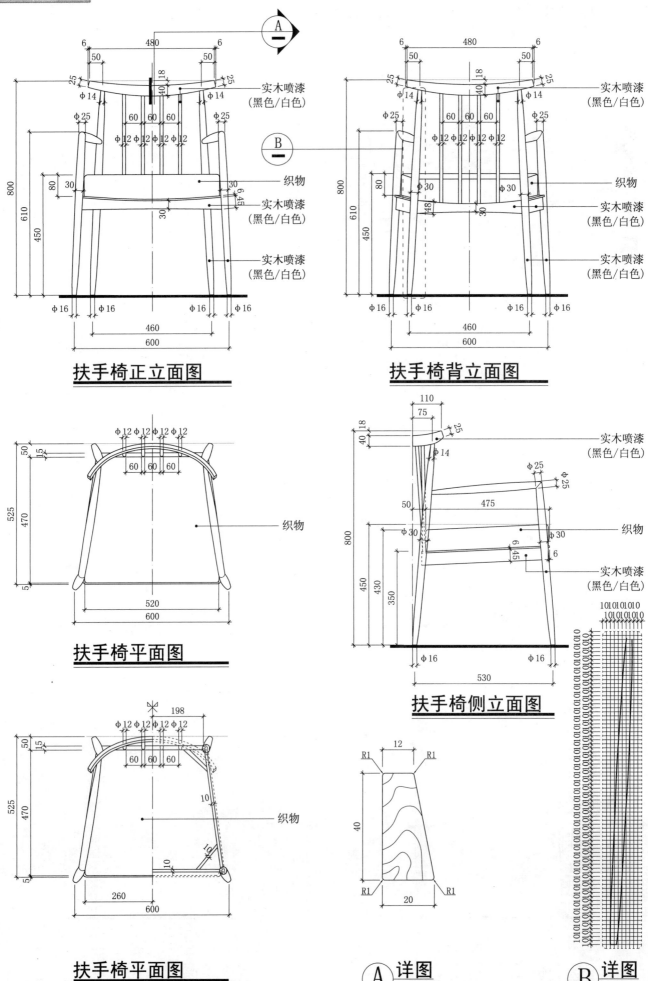

坐具类 – 椅凳
F3-41 扶手椅

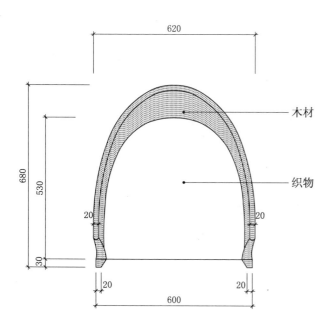

扶手椅平面图

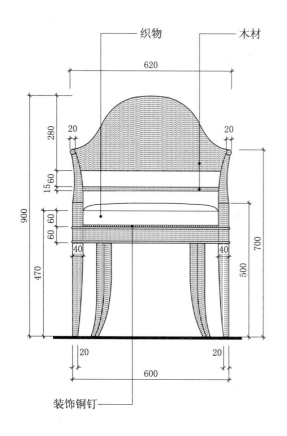

扶手椅正立面图

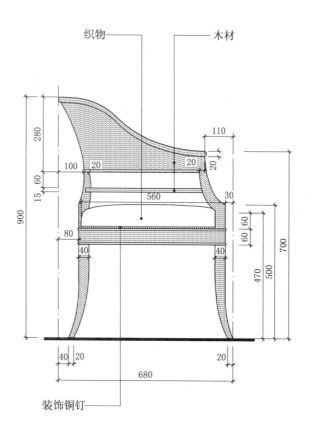

扶手椅侧立面图

坐具类 – 椅凳

F3-42 扶手椅

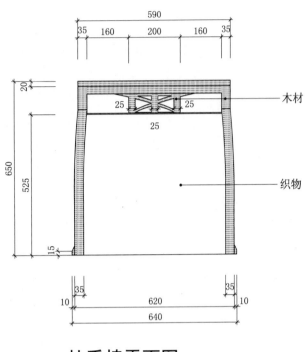

扶手椅平面图

扶手椅背立面图

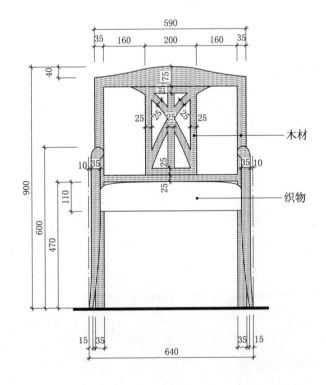

扶手椅正立面图

扶手椅侧立面图

坐具类 — 椅凳
F3-43　扶手椅

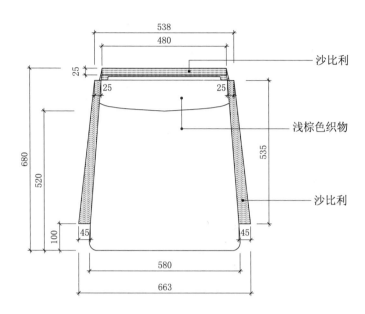

扶手椅平面图

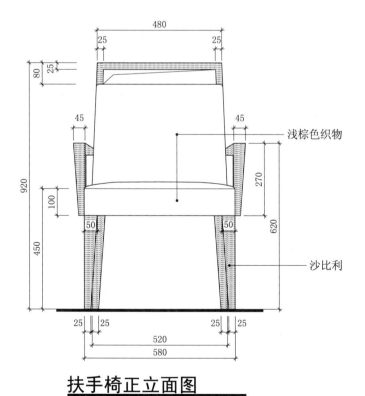

扶手椅正立面图　　**扶手椅侧立面图**

坐具类 — 椅凳

F3-44　扶手椅

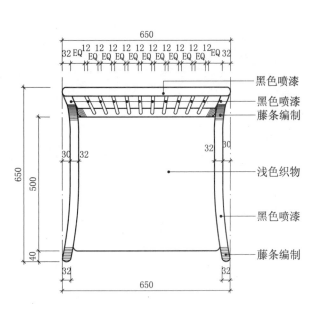

扶手椅平面图

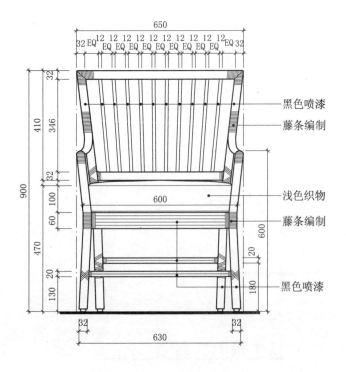

扶手椅正立面图

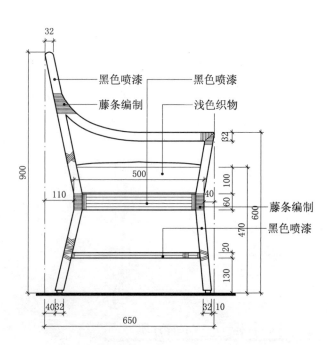

扶手椅侧立面图

扶手椅背立面图

坐具类 – 椅凳
F3-45 扶手椅

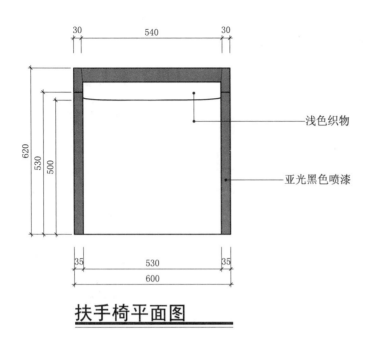

扶手椅平面图

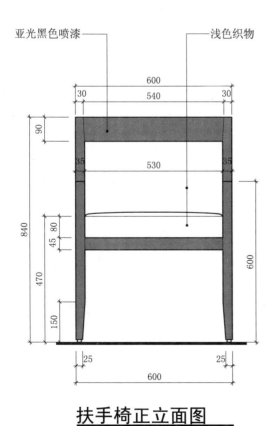

扶手椅正立面图

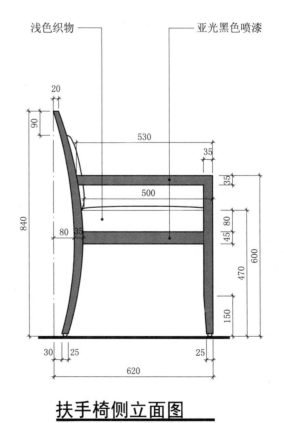

扶手椅侧立面图

坐具类 — 椅凳

F3-46　扶手椅

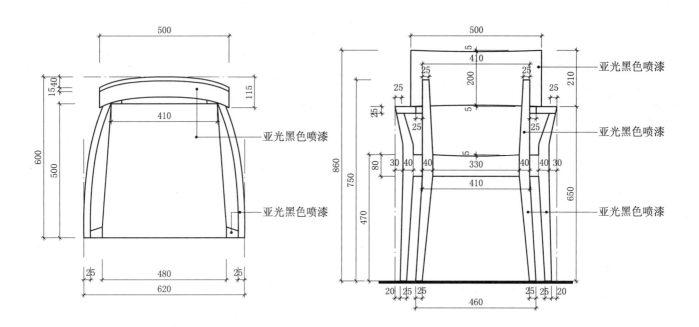

扶手椅平面图　　　　扶手椅背立面图

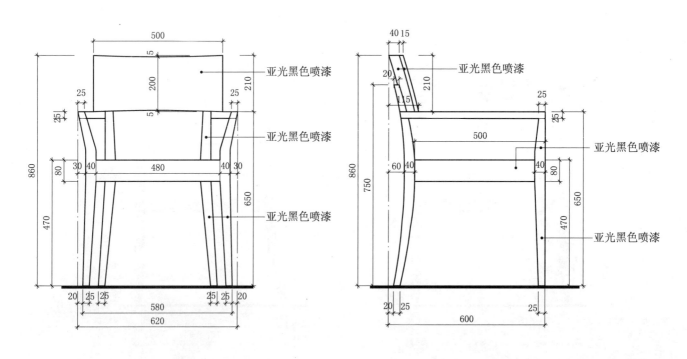

扶手椅正立面图　　　　扶手椅侧立面图

坐具类 – 椅凳
F3-47 扶手椅

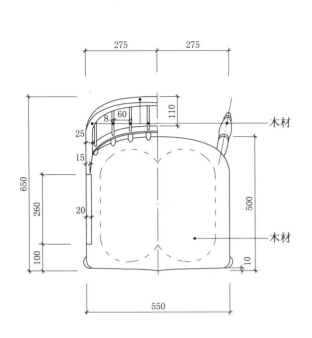

扶手椅平面图

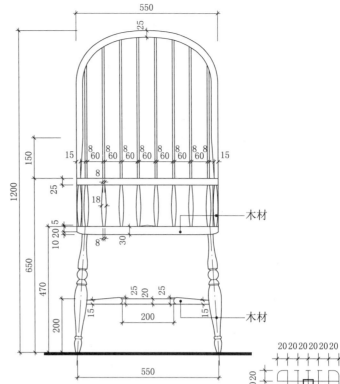

扶手椅背立面图

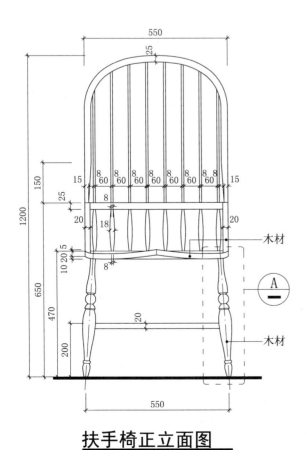

扶手椅正立面图

扶手椅侧立面图

A 详图

坐具类 — 椅凳
F3-48 扶手椅

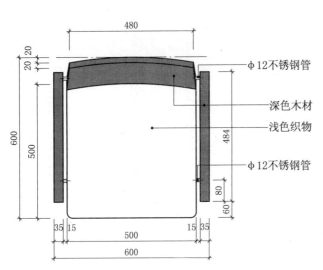

扶手椅平面图

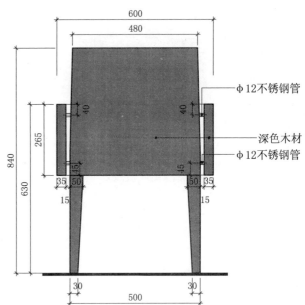

扶手椅背立面图

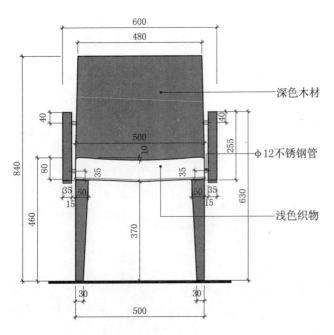

扶手椅正立面图

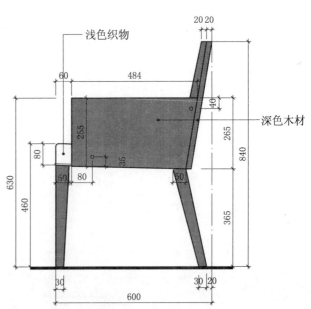

扶手椅侧立面图

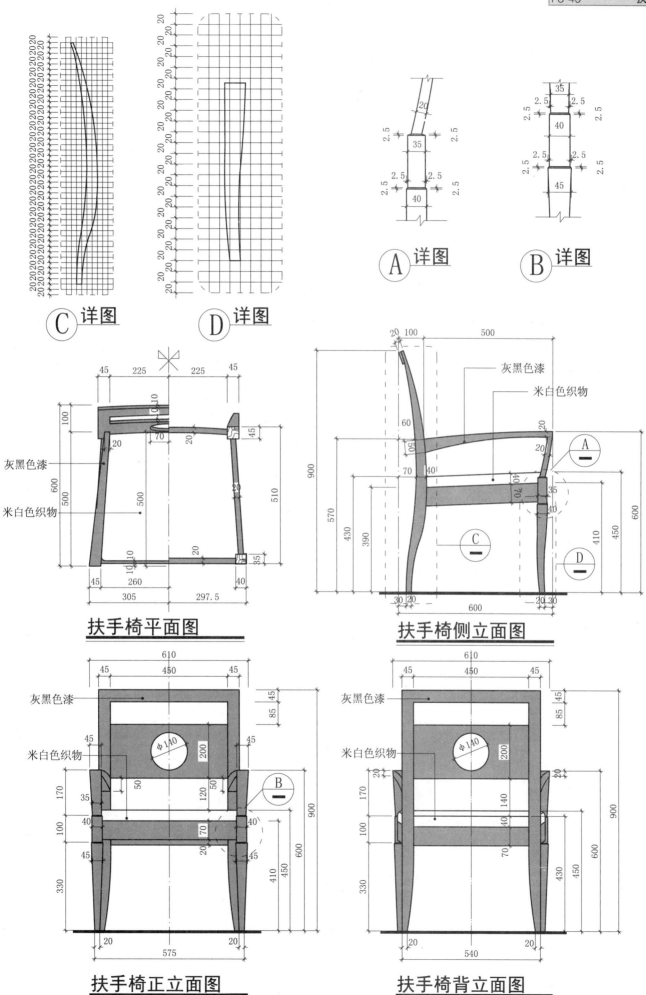

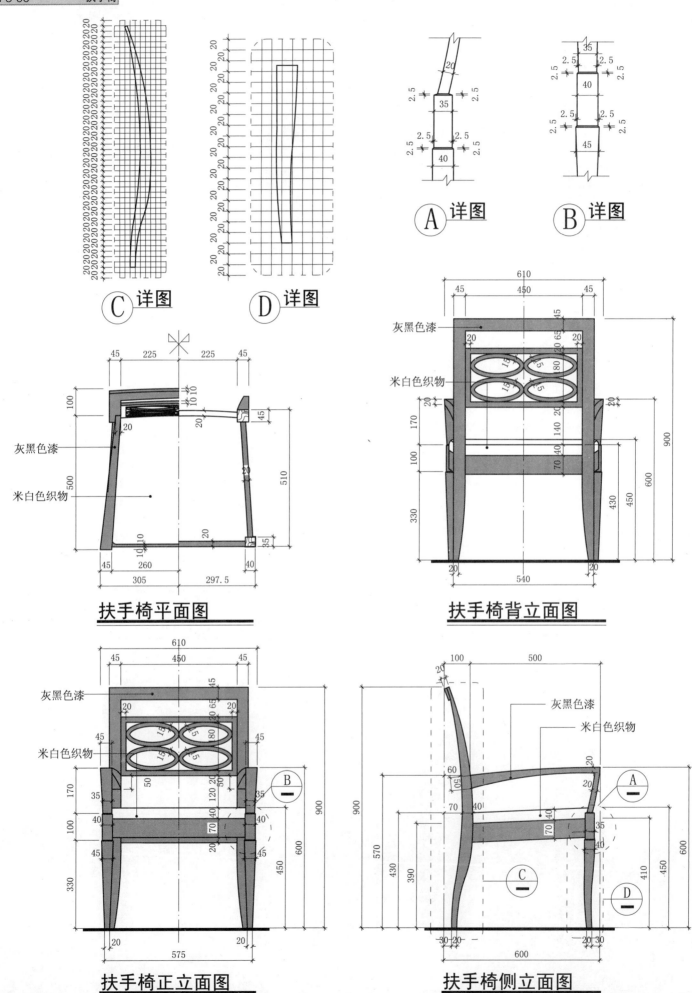

坐具类 － 椅凳
F3-51 扶手椅

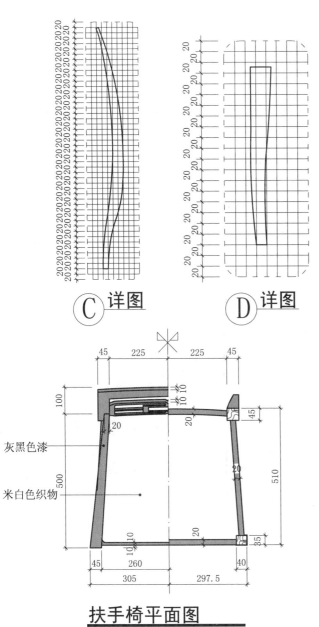

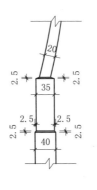

Ⓐ 详图

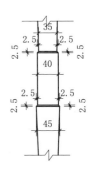

Ⓑ 详图

Ⓒ 详图　　Ⓓ 详图

扶手椅平面图

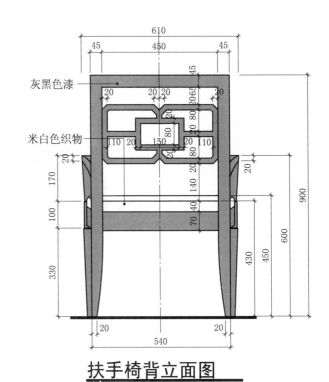

扶手椅背立面图

扶手椅正立面图

扶手椅侧立面图

坐具类 — 椅凳
F3-52　扶手椅

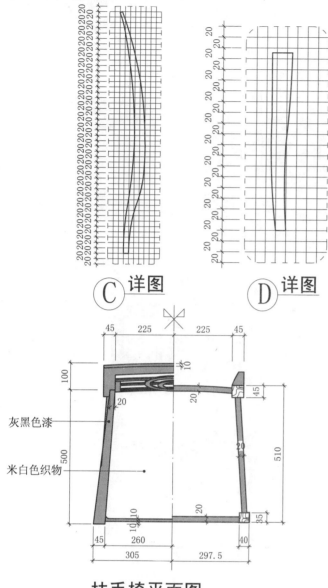

C 详图　　D 详图

扶手椅平面图

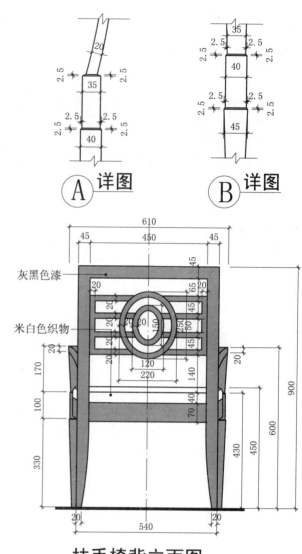

A 详图　　B 详图

扶手椅背立面图

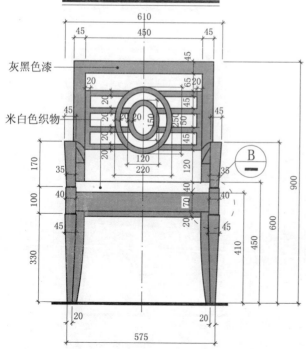

扶手椅正立面图

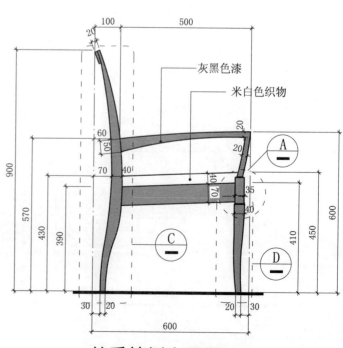

扶手椅侧立面图

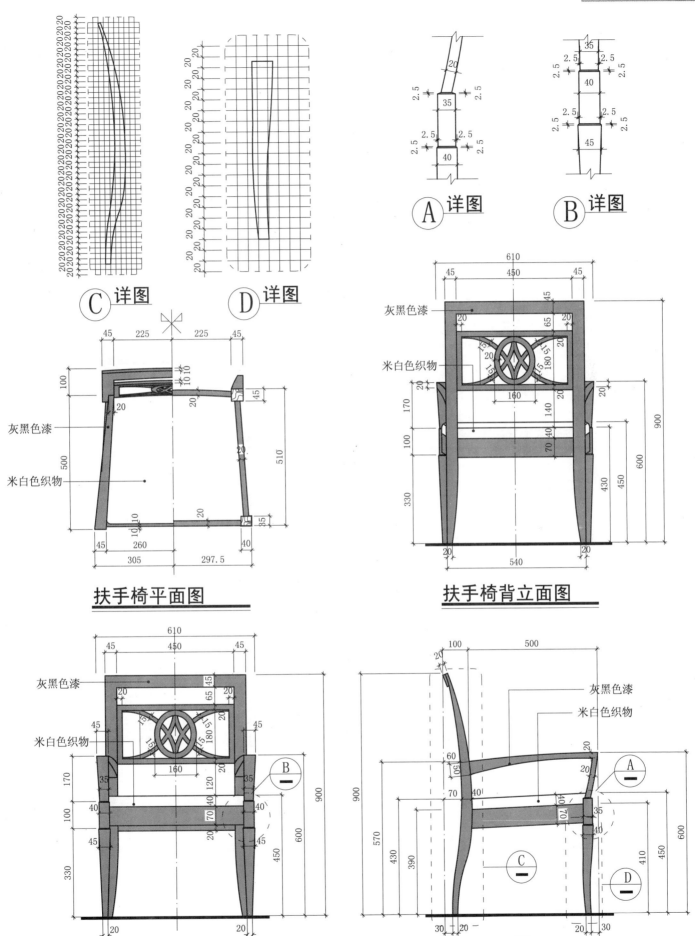

坐具类 - 椅凳
F3-54 扶手椅

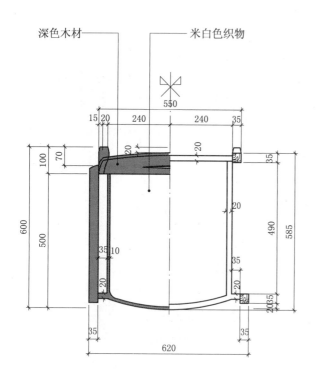

扶手椅平面图

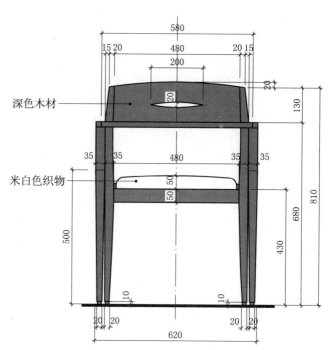

扶手椅背立面图

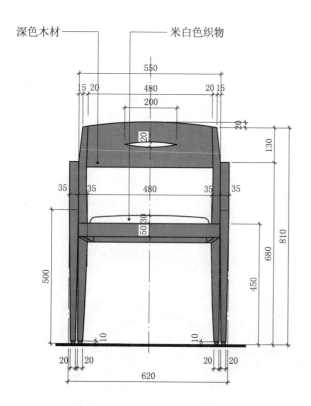

扶手椅正立面图

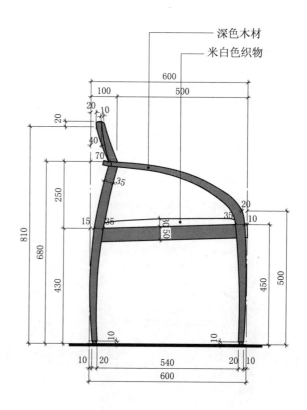

扶手椅侧立面图

坐具类 – 椅凳
F3-55 扶手椅

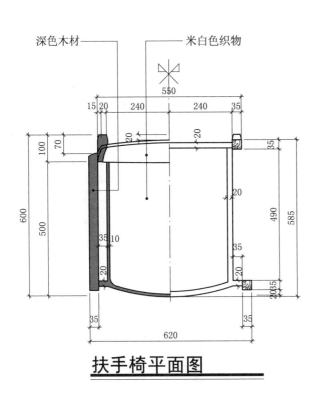

扶手椅平面图

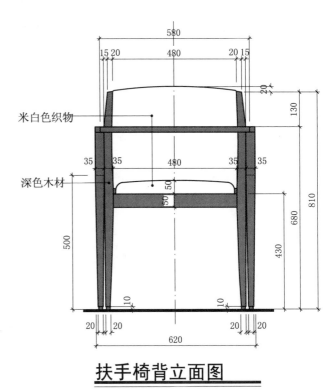

扶手椅背立面图

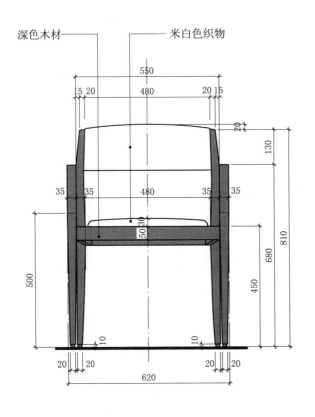

扶手椅正立面图

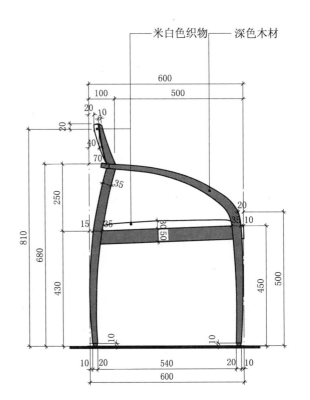

扶手椅侧立面图

坐具类 — 椅凳

F3-56 扶手椅

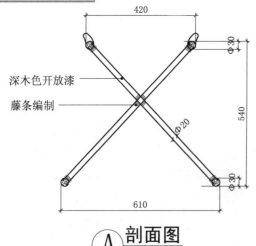

Ⓐ 剖面图

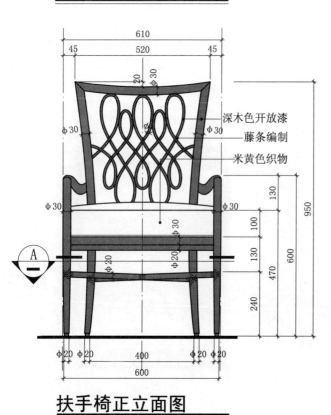

扶手椅平面图

扶手椅正立面图

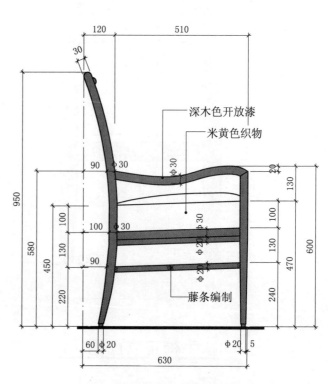

扶手椅背立面图

扶手椅侧立面图

坐具类 - 椅凳
F3-57 扶手椅

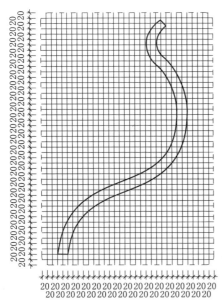

木线放样图

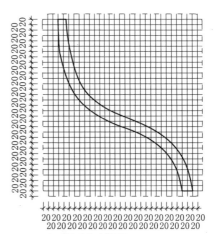

木线放样图

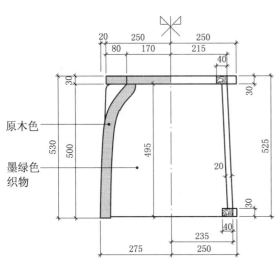

扶手椅平面图

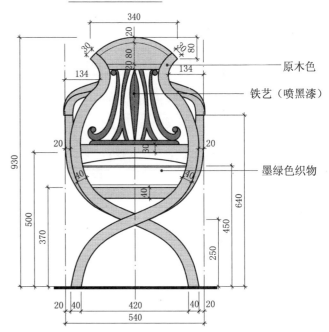

扶手椅背立面图

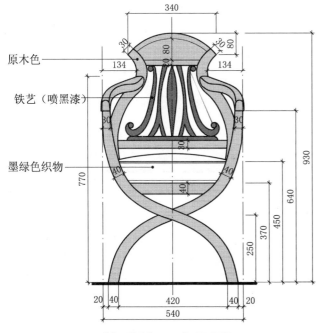

扶手椅正立面图

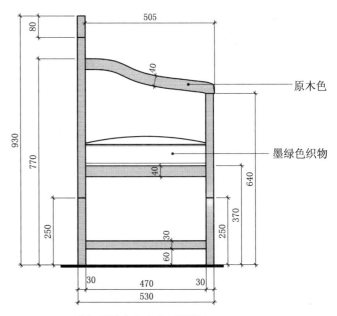

扶手椅侧立面图

坐具类 - 椅凳

F3-58 扶手椅

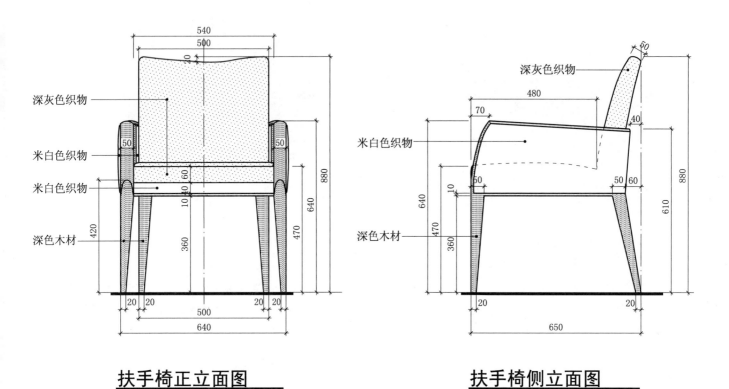

扶手椅正立面图

扶手椅侧立面图

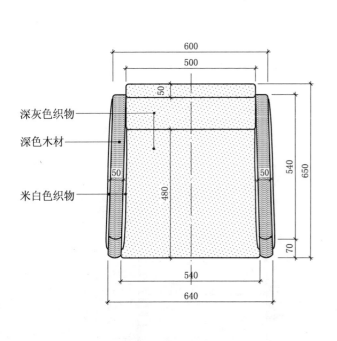

扶手椅平面图

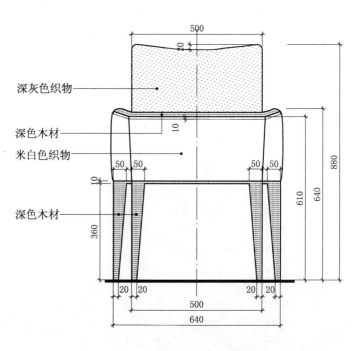

扶手椅背立面图

坐具类 - 椅凳
F3-59 扶手椅

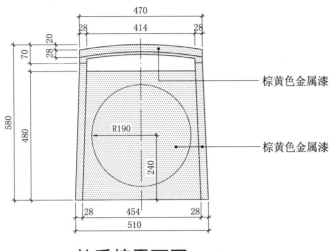

扶手椅平面图

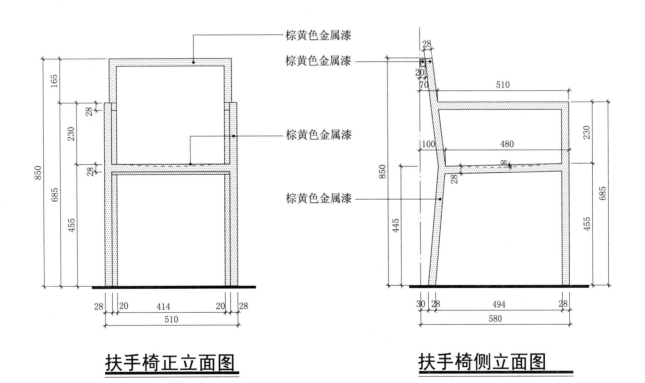

扶手椅正立面图　　　　扶手椅侧立面图

坐具类 - 椅凳
F3-60 扶手椅

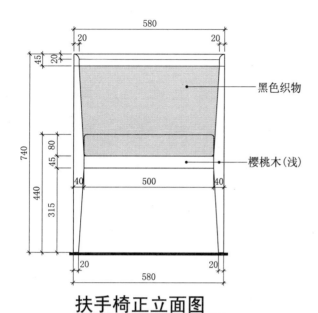
扶手椅正立面图

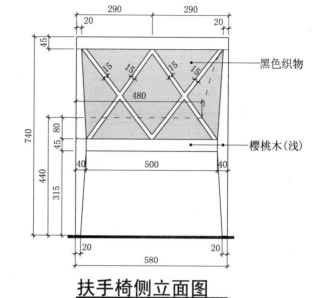
扶手椅侧立面图

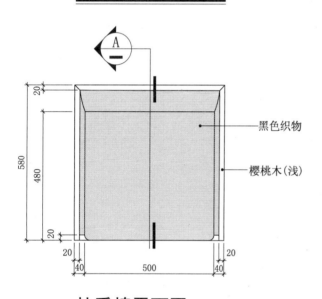
扶手椅平面图

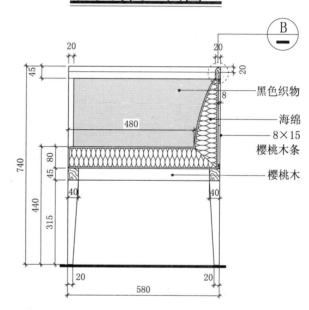
A 剖面图

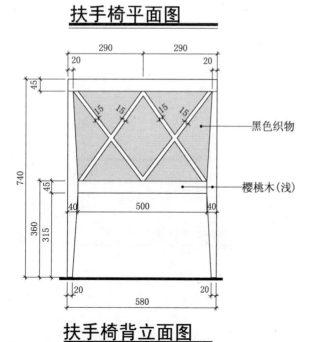
扶手椅背立面图

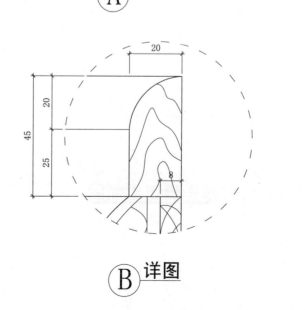
B 详图

坐具类 - 椅凳
F3-61　扶手椅

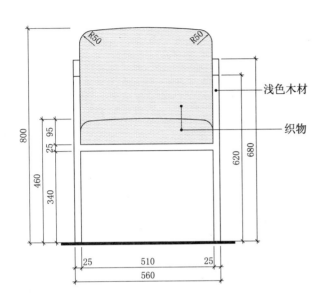

扶手椅正立面图

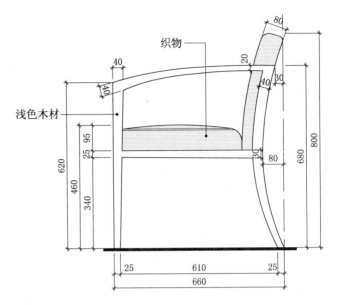

扶手椅侧立面图

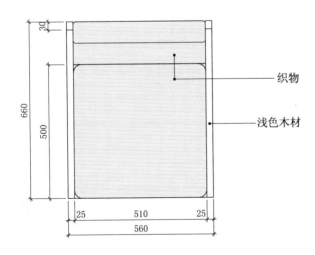

扶手椅平面图

坐具类 – 椅凳
F3-62 中式扶手椅

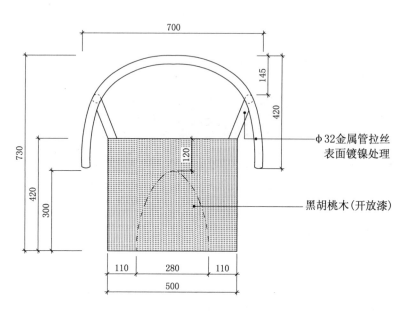

中式扶手椅平面图

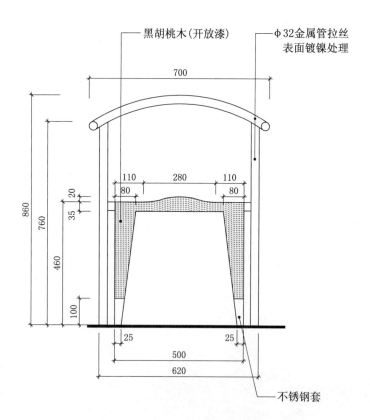

中式扶手椅正立面图

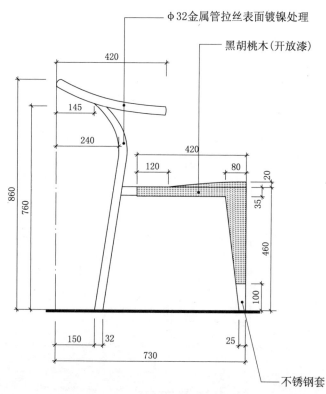

中式扶手椅侧立面图

坐具类 – 椅凳
F3-63 中式扶手椅

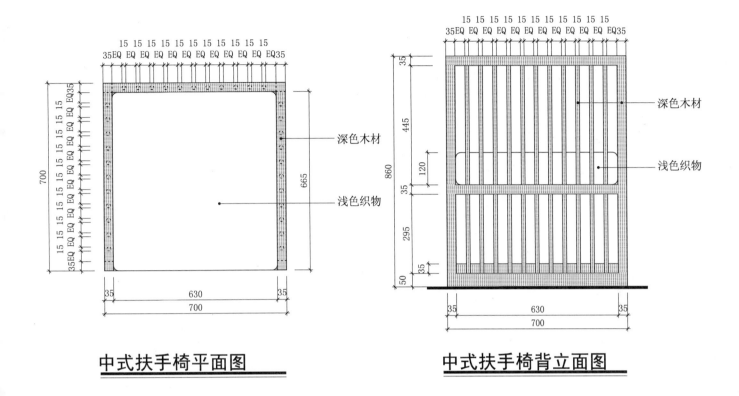

中式扶手椅平面图　　　中式扶手椅背立面图

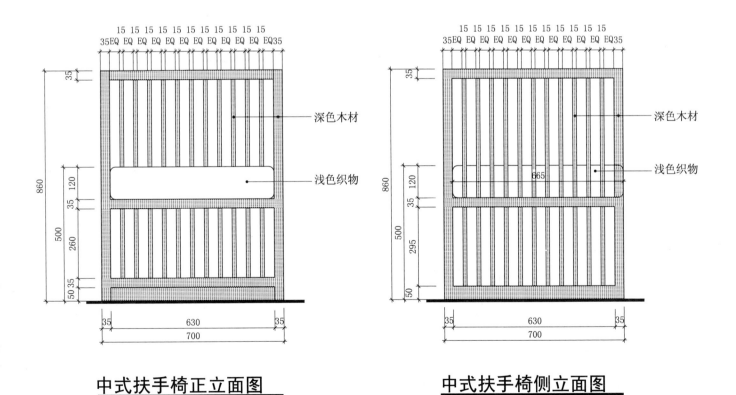

中式扶手椅正立面图　　　中式扶手椅侧立面图

坐具类 – 椅凳
F3-64 中式扶手椅

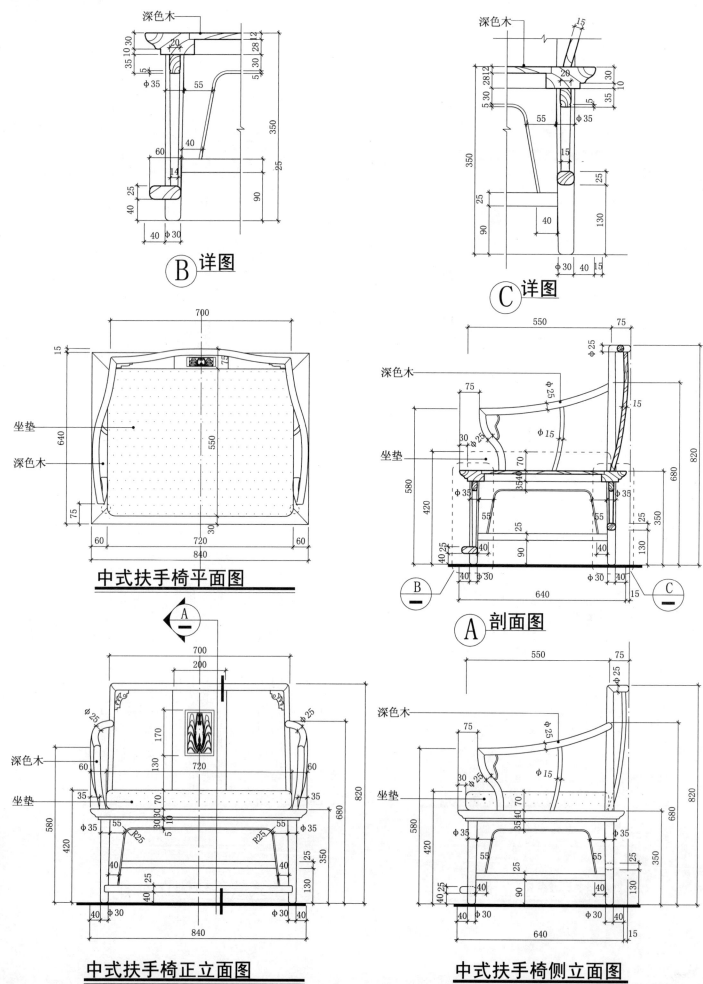

B 详图

C 详图

中式扶手椅平面图

A 剖面图

中式扶手椅正立面图

中式扶手椅侧立面图

坐具类 - 椅凳
F3-65-01　中式扶手椅

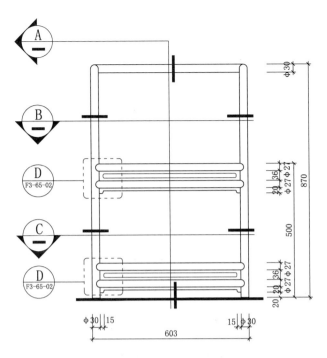

中式扶手椅正立面图

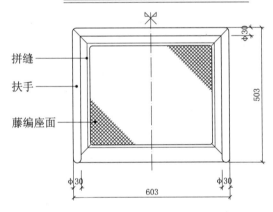

中式扶手椅平面图

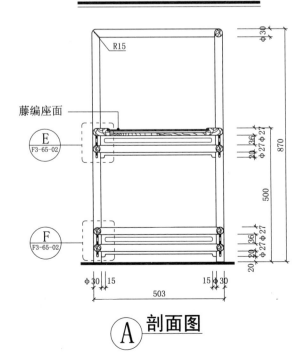

A 剖面图

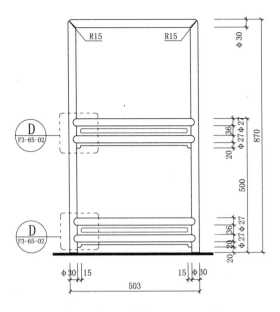

中式扶手椅侧立面图

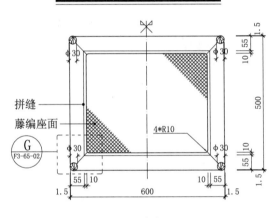

B 剖面图

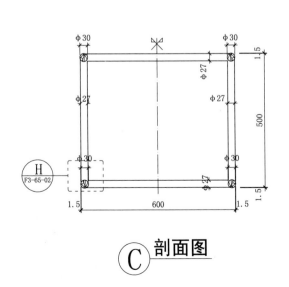

C 剖面图

坐具类 - 椅凳
F3-65-02　中式扶手椅

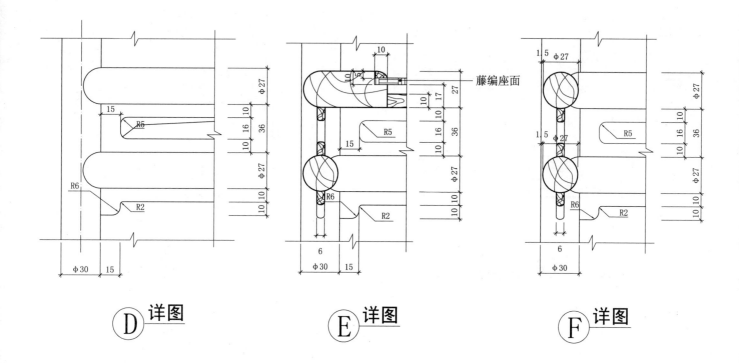

Ⓓ 详图　　Ⓔ 详图　　Ⓕ 详图

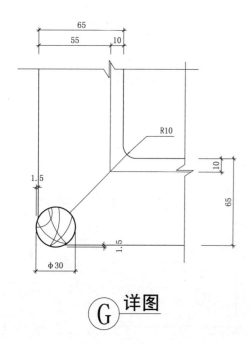

Ⓖ 详图

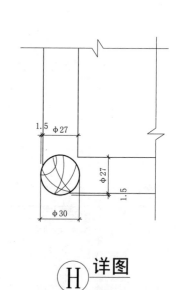

Ⓗ 详图

坐具类 – 椅凳
F3-66　吧椅

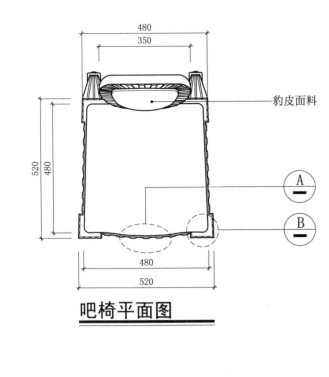

吧椅平面图

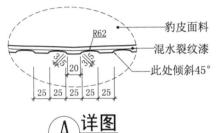

Ⓐ 详图　　Ⓑ 详图

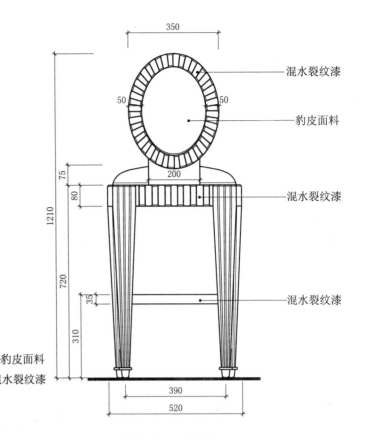

吧椅背立面图

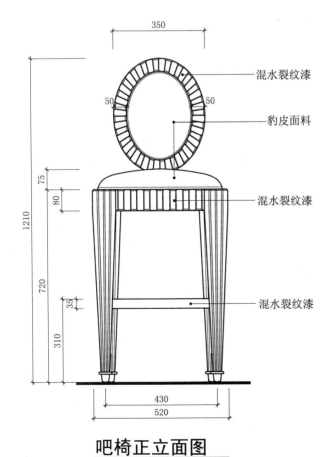

吧椅正立面图

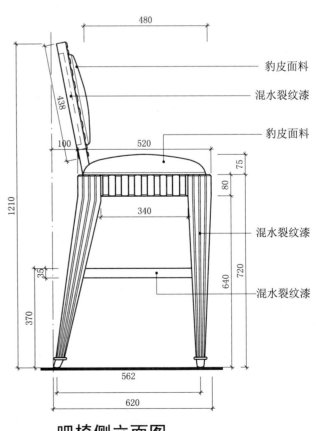

吧椅侧立面图

坐具类 - 椅凳
F3-67 吧椅

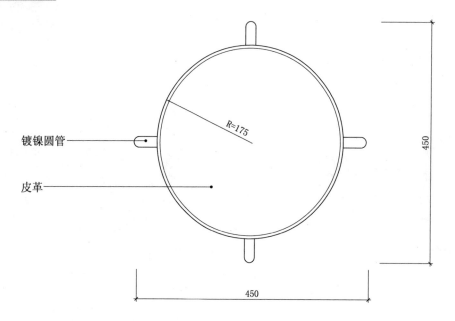

吧椅平面图

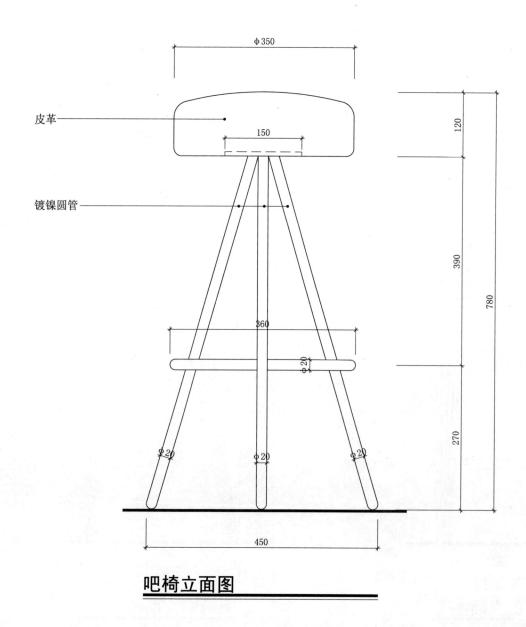

吧椅立面图

坐具类 – 椅凳
F3-68 吧椅

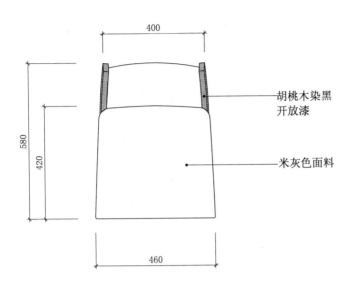

吧椅平面图

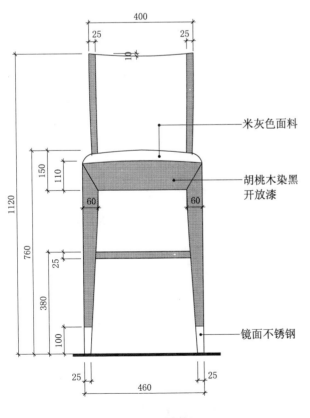

吧椅正立面图

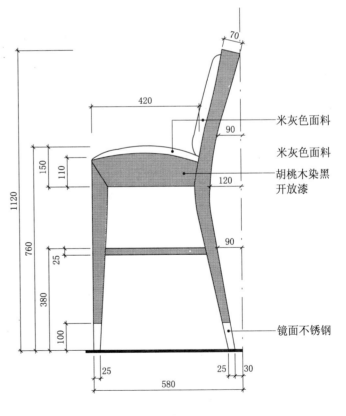

吧椅侧立面图

坐具类 — 椅凳

F3-69　吧椅

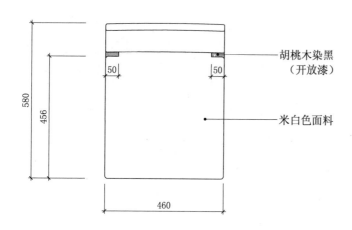

吧椅平面图

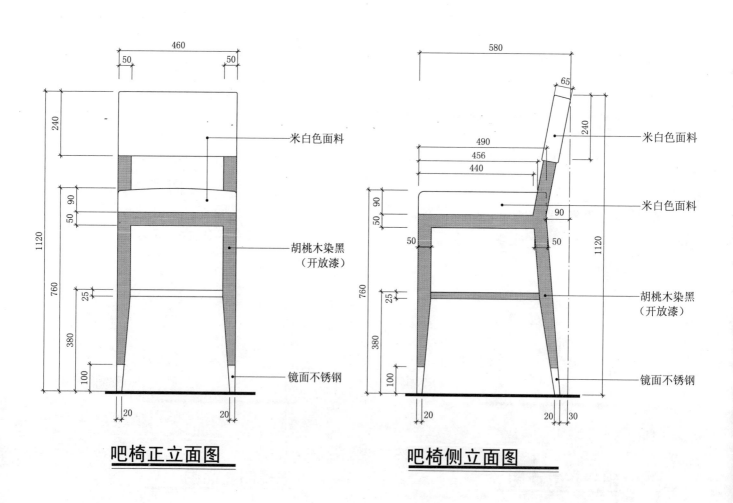

吧椅正立面图　　　**吧椅侧立面图**

坐具类 – 椅凳
F3-70　吧椅

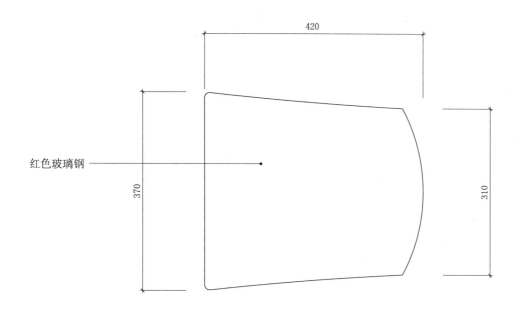

吧椅平面图

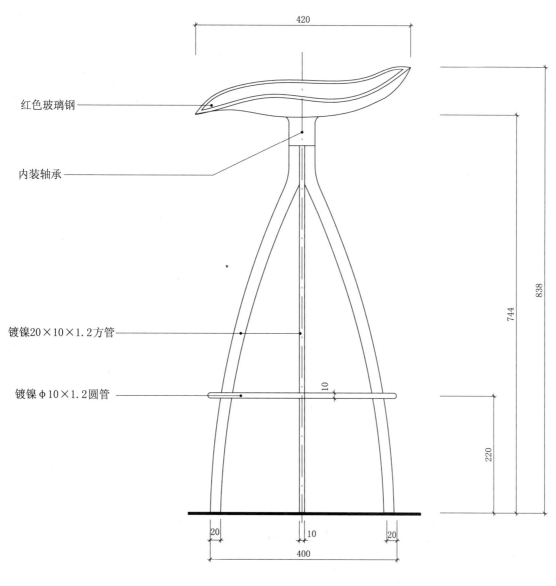

吧椅立面图

坐具类 – 椅凳
F3-71　吧椅

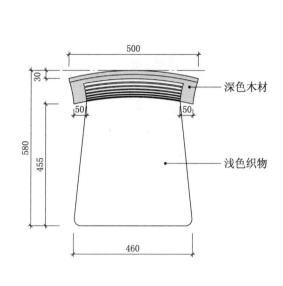

吧椅平面图

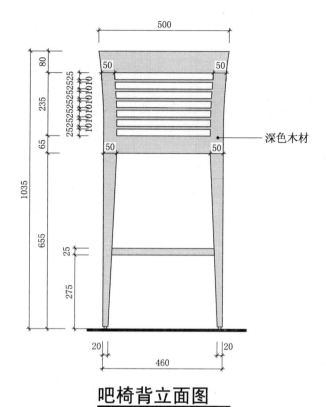

吧椅背立面图

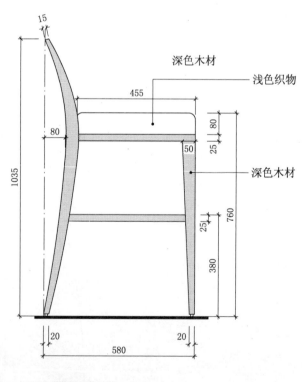

吧椅正立面图　　　吧椅侧立面图

坐具类 - 椅凳
F3-72 吧椅

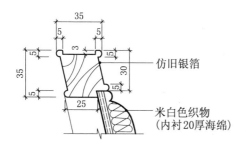

① 详图

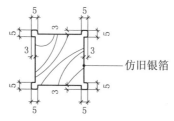

② 详图

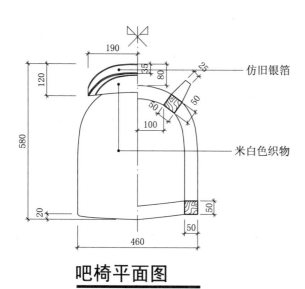

吧椅平面图

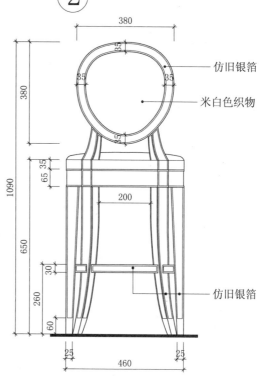

吧椅背立面图

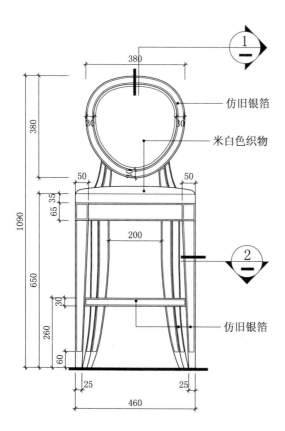

吧椅正立面图

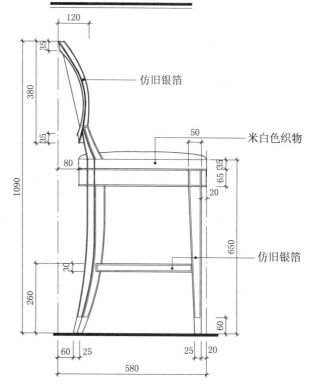

吧椅侧立面图

坐具类 - 椅凳

F3-73 吧椅

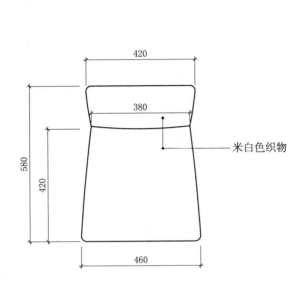

吧椅平面图

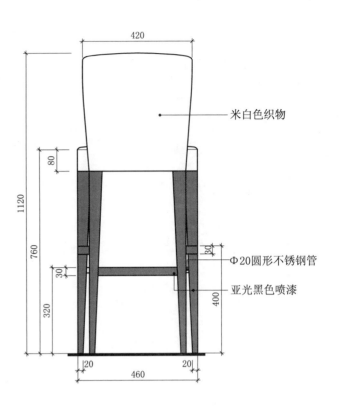

吧椅背立面图

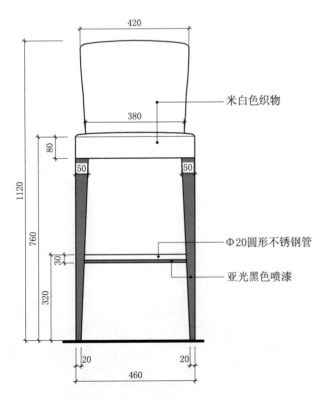

吧椅正立面图

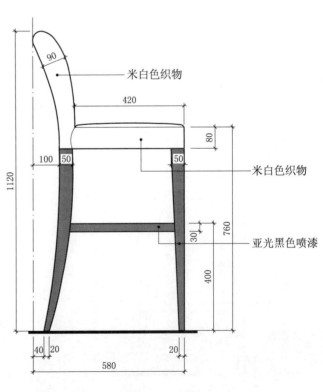

吧椅侧立面图

坐具类 - 椅凳
F3-74 吧椅

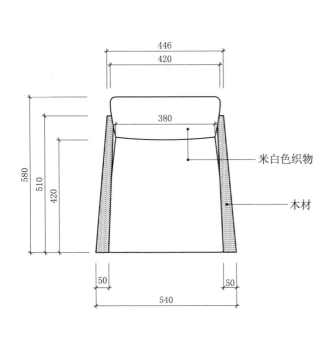

吧椅平面图

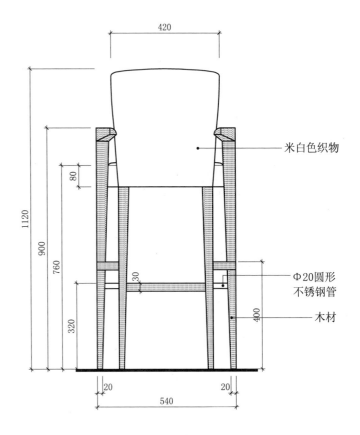

吧椅背立面图

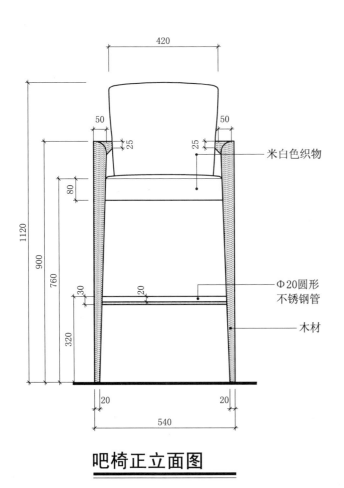

吧椅正立面图

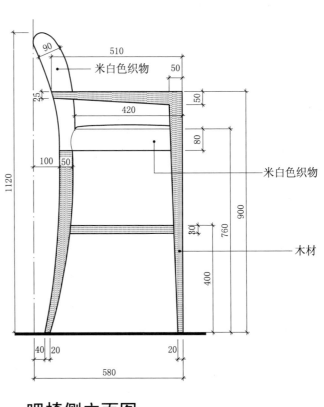

吧椅侧立面图

坐具类 – 椅凳
F3-75 吧椅

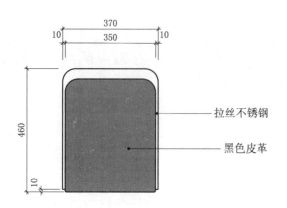

吧椅平面图

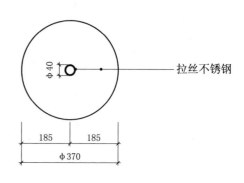

吧椅底盘平面图

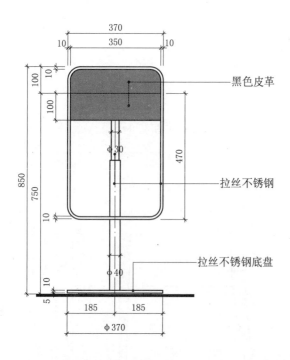

吧椅正立面图

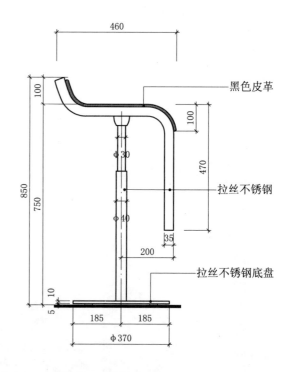

吧椅侧立面图

坐具类 - 椅凳

F3-76 吧椅

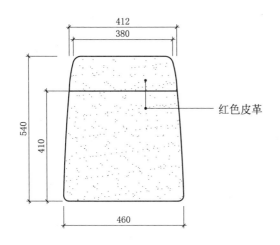

吧椅平面图

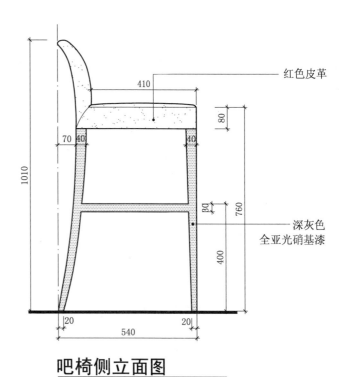

吧椅侧立面图

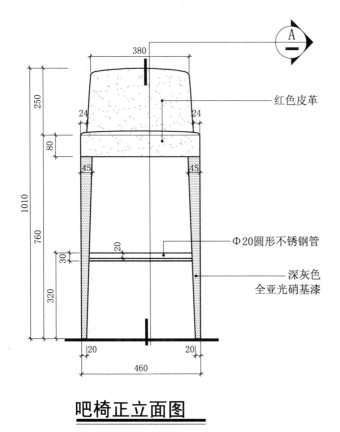

吧椅正立面图

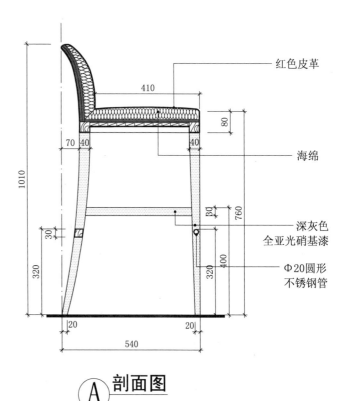

A 剖面图

坐具类 — 椅凳

F3-77　吧椅

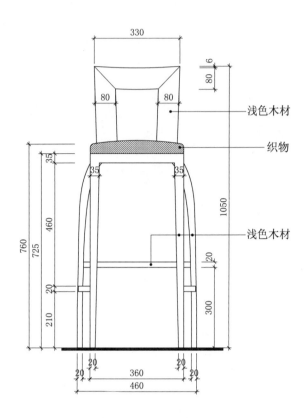

吧椅正立面图

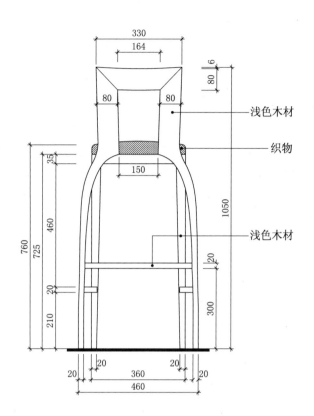

吧椅背立面图

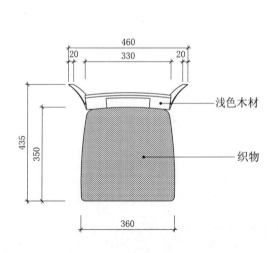

吧椅平面图

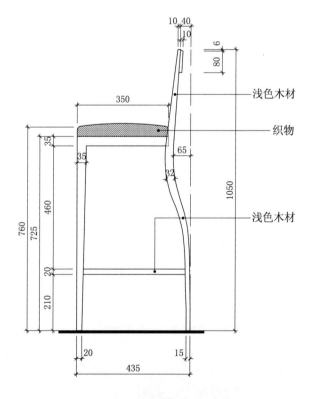

吧椅侧立面图

坐具类 – 椅凳
F3-78 咖啡椅

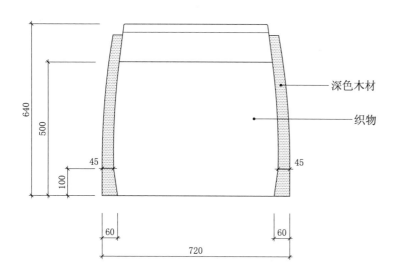

咖啡椅平面图

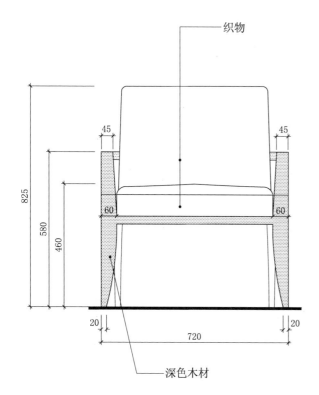

咖啡椅正立面图

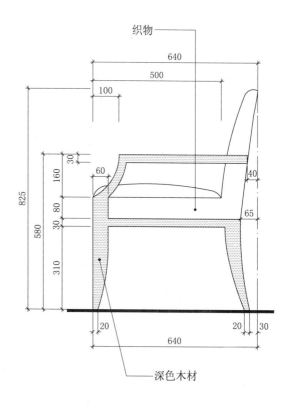

咖啡椅侧立面图

坐具类 - 椅凳
F3-79 咖啡椅

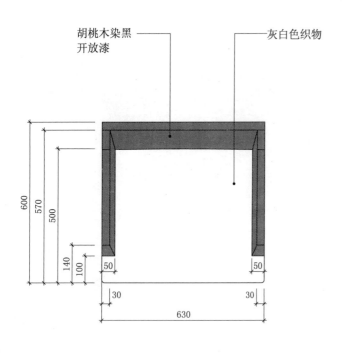

咖啡椅平面图

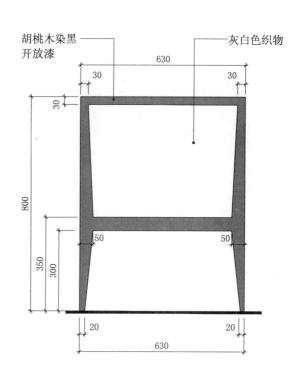

咖啡椅背立面图

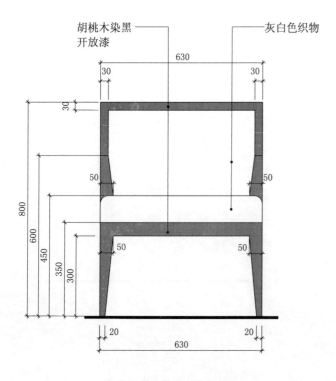

咖啡椅正立面图

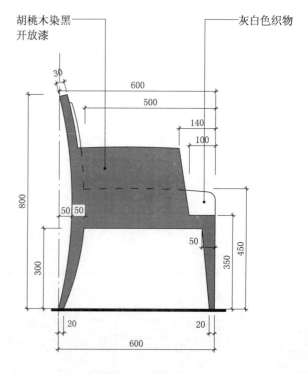

咖啡椅侧立面图

坐具类 - 椅凳
F3-80 咖啡椅

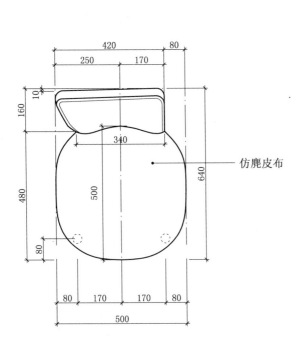

咖啡椅平面图

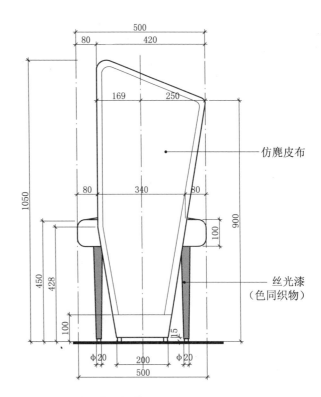

咖啡椅背立面图

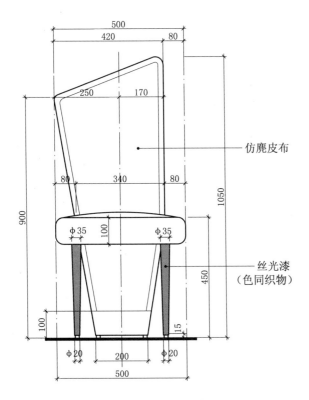

咖啡椅正立面图

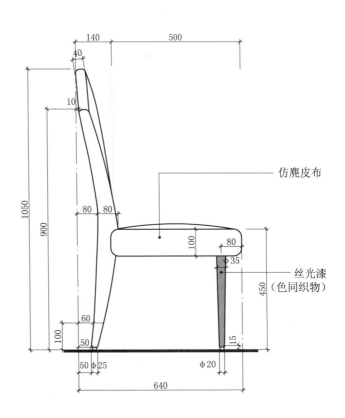

咖啡椅侧立面图

坐具类 – 椅凳
F3-81　藤椅

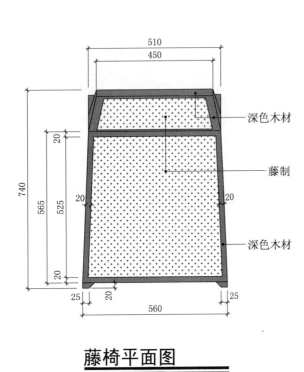

藤椅平面图

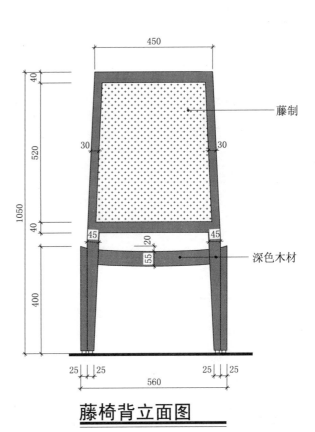

藤椅背立面图

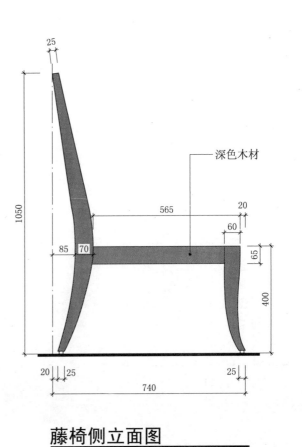

藤椅正立面图　　　藤椅侧立面图

坐具类 - 椅凳
F3-82 藤椅

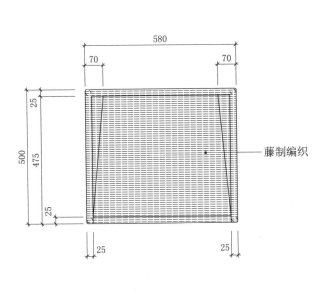

藤椅平面图

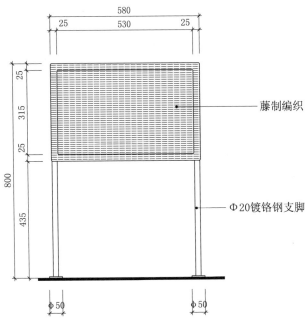

藤椅背立面图

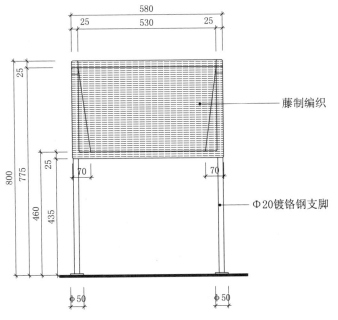

藤椅正立面图

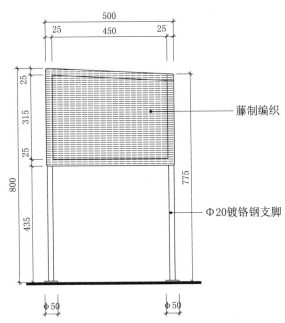

藤椅侧立面图

坐具类 — 椅凳
F3-83　藤椅

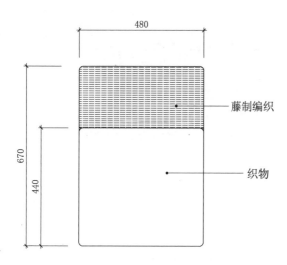

藤椅平面图

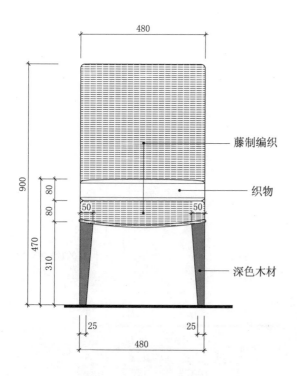

藤椅正立面图

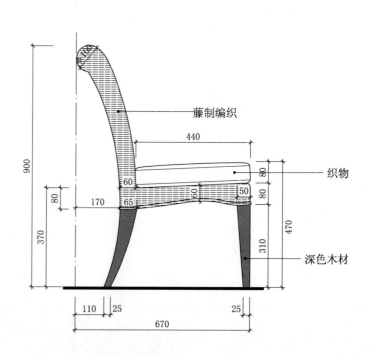

藤椅侧立面图

坐具类 - 椅凳

F3-84　藤椅

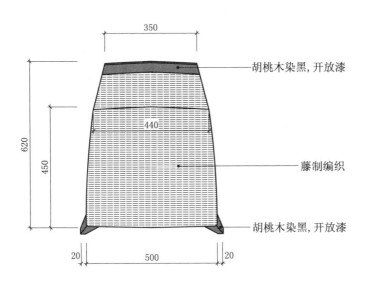

藤椅平面图

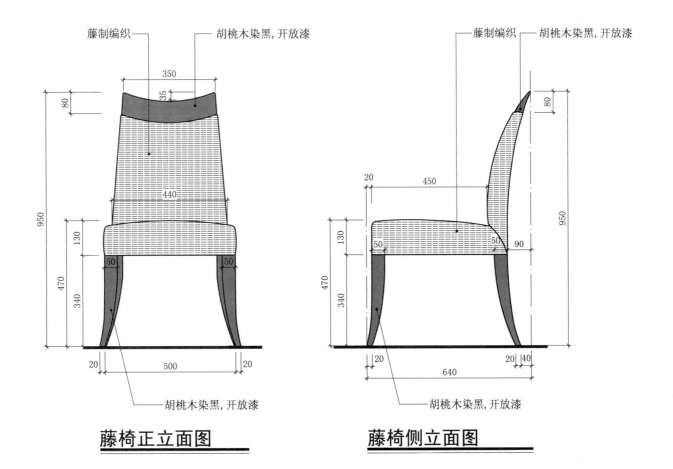

藤椅正立面图　　**藤椅侧立面图**

坐具类 — 椅凳

F3-85 藤椅

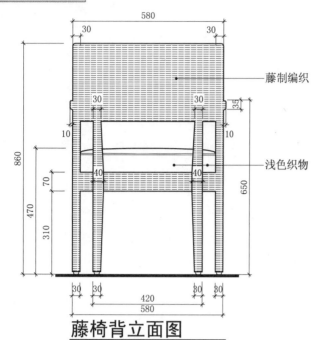

藤椅背立面图

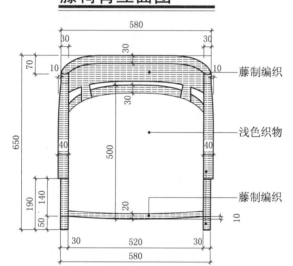

藤椅平面图

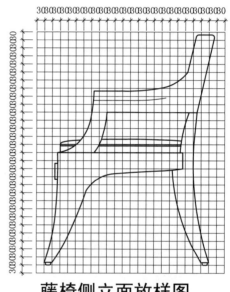

藤椅侧立面放样图

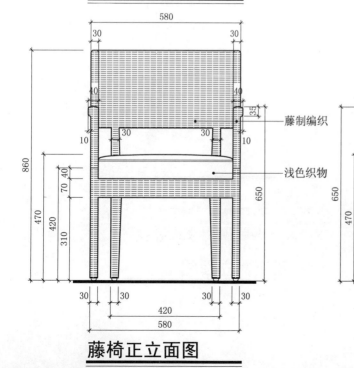

藤椅正立面图

藤椅侧立面图

坐具类 – 椅凳
F3-86 办公椅

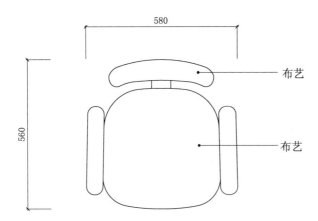

办公椅平面图

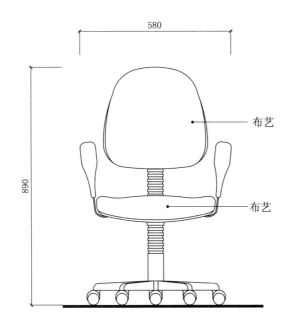

办公椅正立面图

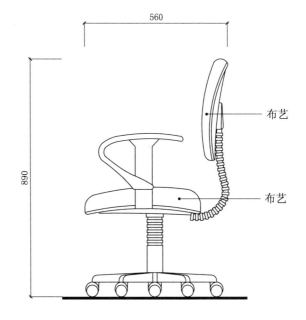

办公椅侧立面图

坐具类 — 椅凳
F3-87　休闲椅

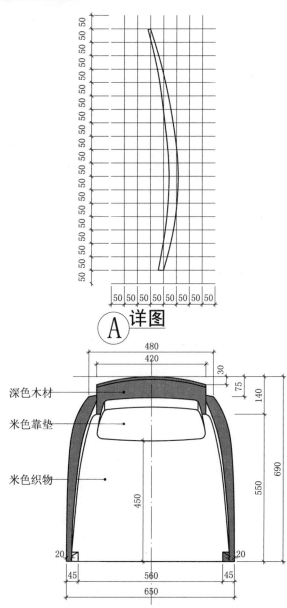

A 详图

休闲椅平面图

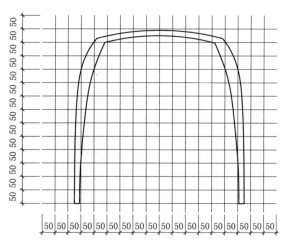

扶手放样图

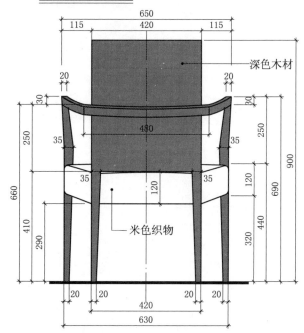

休闲椅背立面图

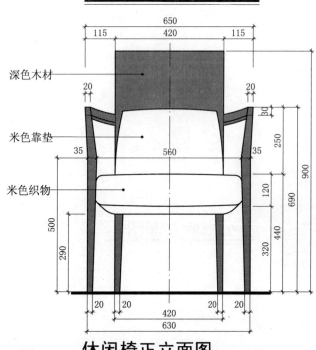

休闲椅正立面图

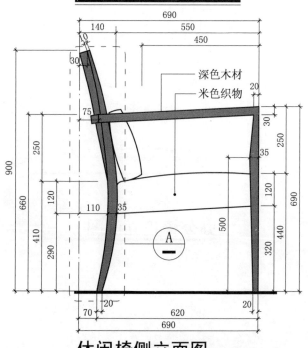

休闲椅侧立面图

坐具类 – 椅凳
F3-88　铸铁椅

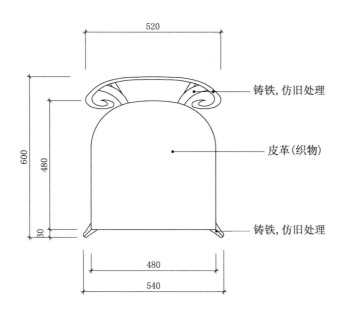

铸铁椅平面图

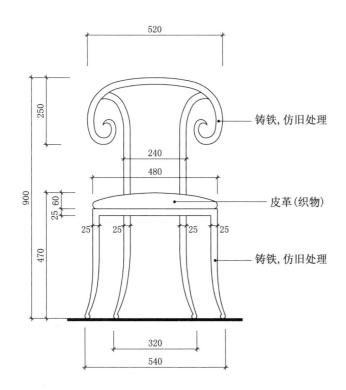

铸铁椅正立面图

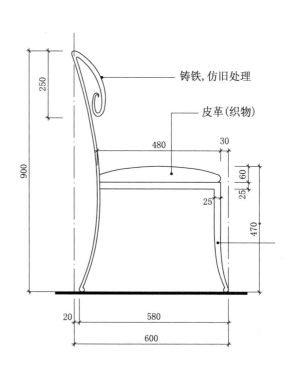

铸铁椅侧立面图

坐具类 - 椅凳
F3-89　铸铁椅

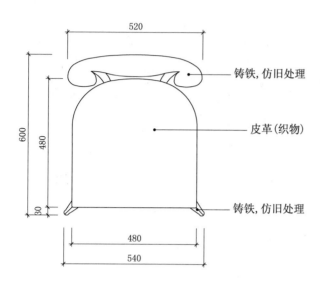

铸铁椅平面图

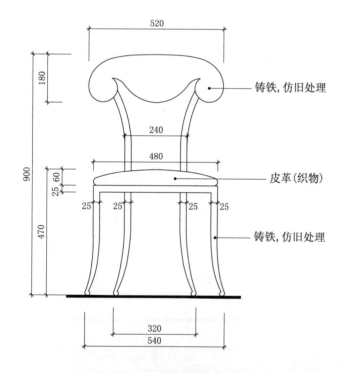

铸铁椅正立面图

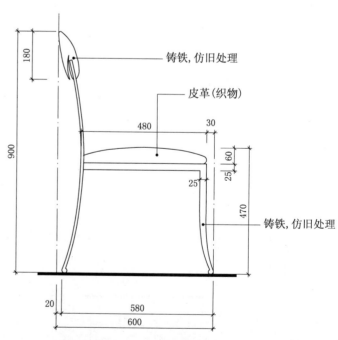

铸铁椅侧立面图

坐具类 – 椅凳
F3-90 会议椅

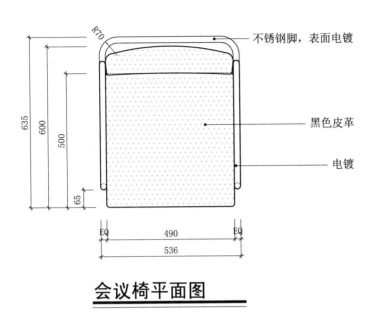

会议椅平面图

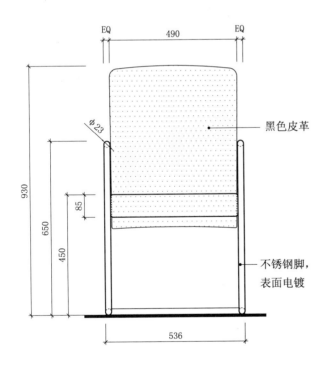

会议椅正立面图

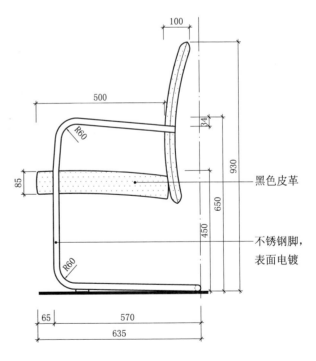

会议椅侧立面图

坐具类 - 椅凳

F3-91 钢管椅

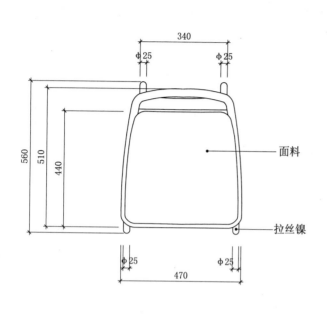

钢管椅平面图

钢管椅背立面图

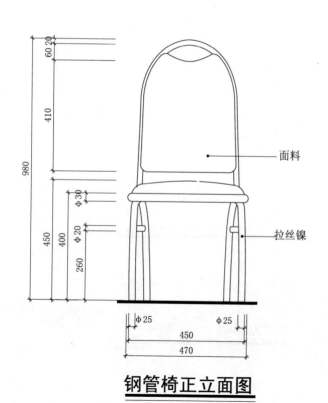

钢管椅正立面图

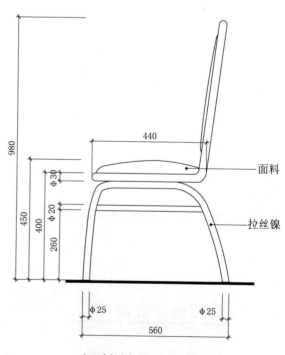

钢管椅侧立面图

坐具类 - 椅凳
F3-92　书桌椅

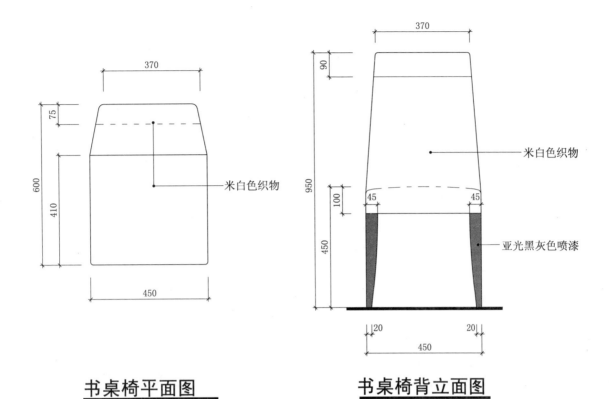

书桌椅平面图

书桌椅背立面图

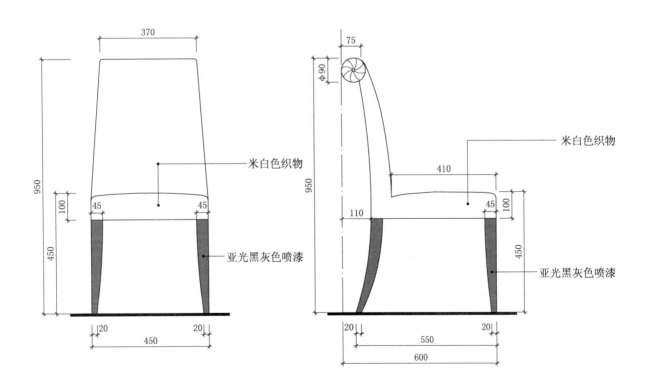

书桌椅正立面图

书桌椅侧立面图

坐具类 - 椅凳
F3-93 靠背椅

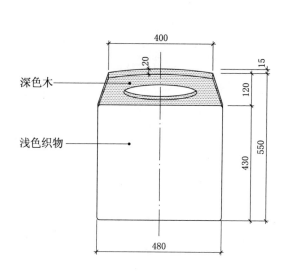

靠背椅平面图

靠背椅背立面图

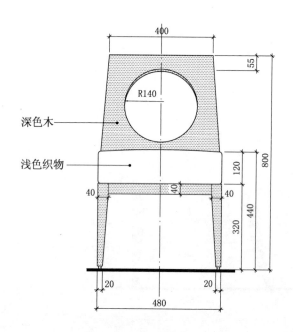

靠背椅正立面图

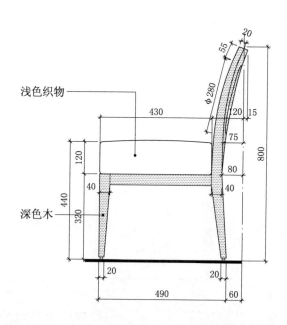

靠背椅侧立面图

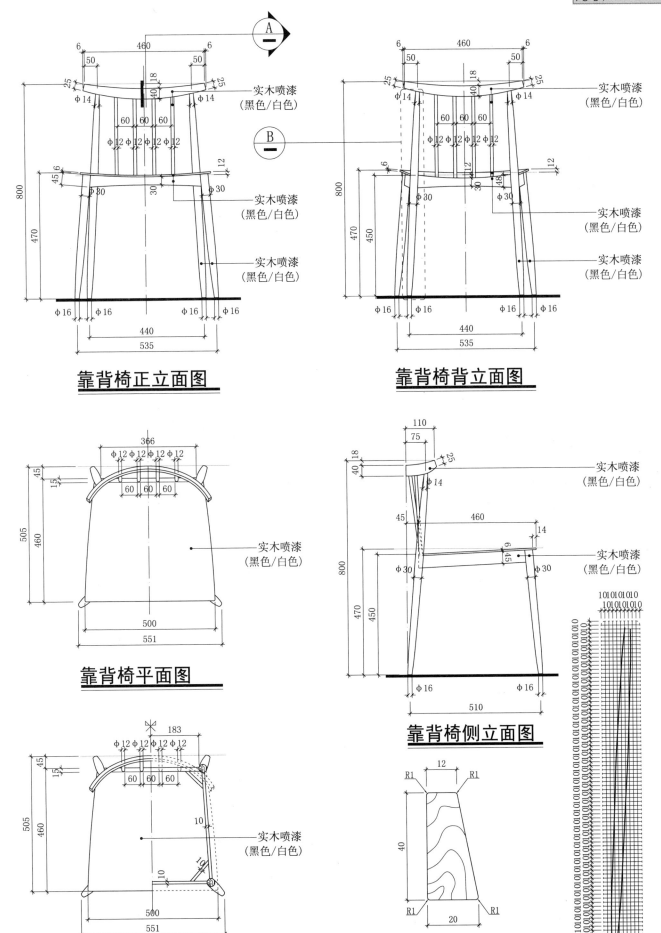

坐具类 - 椅凳
F3-95　凳子

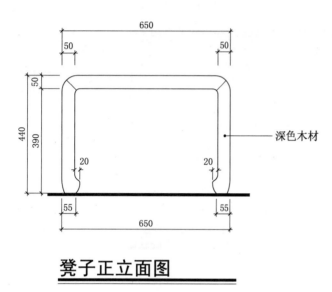

凳子正立面图

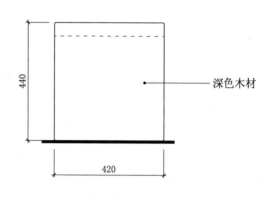

凳子侧立面图

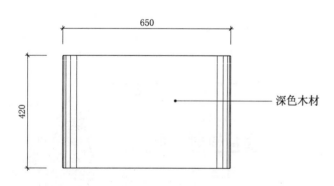

凳子平面图

坐具类 - 椅凳
F3-96 凳子

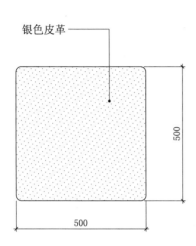

凳子平面图

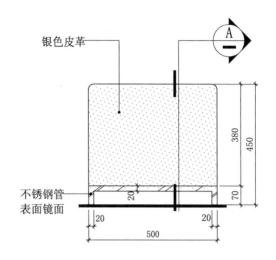

凳子立面图

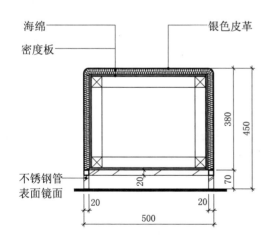

A 剖面图

坐具类 – 椅凳
F3-97 凳子

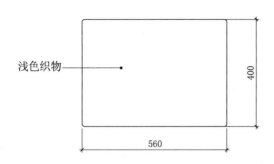

凳子平面图

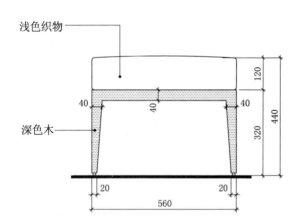

凳子正立面图

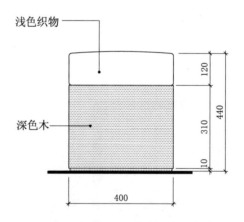

凳子侧立面图

坐具类 - 椅凳
F3-98 凳子

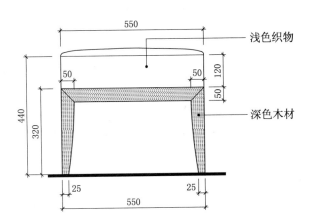

凳子正立面图

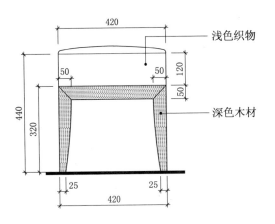

凳子侧立面图

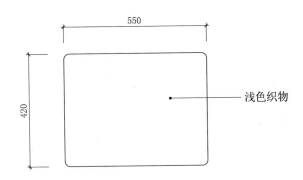

凳子平面图

坐具类 - 椅凳
F3-99 条形沙发凳

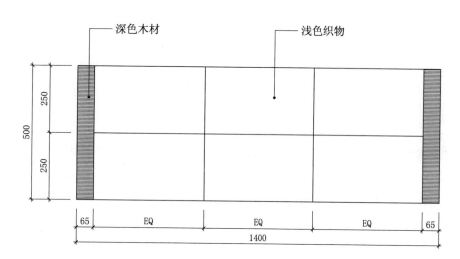

条形沙发凳平面图

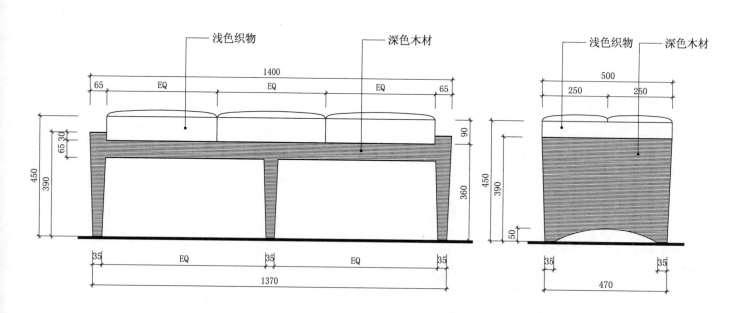

条形沙发凳正立面图　　　　　　　　**条形沙发凳侧立面图**

坐具类 – 椅凳
F3-100　条形沙发凳

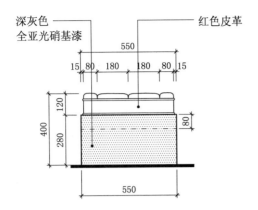

条形沙发凳侧立面图

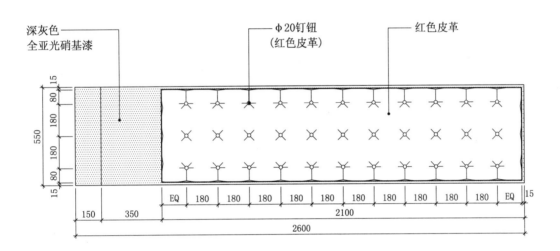

条形沙发凳平面图

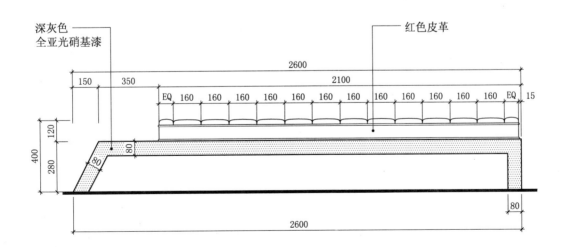

条形沙发凳正立面图

坐具类 – 椅凳
F3-101　条形沙发凳

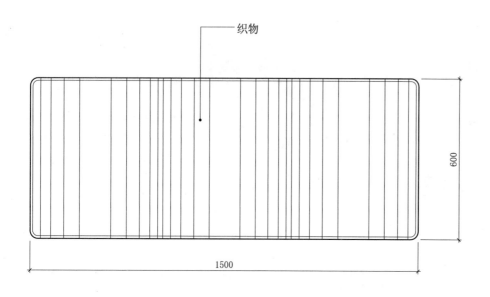

条形沙发凳平面图

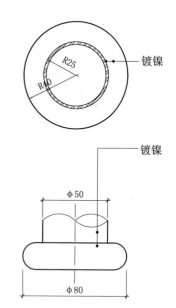

Ⓐ 详图

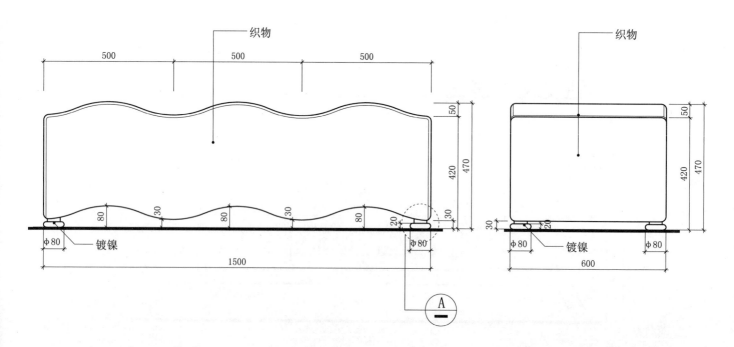

条形沙发凳正立面图　　　　　　　**条形沙发凳侧立面图**

坐具类 – 椅凳
F3-102　条形沙发凳

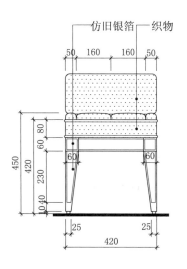

条形沙发凳侧立面图

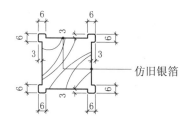

①详图

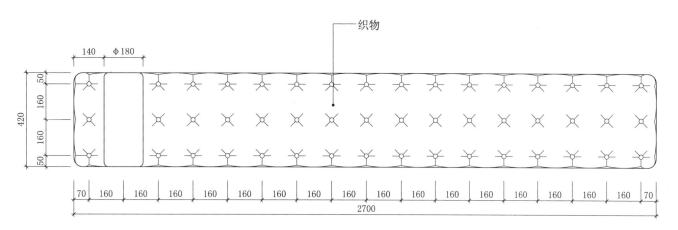

条形沙发凳平面图

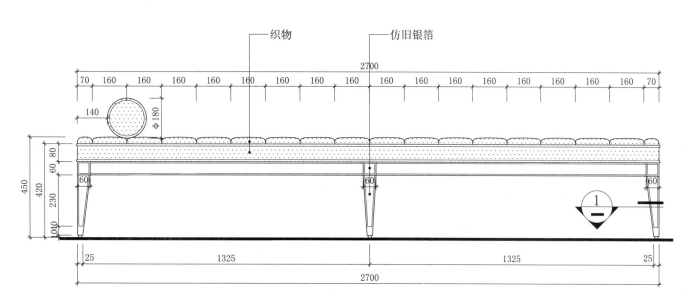

条形沙发凳正立面图

坐具类 – 椅凳
F3-103　条形沙发凳

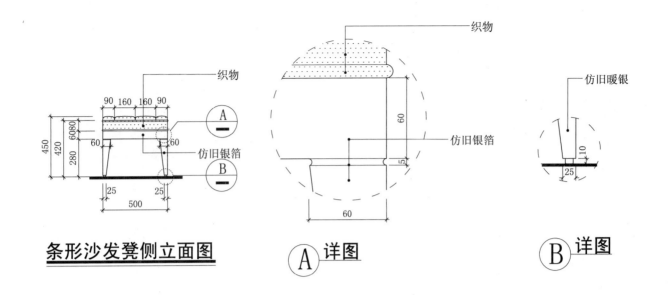

条形沙发凳侧立面图　　Ⓐ 详图　　Ⓑ 详图

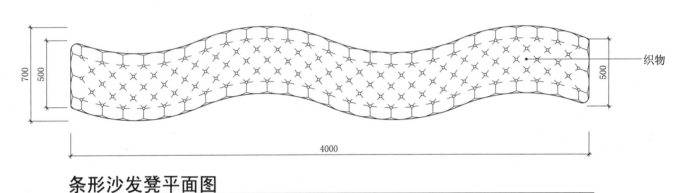

条形沙发凳平面图

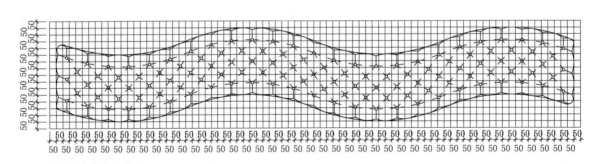

条形沙发凳平面放样图

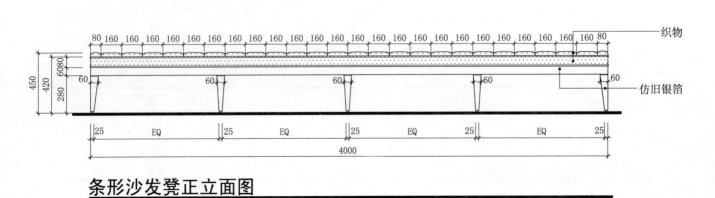

条形沙发凳正立面图

桌案类

F4 桌子
F5 桌台
F6 几案
F7 办公桌
F8 会议桌

桌案类 - 桌子
F4-01 圆形餐桌

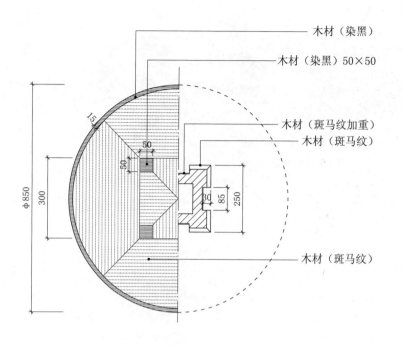

圆形餐桌平面图

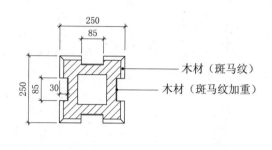

B 剖面图

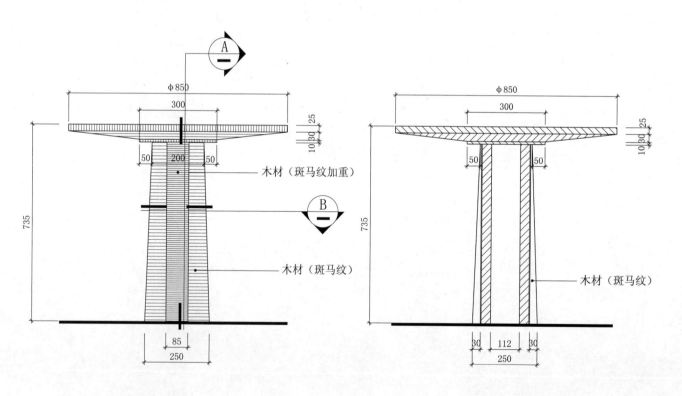

圆形餐桌立面图

A 剖面图

桌案类 – 桌子
F4-02　圆形餐桌

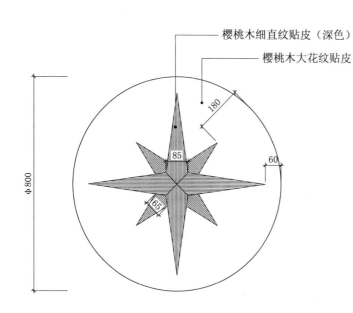

圆形餐桌平面图

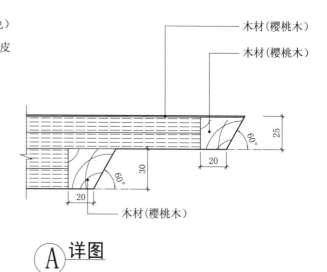

Ⓐ 详图

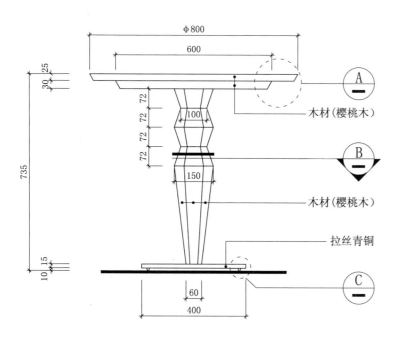

圆形餐桌立面图

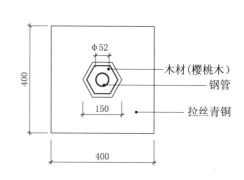

Ⓑ 剖面图

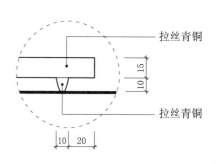

Ⓒ 详图

桌案类 - 桌子
F4-03　圆形餐桌

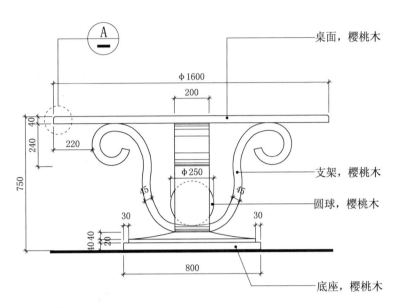

圆形餐桌立面图

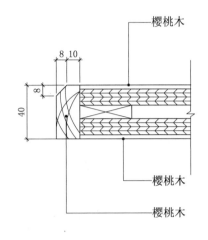

A 详图

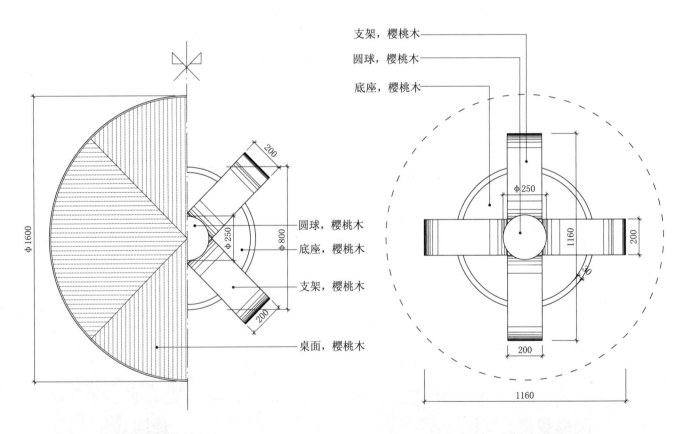

圆形餐桌立面图　　　　**圆形餐桌底座平面图**

桌案类 – 桌子
F4-04 圆形餐桌

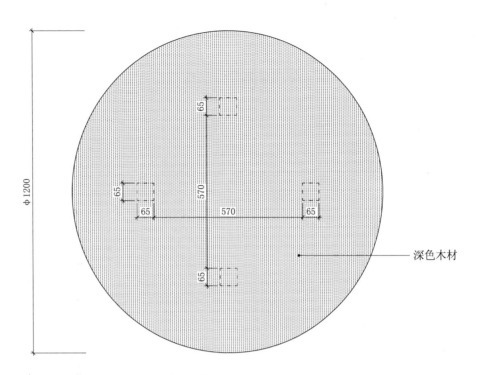

圆形餐桌平面图

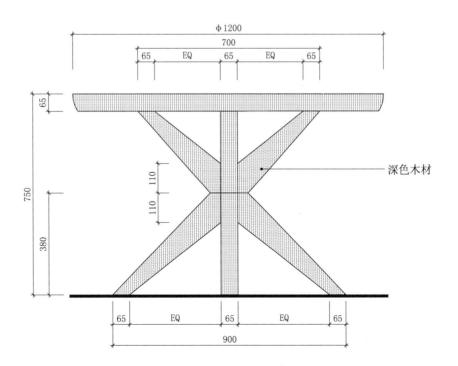

圆形餐桌立面图

桌案类 - 桌子
F4-05 圆形餐桌

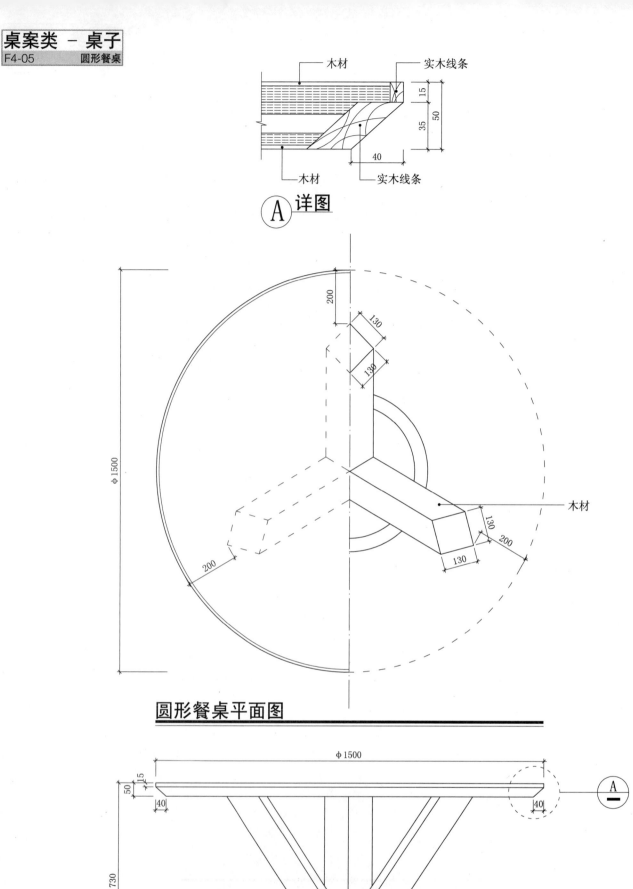

A 详图

圆形餐桌平面图

圆形餐桌立面图

桌案类 – 桌子
F4-06 圆形餐桌

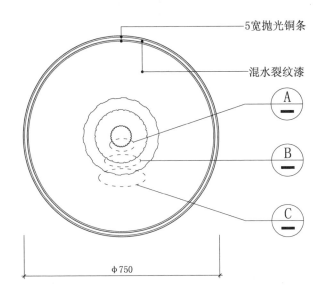

圆形餐桌平面图

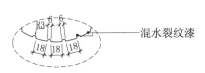

Ⓐ 详图

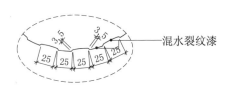

Ⓑ 详图

Ⓒ 详图

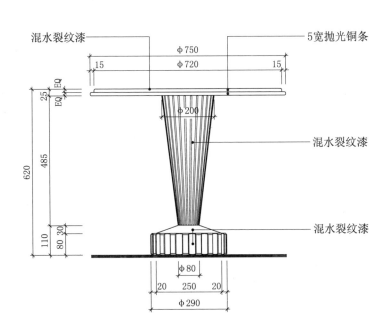

圆形餐桌立面图

桌案类 - 桌子
F4-07　圆形餐桌

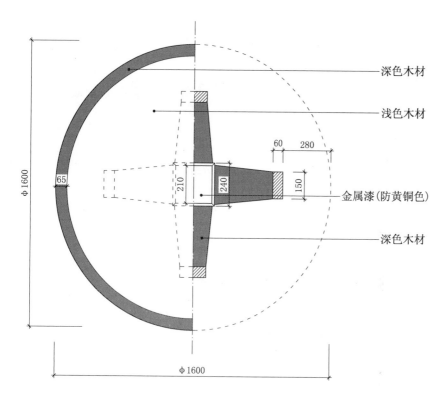

圆形餐桌平面图

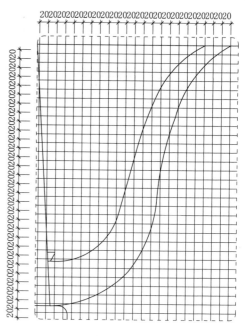

② 详图

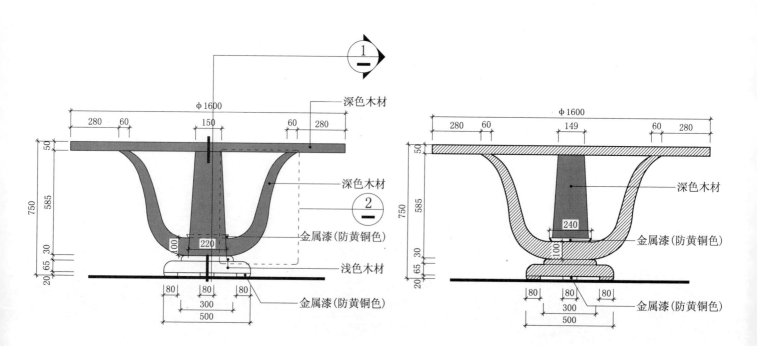

圆形餐桌立面图　　　　　　　　　　① 剖面图

| 桌案类 – 桌子 |
| F4-08　圆形餐桌 |

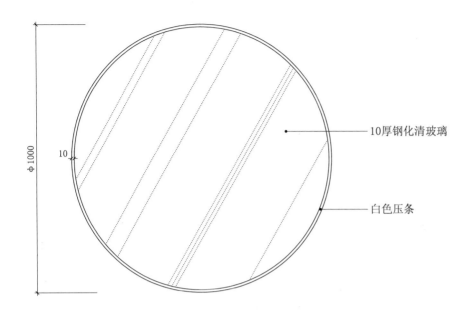

圆形餐桌平面图

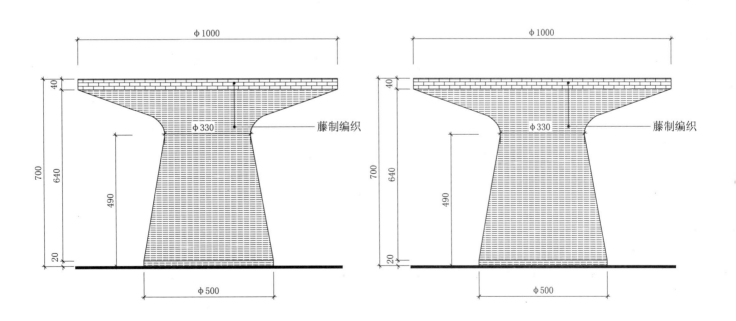

圆形餐桌正立面图　　　**圆形餐桌侧立面图**

桌案类 — 桌子
F4-09 圆形餐桌

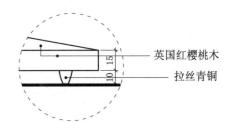

C 详图

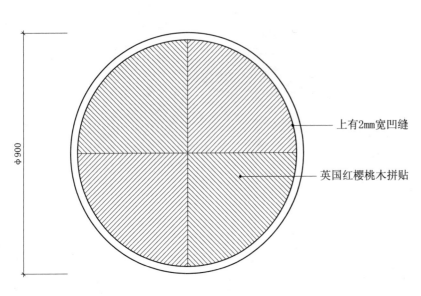

圆形餐桌平面图

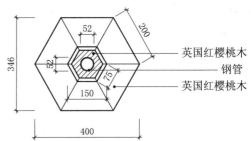

B 节点图

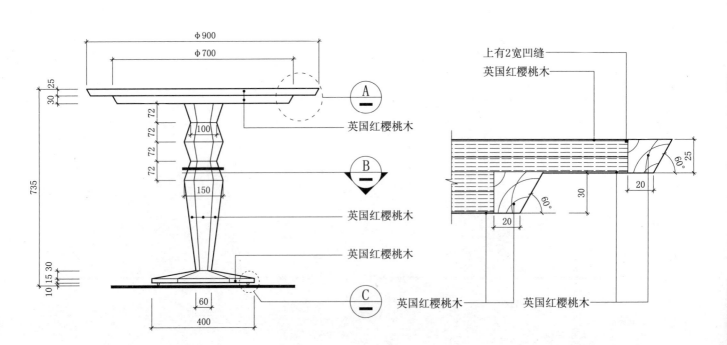

圆形餐桌立面图

A 详图

桌案类 - 桌子
F4-10 圆形餐桌

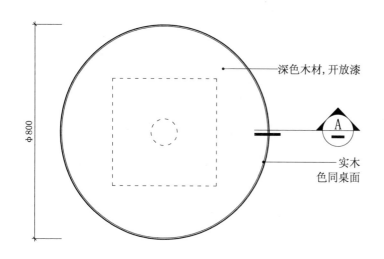

圆形餐桌平面图

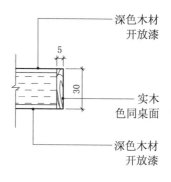

B 详图

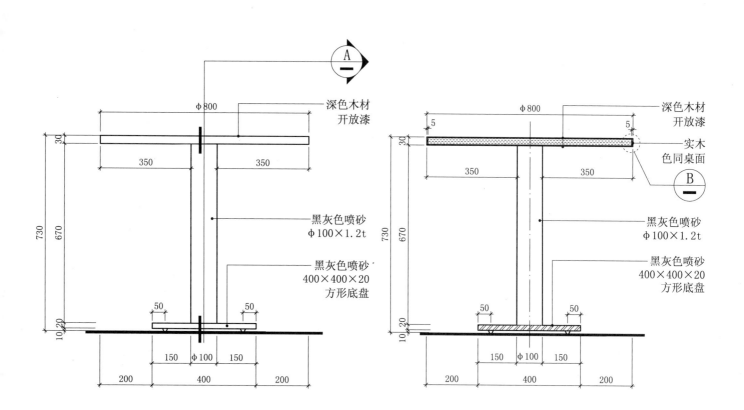

圆形餐桌立面图　　　　　A 剖面图

桌案类 - 桌子
F4-11 圆形餐桌

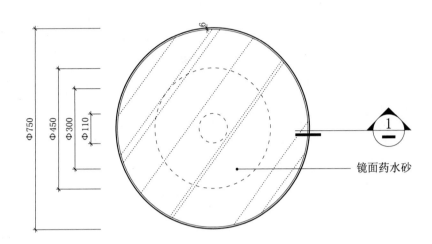

圆形餐桌平面图

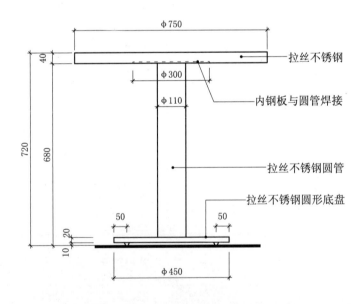

圆形餐桌立面图

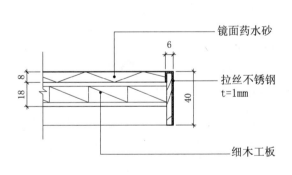

 详图

桌案类 – 桌子
F4-12 圆形餐桌

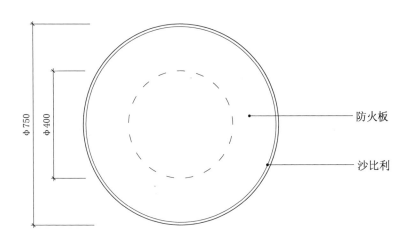

圆形餐桌平面图

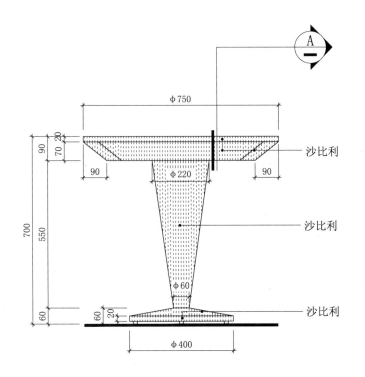

圆形餐桌立面图

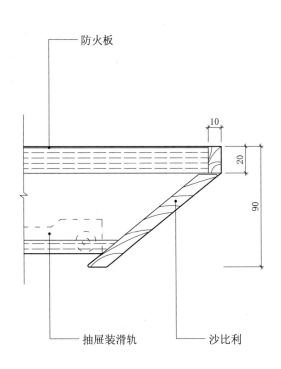

A 详图

桌案类 - 桌子

F4-13　椭圆餐桌

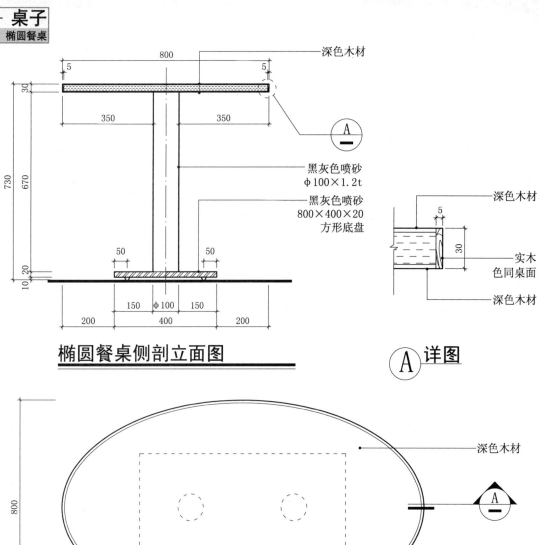

椭圆餐桌侧剖立面图　　　　A 详图

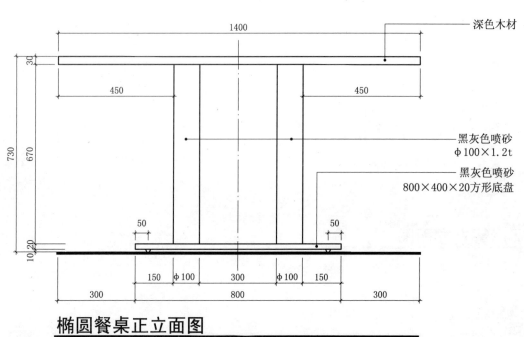

椭圆餐桌平面图

椭圆餐桌正立面图

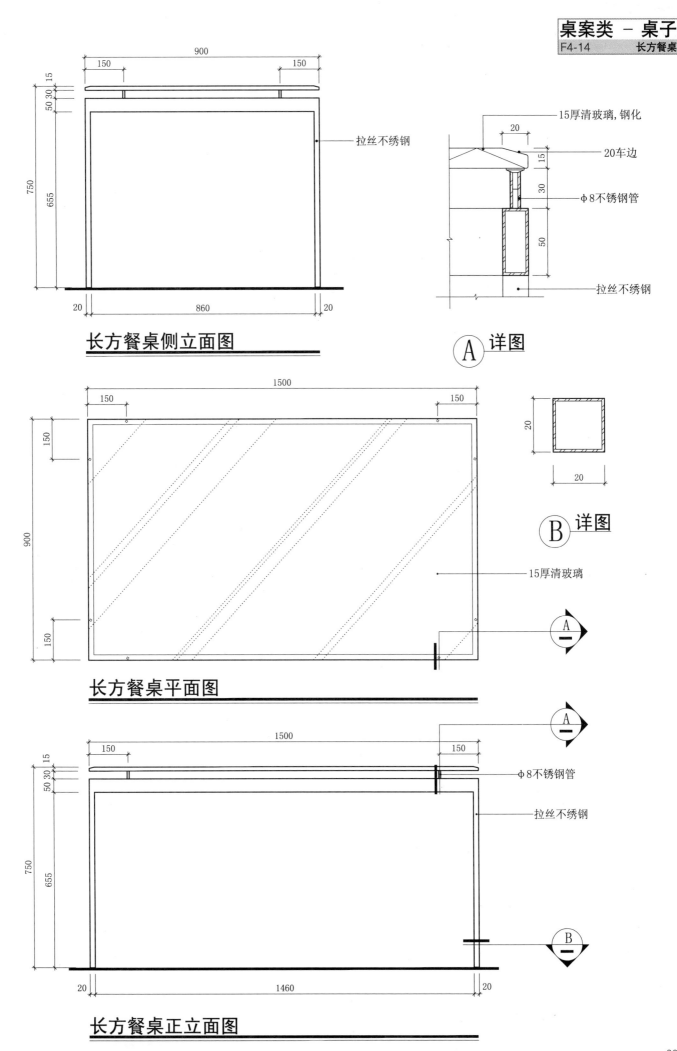

桌案类 - 桌子

F4-15　长方餐桌

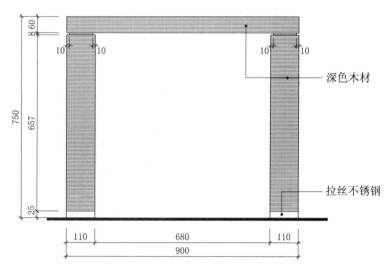

长方餐桌侧立面图

可选尺寸
长（W）
900
1800
2400
3000
3600
4200
4800
5400
6000

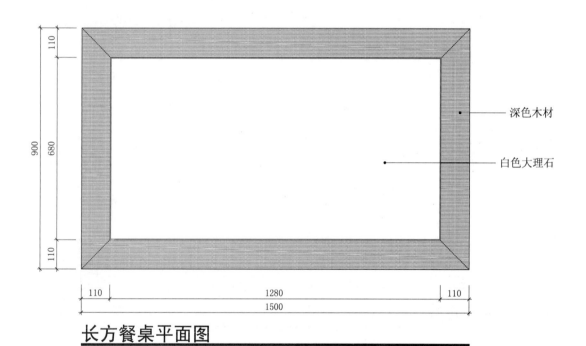

长方餐桌平面图

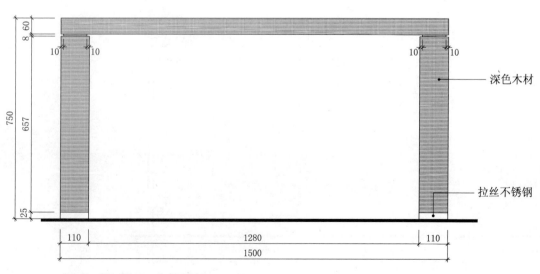

长方餐桌正立面图

桌案类 - 桌子
F4-16　长方餐桌

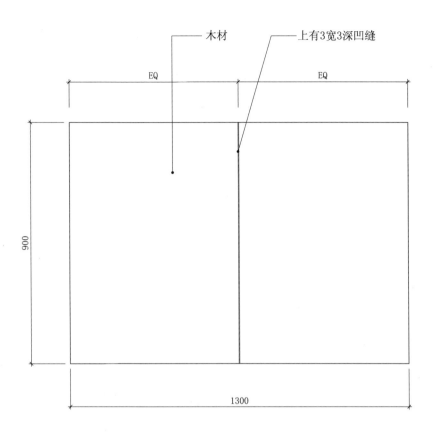

长方餐桌平面图

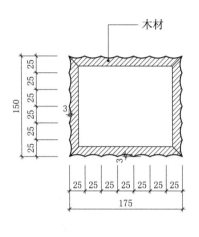

A 详图

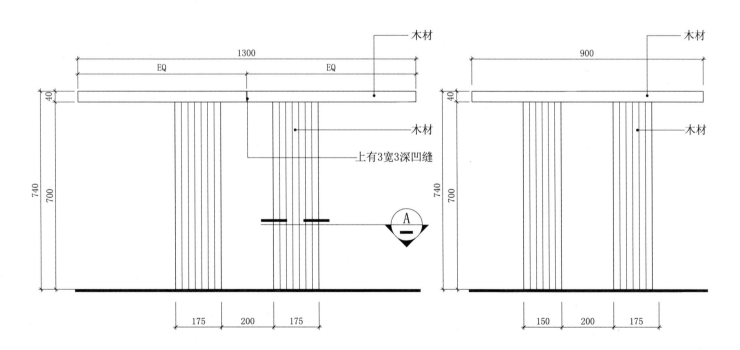

长方餐桌正立面图　　　　**长方餐桌侧立面图**

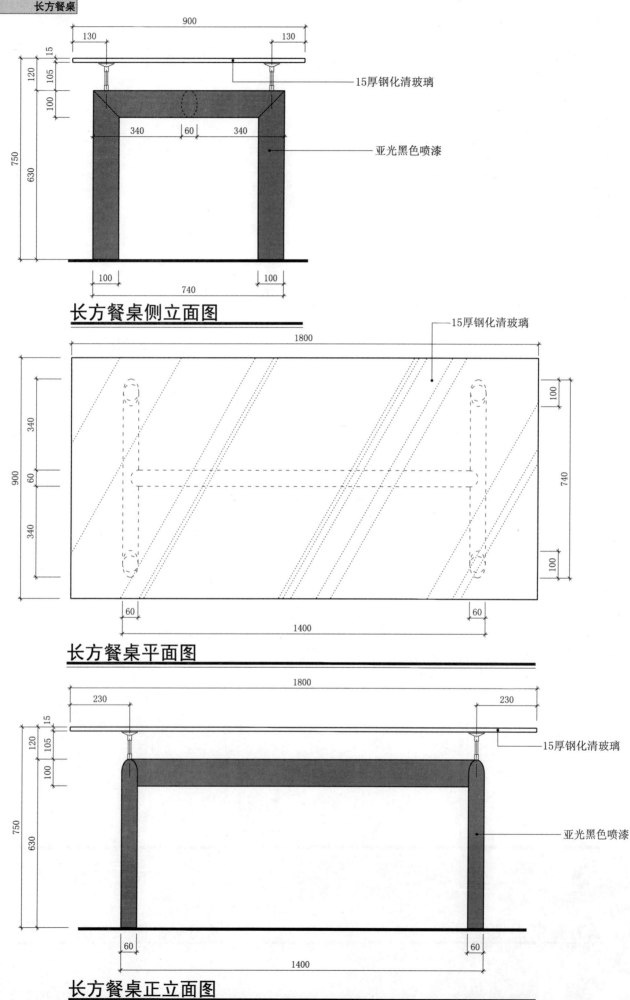

桌案类 - 桌子
F4-18 长方餐桌

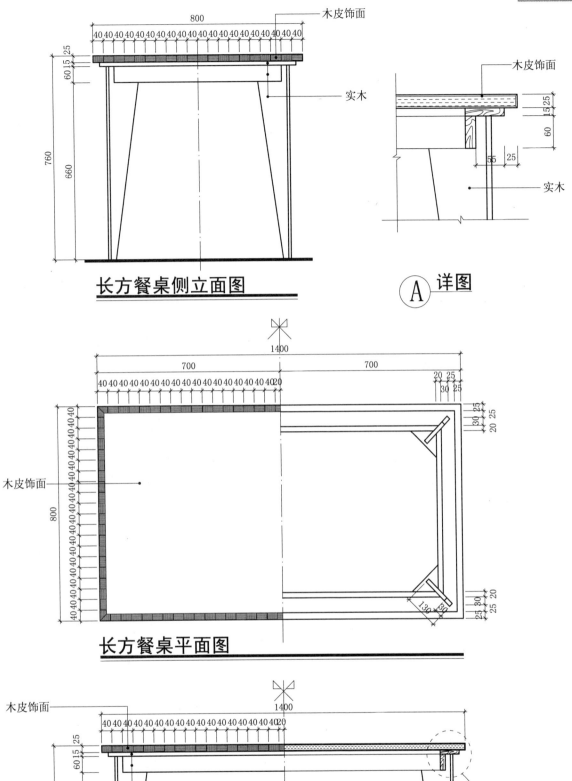

长方餐桌侧立面图

A 详图

长方餐桌平面图

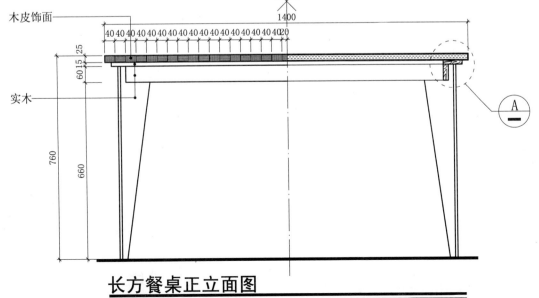

长方餐桌正立面图

桌案类 - 桌子

F4-19 长方餐桌

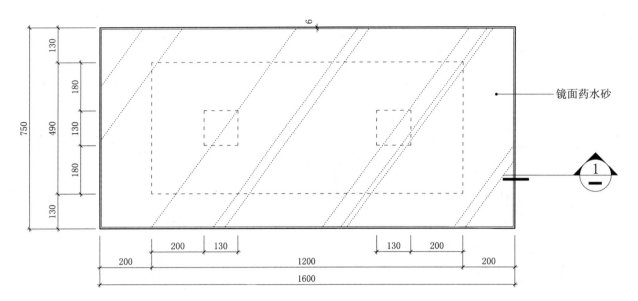

长方餐桌平面图

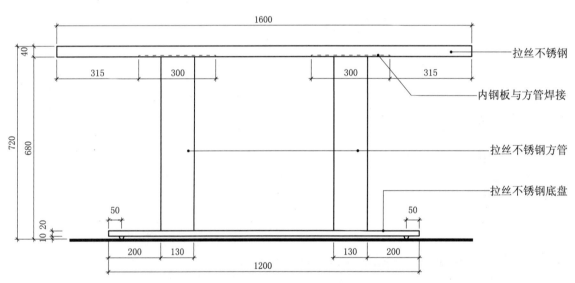

长方餐桌正立面图

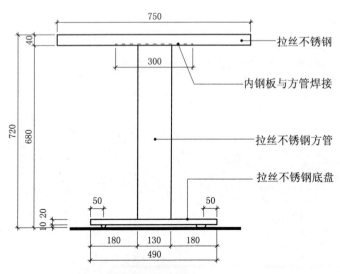

长方餐桌侧立面图

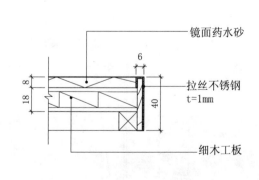

① 详图

桌案类 - 桌子
F4-20 长方餐桌

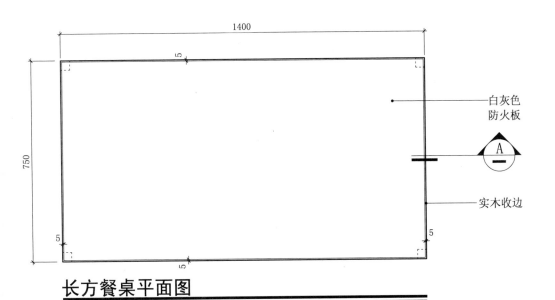

长方餐桌平面图

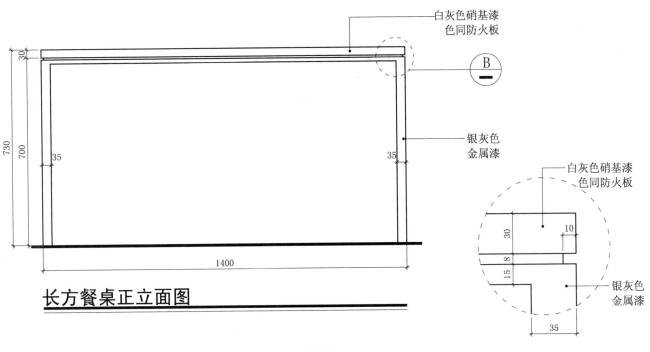

长方餐桌正立面图

B 详图

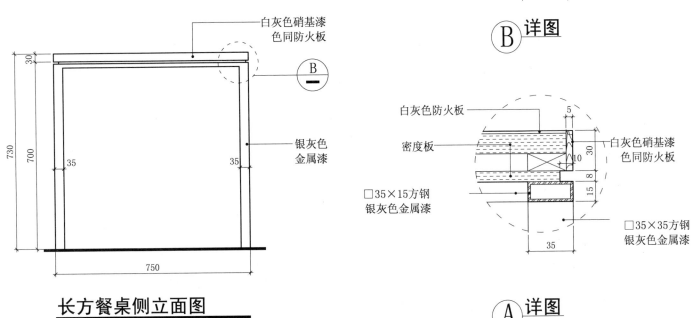

长方餐桌侧立面图

A 详图

桌案类 – 桌子
F4-21　方形餐桌

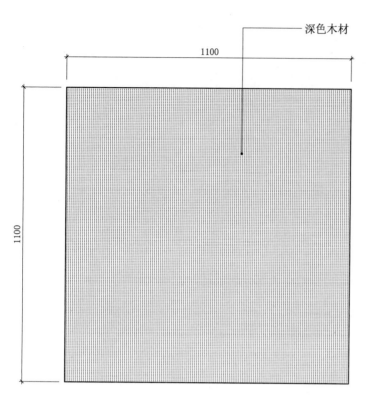

方形餐桌平面图

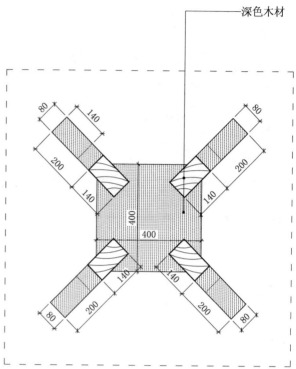

方形餐桌底座平面图

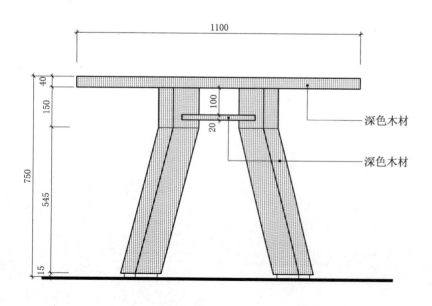

方形餐桌立面图

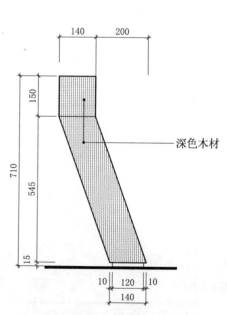

餐桌桌腿正立面图

| 桌案类 – 桌子 |
| F4-22　方形餐桌 |

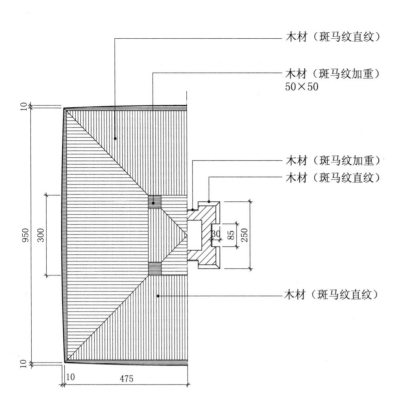

方形餐桌平面图

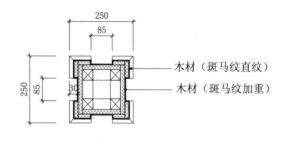

B 剖面图

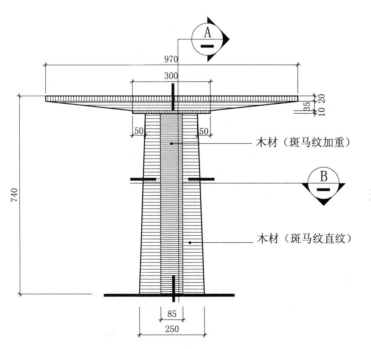

方形餐桌立面图

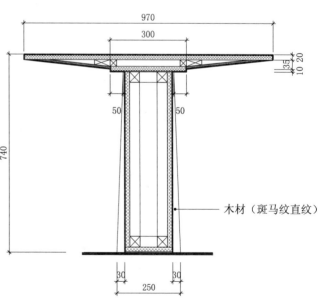

A 剖面图

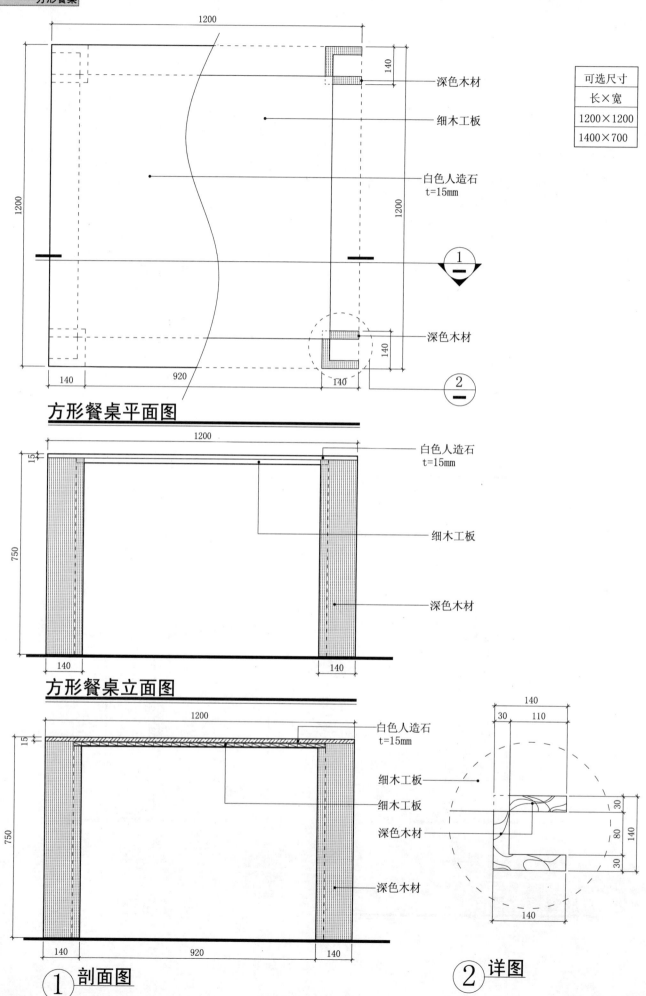

桌案类 - 桌子
F4-24　方形餐桌

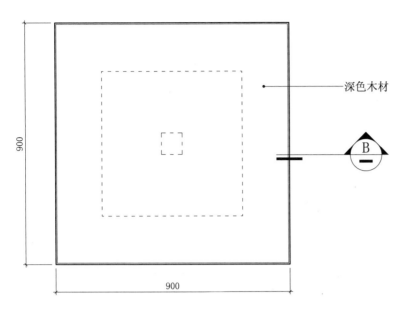

方形餐桌平面图

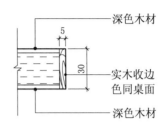

B 详图

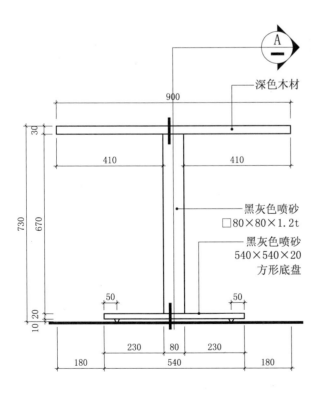

方形餐桌立面图

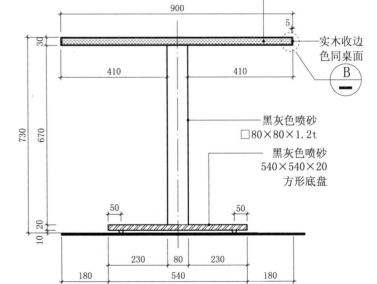

A 剖面图

桌案类 - 桌子
F4-25 方形餐桌

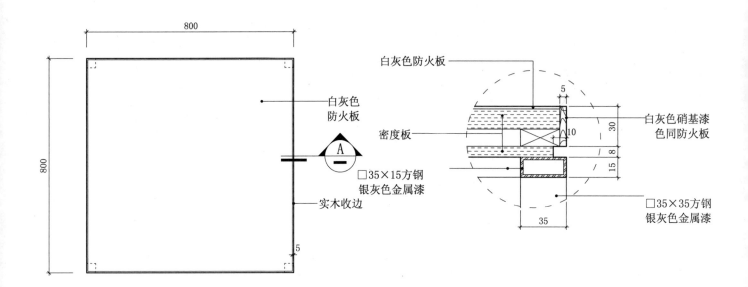

方形餐桌平面图

A 详图

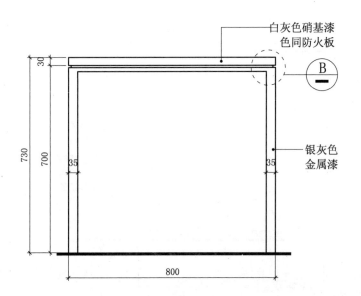

方形餐桌立面图

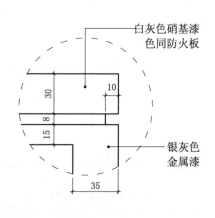

B 详图

桌案类 – 桌子

F4-26　方形餐桌

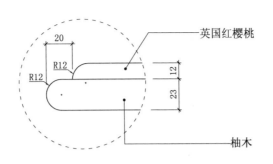

Ⓐ 详图

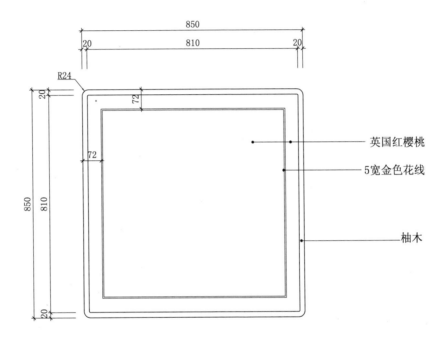

方形餐桌平面图

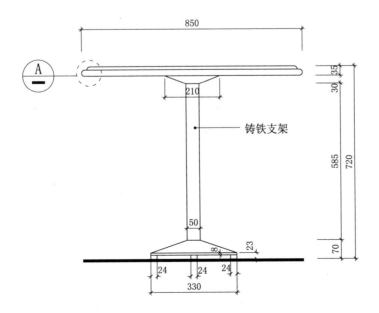

方形餐桌立面图

桌案类 — 桌子
F4-27 方形餐桌

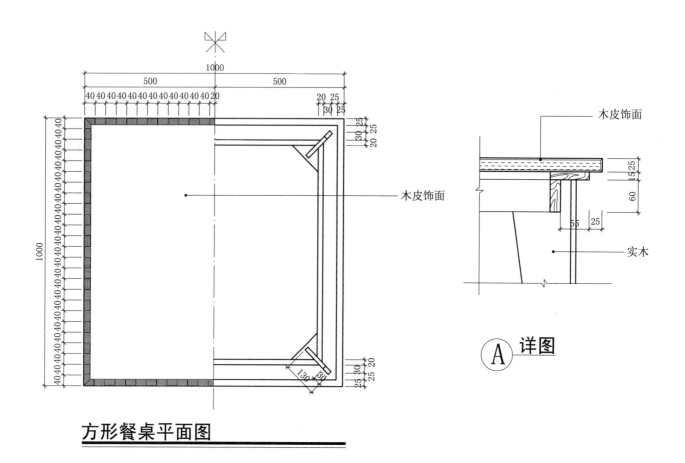

方形餐桌平面图

A 详图

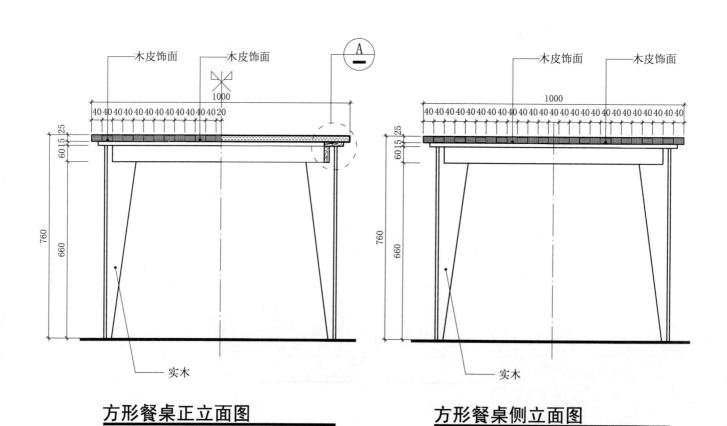

方形餐桌正立面图

方形餐桌侧立面图

桌案类 - 桌子
F4-28-01 折叠餐桌

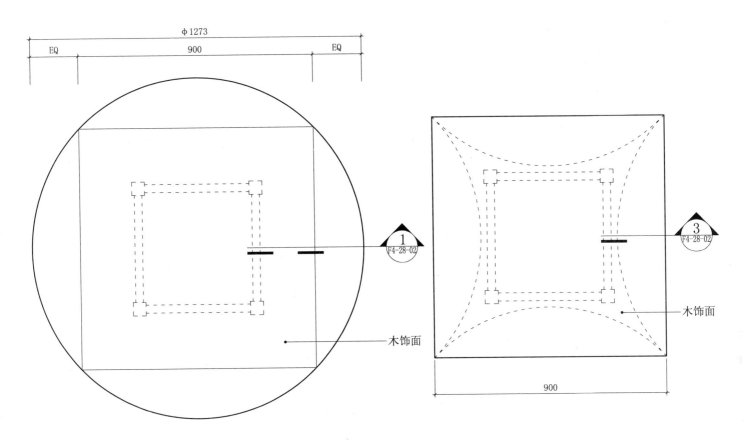

餐桌打开状态平面图　　　餐桌收起状态平面图

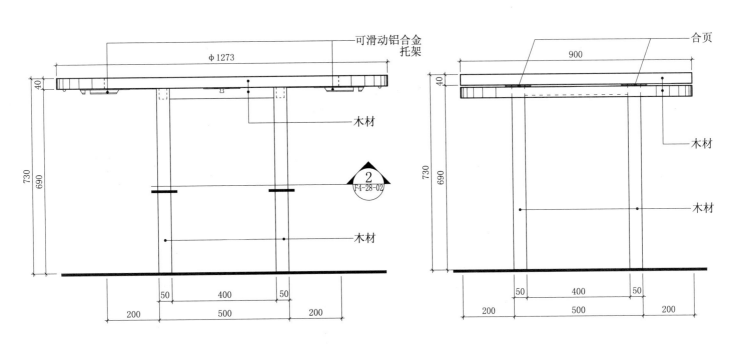

餐桌打开状态立面图　　　餐桌收起状态立面图

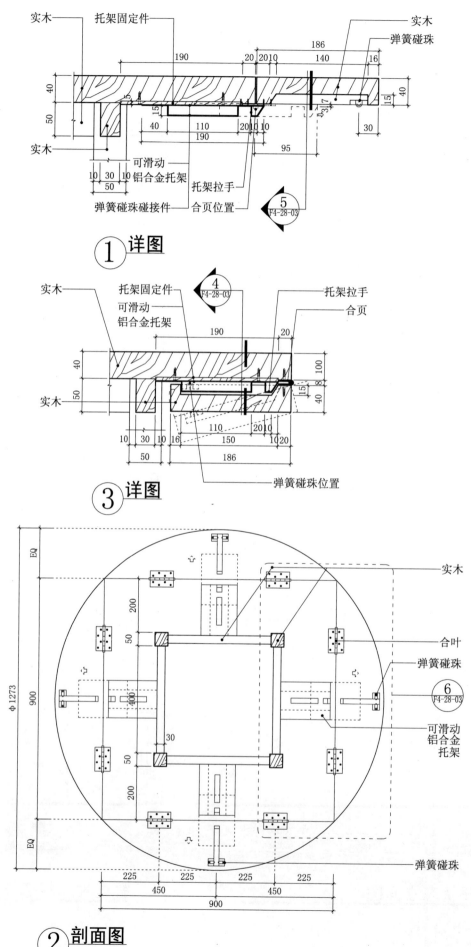

桌案类 - 桌子
F4-28-03 折叠餐桌

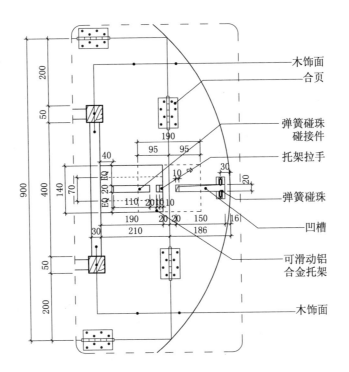

⑥ 详图

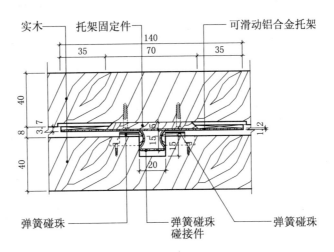

④ 详图

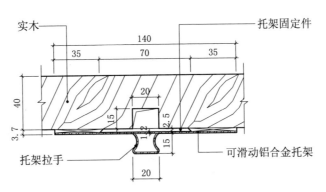

⑤ 详图

桌案类 – 桌子
F4-29 餐桌桌布

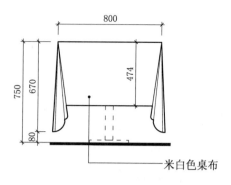

长方形4人餐桌桌布侧立面示意图

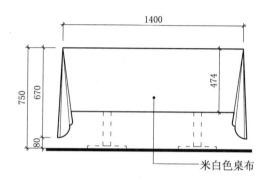

长方形4人餐桌桌布正立面示意图

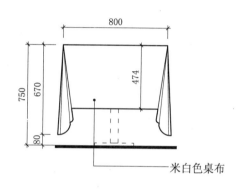

正方形4人餐桌桌布侧立面示意图

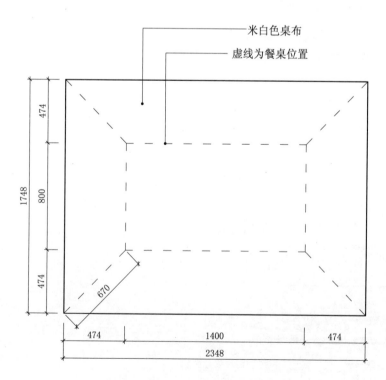

长方形4人餐桌桌布尺寸图

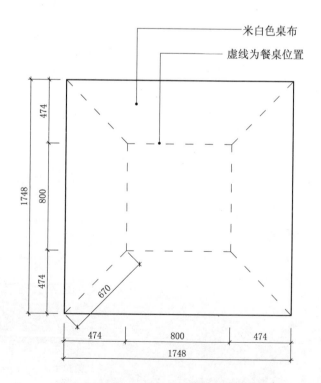

正方形4人餐桌桌布尺寸图

桌案类 – 桌子
F4-30 餐桌桌布

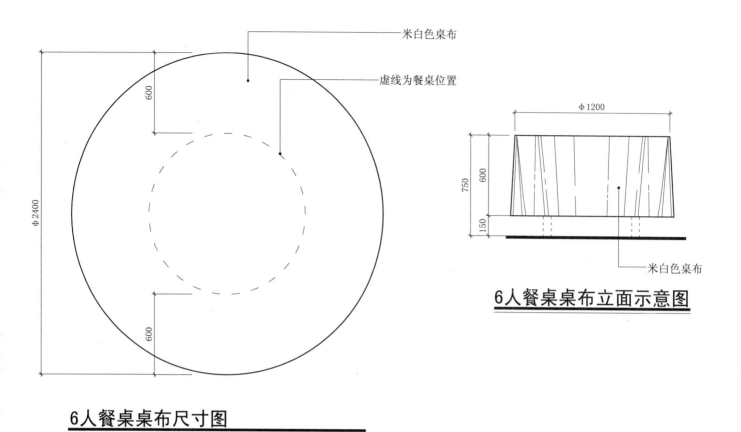

6人餐桌桌布尺寸图

6人餐桌桌布立面示意图

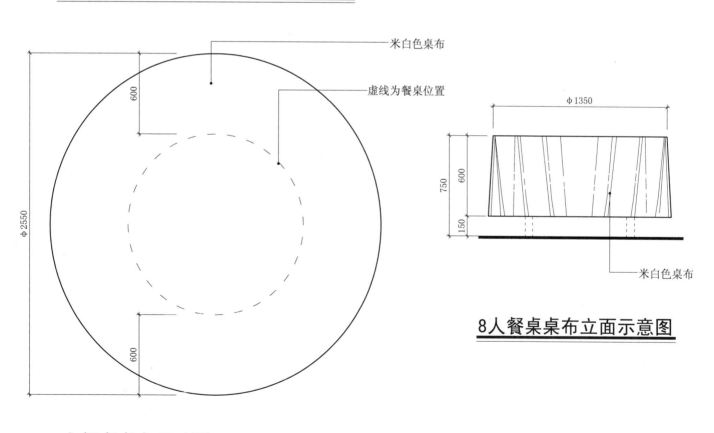

8人餐桌桌布尺寸图

8人餐桌桌布立面示意图

桌案类 – 桌子
F4-31　餐桌桌布

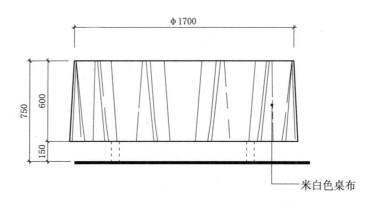

10人餐桌桌布立面示意图

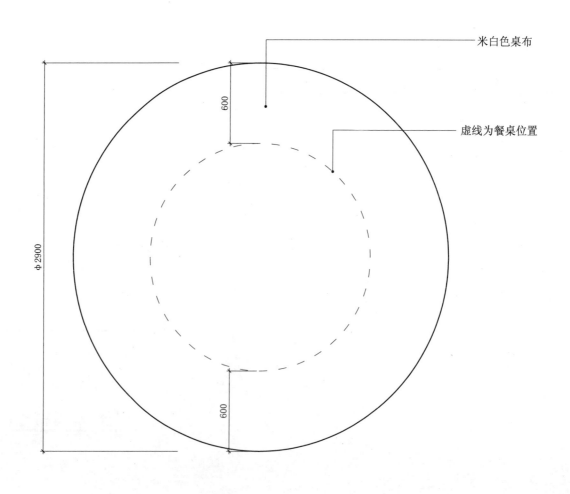

10人餐桌桌布尺寸图

| 桌案类 – 桌子 |
| F4-32　　　咖啡桌 |

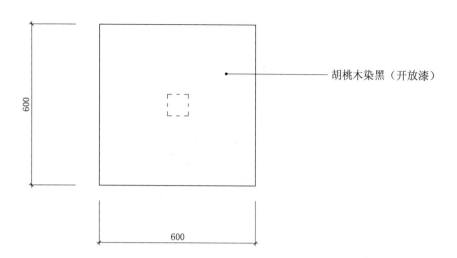

咖啡桌平面图

胡桃木染黑（开放漆）

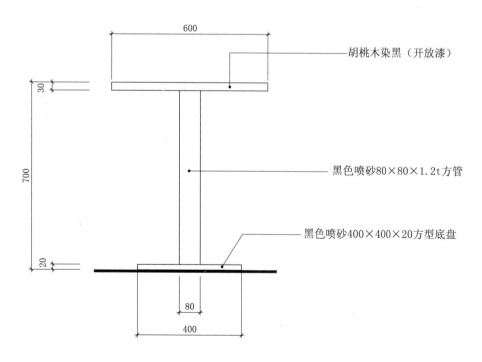

咖啡桌正立面图

胡桃木染黑（开放漆）
黑色喷砂80×80×1.2t方管
黑色喷砂400×400×20方型底盘

桌案类 - 桌子
F4-33 咖啡桌

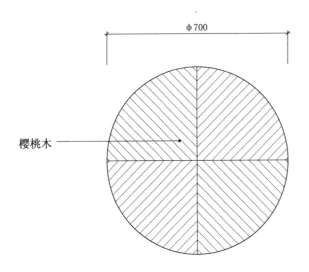

咖啡桌平面图

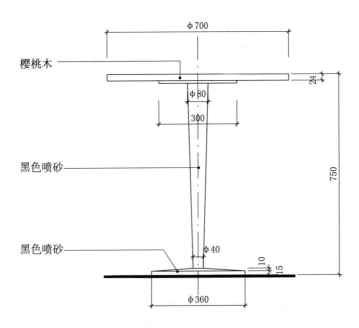

咖啡桌立面图

桌案类 - 桌子
F4-34 咖啡桌

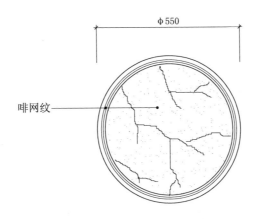

咖啡桌平面图

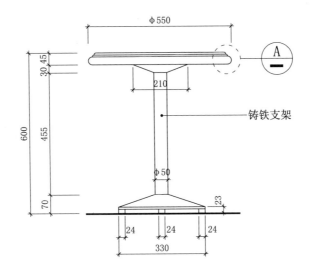

咖啡桌立面图

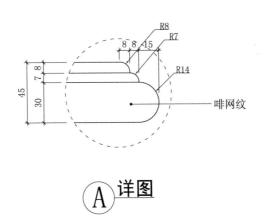

A 详图

桌案类 – 桌子
F4-35 咖啡桌

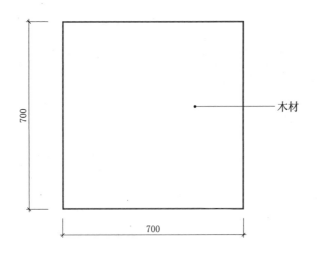

咖啡桌平面图

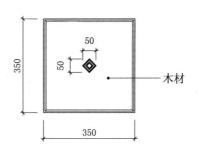

咖啡桌底座平面图

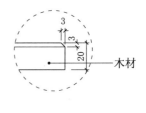

Ⓐ 详图

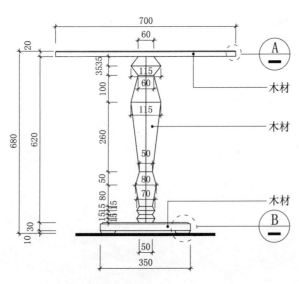

咖啡桌立面图

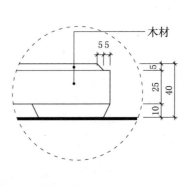

Ⓑ 详图

桌案类 – 桌子
F4-36　咖啡桌

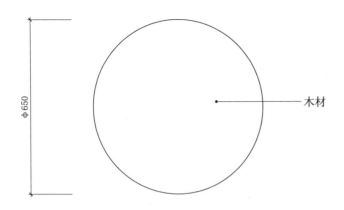

咖啡桌平面图

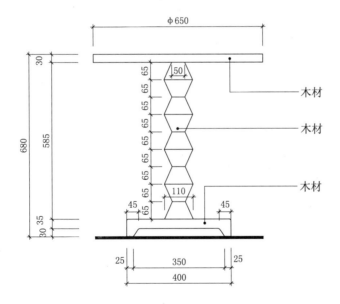

咖啡桌立面图

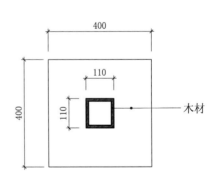

咖啡桌底座平面图

桌案类 - 桌子
F4-37　咖啡桌

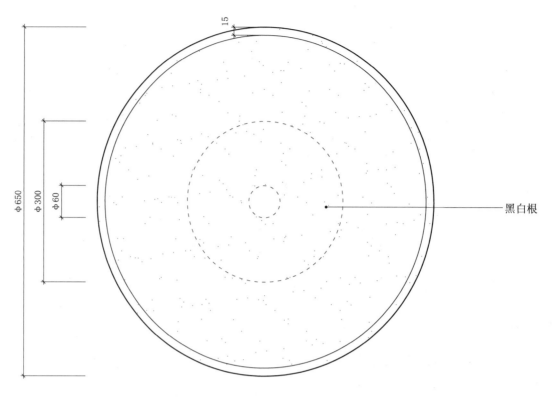

咖啡桌平面图

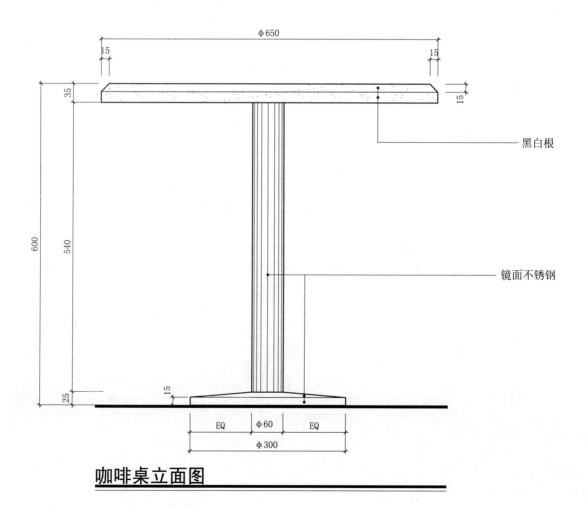

咖啡桌立面图

桌案类 – 桌子
F4-38 咖啡桌

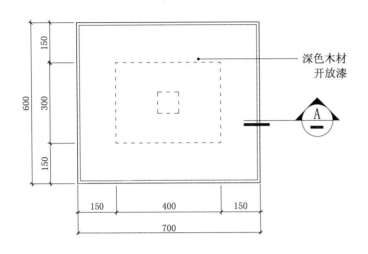

咖啡桌平面图

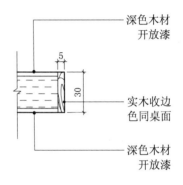

Ⓐ 详图

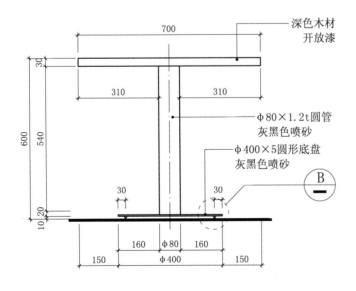

咖啡桌立面图

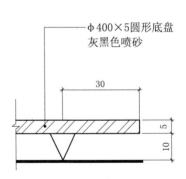

Ⓑ 详图

桌案类 – 桌子
F4-39 咖啡桌

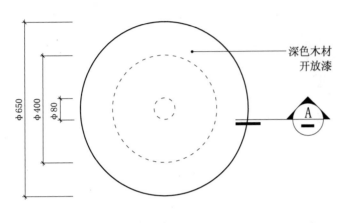

咖啡桌平面图

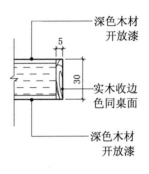

Ⓐ 详图

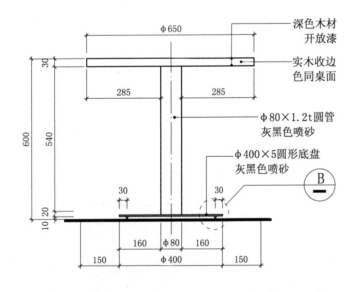

咖啡桌立面图

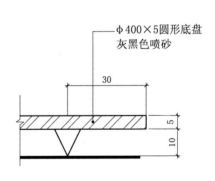

Ⓑ 详图

桌案类 – 桌子
F4-40　咖啡桌

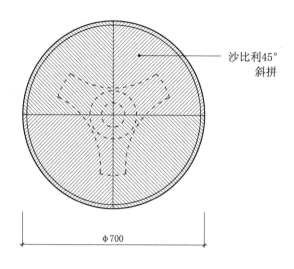

咖啡桌平面图

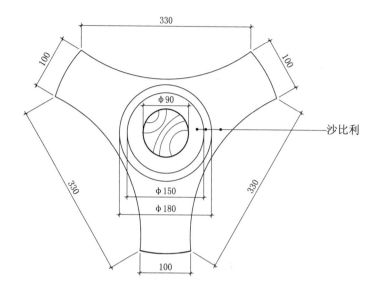

咖啡桌腿平面图

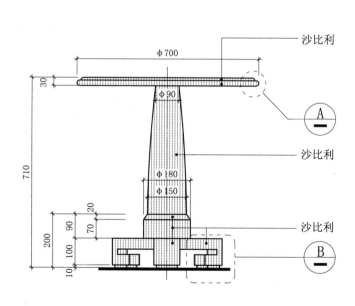

咖啡桌立面图

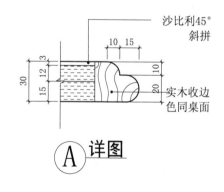

A 详图

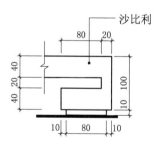

B 详图

桌案类 – 桌子
F4-41 咖啡桌

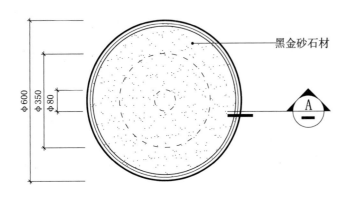

咖啡桌平面图

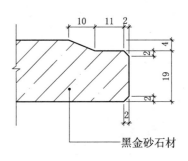

Ⓐ 详图

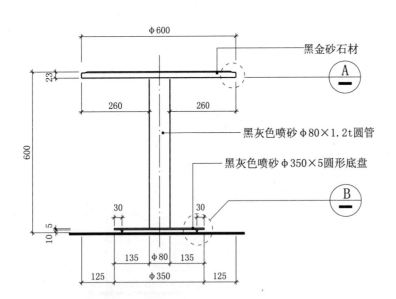

咖啡桌立面图

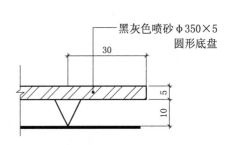

Ⓑ 详图

桌案类 - 桌子

F4-42　咖啡桌

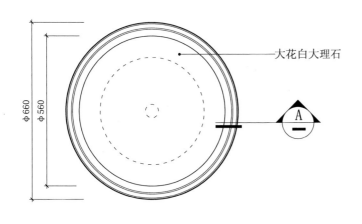

咖啡桌平面图

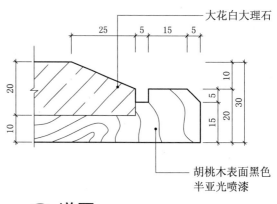

A 详图

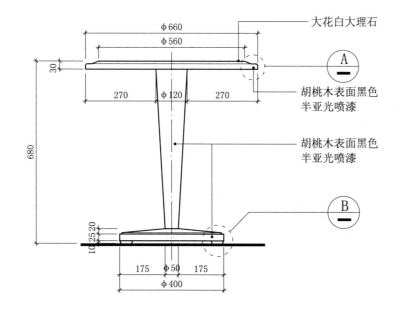

咖啡桌立面图

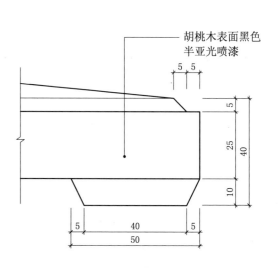

B 详图

桌案类 - 桌子
F4-43 咖啡桌

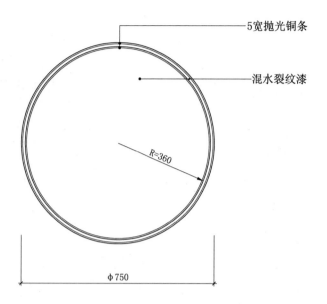

咖啡桌平面图

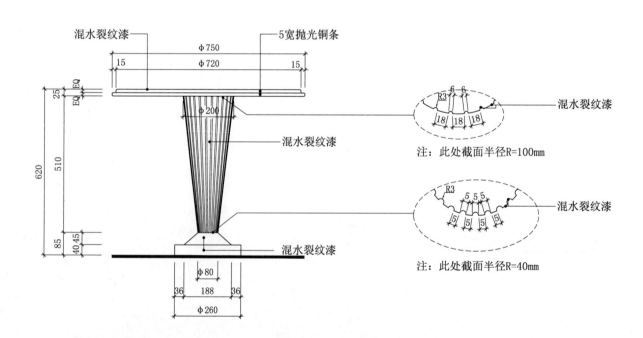

咖啡桌立面图

桌案类 – 桌子
F4-44 咖啡桌

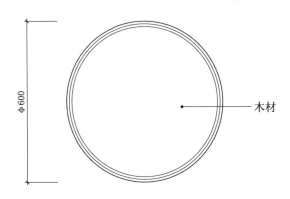

咖啡桌平面图

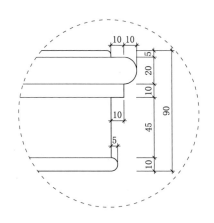

A 详图

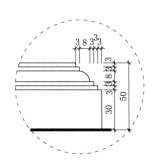

B 详图

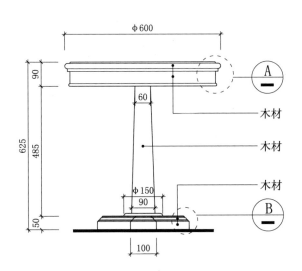

咖啡桌立面图

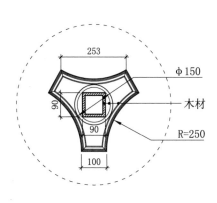

咖啡桌底座平面图

桌案类 – 桌子
F4-45 游戏桌

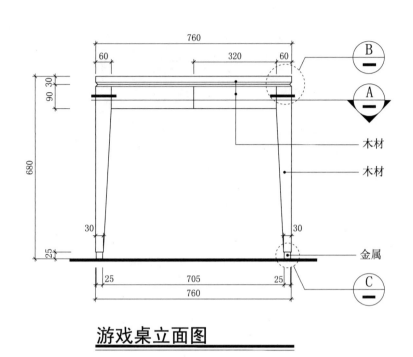

游戏桌立面图

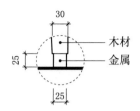

C 详图

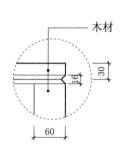

B 详图

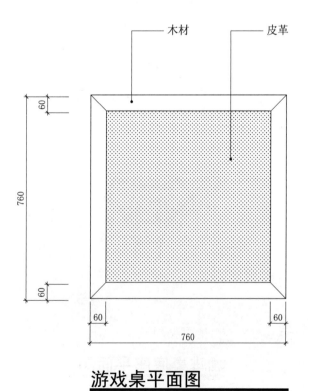

游戏桌平面图

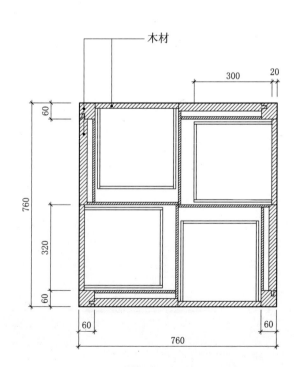

A 剖面图

桌案类 – 桌子
F4-46 小方桌

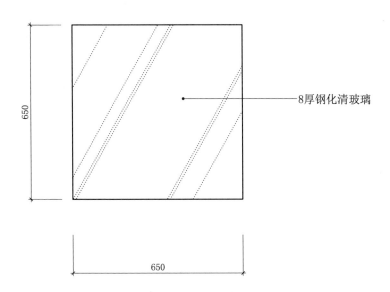

小方桌平面图

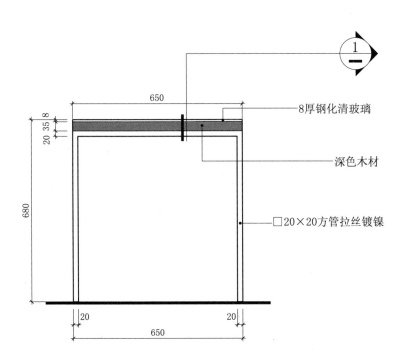

小方桌立面图

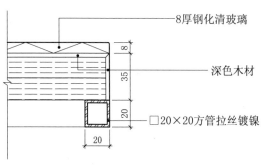

① 详图

桌案类 - 桌子
F4-47 方桌

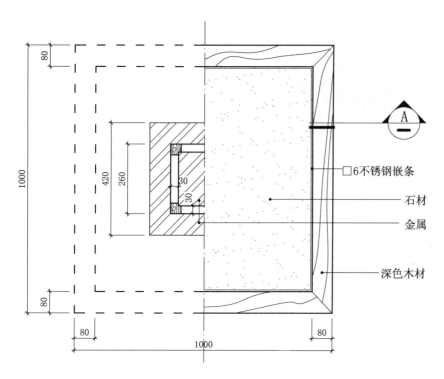

方桌平面图

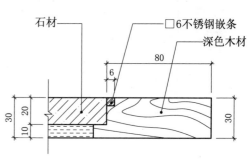

A 详图

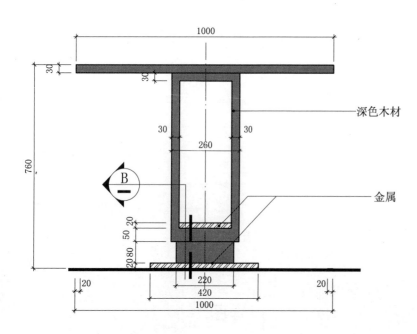

方桌正立面图

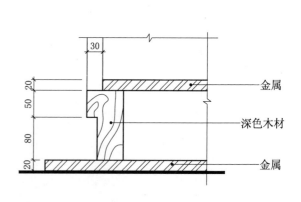

B 详图

桌案类 - 桌子
F4-48 方桌

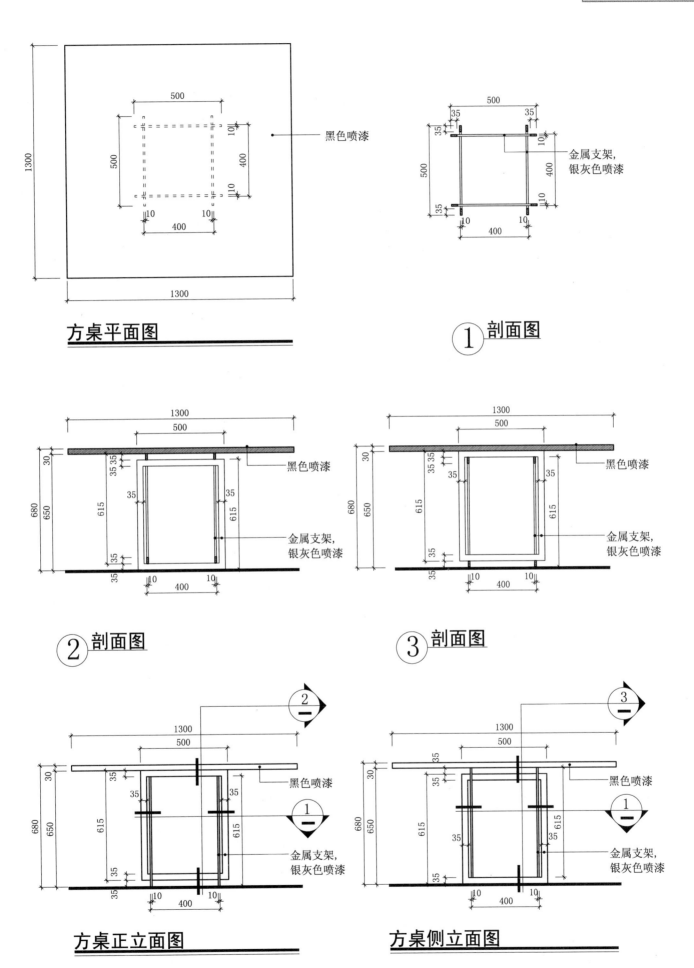

桌案类 - 桌子
F4-49 圆桌

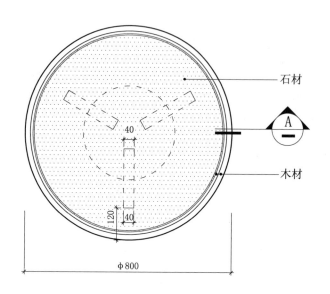

圆桌平面图

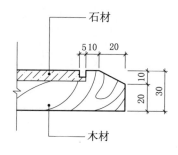

A 详图

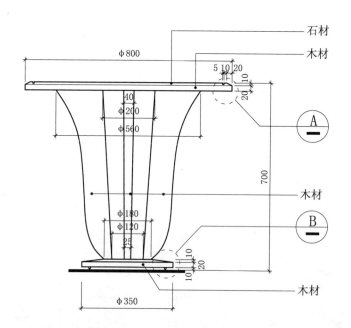

圆桌立面图

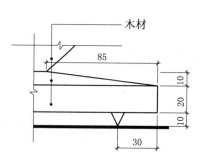

B 详图

桌案类 – 桌子
F4-50 圆桌

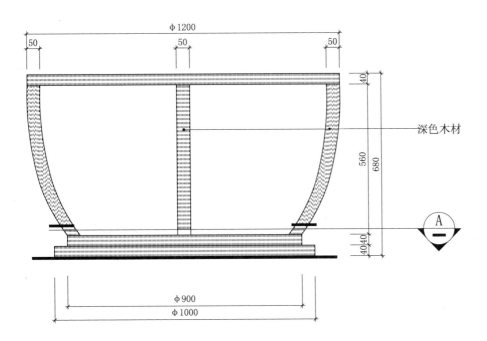

圆桌立面图

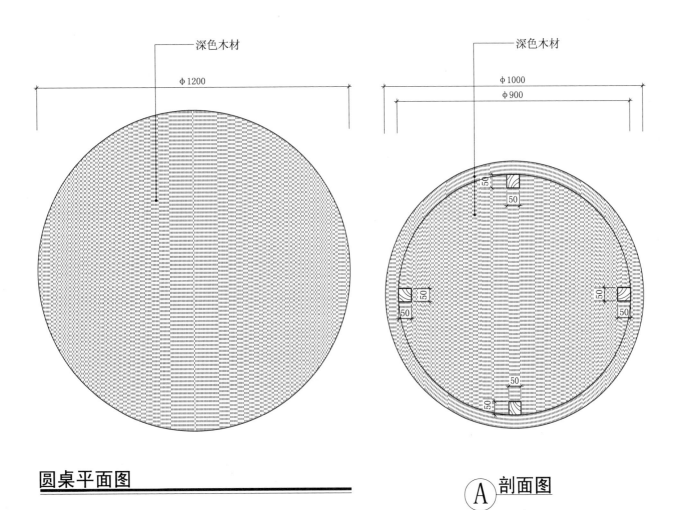

圆桌平面图　　　　　Ⓐ **剖面图**

桌案类 - 桌子

F4-51　展示条桌

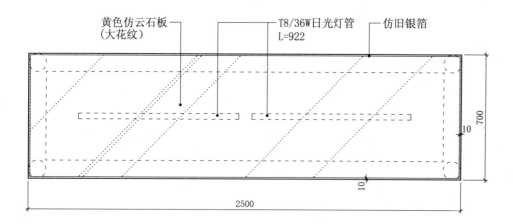

展示条桌平面图

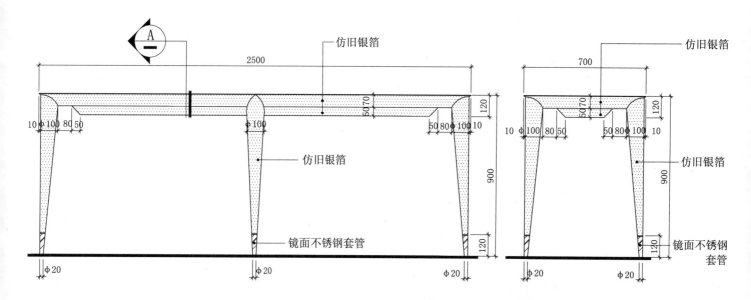

展示条桌正立面图　　　　　　　　　　　　**展示条桌侧立面图**

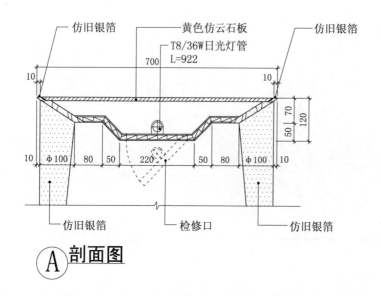

A 剖面图

桌案类 - 桌子
F4-52 书桌

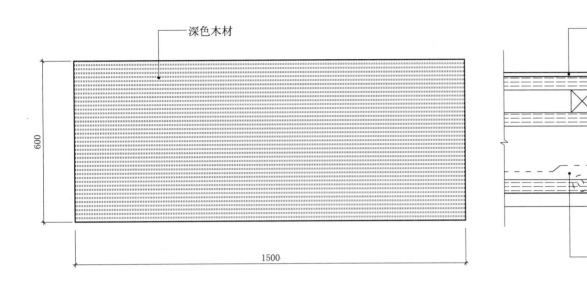

书桌平面图　　　①详图

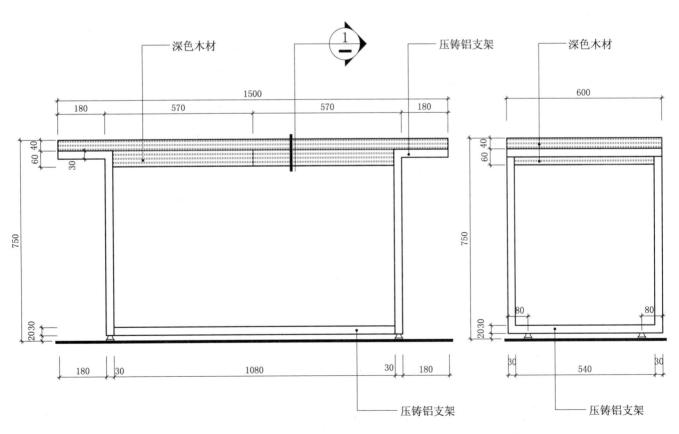

书桌正立面图　　　书桌侧立面图

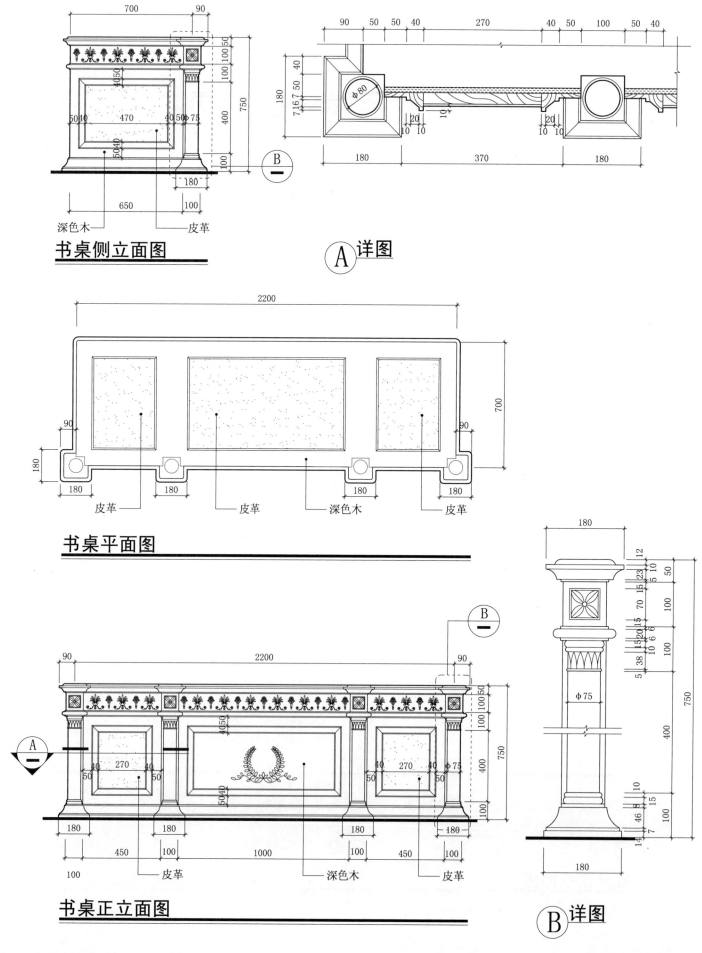

桌案类 – 桌子
F4-54 板式书桌

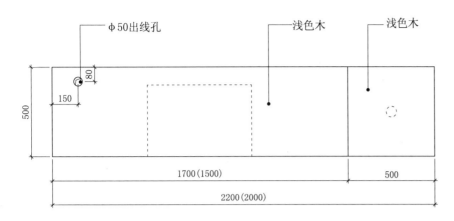

板式书桌平面图

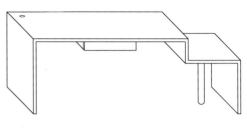

板式书桌轴测图

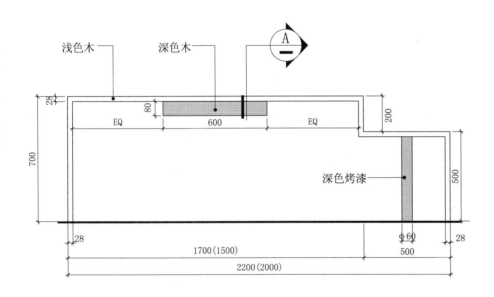

板式书桌正立面图

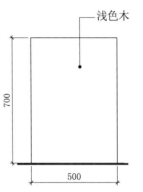

板式书桌左立面图

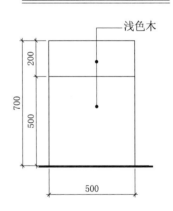

板式书桌右立面图

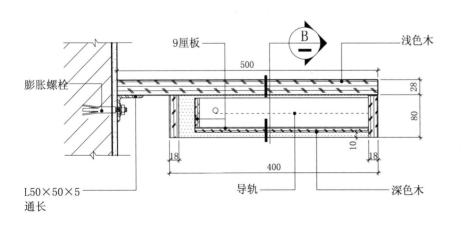

Ⓐ 剖面图

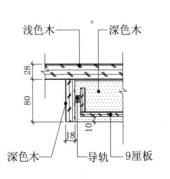

Ⓑ 详图

桌案类 – 桌子
F4-55 板式书桌

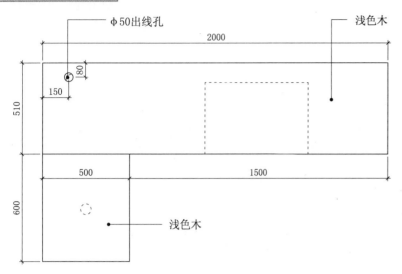
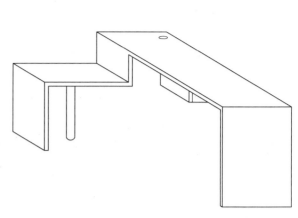

板式书桌平面图   **板式书桌轴测图**

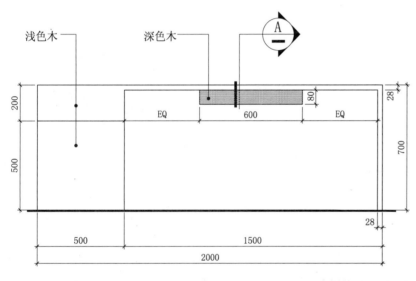
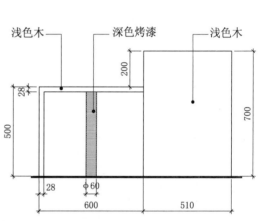

板式书桌正立面图   **板式书桌侧立面图**

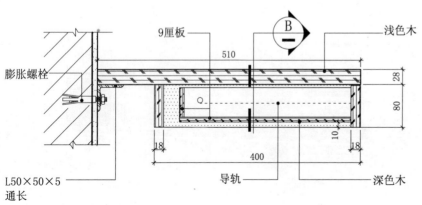
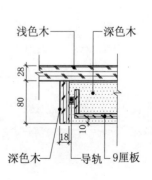

Ⓐ **剖面图**   Ⓑ **详图**

桌案类 - 桌子
F4-56　书桌

书桌平面图

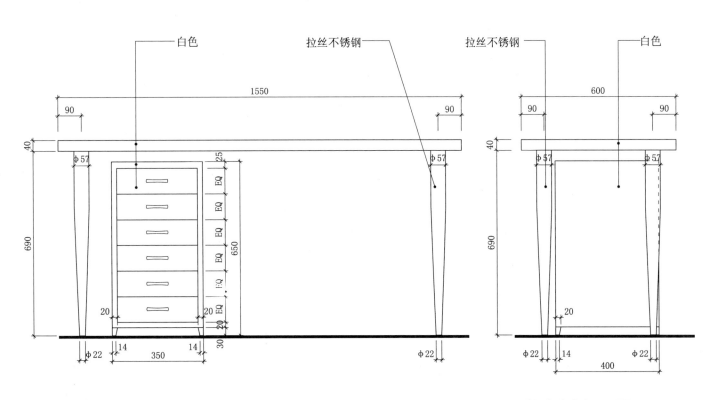

书桌正立面图　　　　　　　　　书桌侧立面图

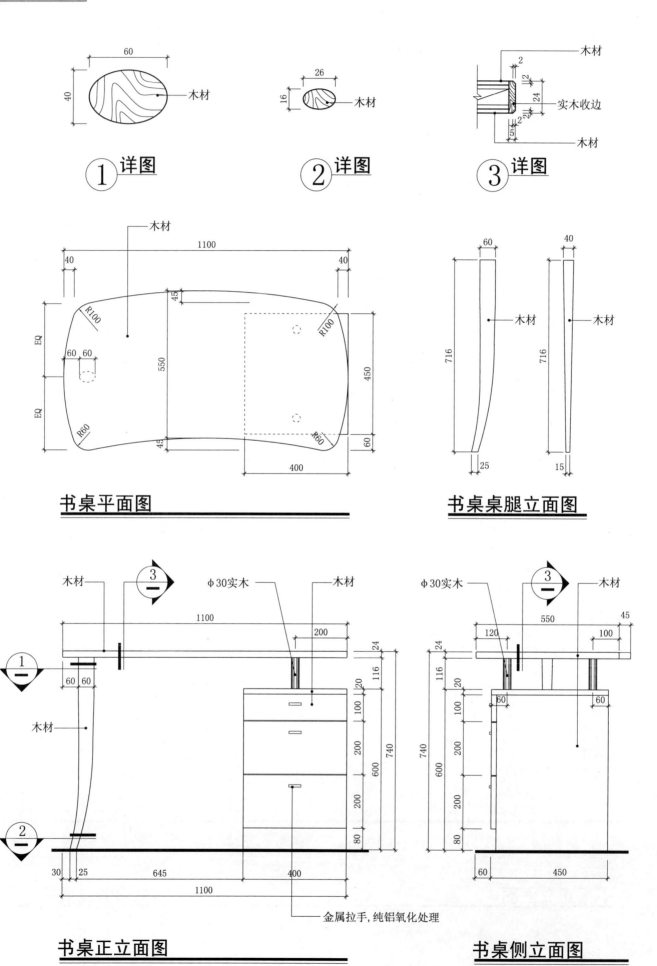

桌案类 – 桌子
F4-58 书桌

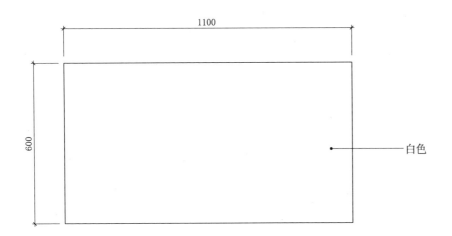

书桌平面图

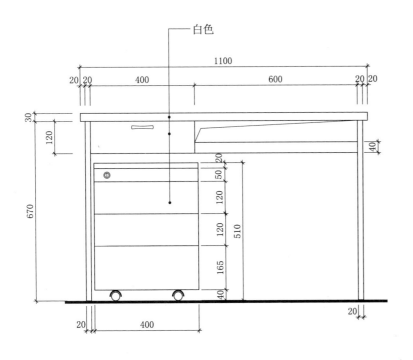

书桌正立面图

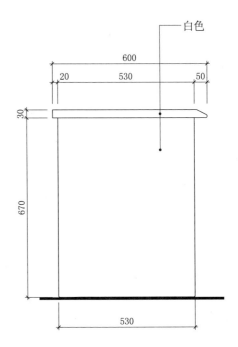

书桌侧立面图

桌案类 — 桌子

F4-59　书桌

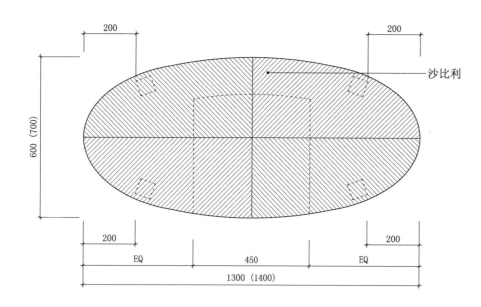

书桌平面图

书桌桌脚平面图

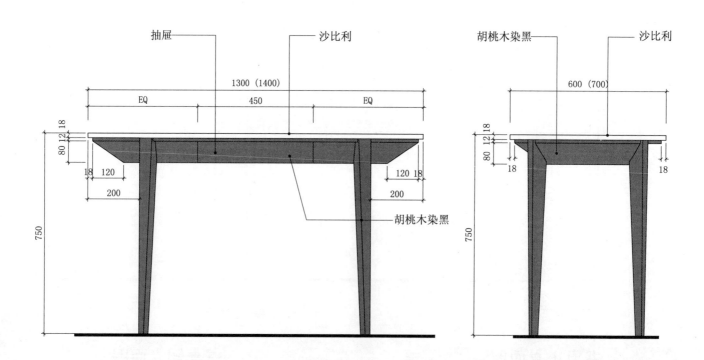

书桌正立面图　　　书桌侧立面图

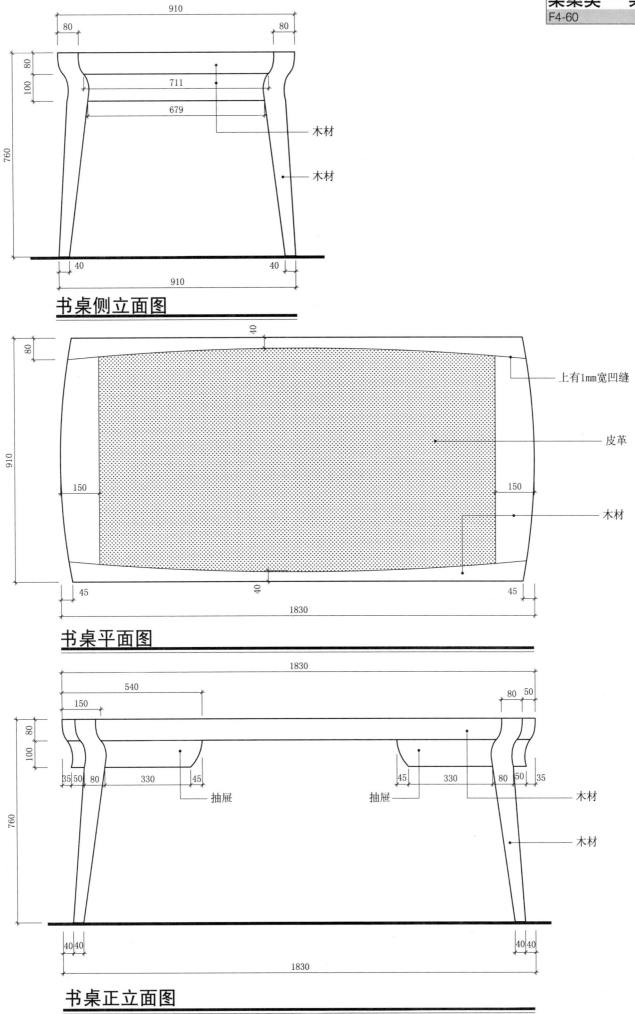

桌案类 - 桌子
F4-61 书桌

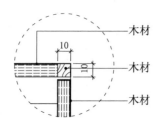

② 详图

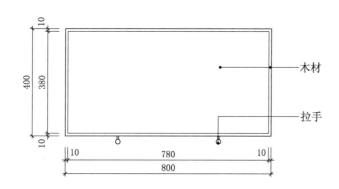

书桌平面图

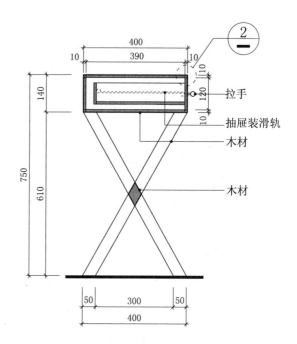

① 剖面图

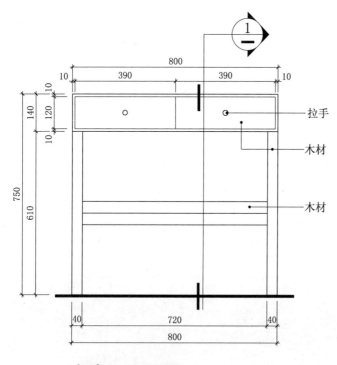

书桌正立面图

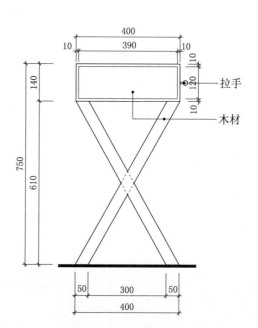

书桌侧立面图

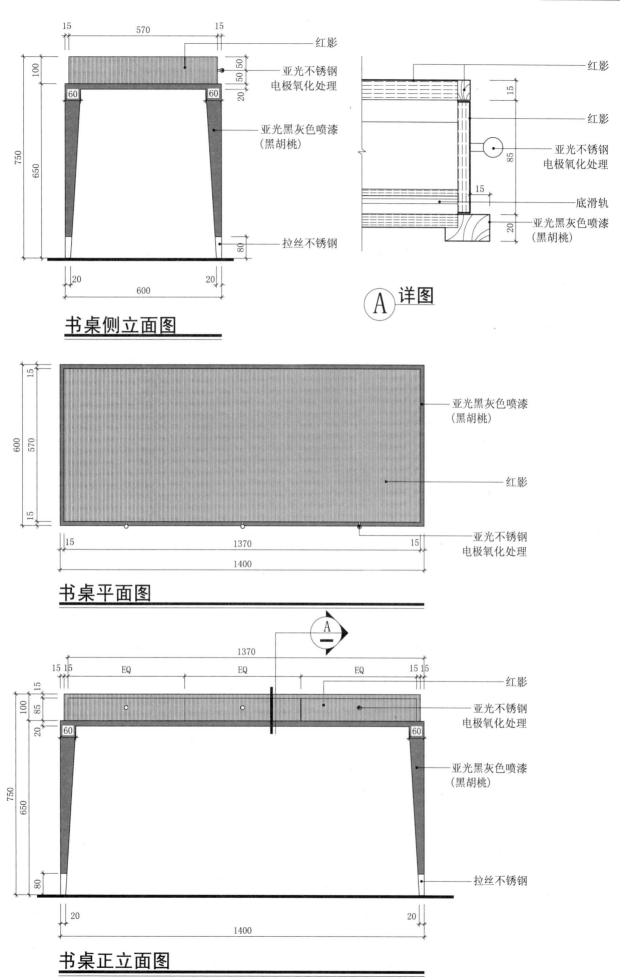

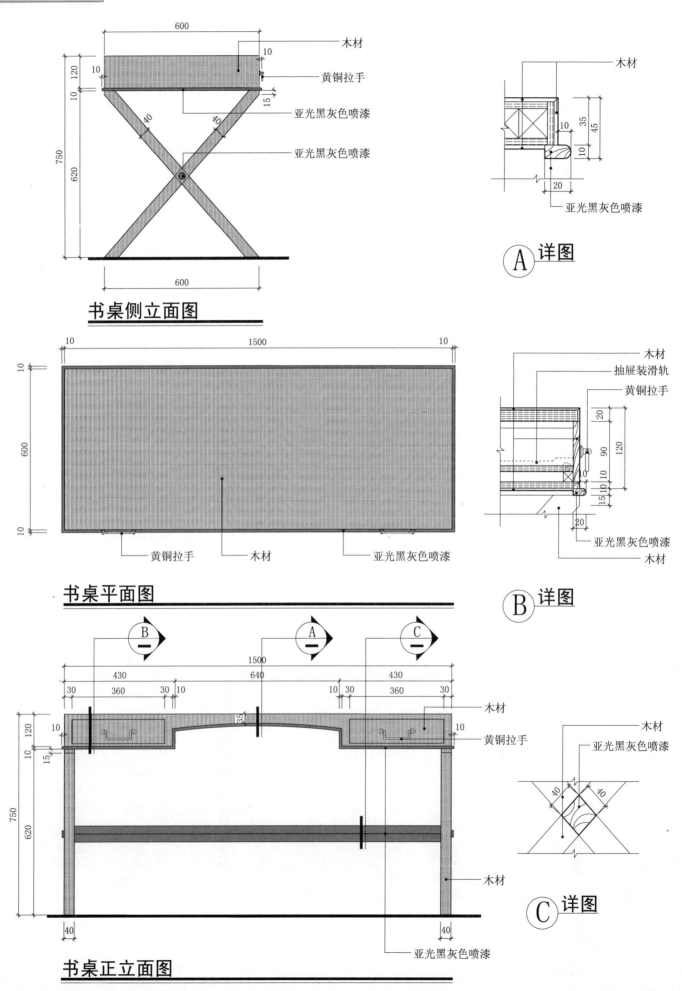

桌案类 – 桌子
F4-64 书记桌

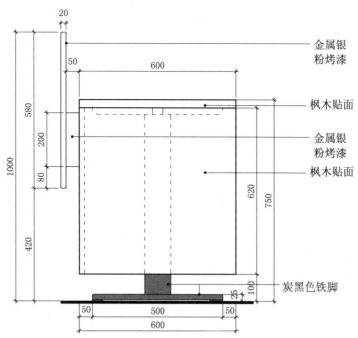

书记桌侧立面图

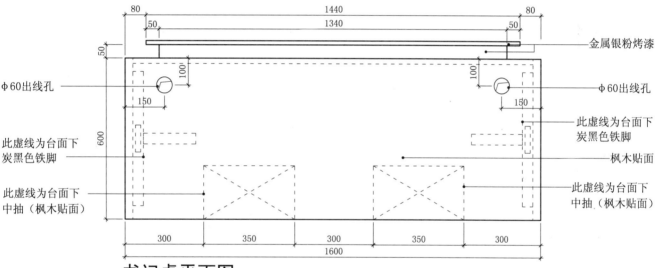

书记桌平面图

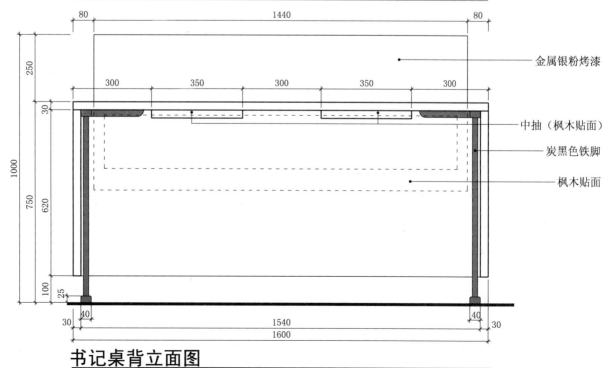

书记桌背立面图

桌案类 – 桌子

F4-65　书记桌

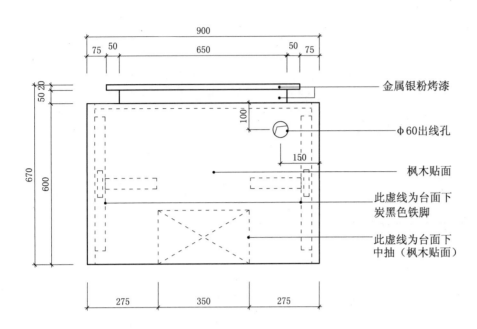

书记桌平面图

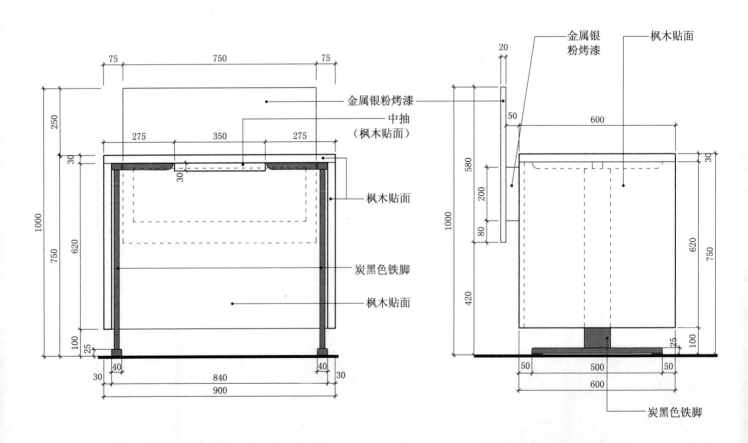

书记桌背立面图　　　**书记桌侧立面图**

桌案类 – 桌子
F4-66-01　中式书桌

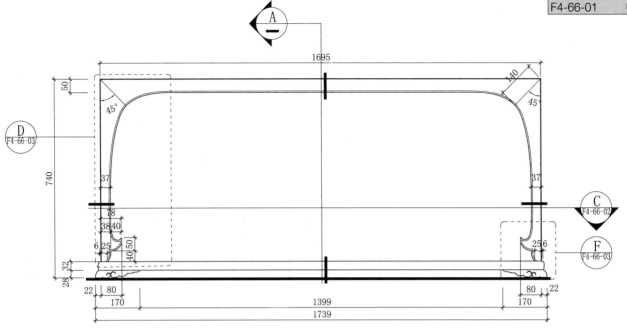

中式书桌正立面图

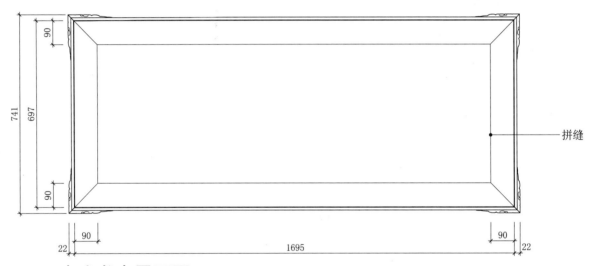

中式书桌平面图

拼缝

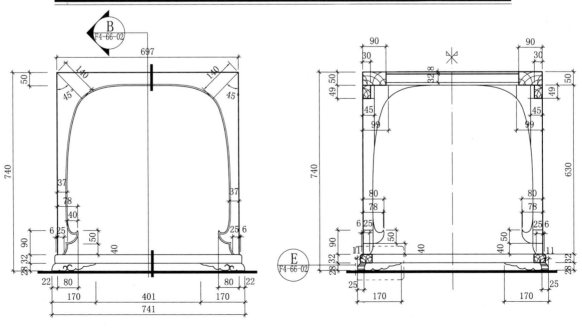

中式书桌侧立面图　　A 剖面图

363

桌案类 - 桌子
F4-66-02 中式书桌

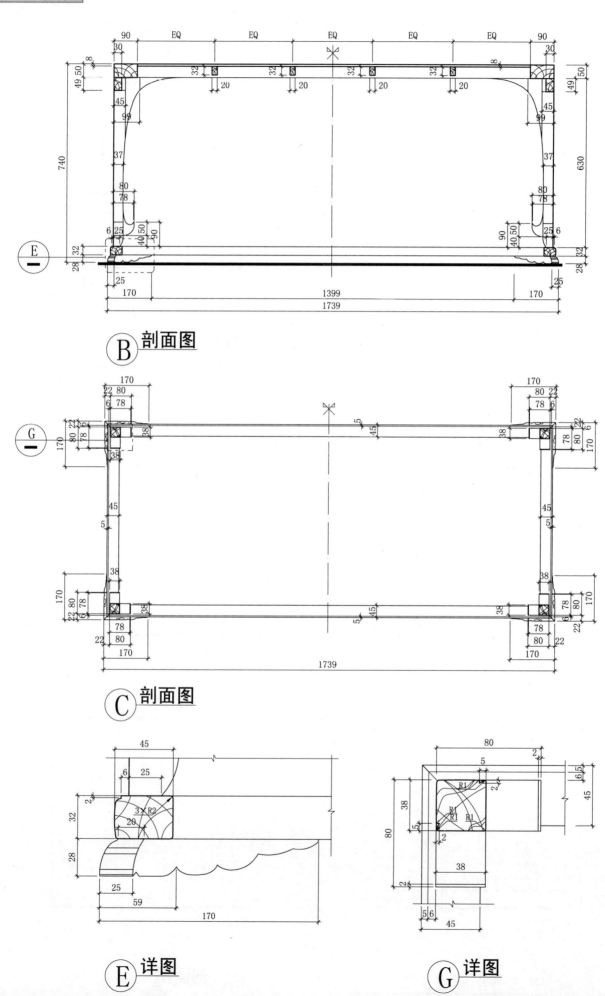

B 剖面图

C 剖面图

E 详图

G 详图

桌案类 - 桌子

F4-66-03　中式书桌

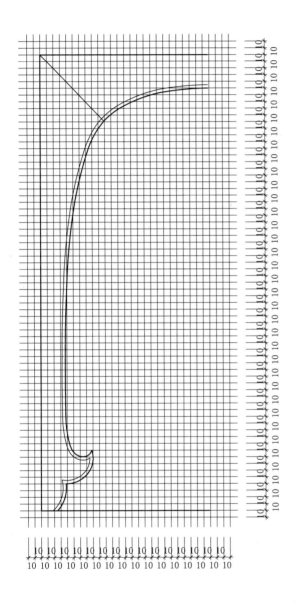

D 详图

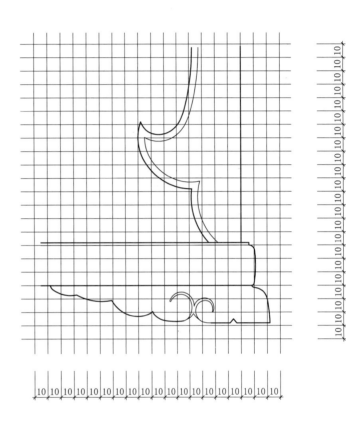

F 详图

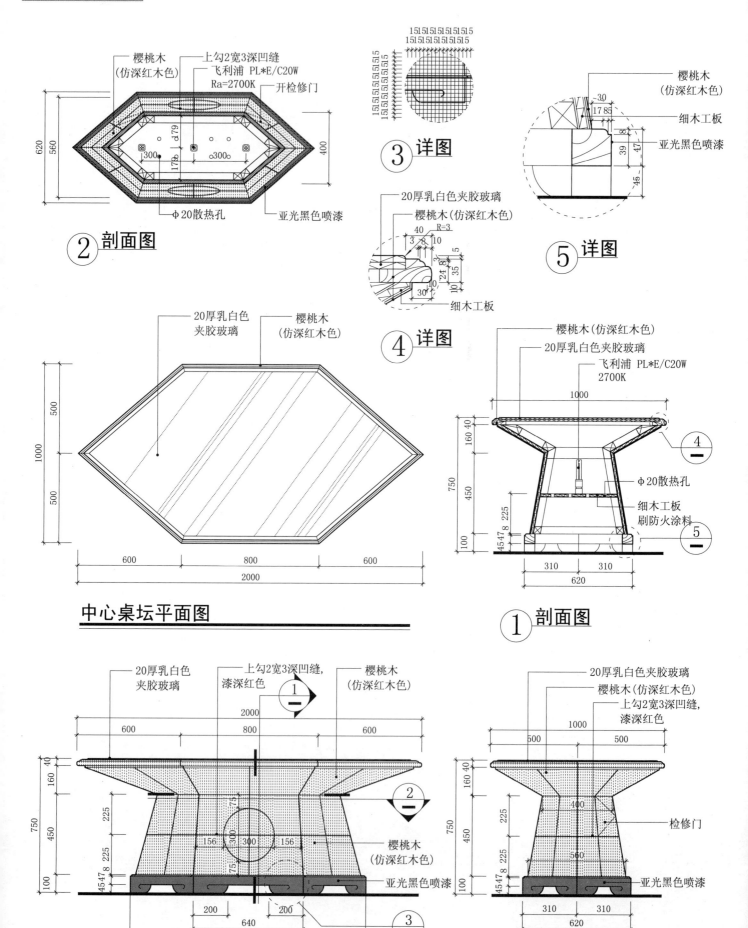

桌案类 – 桌台
F5-02 中心桌坛

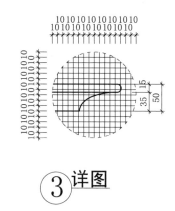

③ 详图

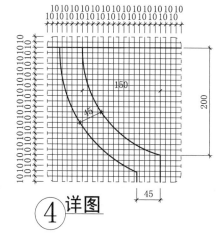

④ 详图

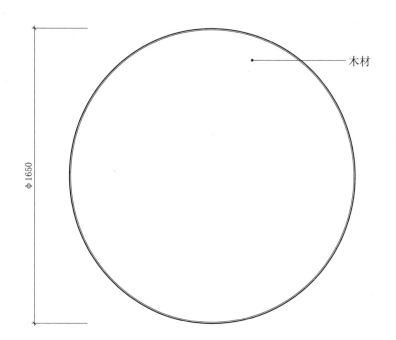

中心桌坛平面图

中心桌坛立面图

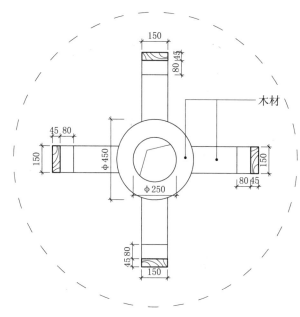

② 详图

① 剖面图

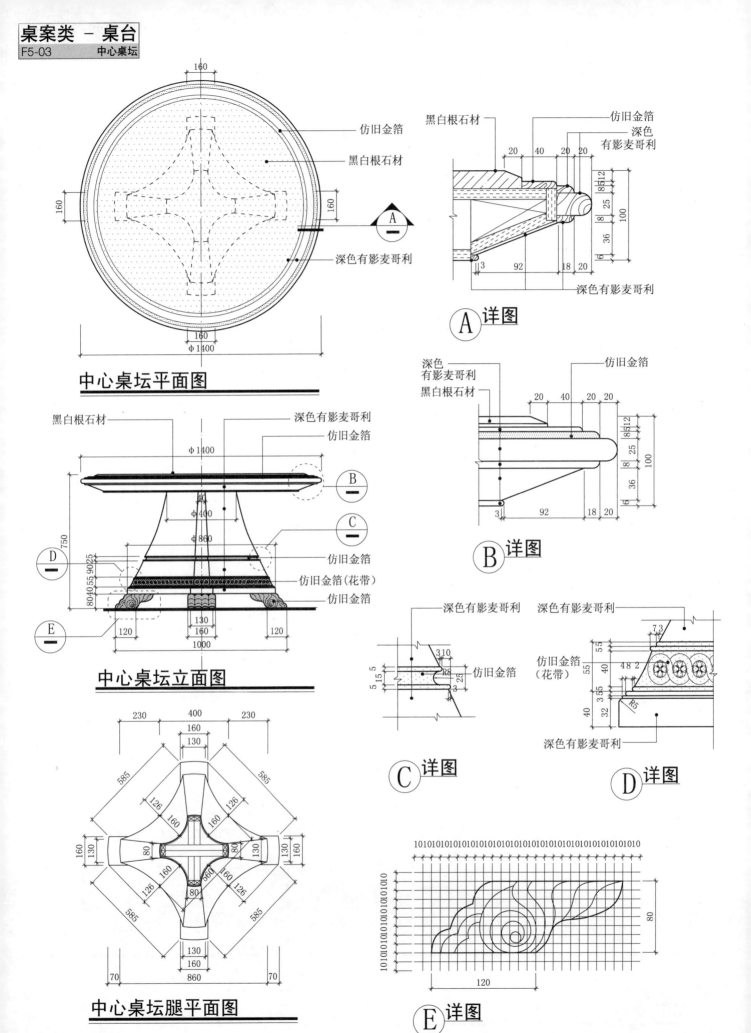

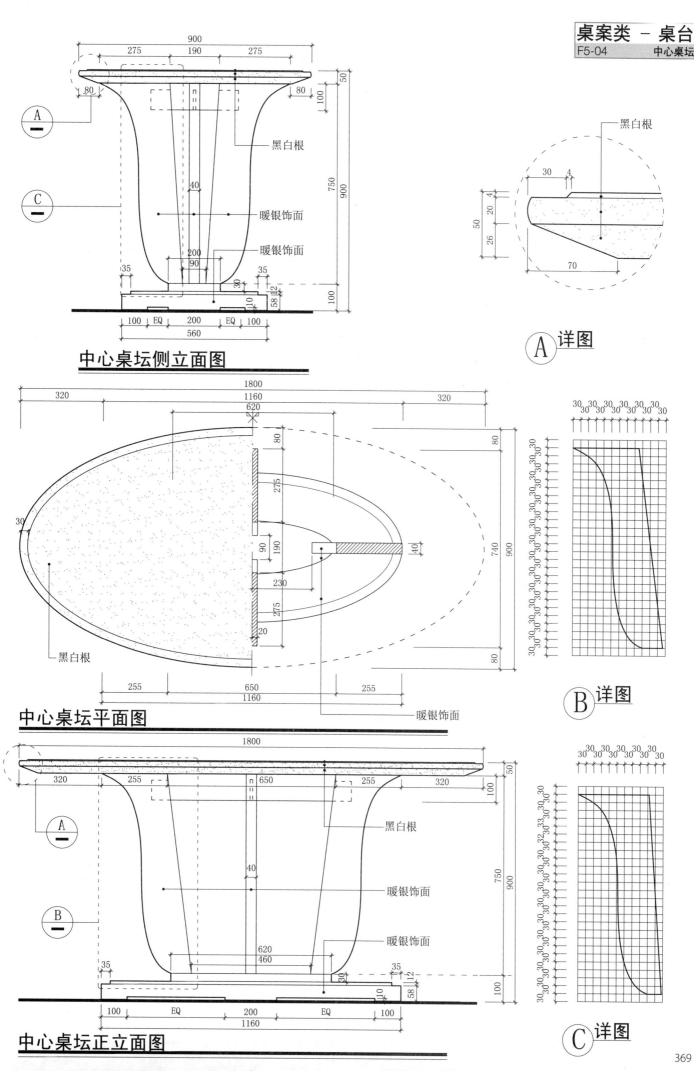

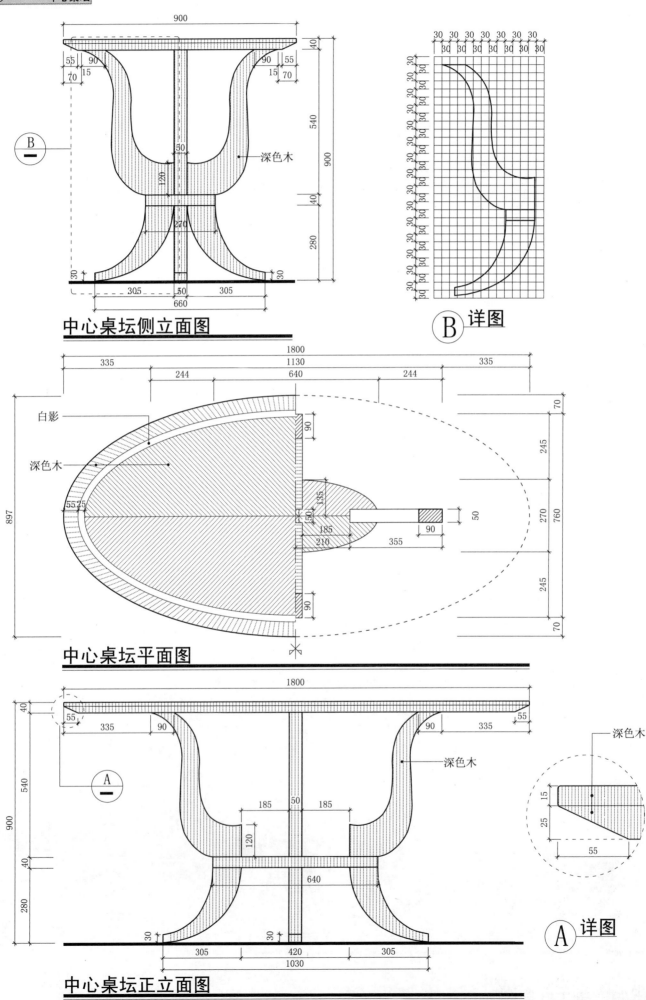

桌案类 – 桌台
F5-06 中心桌坛

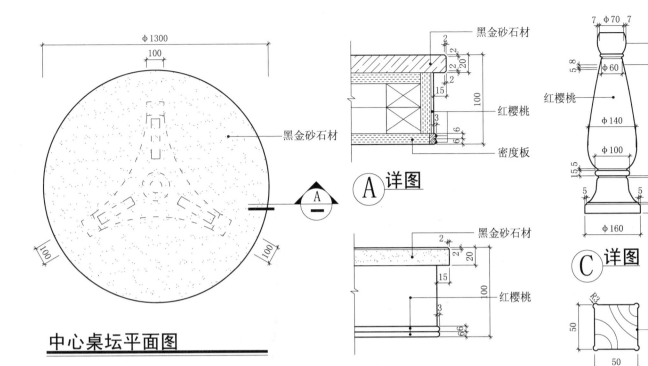

中心桌坛平面图

A 详图
B 详图
C 详图
D 详图

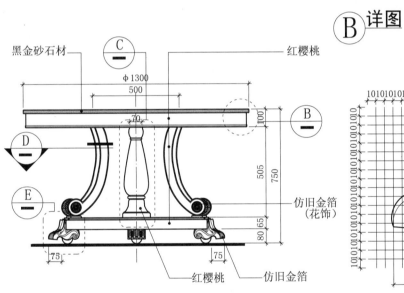

中心桌坛正立面图

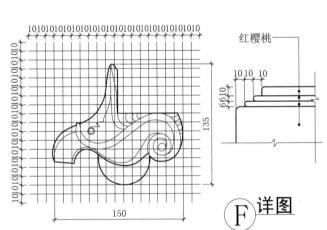

E 详图
F 详图

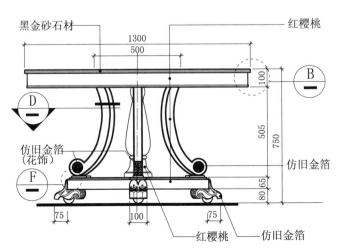

中心桌坛背立面图

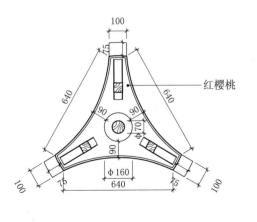

中心桌坛底座平面图

桌案类 – 桌台
F5-07 花台

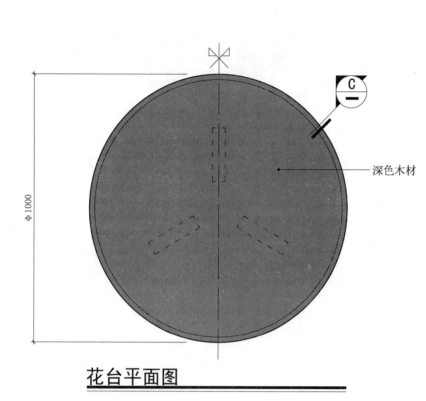
花台平面图

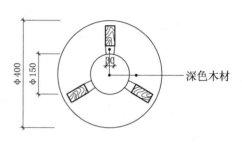
C 详图

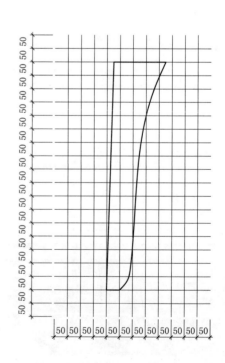
B 剖面图

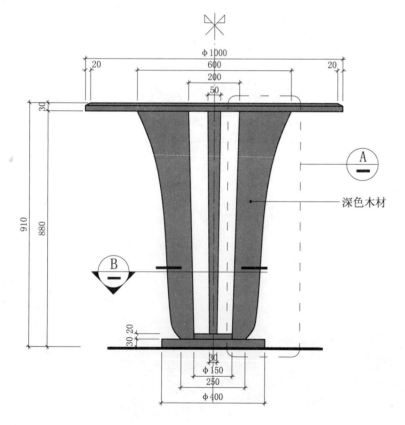
花台正立面图

A 详图

桌案类 – 桌台
F5-08 花台

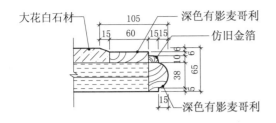

Ⓐ 详图

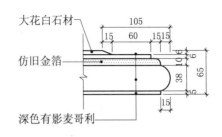

Ⓑ 详图

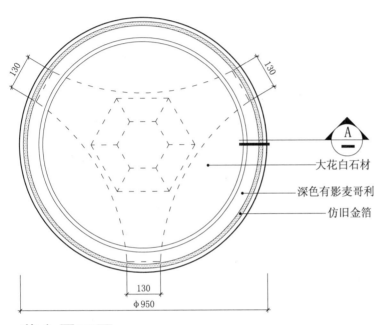

花台平面图

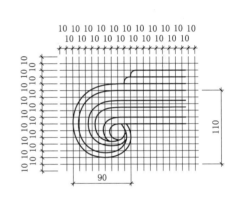

Ⓒ 详图

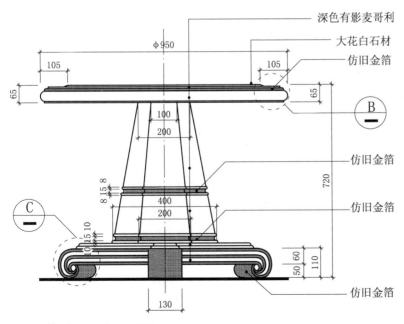

花台正立面图

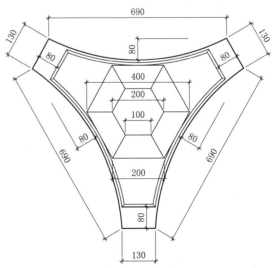

花台腿平面图

桌案类 - 桌台
F5-09 花台

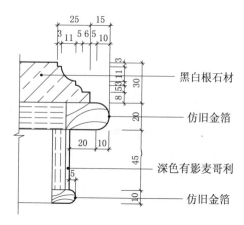

① 详图

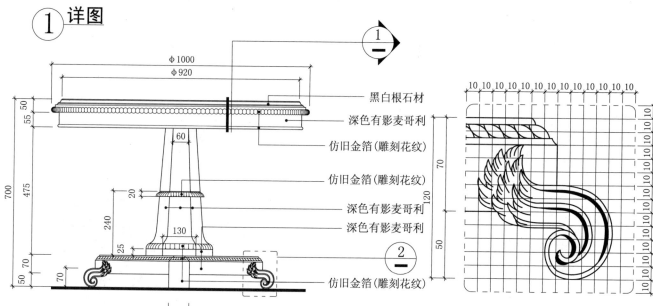

花台正立面图

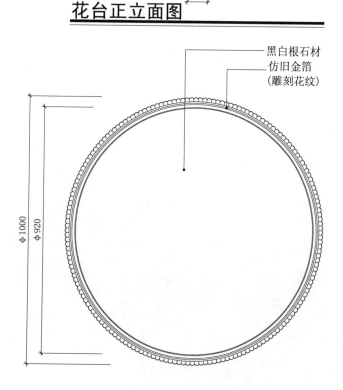

花台平面图

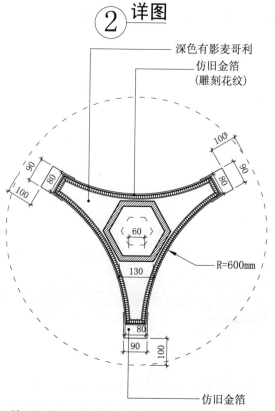

② 详图

花台底座平面图

桌案类 - 桌台
F5-10 点歌台

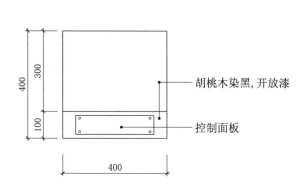

点歌台平面图

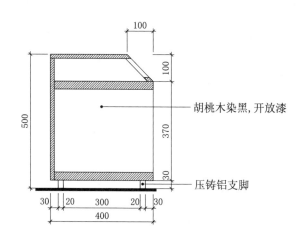

 **剖面图**

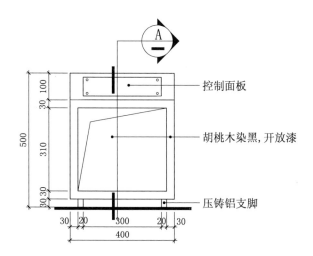

点歌台正立面图

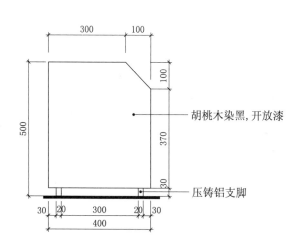

点歌台侧立面图

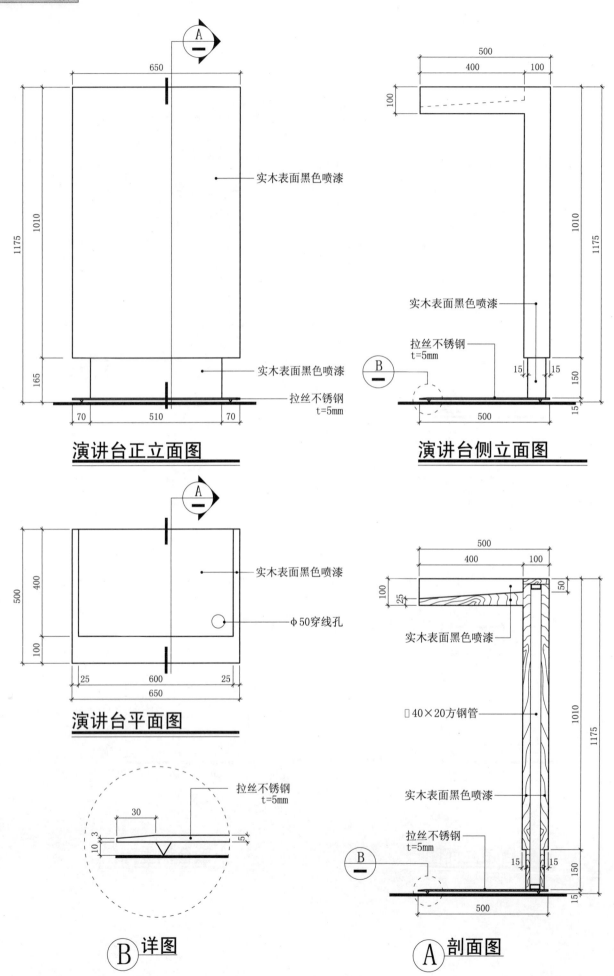

桌案类 - 桌台
F5-12 领位台

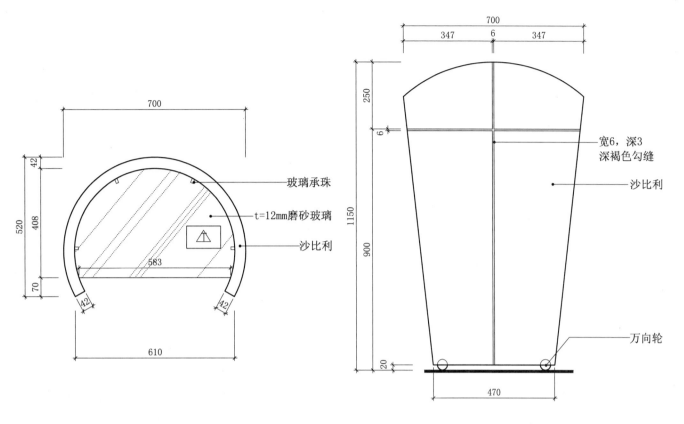

领位台平面图

领位台背立面图

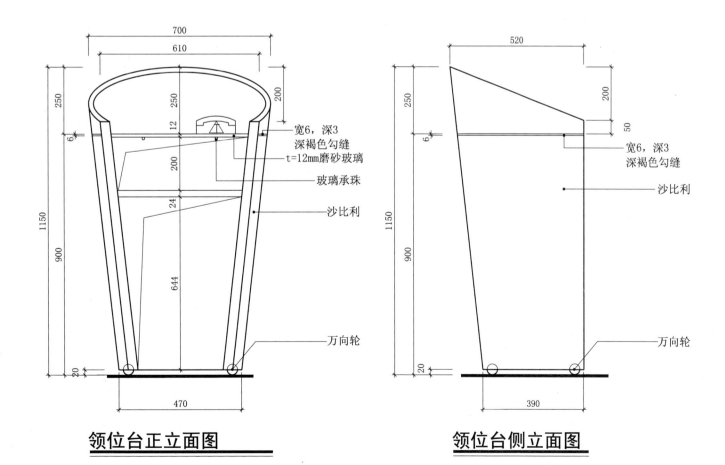

领位台正立面图

领位台侧立面图

桌案类 – 桌台
F5-13-01　接待台

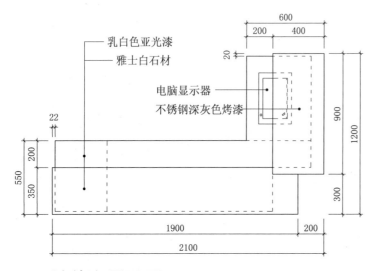

接待台平面图

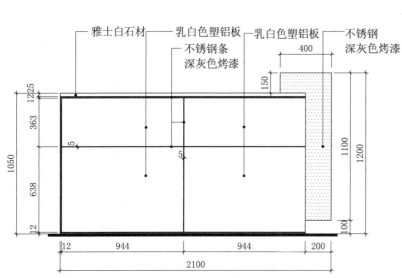

接待台正立面图

接待台右侧立面图

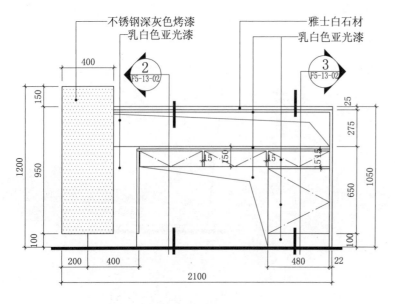

接待台背立面图

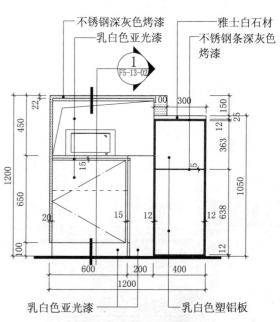

接待台左侧立面图

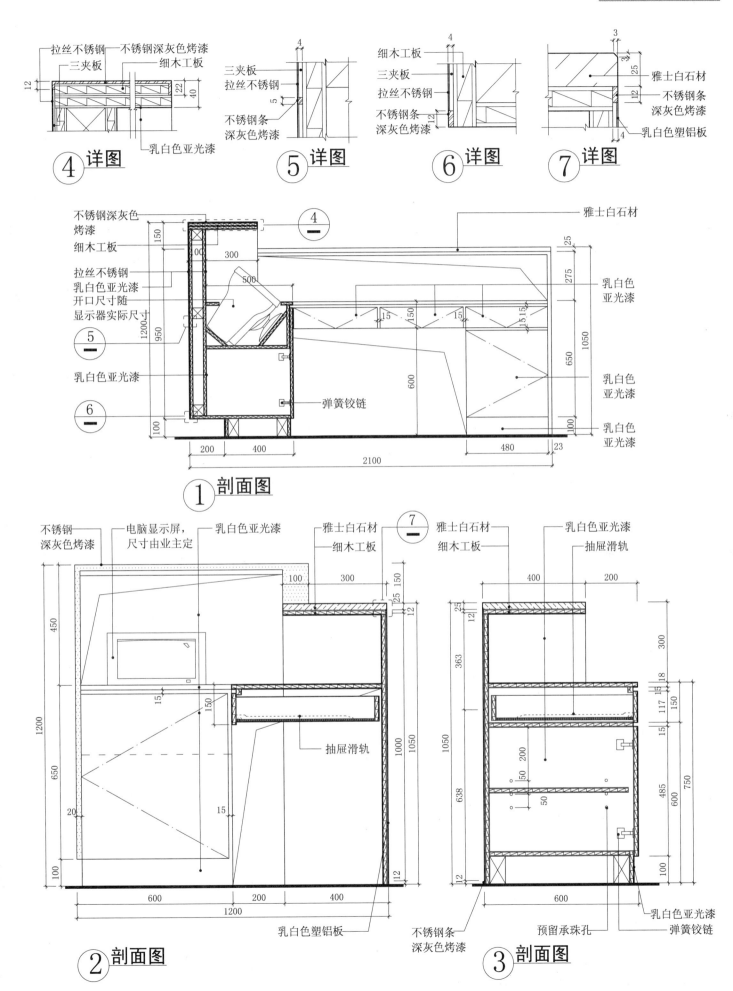

桌案类 - 桌台
F5-14-01　接待台

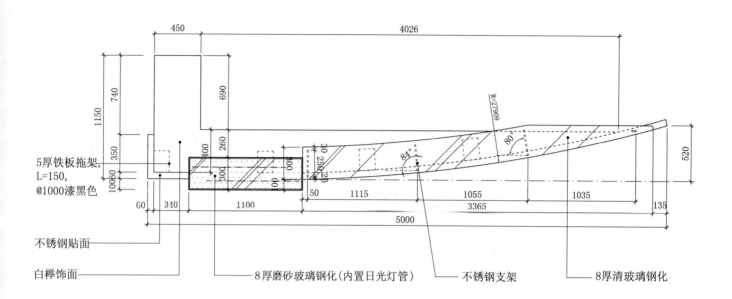

接待台平面图

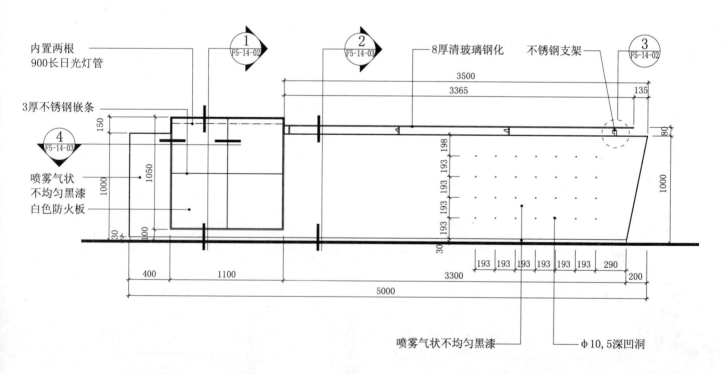

接待台正立面图

桌案类 - 桌台
F5-14-02 接待台

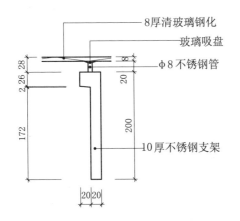
③ 详图

⑤ 详图

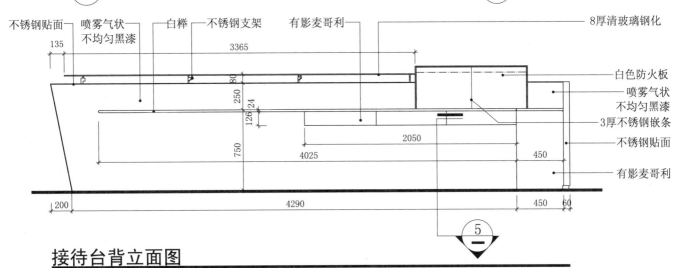
接待台背立面图

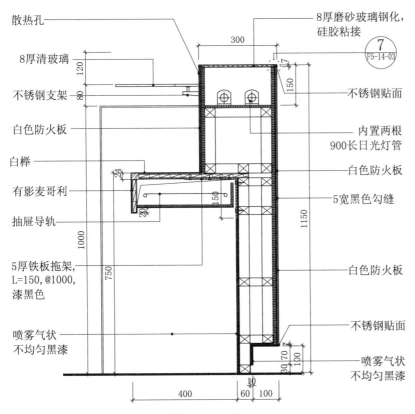
① 剖面图

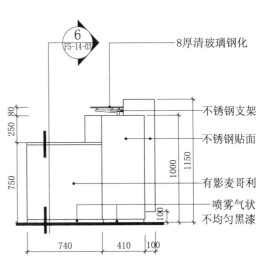
接待台侧立面图

381

桌案类 - 桌台
F5-14-03 接待台

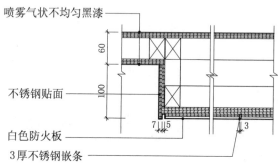

④ 详图

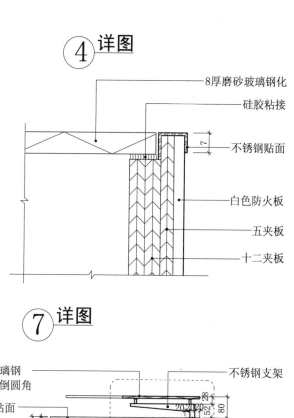

⑦ 详图

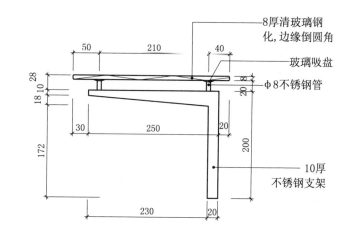

⑧ 详图

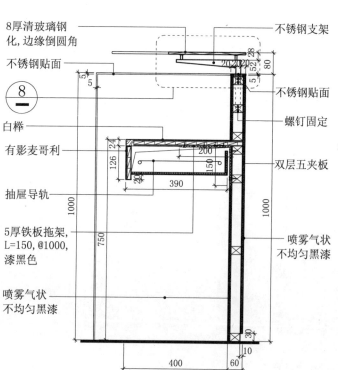

② 剖面图

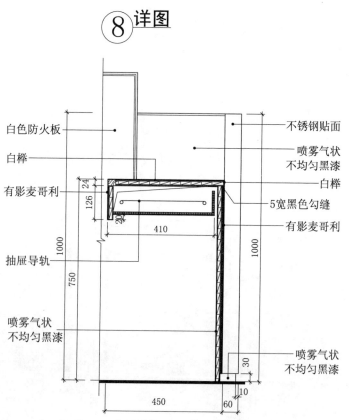

⑥ 剖面图

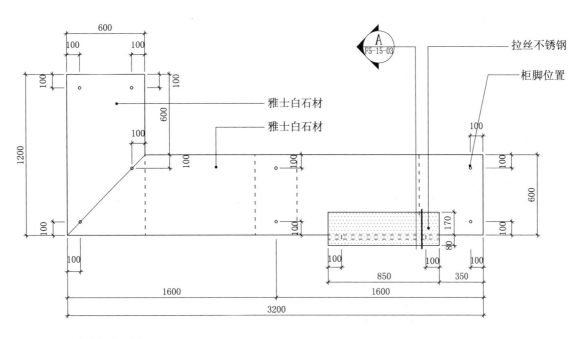

接待台平面图

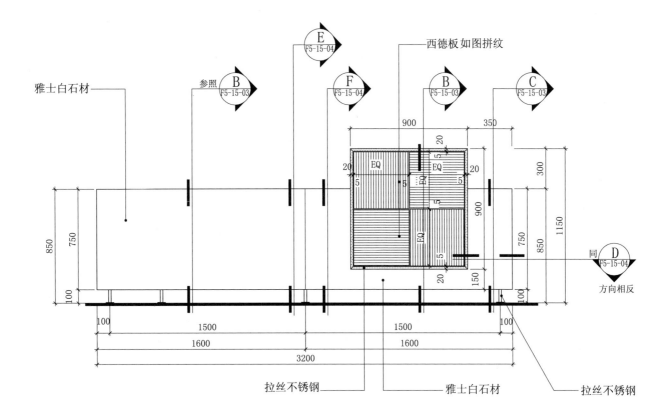

接待台正立面图

桌案类 – 桌台
F5-15-02　接待台

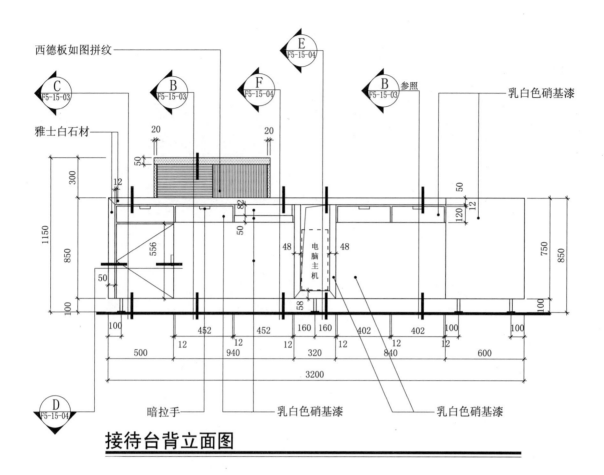

接待台背立面图

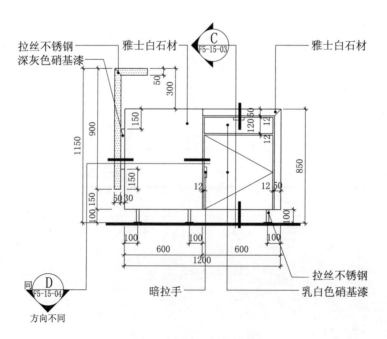

接待台右侧立面图

桌案类 - 桌台
F5-15-03　接待台

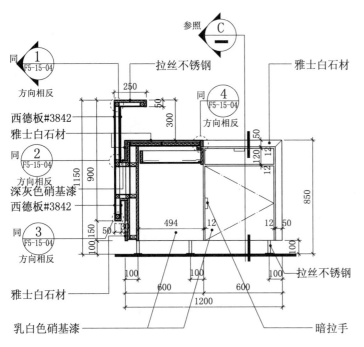

Ⓐ 剖面图

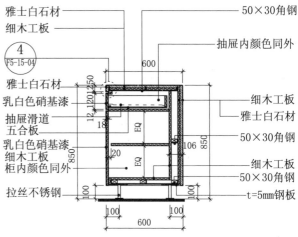

Ⓒ 剖面图

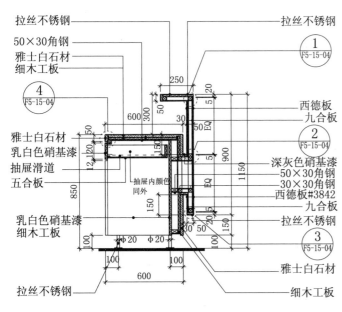

Ⓑ 剖面图

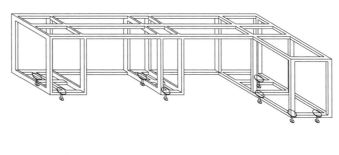

接待台内部钢结构示意图

桌案类 – 桌台
F5-15-04 接待台

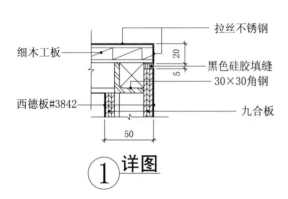

① 详图

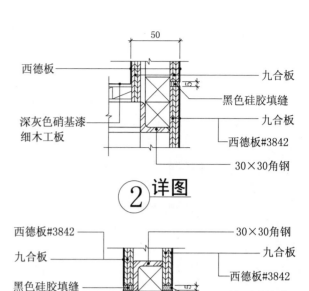

② 详图

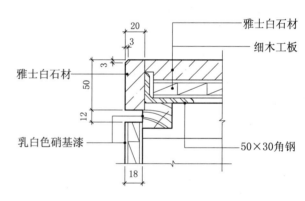

③ 详图

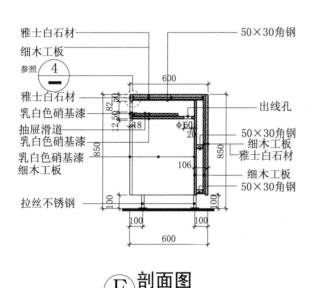

F 剖面图

④ 详图

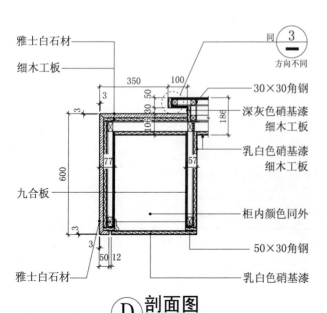

D 剖面图

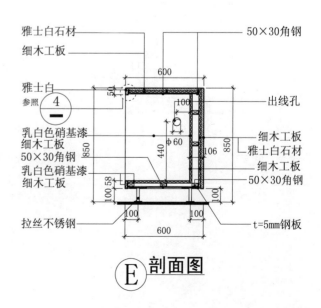

E 剖面图

桌案类 - 几案
F6-01 三角茶几

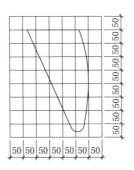

Ⓐ 详图

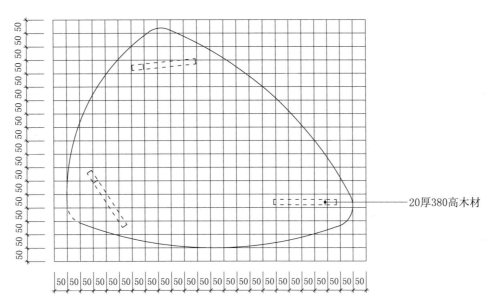

20厚380高木材

三角茶几平面图

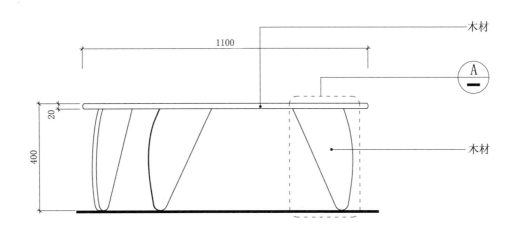

木材

Ⓐ

木材

1100
20
400

三角茶几正立面图

桌案类 - 几案
F6-02　三角茶几

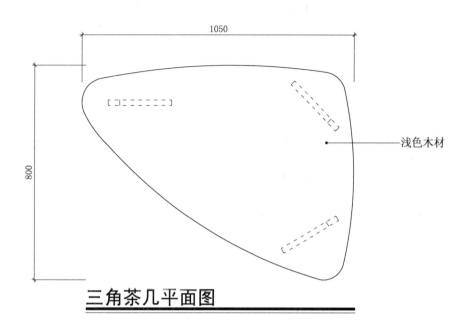

三角茶几平面图

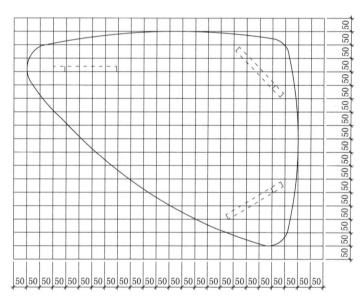

三角茶几平面放样图

Ⓐ 详图

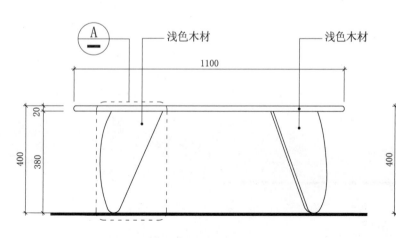

三角茶几正立面图　　　三角茶几右侧立面图

桌案类 - 几案
F6-03 茶几

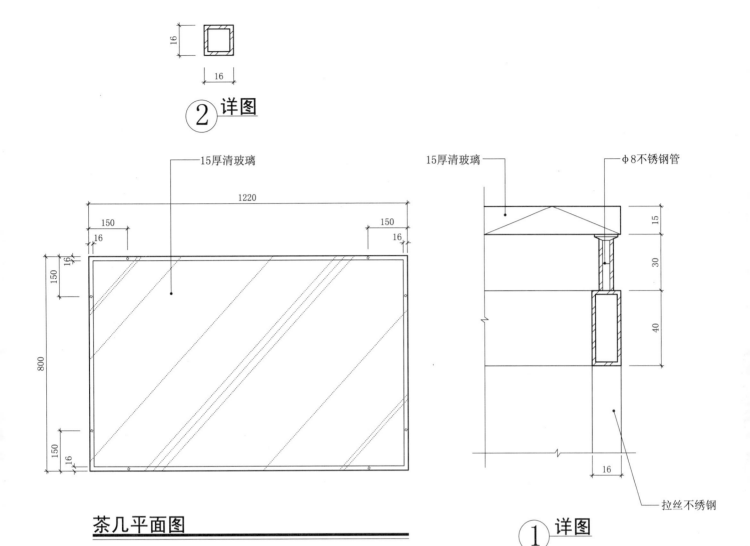
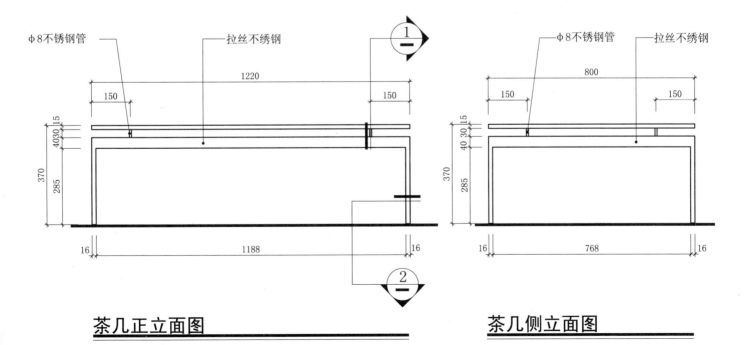

桌案类 - 几案
F6-04 茶几

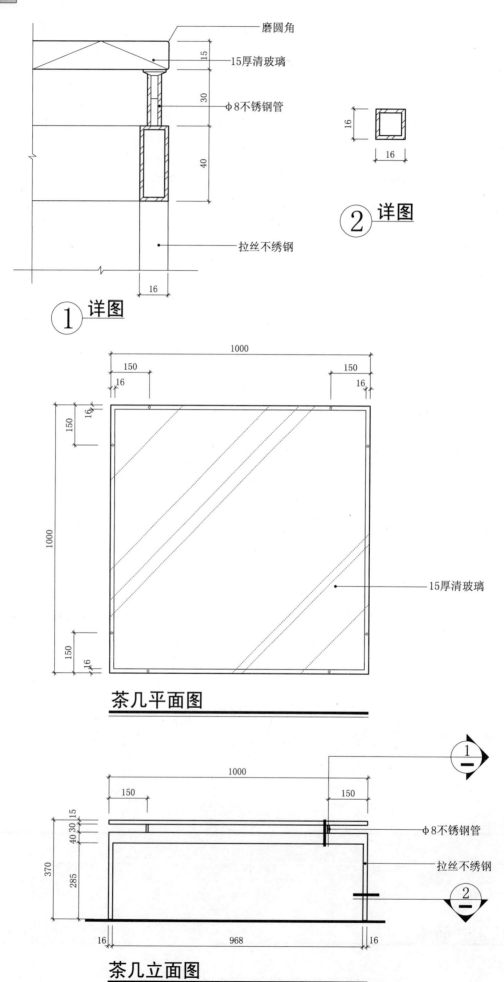

桌案类 - 几案
F6-05 茶几

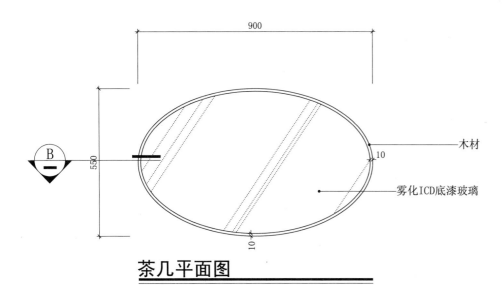

茶几平面图

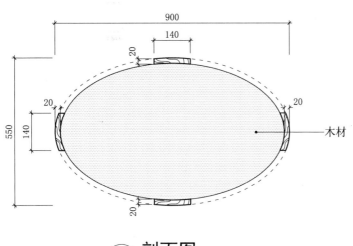

Ⓐ **剖面图**

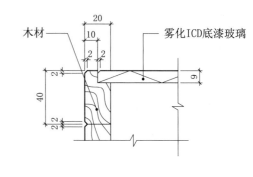

Ⓑ **详图**

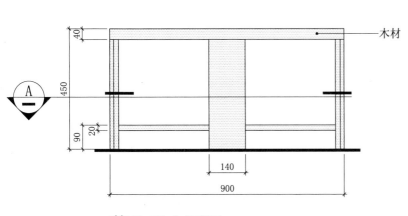

茶几正立面图

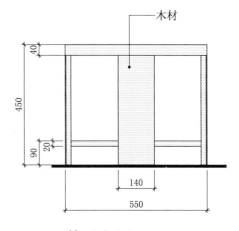

茶几侧立面图

桌案类 - 几案
F6-06 茶几

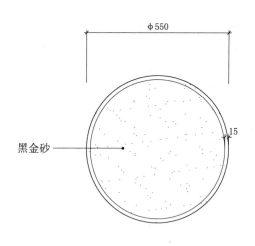

茶几平面图

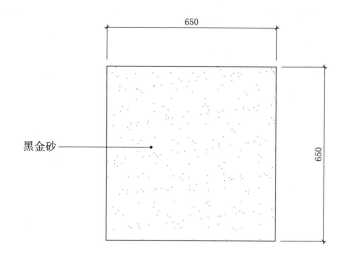

茶几平面图

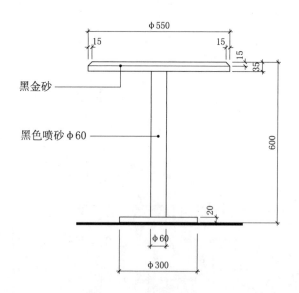

茶几立面图

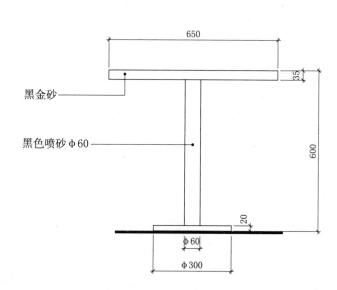

茶几立面图

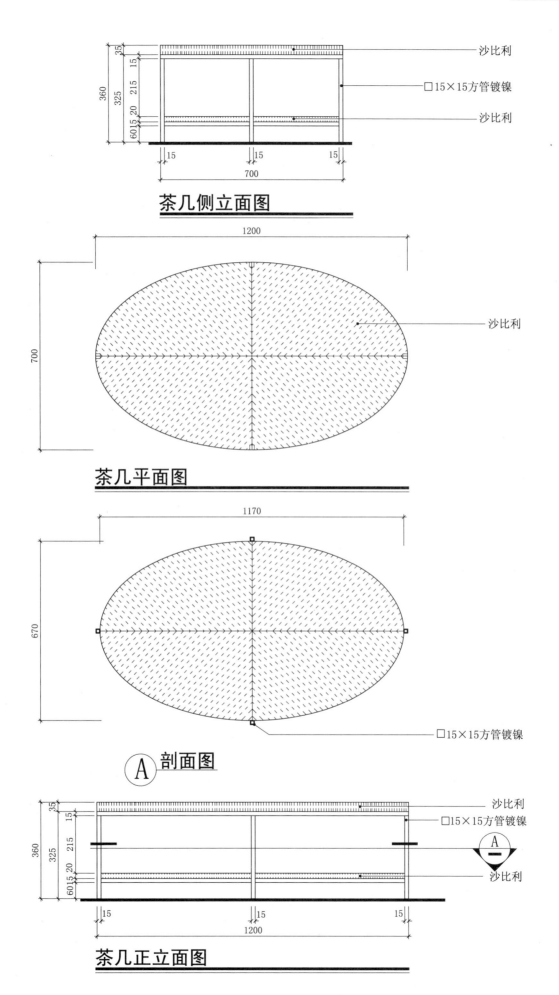

桌案类 - 几案
F6-08 茶几

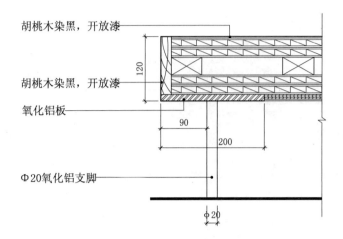

① 详图

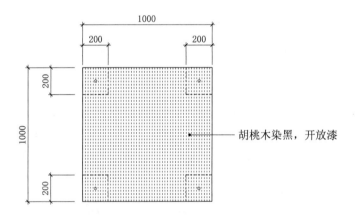

茶几平面图

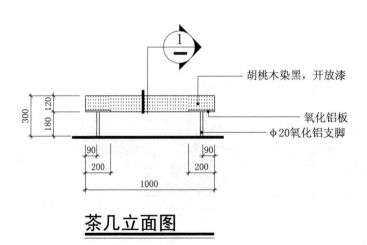

茶几立面图

桌案类 - 几案
F6-09 茶几

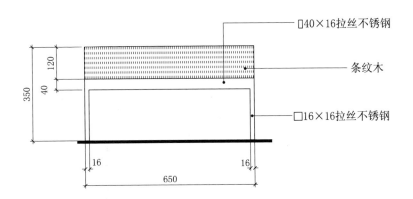

茶几侧立面图

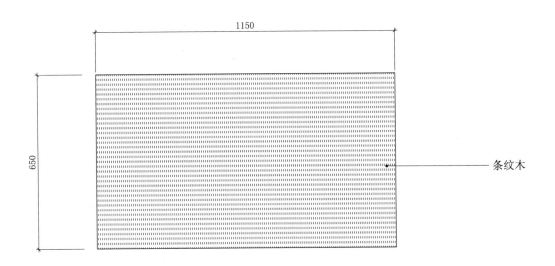

茶几平面图

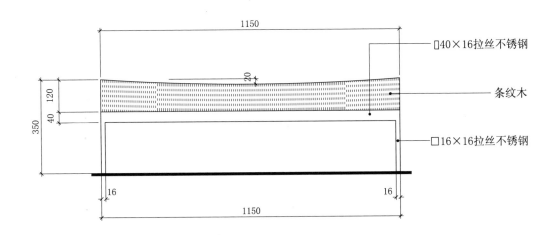

茶几正立面图

桌案类 - 几案
F6-10 茶几

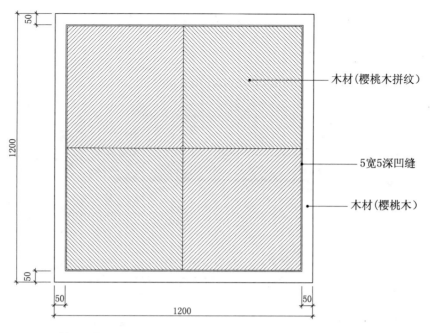

茶几平面图

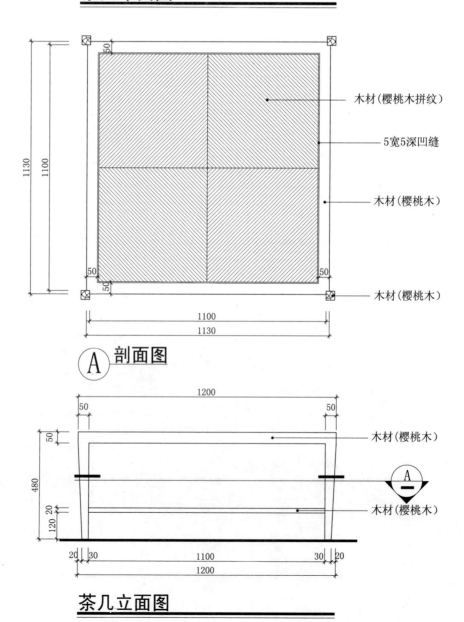

A 剖面图

茶几立面图

桌案类 - 几案
F6-11　茶几

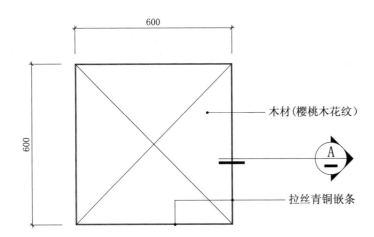

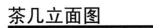
茶几平面图

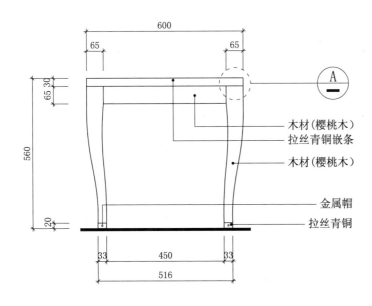

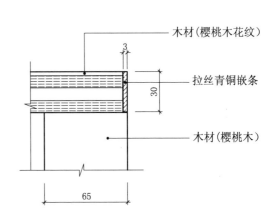

茶几立面图　　　Ⓐ详图

桌案类 - 几案
F6-12 茶几

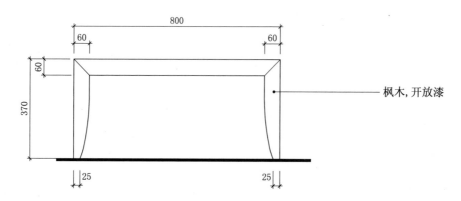

茶几侧立面图

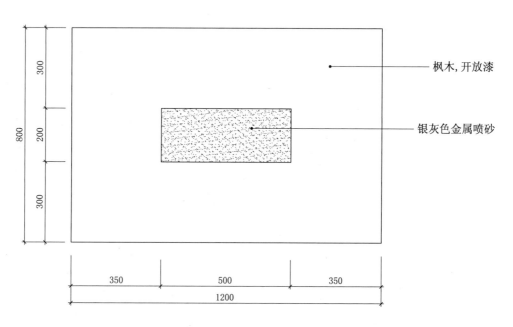

茶几平面图

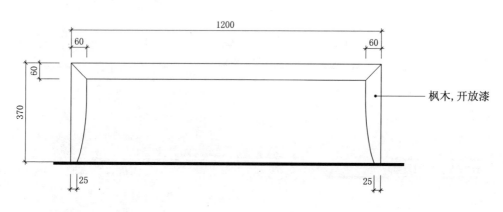

茶几正立面图

桌案类 - 几案
F6-13 茶几

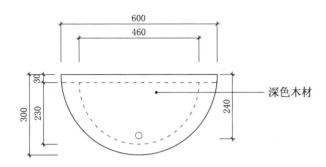

茶几平面图

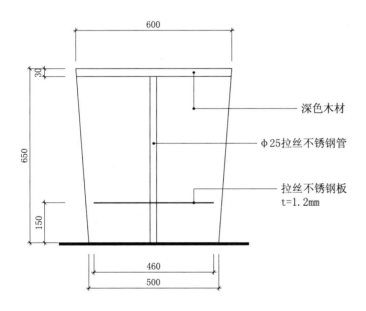

茶几正立面图

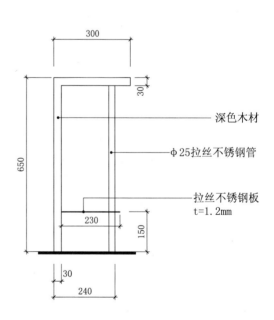

茶几侧立面图

桌案类 - 几案
F6-14 茶几

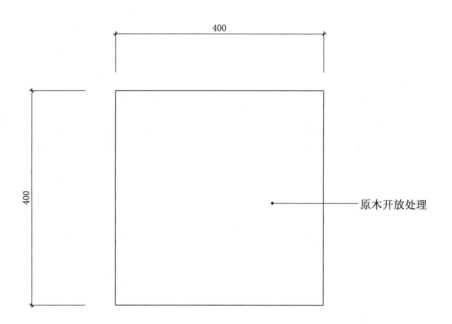

茶几平面图

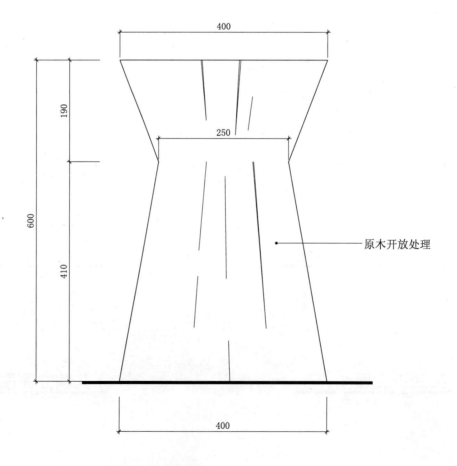

茶几立面图

桌案类 - 几案
F6-15 茶几

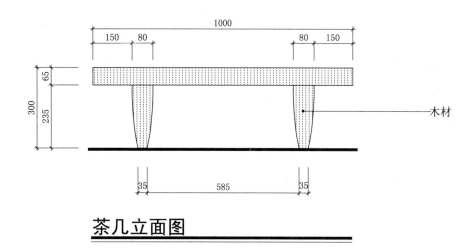

茶几立面图

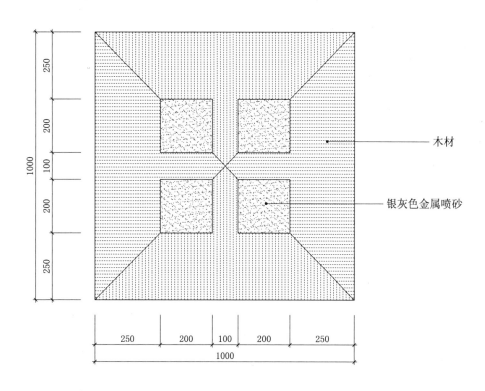

茶几平面图

桌案类 - 几案
F6-16 茶几

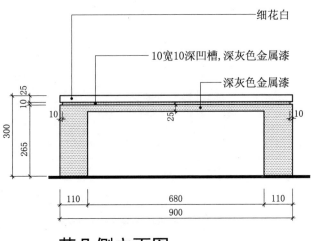

茶几侧立面图

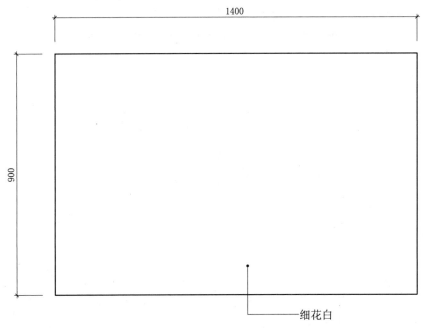

茶几平面图

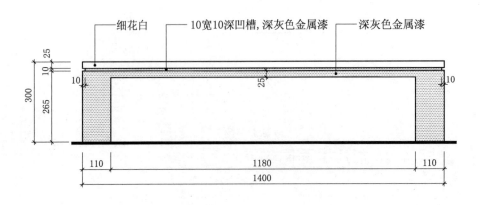

茶几正立面图

桌案类 - 几案
F6-17 茶几

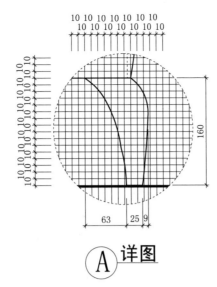

A 详图

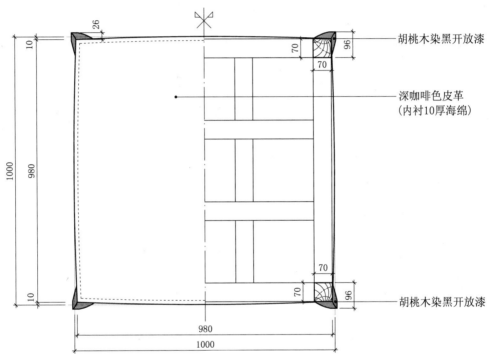

茶几平面图

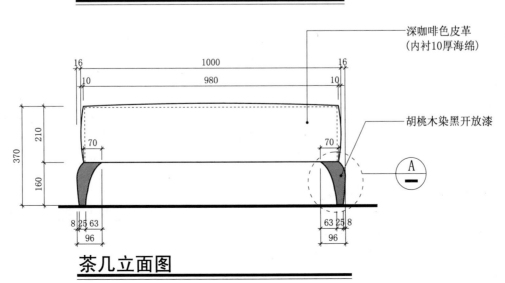

茶几立面图

桌案类 - 几案
F6-18 茶几

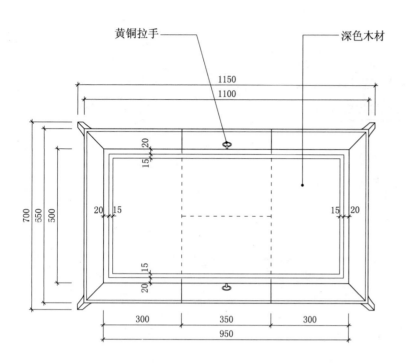

茶几平面图

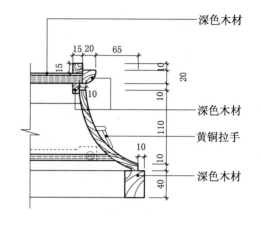

A 详图

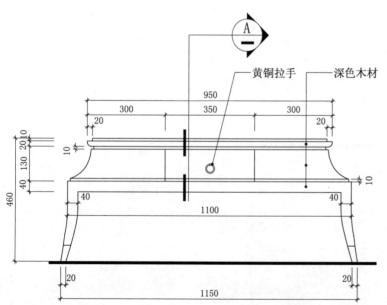

茶几正立面图

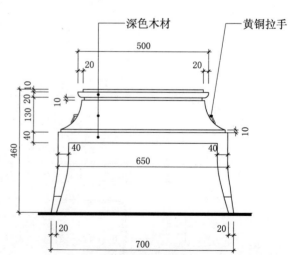

茶几侧立面图

桌案类 - 几案
F6-19　　茶几

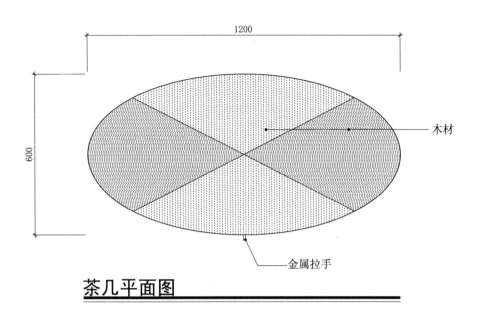

茶几平面图

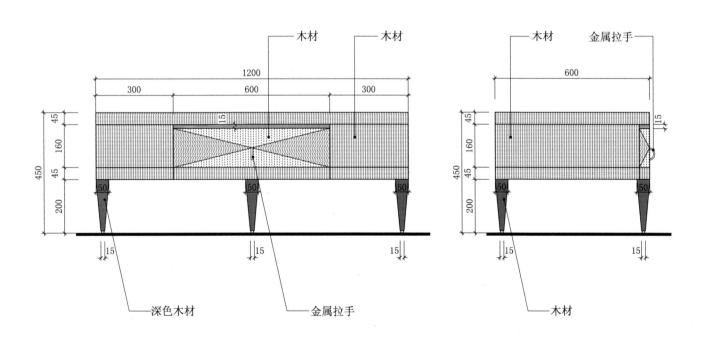

茶几正立面图　　　　　　**茶几侧立面图**

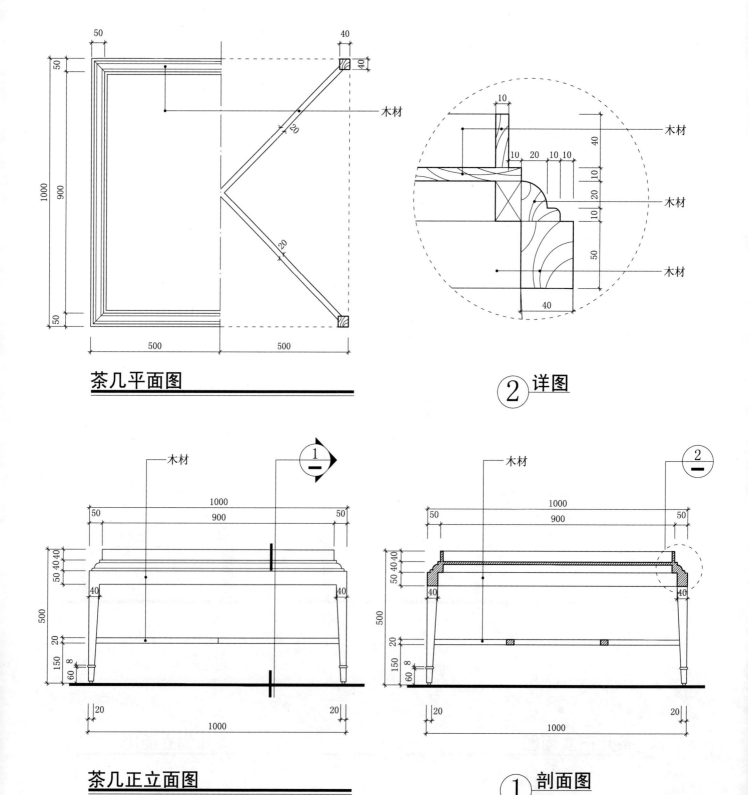

桌案类 - 几案

F6-21 茶几

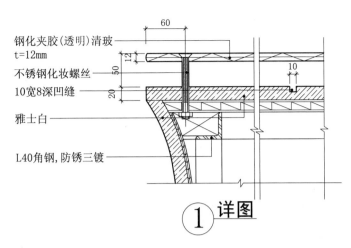

① 详图

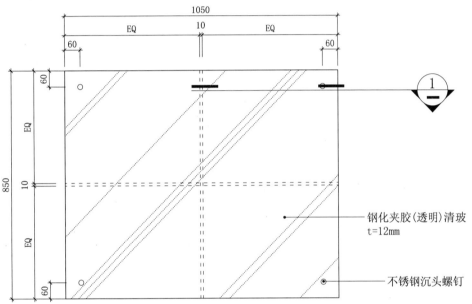

茶几平面图

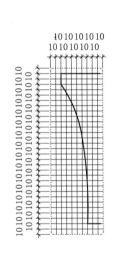

② 详图

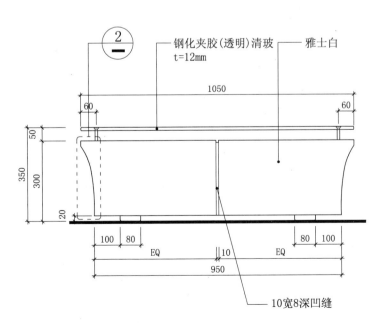

茶几正立面图

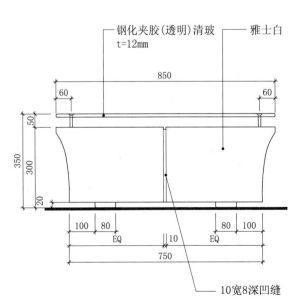

茶几侧立面图

桌案类 - 几案

F6-22 茶几

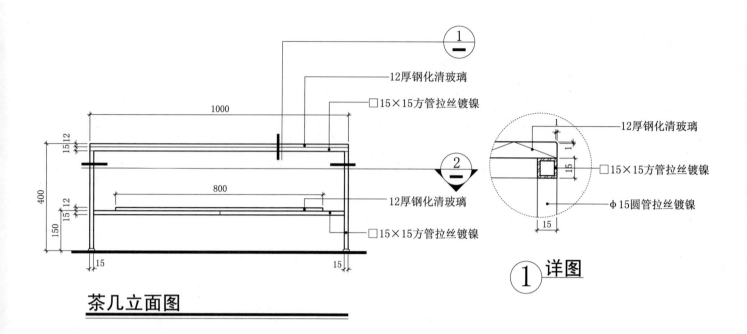

茶几立面图 ① 详图

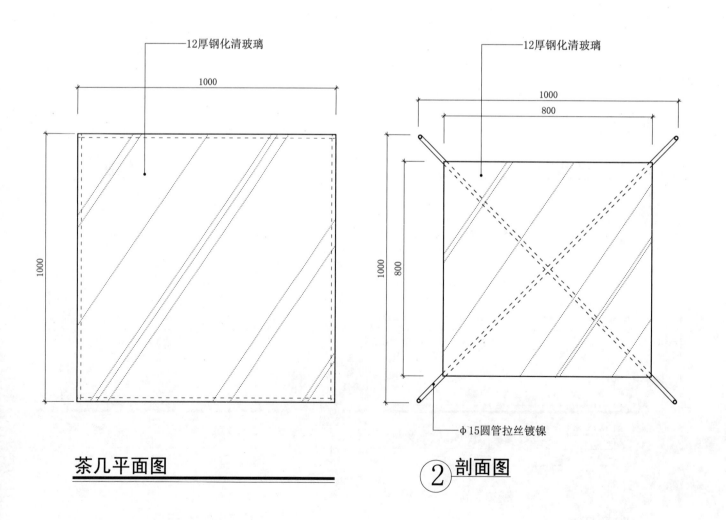

茶几平面图　② 剖面图

桌案类 - 几案
F6-23 茶几

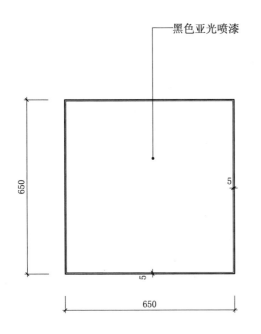

茶几平面图

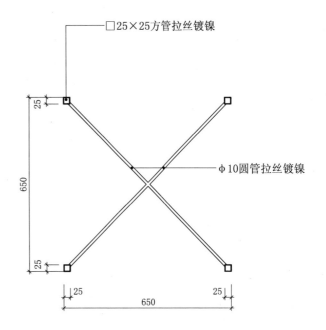

② 剖面图

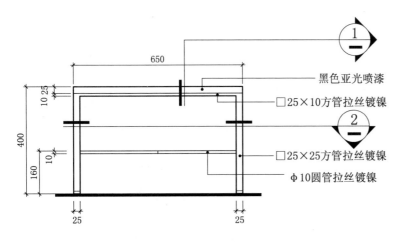

茶几立面图

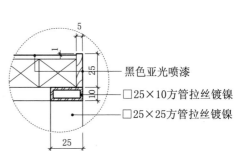

① 详图

桌案类 - 几案
F6-24 茶几

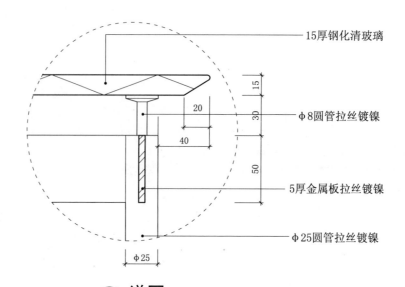

① 详图

茶几平面图

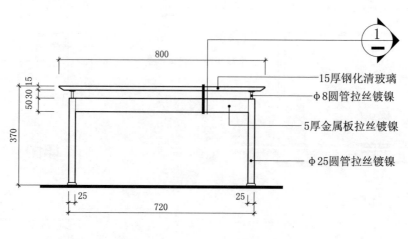

茶几立面图

桌案类 - 几案
F6-25 茶几

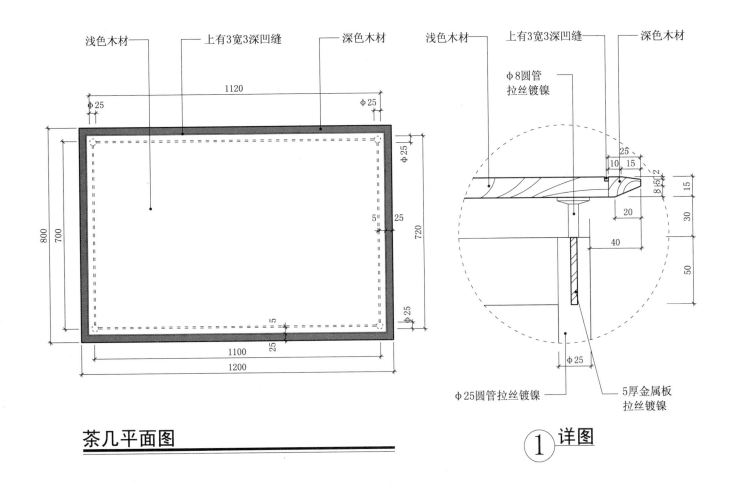

茶几平面图

① 详图

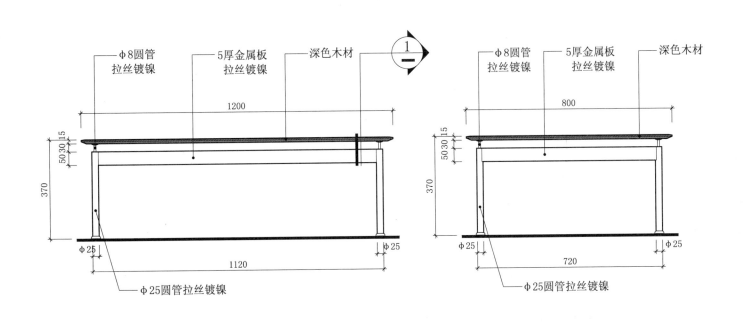

茶几正立面图

茶几侧立面图

桌案类 – 几案
F6-26 茶几

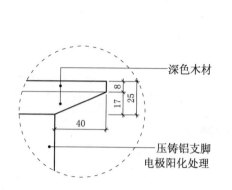
① 详图

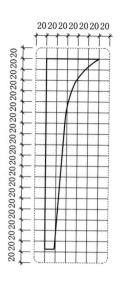
② 详图

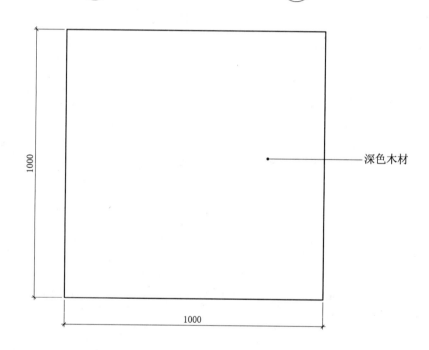

茶几平面图

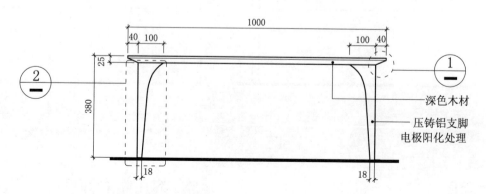

茶几立面图

桌案类 - 几案
F6-27 茶几

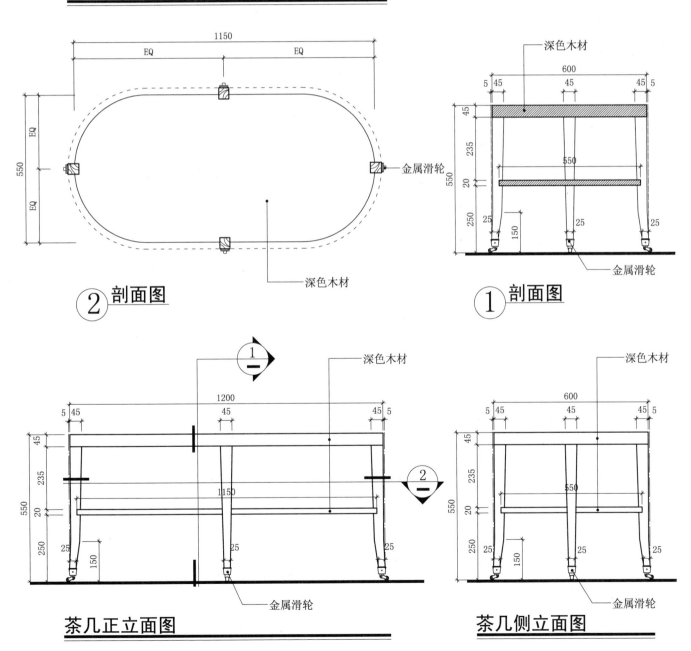

茶几平面图

② 剖面图

① 剖面图

茶几正立面图

茶几侧立面图

桌案类 – 几案
F6-28 茶几

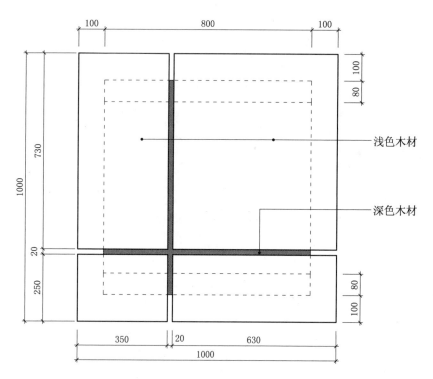

茶几平面图

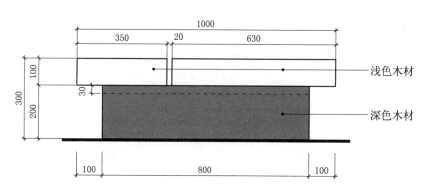

茶几正立面图

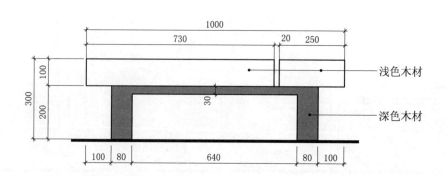

茶几侧立面图

桌案类 - 几案

F6-29　茶几

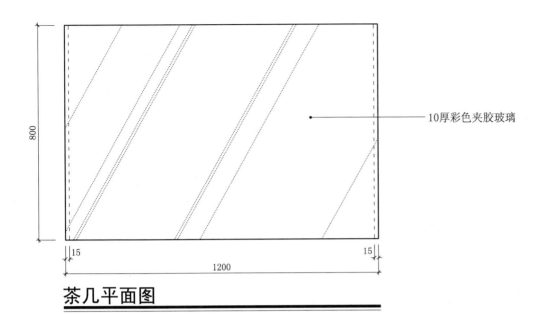

茶几平面图

① 剖面图

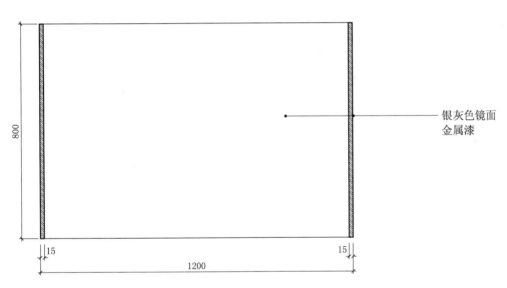

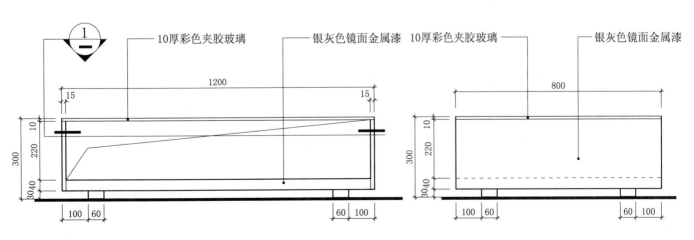

茶几正立面图　　　茶几侧立面图

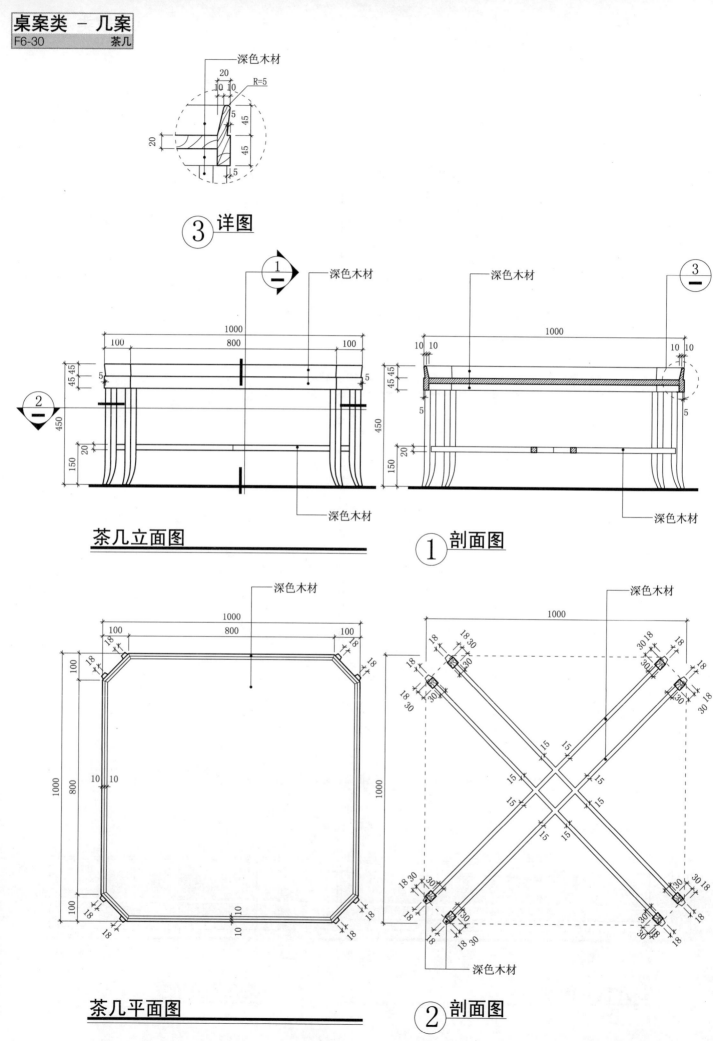

桌案类 - 几案
F6-31　茶几

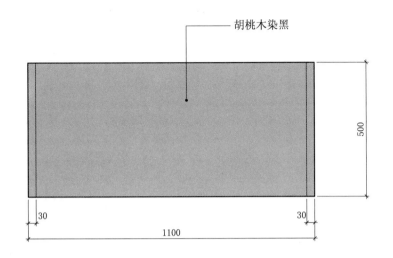

茶几平面图

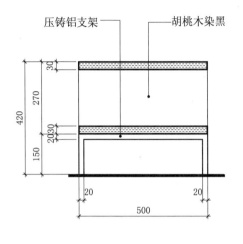

A 剖面图

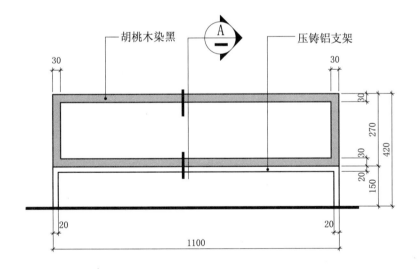

茶几正立面图

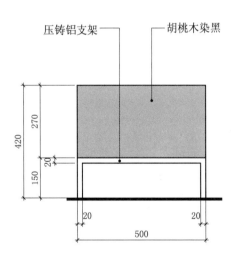

茶几侧立面图

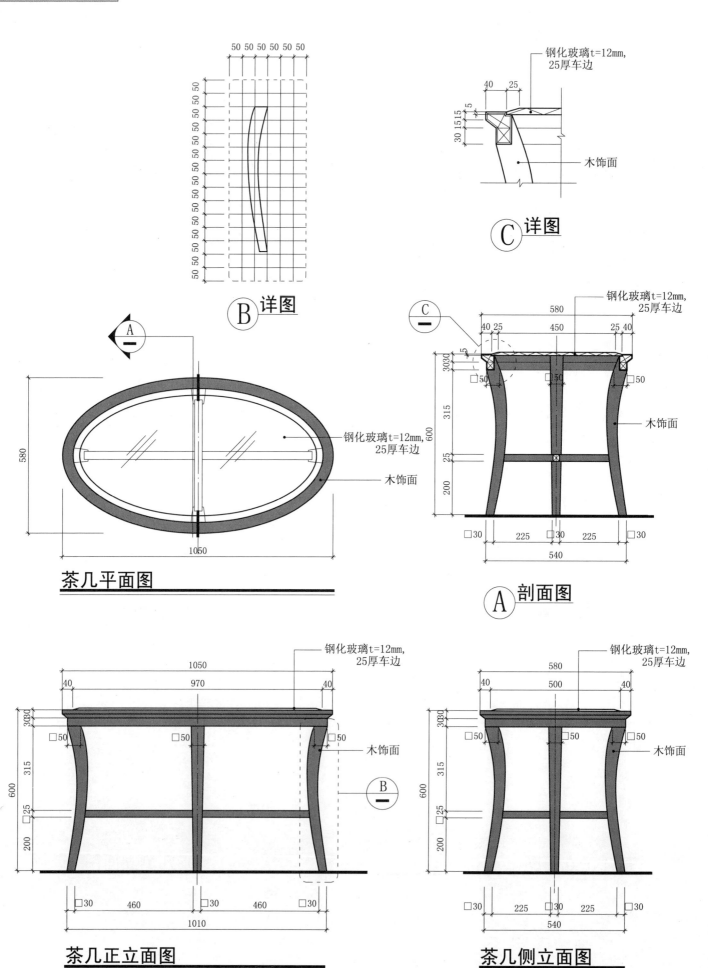

桌案类 - 几案
F6-33 茶几

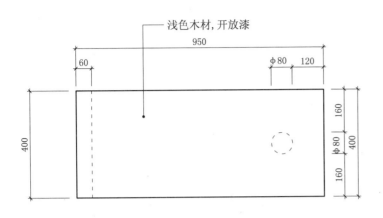

茶几平面图

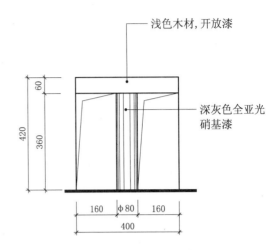

茶几右侧立面图

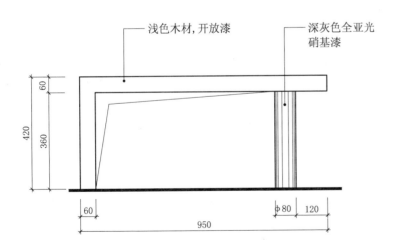

茶几正立面图

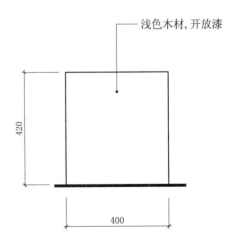

茶几左侧立面图

桌案类 - 几案
F6-34 茶几

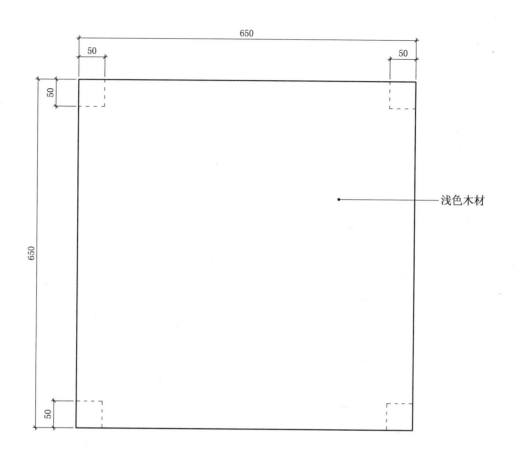

茶几平面图

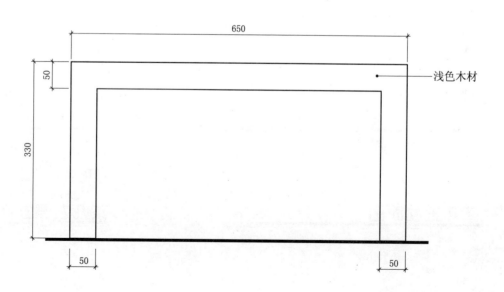

茶几立面图

桌案类 - 几案
F6-35 茶几

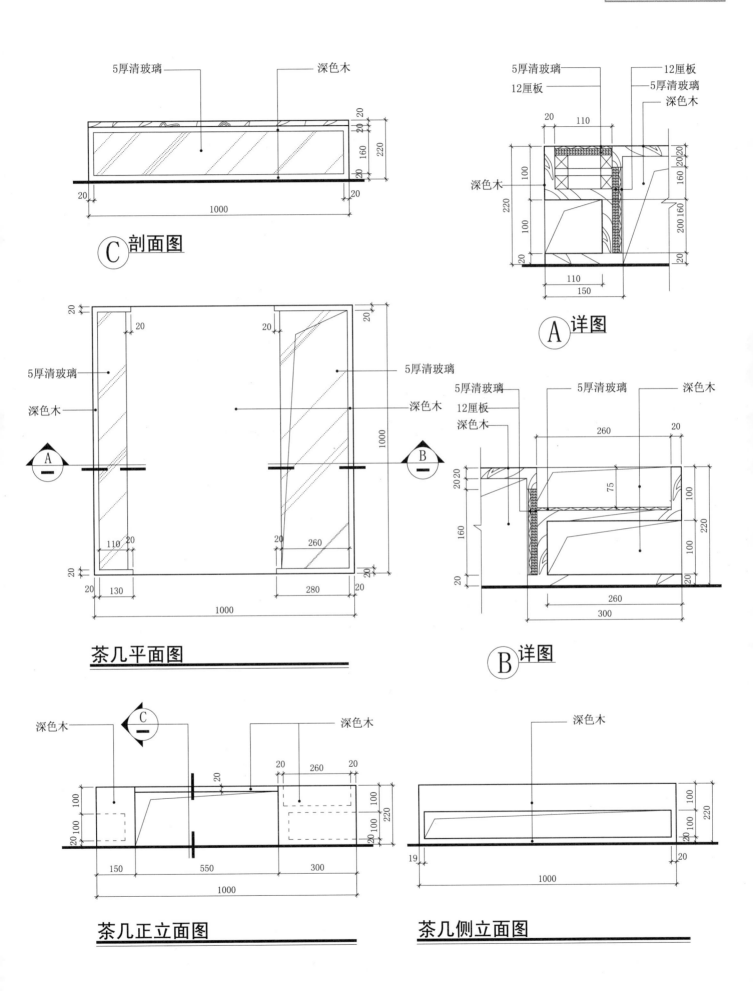

桌案类 - 几案
F6-36 茶几

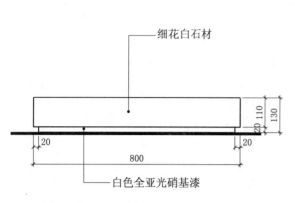

茶几侧立面图

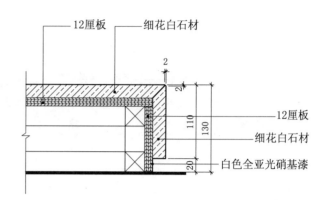

A 详图

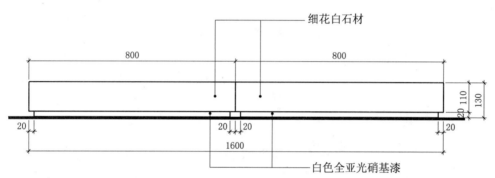

茶几正立面图

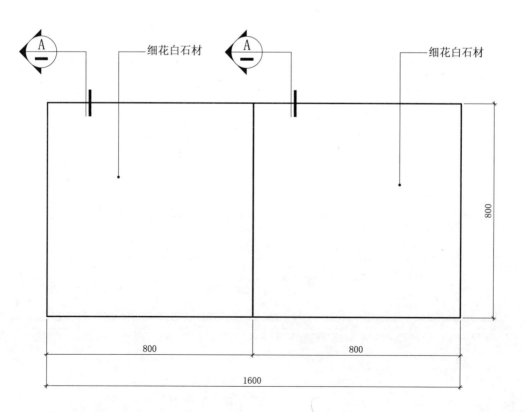

茶几平面图

桌案类 - 几案
F6-37 茶几

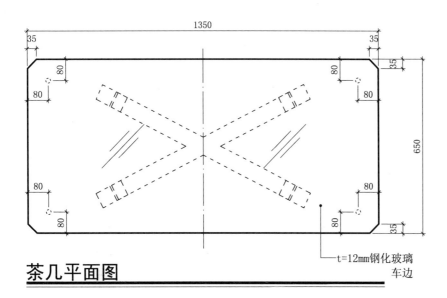
茶几平面图

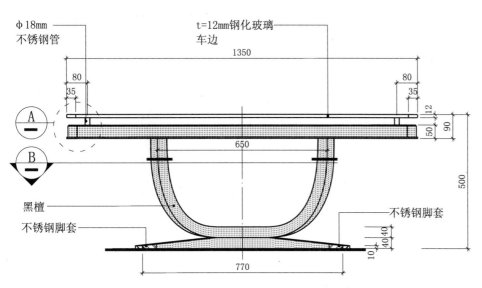
茶几正立面图

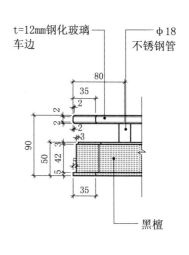
A 详图

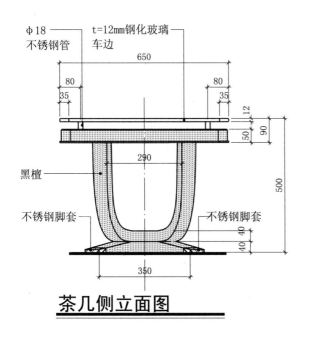
茶几侧立面图

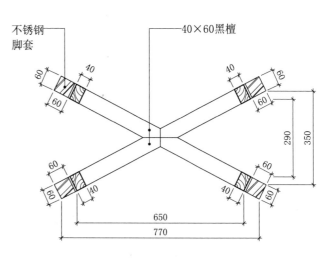
B 剖面图

桌案类 - 几案
F6-38 茶几

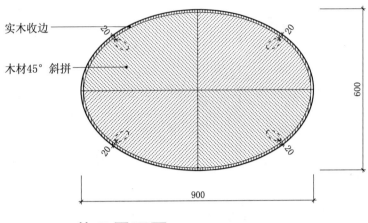

茶几平面图

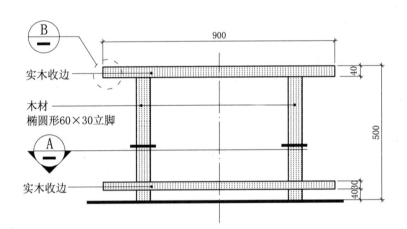

茶几正立面图

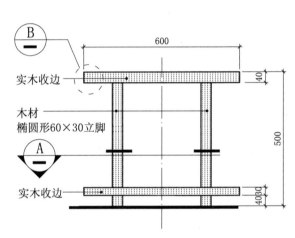

茶几侧立面图

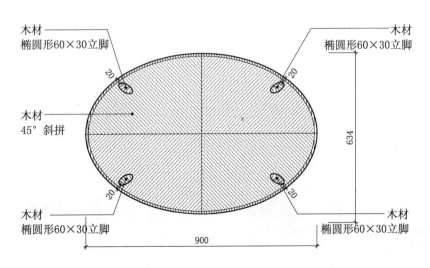

A 剖面图

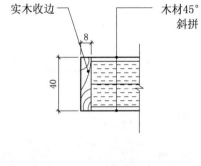

B 详图

桌案类 - 几案
F6-39 茶几

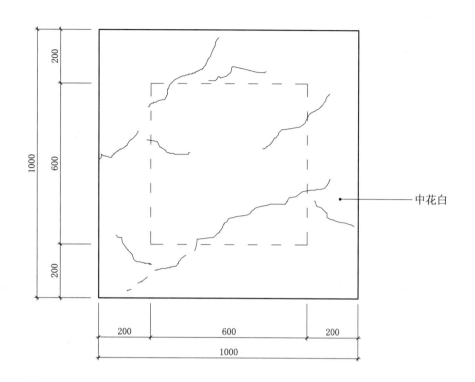

茶几平面图

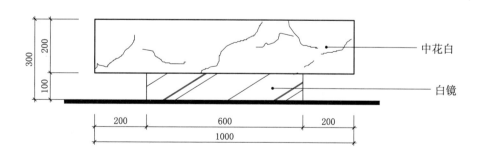

茶几立面图

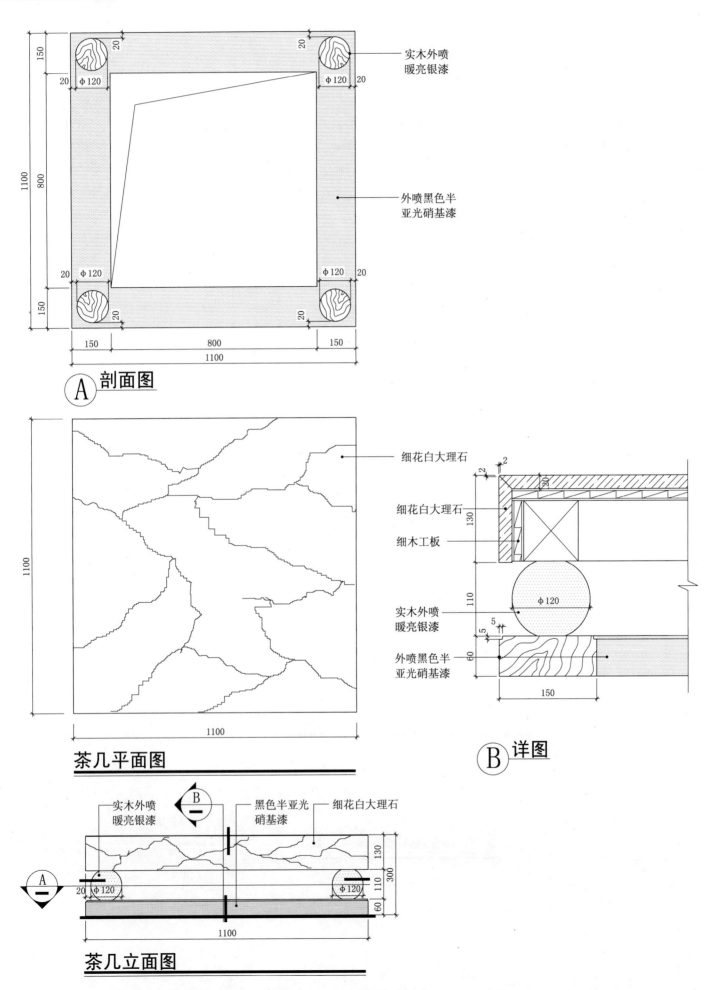

桌案类 - 几案
F6-41　茶几

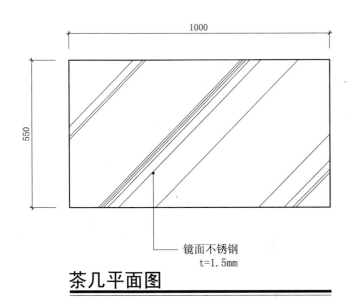

茶几平面图

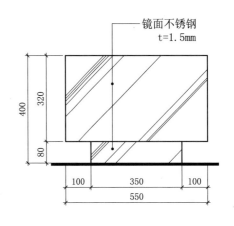

茶几侧立面图

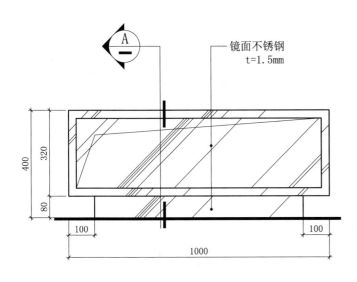

茶几正立面图

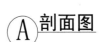

A 剖面图

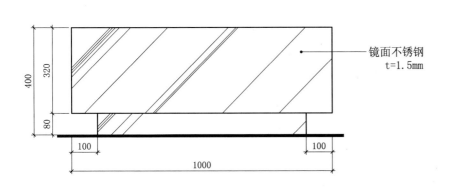

茶几背立面图

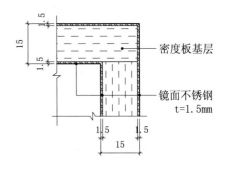

B 详图

427

桌案类 - 几案
F6-42 茶几

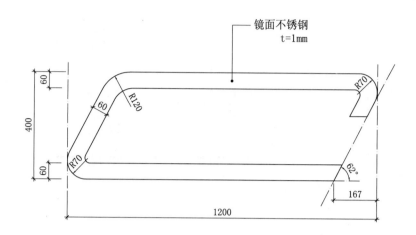

茶几正立面图

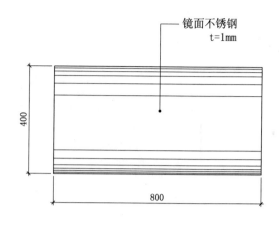

茶几侧立面图

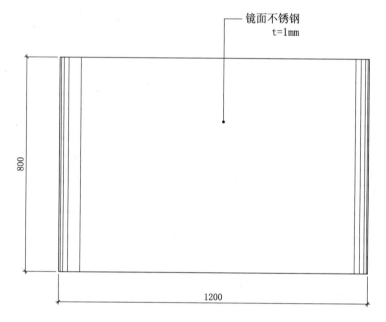

茶几平面图

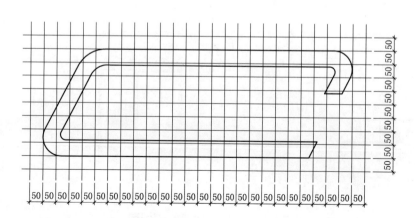

茶几正立面放样图

桌案类 - 几案
F6-43 圆几

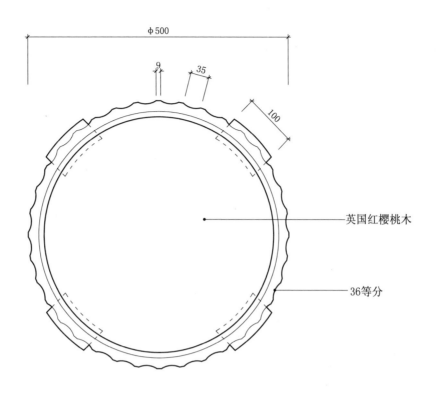

圆几平面图

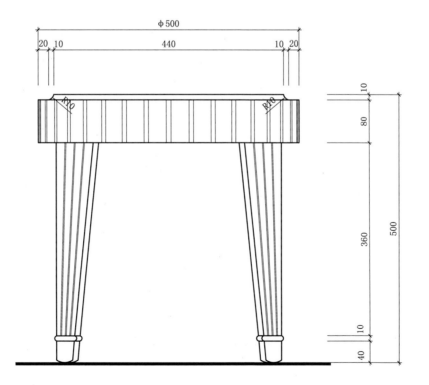

圆几立面图

桌案类 - 几案
F6-44 圆几

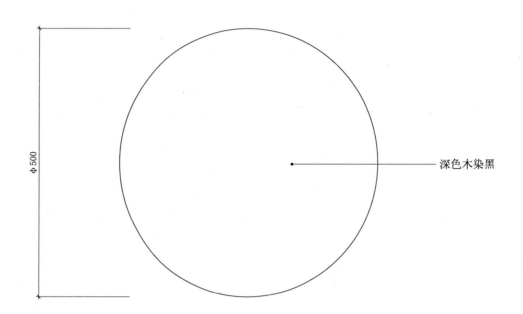

圆几平面图

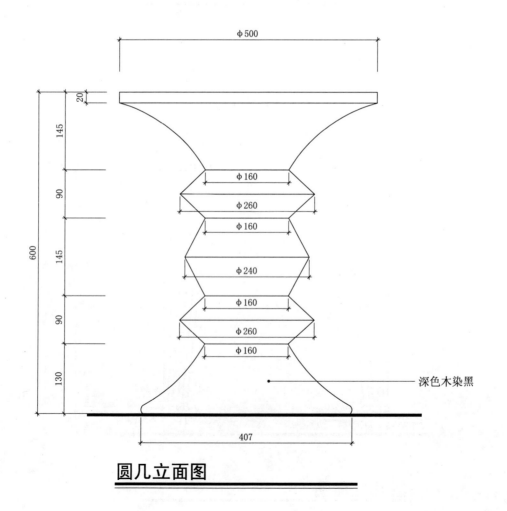

圆几立面图

桌案类 - 几案
F6-45 圆几

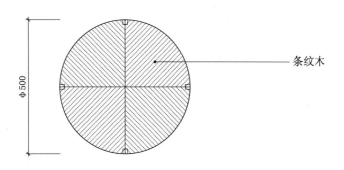

圆几平面图

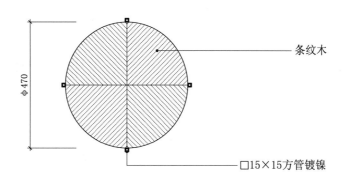

A 剖面图

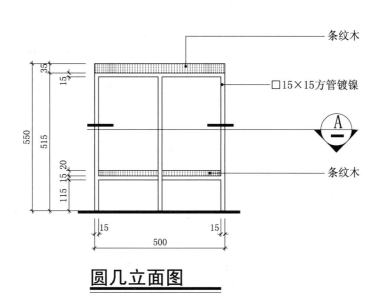

圆几立面图

桌案类 - 几案
F6-46 圆几

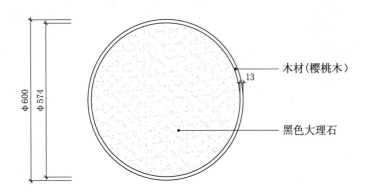

圆几平面图

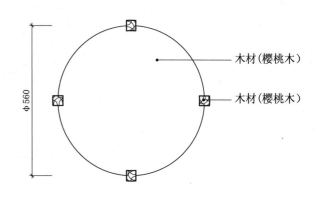

A 剖面图

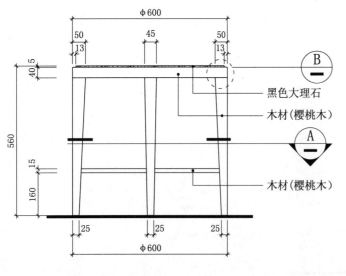

圆几立面图

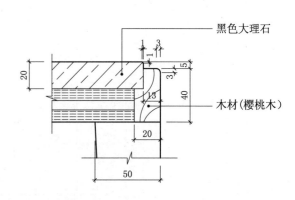

B 详图

桌案类 - 几案
F6-47 圆几

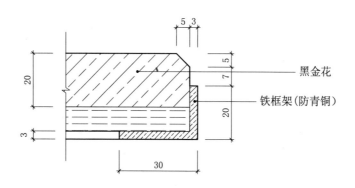

Ⓐ 详图

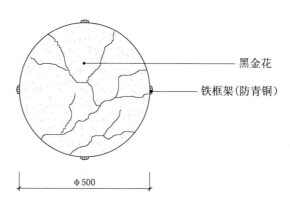

圆几平面图

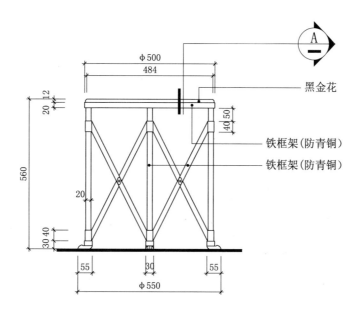

圆几立面图

桌案类 – 几案
F6-48 圆几

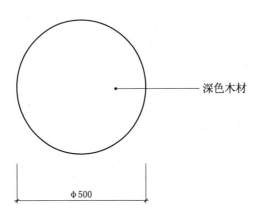

圆几平面图

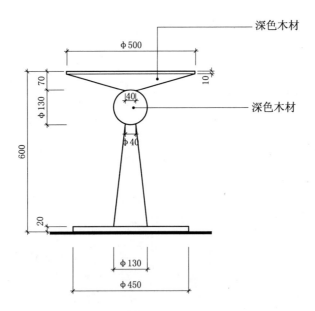

圆几立面图

可选尺寸
直径
450
550

桌案类 – 几案
F6-49 圆几

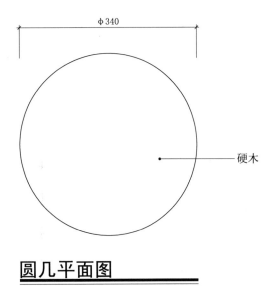

圆几平面图

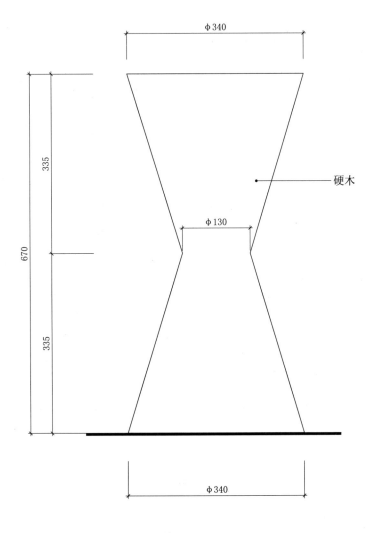

圆几立面图

桌案类 - 几案
F6-50 圆几

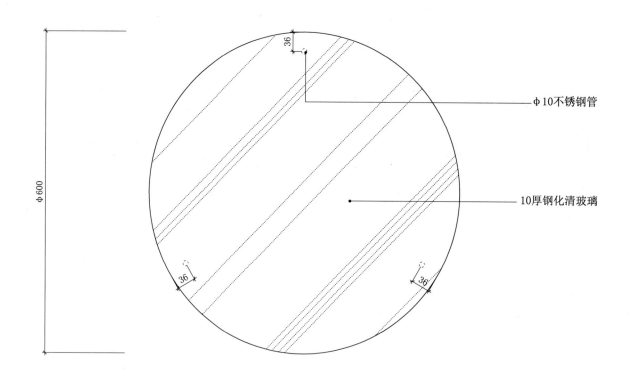

圆几平面图

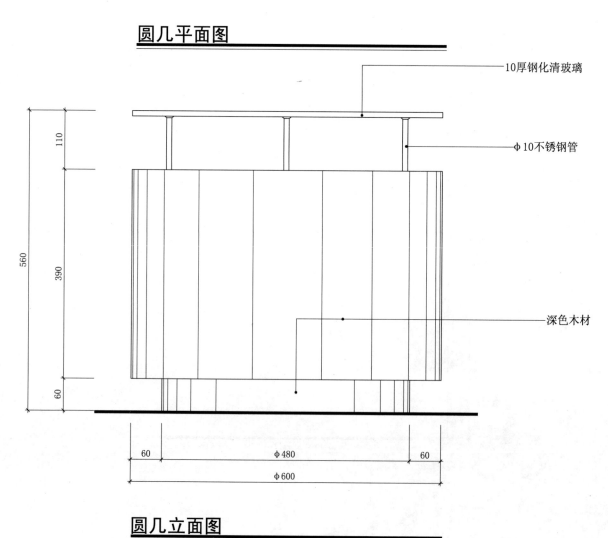

圆几立面图

桌案类 - 几案

F6-51 圆几

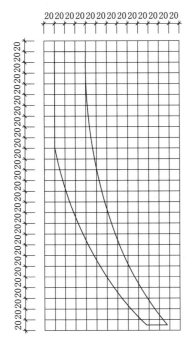

Ⓐ 详图

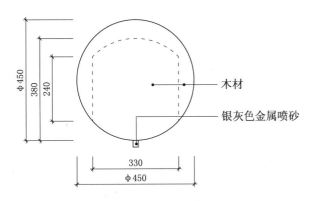

圆几平面图　　　　　圆几脚架平面图

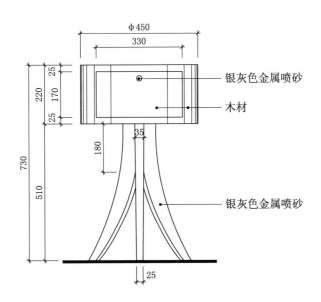　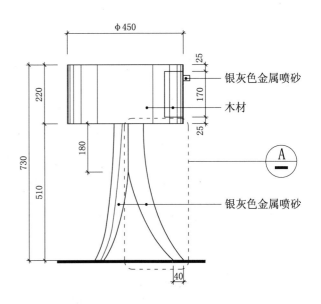

圆几正立面图　　　　圆几侧立面图

桌案类 - 几案
F6-52 圆几

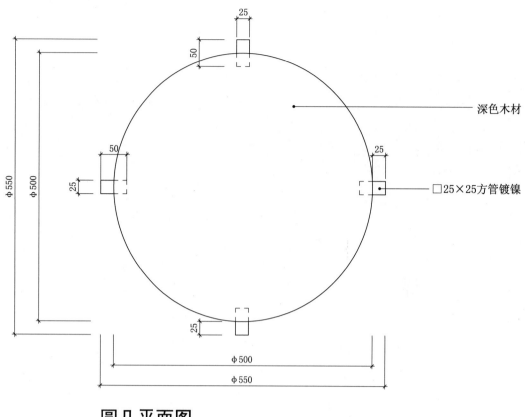

圆几平面图

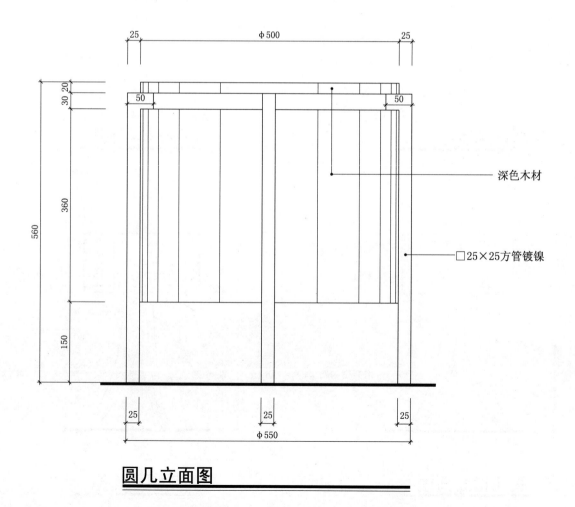

圆几立面图

桌案类 - 几案
F6-53 圆几

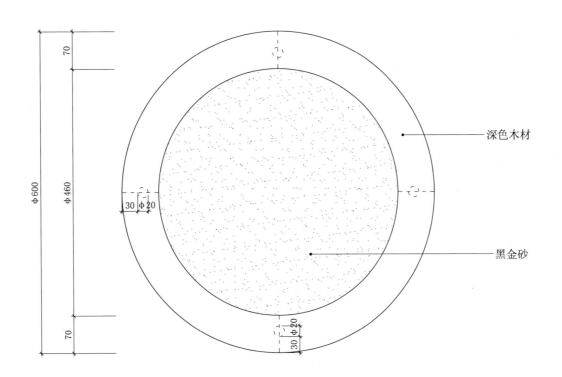

圆几平面图

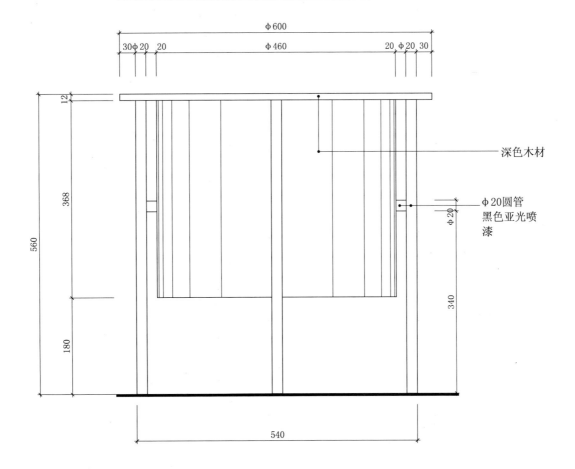

圆几立面图

桌案类 — 几案
F6-54 圆几

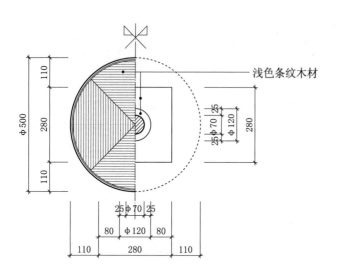

圆几平面图

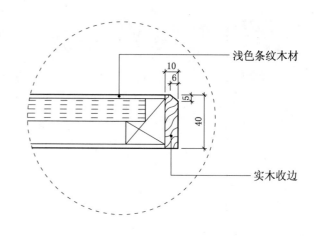

Ⓐ 详图

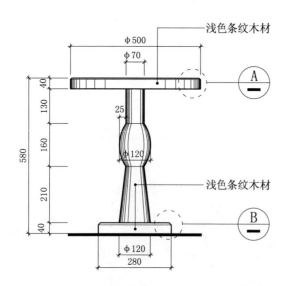

圆几立面图

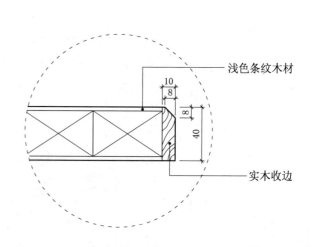

Ⓑ 详图

可选尺寸	
直径(Φ)	高(H)
550	620
600	650

桌案类 - 几案
F6-55 圆几

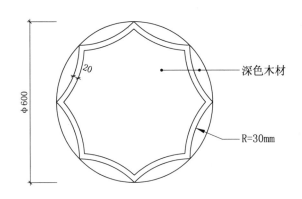

圆几平面图

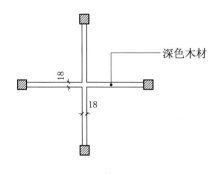

② 剖面图

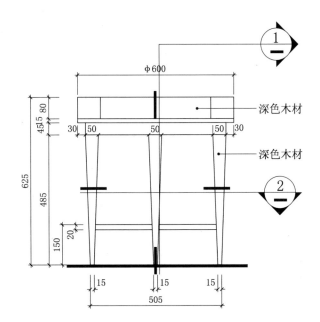

圆几立面图

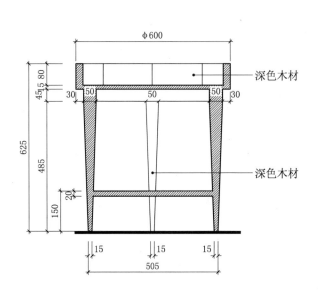

① 剖面图

桌案类 - 几案
F6-56 圆几

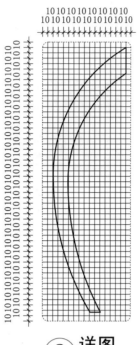

③ 详图

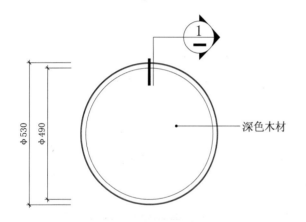

圆几平面图

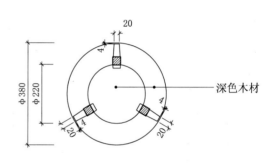

② 剖面图

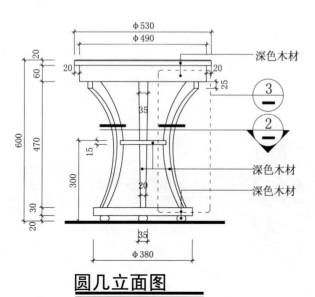

圆几立面图

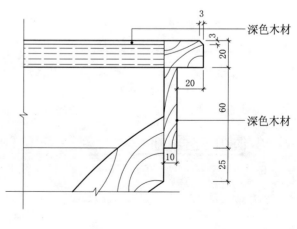

① 详图

桌案类 - 几案
F6-57 圆几

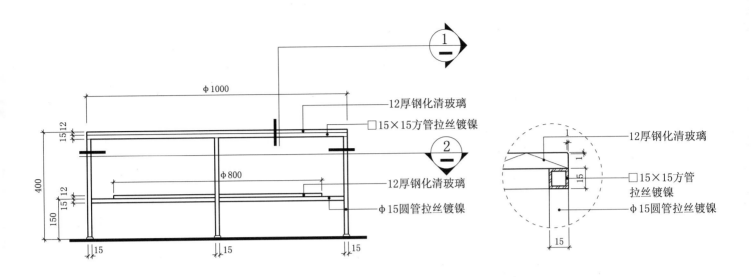

圆几立面图

① 详图

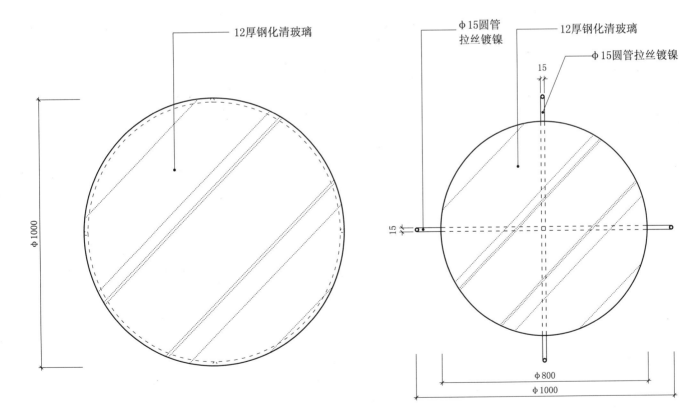

圆几平面图

② 剖面图

桌案类 – 几案
F6-58 圆几

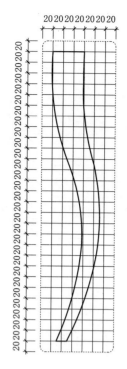

③ 详图

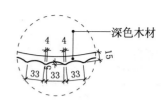

④ 详图

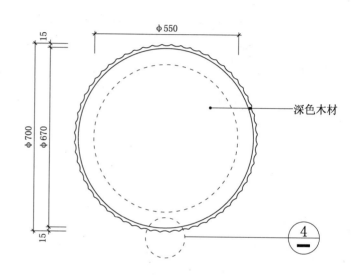

圆几平面图

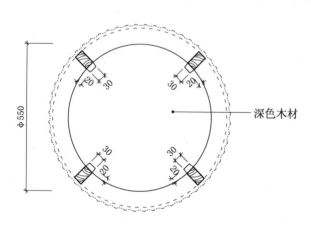

① 剖面图

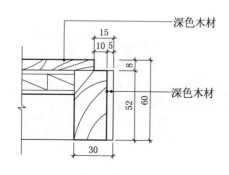

② 详图

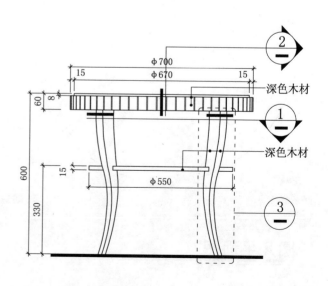

圆几立面图

桌案类 - 几案
F6-59 圆几

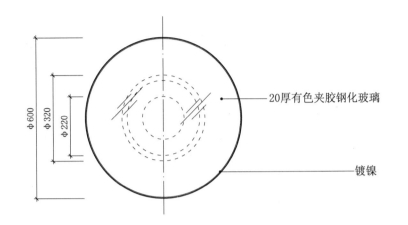

圆几平面图

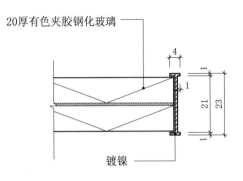

 详图

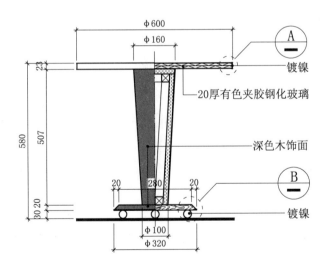

圆几立面图

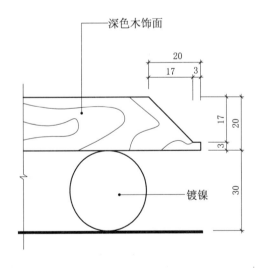

B 详图

桌案类 - 几案
F6-60 圆几

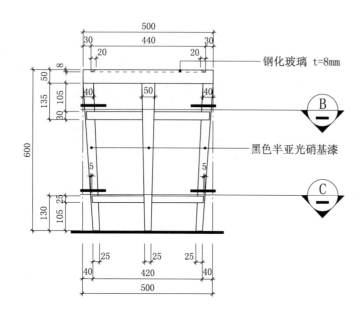

圆几立面图

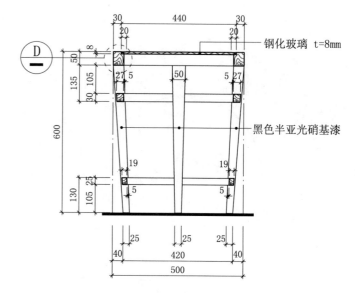

A 剖面图

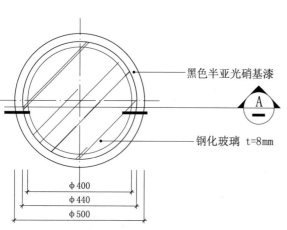

圆几平面图

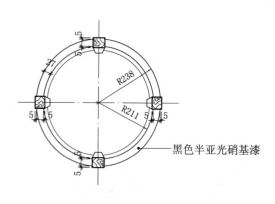

B 剖面图

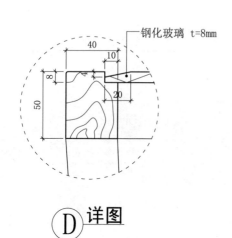

D 详图

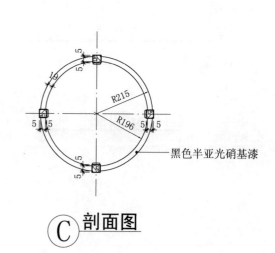

C 剖面图

桌案类 - 几案
F6-61 圆几

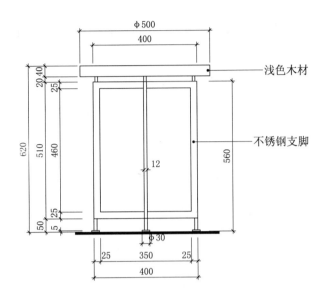

圆几立面图

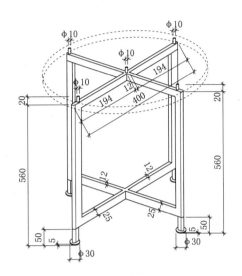

圆几支脚构件图

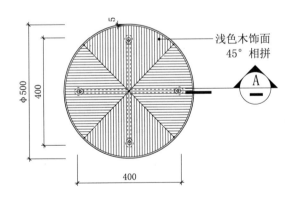

圆几平面图

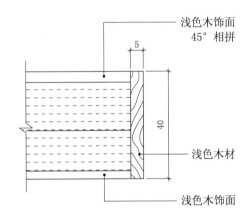

A 详图

桌案类 - 几案
F6-62 圆几

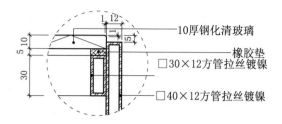

① 详图

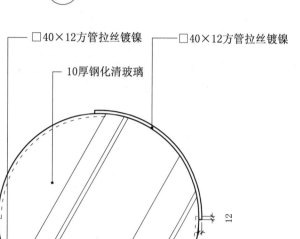

圆几平面图

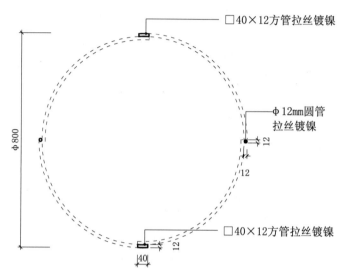

② 剖面图

可选尺寸
直径(D)
500
550
600
700
800
900
1000

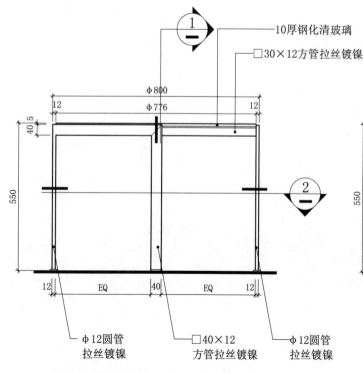

圆几正立面图

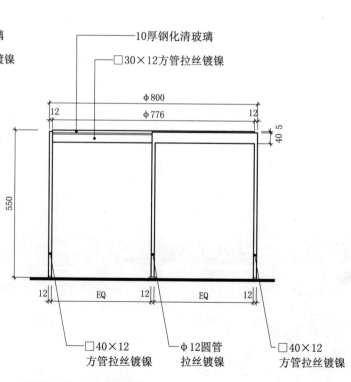

圆几侧立面图

桌案类 - 几案
F6-63　圆玻璃角几

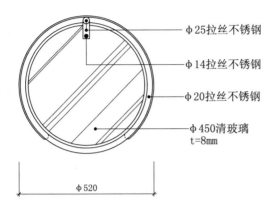

圆玻璃角几平面图

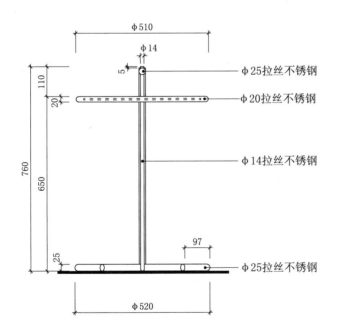

圆玻璃角几正立面图　　**圆玻璃角几侧立面图**

桌案类 - 几案
F6-64 角几

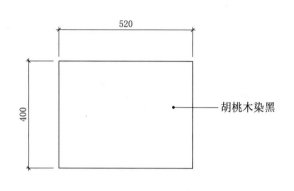

角几平面图

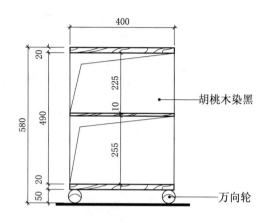

A 剖面图

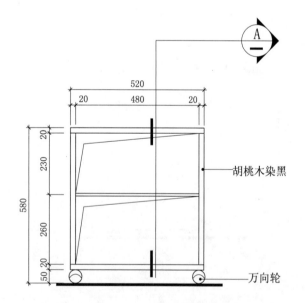

角几正立面图

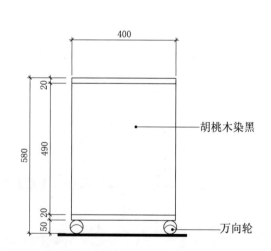

角几侧立面图

桌案类 - 几案
F6-65 角几

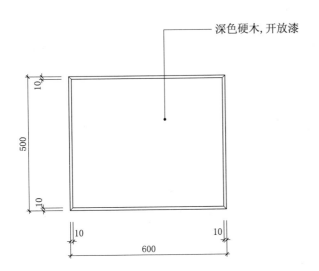

角几平面图

Ⓐ 详图

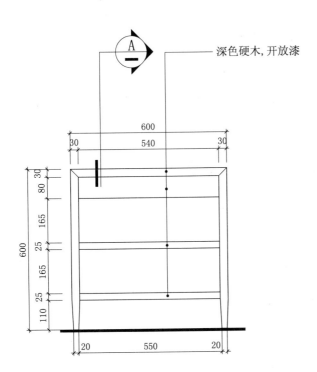

角几正立面图

角几侧立面图

桌案类 – 几案
F6-66 角几

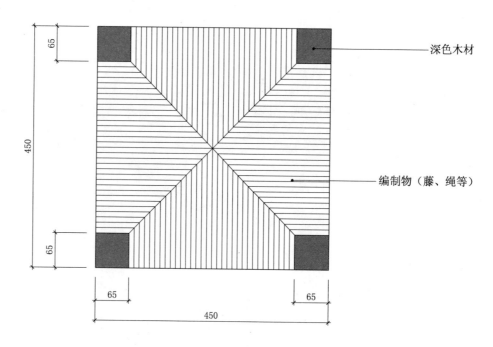

角几平面图

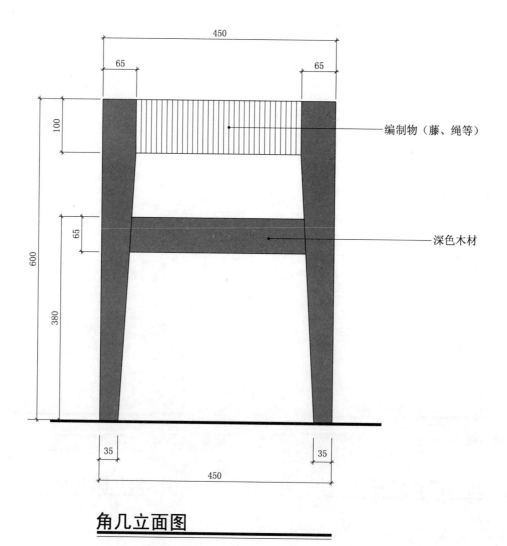

角几立面图

桌案类 - 几案
F6-67 角几

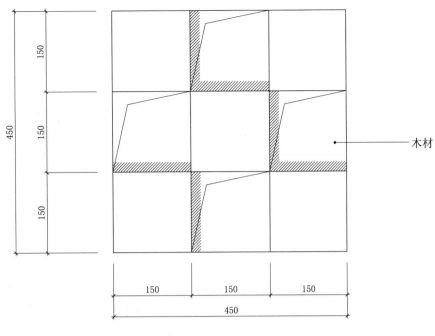

角几平面图

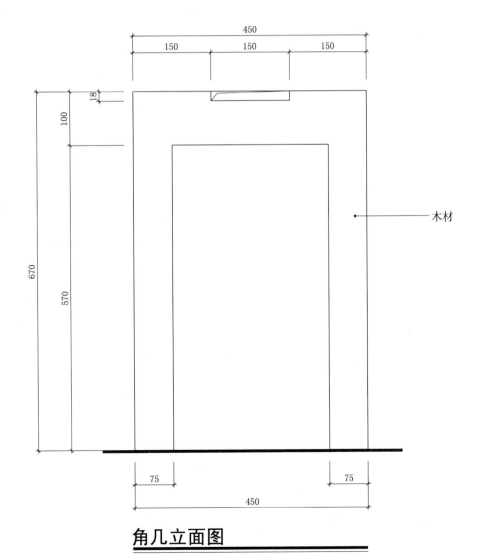

角几立面图

桌案类 - 几案
F6-68 角几

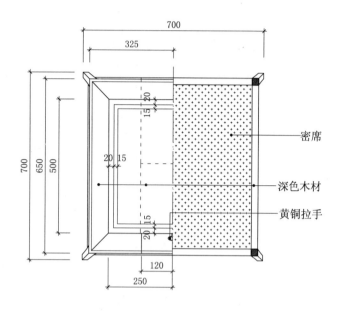

角几平面图

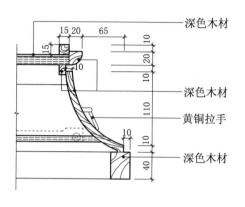

A 详图

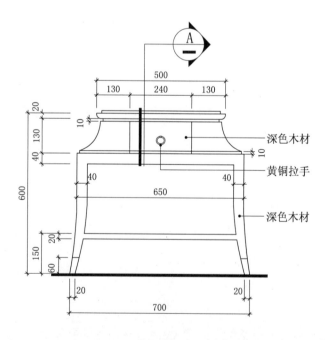

角几正立面图

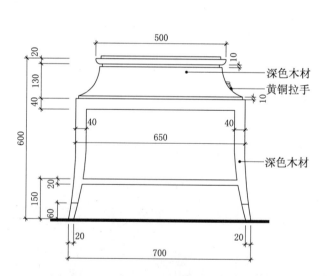

角几侧立面图

桌案类 - 几案
F6-69　　角几

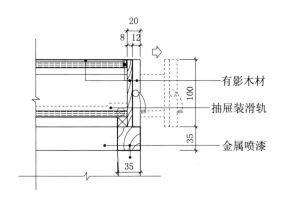

Ⓑ 详图

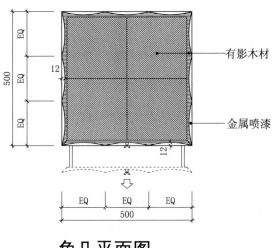

角几平面图

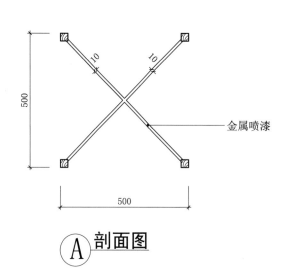

Ⓐ 剖面图

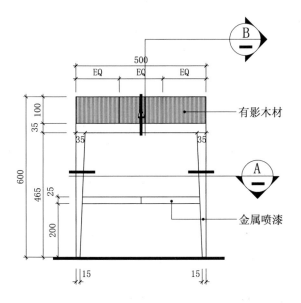

角几正立面图

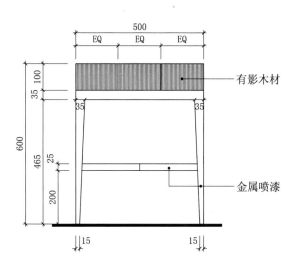

角几侧立面图

455

桌案类 - 几案
F6-70 角几

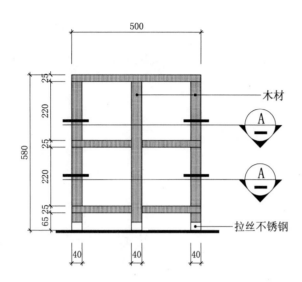

角几立面图

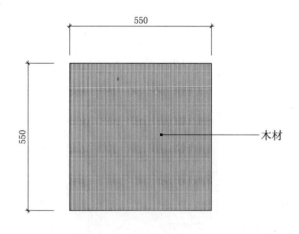

角几平面图

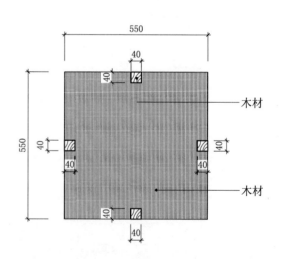

A 剖面图

桌案类 - 几案
F6-71 角几

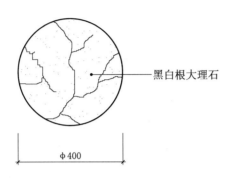

角几平面图

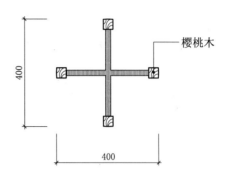

Ⓐ **剖面图**

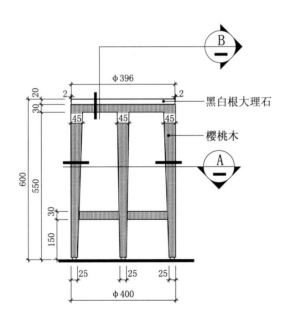

角几立面图

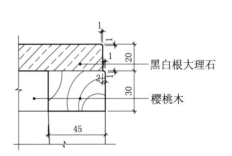

Ⓑ **详图**

桌案类 - 几案
F6-72　角几

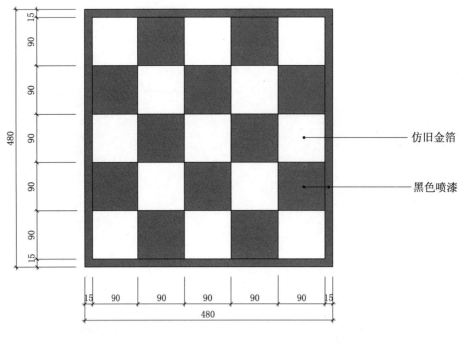

角几平面图

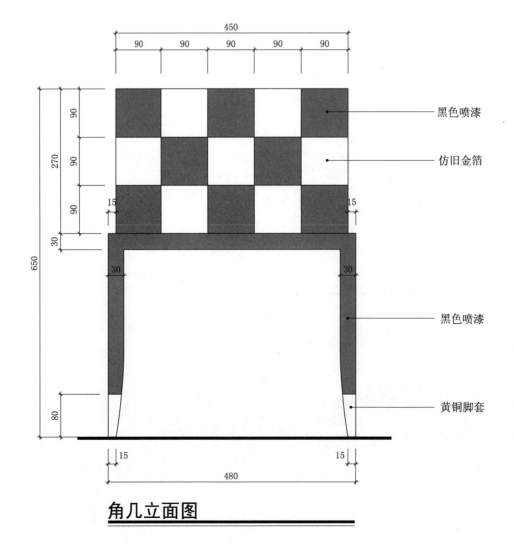

角几立面图

桌案类 — 几案
F6-73 角几

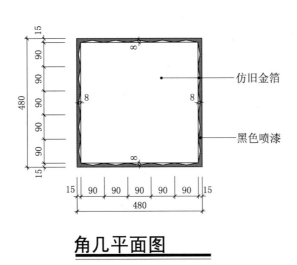

角几平面图

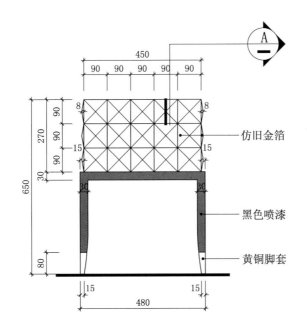

角几立面图

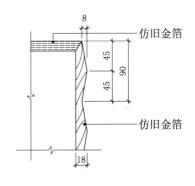

 详图

桌案类 - 几案
F6-74 角几

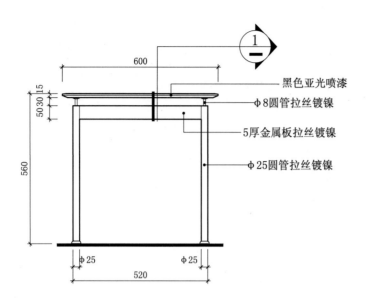

角几立面图

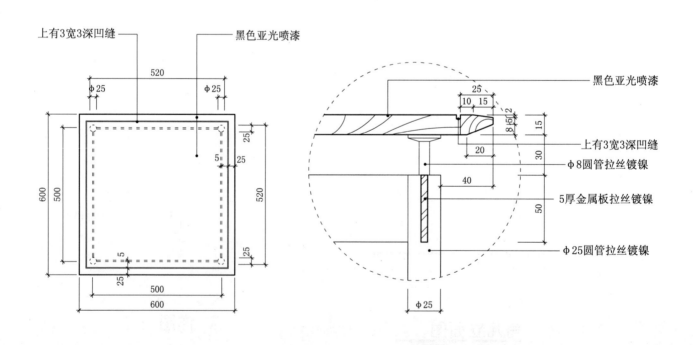

角几平面图　　①详图

桌案类 - 几案
F6-75 角几

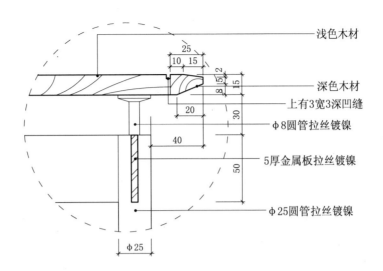

① 详图

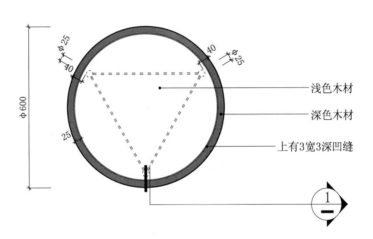

角几平面图

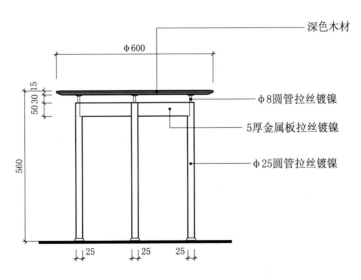

角几立面图

桌案类 - 几案
F6-76 角几

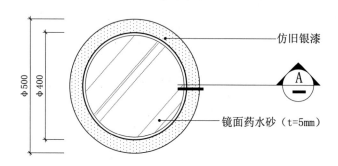

角几平面图

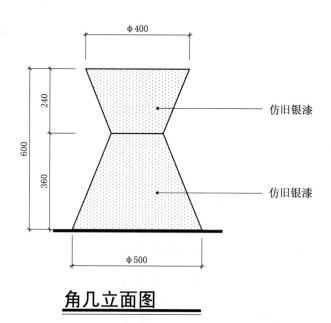

角几立面图

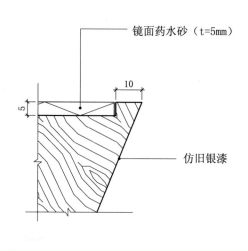

A 详图

桌案类 - 几案
F6-77 角几

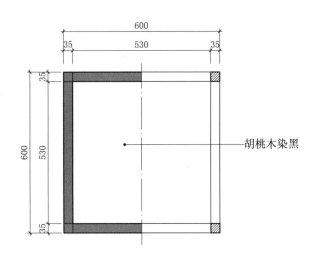

角几平面图

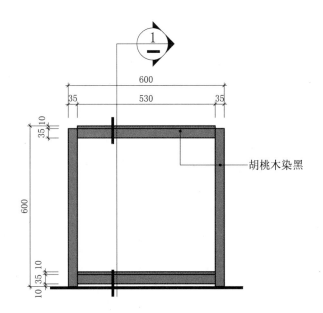

角几立面图

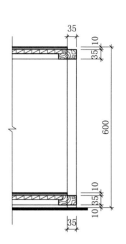

① 剖面图

可选尺寸		
长（W）	宽（D）	高（H）
500	500	520
550	550	560

桌案类 - 几案
F6-78 角几

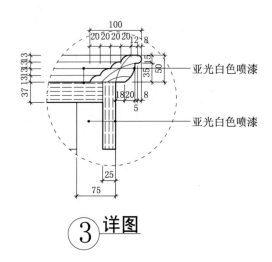

③ 详图

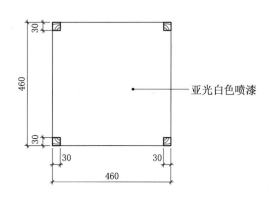

② 剖面图

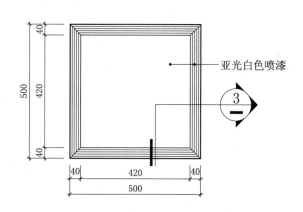

角几平面图

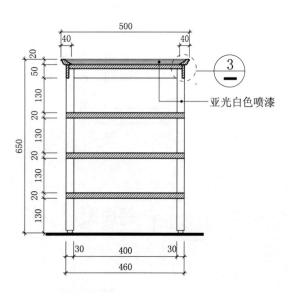

① 剖面图

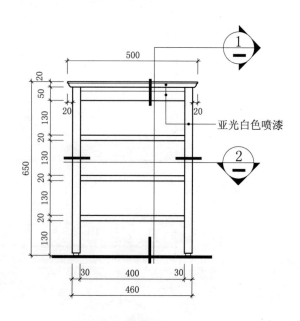

角几立面图

桌案类 - 几案
F6-79 角几

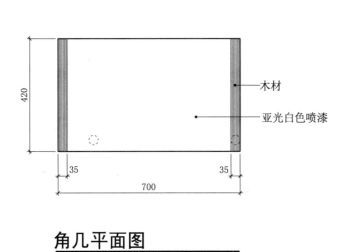

角几平面图

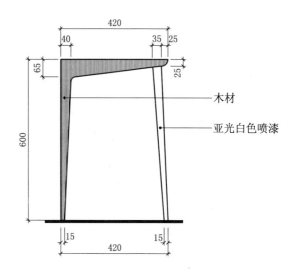

角几左侧立面图

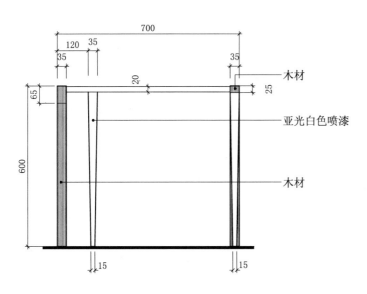

角几正立面图

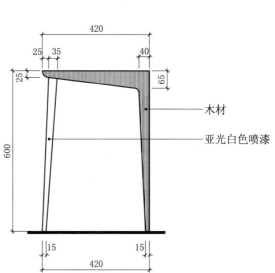

角几右侧立面图

桌案类 - 几案
F6-80 角几

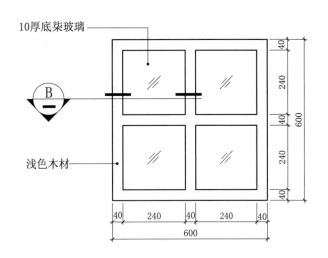

角几平面图

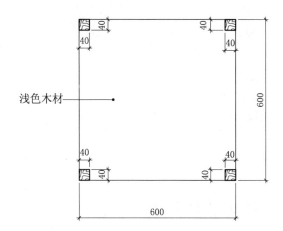

Ⓐ 剖面图

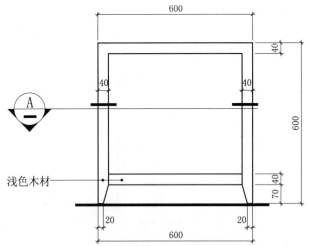

角几立面图

Ⓑ 详图

桌案类 - 几案
F6-81 角几

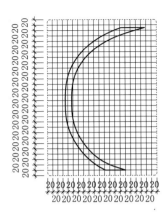

Ⓐ 详图

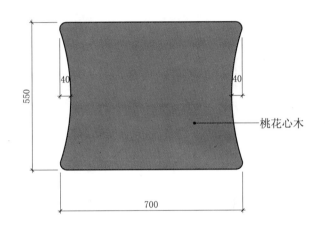

角几平面图   Ⓑ 剖面图

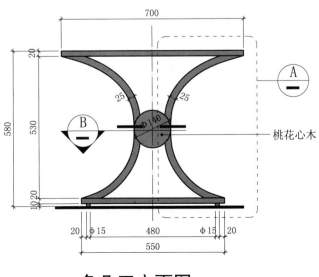

角几正立面图

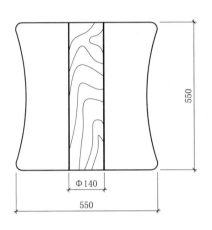

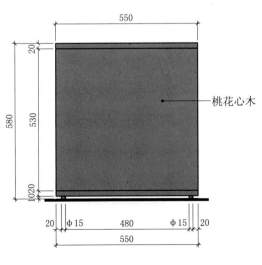

角几侧立面图

桌案类 - 几案
F6-82 角几

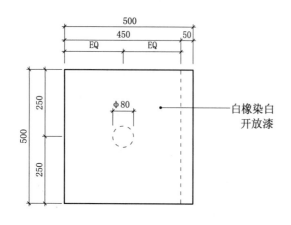

角几平面图

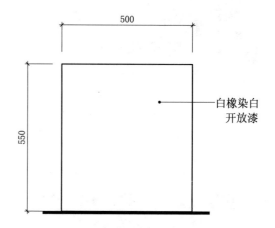

角几右侧立面图

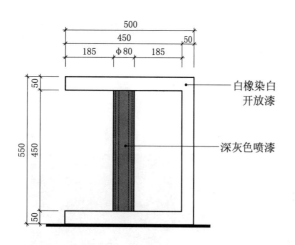

角几正立面图

角几左侧立面图

桌案类 - 几案
角几 F6-83

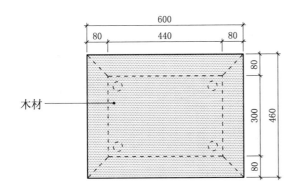

角几平面图

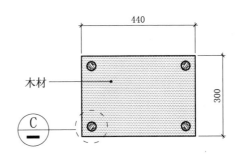

A 剖面图

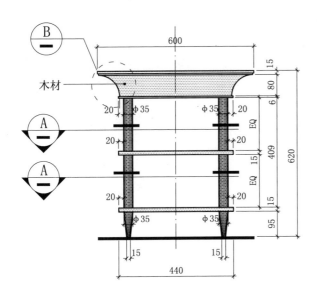

角几正立面图   角几侧立面图

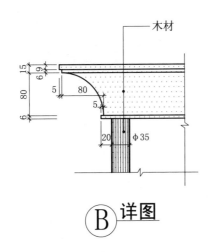

B 详图

C 详图

桌案类 - 几案
F6-84 角几

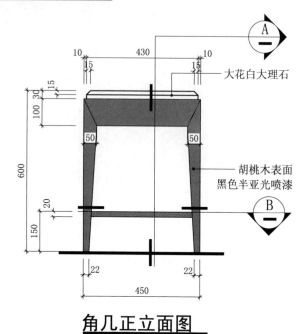

角几正立面图

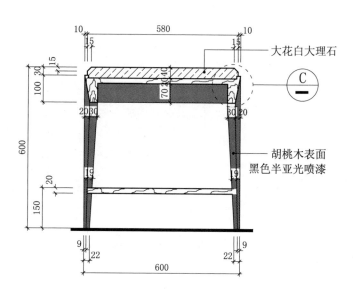

A 剖面图

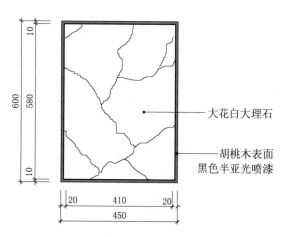

角几平面图

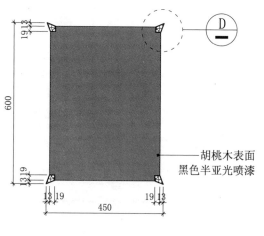

B 剖面图

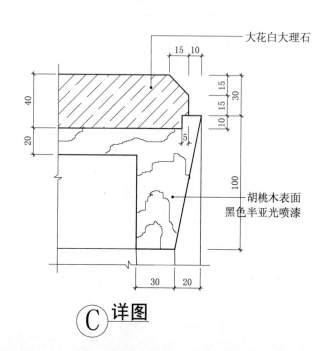

C 详图

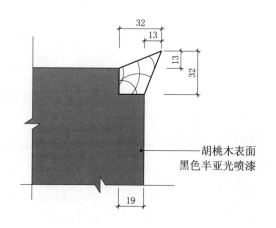

D 详图

桌案类 - 几案
F6-85 套几

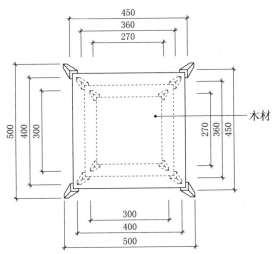

套几平面图

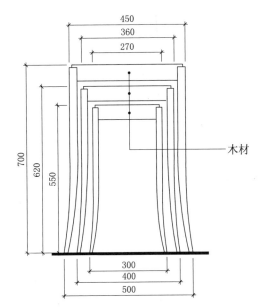

套几立面图

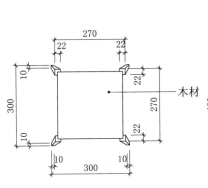

套几A平面图

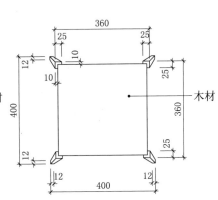

套几B平面图

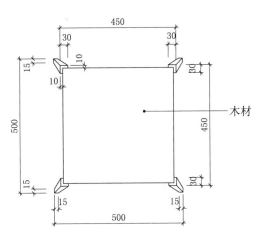

套几C平面图

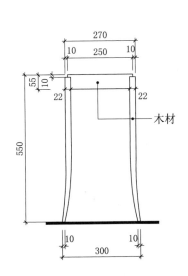

套几A立面图

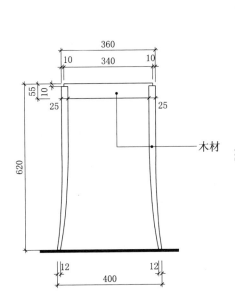

套几B立面图

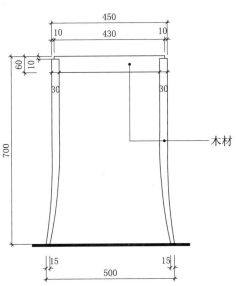

套几C立面图

桌案类 - 几案
F6-86 套几

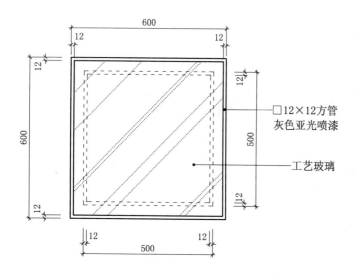

套几平面图

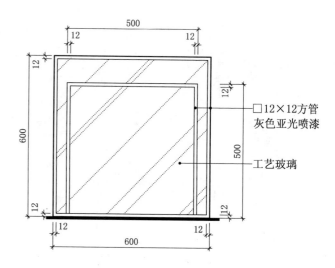

套几侧立面图

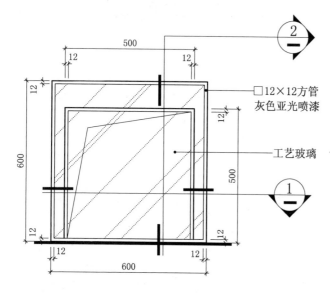

套几正立面图

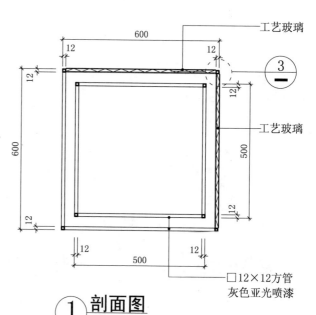

① 剖面图

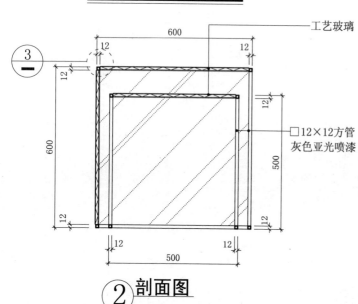

② 剖面图

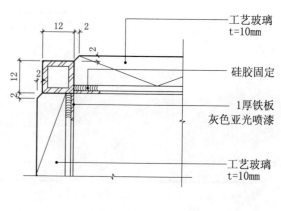

③ 详图

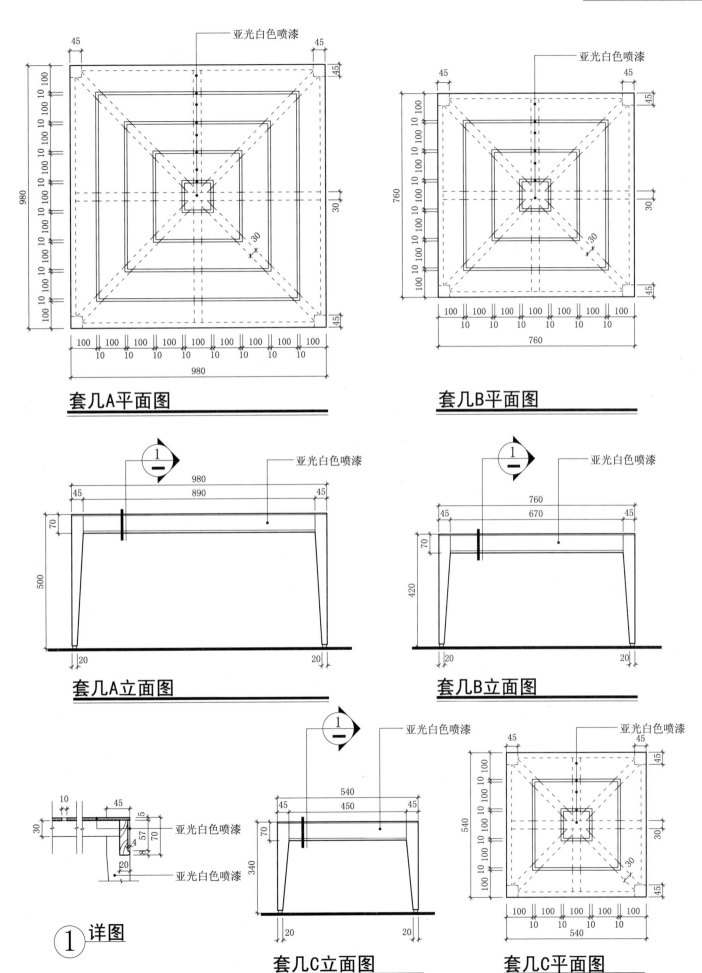

桌案类 - 几案
F6-88　透光圆几

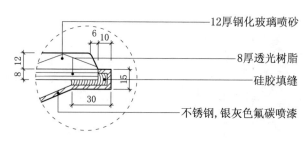

③ 详图

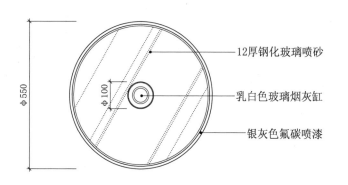

透光圆几平面图

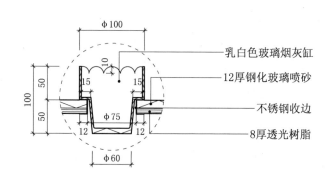

② 详图

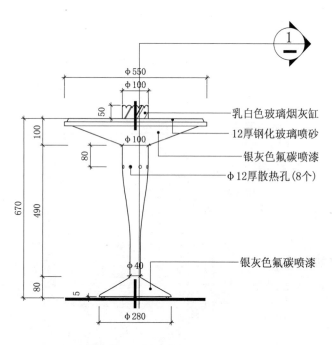

透光圆几立面图

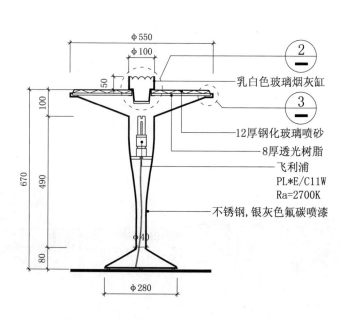

① 剖面图

桌案类 - 几案

F6-89 透光圆几

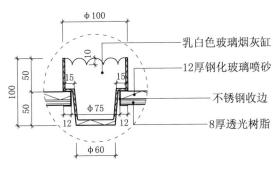

③ 详图

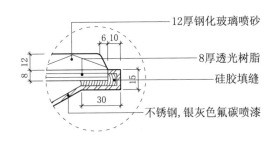

④ 详图

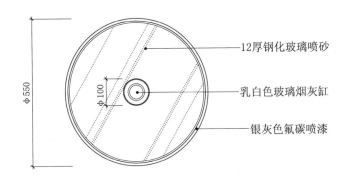

透光圆几平面图

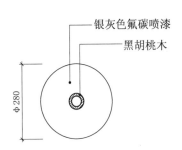

② 详图

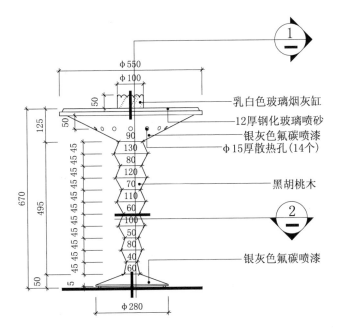

透光圆几立面图

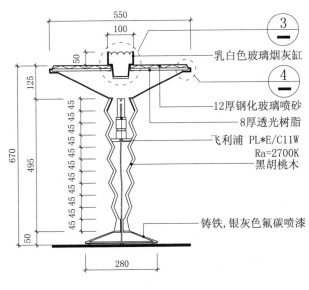

① 剖面图

桌案类 — 几案
F6-90 透光圆几

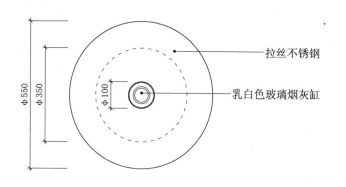

透光圆几平面图

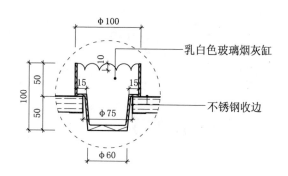

② 详图

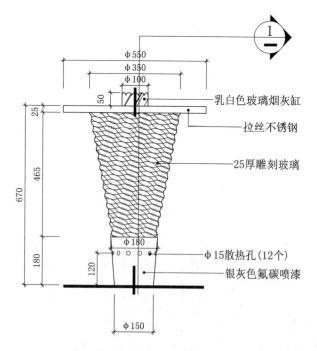

透光圆几立面图

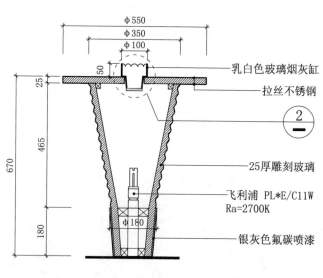

① 剖面图

桌案类 – 几案
F6-91 中式茶几

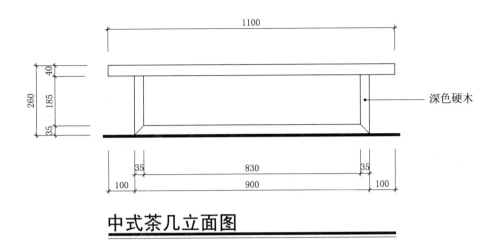

中式茶几立面图

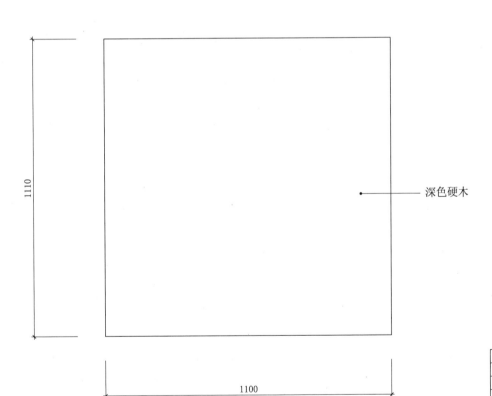

中式茶几平面图

可选尺寸	
长（W）	宽（D）
800	800
800	600
900	900
900	650
1000	1000
1000	700
1100	750
1200	1200
1200	800
1300	1300
1300	850

桌案类 - 几案
F6-92 中式茶几

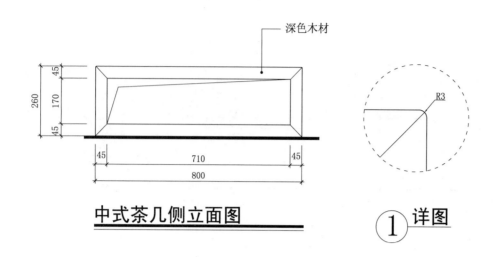

中式茶几侧立面图　　①详图

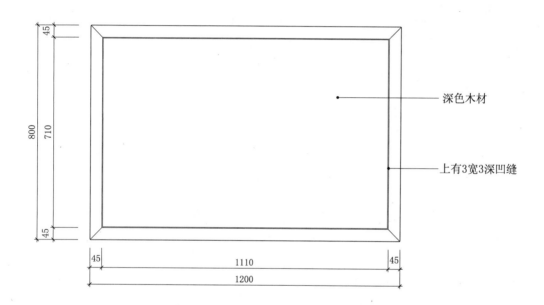

中式茶几平面图

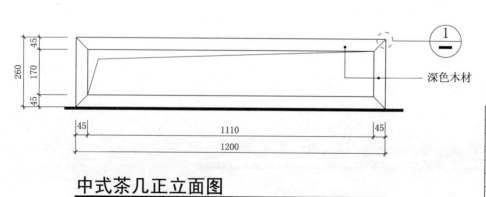

中式茶几正立面图

可选尺寸	
长（W）	宽（D）
800	800
800	600
900	900
900	650
1000	1000
1000	700
1100	1100
1100	750
1200	1200
1300	1300
1300	850

桌案类 - 几案
F6-93 中式茶几

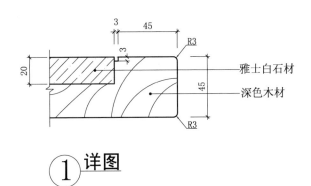

① 详图

可选尺寸	
长（W）	宽（D）
800	800
800	600
900	900
900	650
1000	1000
1000	700
1100	1100
1100	750
1200	1200
1300	1300
1300	850

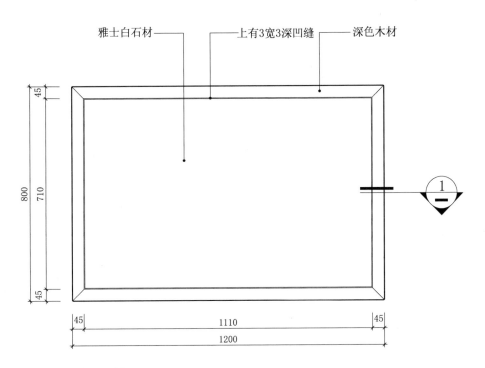

中式茶几平面图

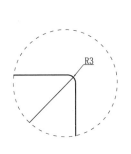

② 详图

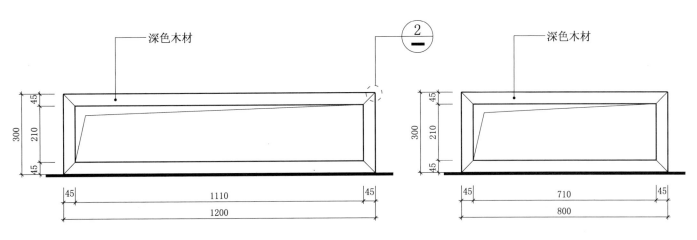

中式茶几正立面图　　　　中式茶几侧立面图

桌案类 – 几案
F6-94 中式茶几

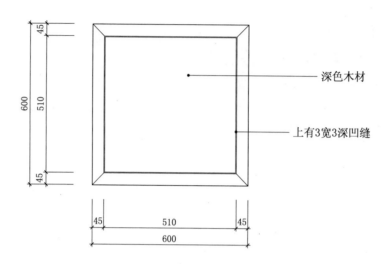

中式茶几平面图

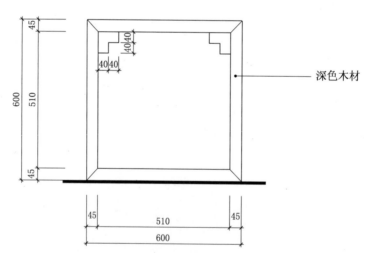

中式茶几立面图

可选尺寸	
长（W）	宽（D）
450	450
450	400
500	500
500	450
600	500
700	700
700	550
800	800
800	600

桌案类 — 几案
F6-95 中式茶几

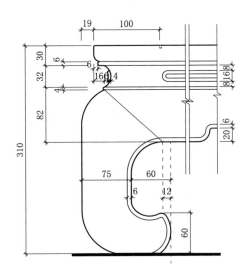

① 详图

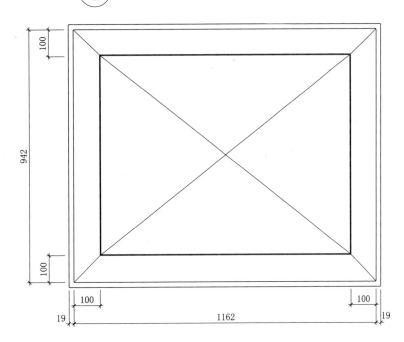

中式茶几平面图

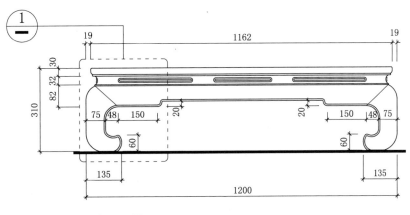

中式茶几立面图

桌案类 – 几案
F6-96 中式茶几

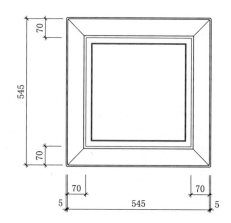

中式茶几平面图

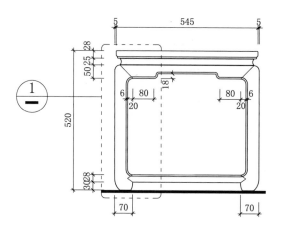

中式茶几立面图

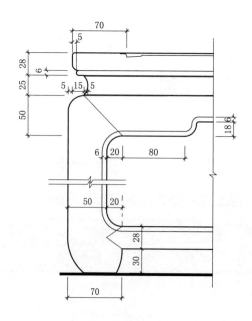

① 详图

桌案类 - 几案
F6-97　中式茶几

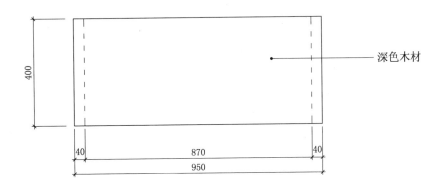

边几平面图

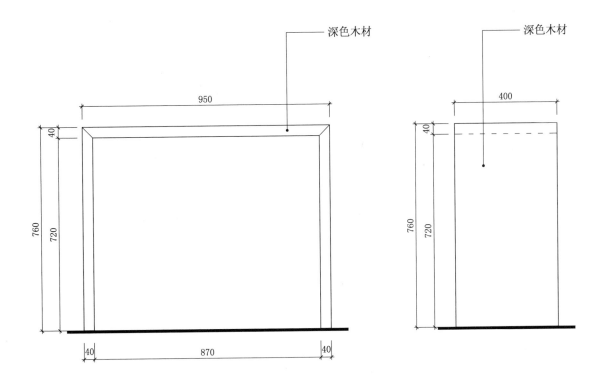

边几正立面图　　　**边几侧立面图**

桌案类 - 几案
F6-98 边几

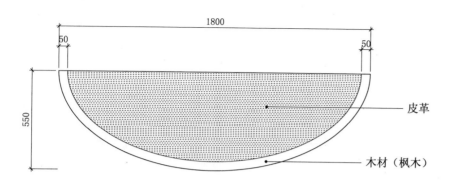

边几平面图

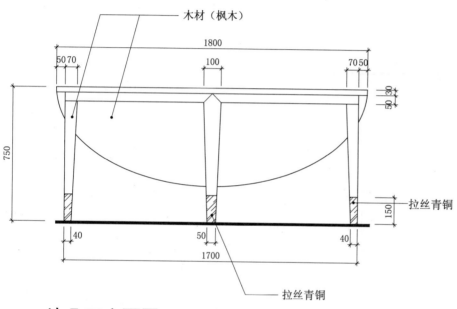

边几正立面图

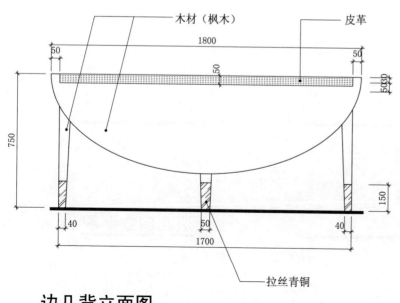

边几背立面图

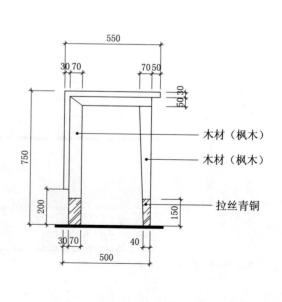

边几侧立面图

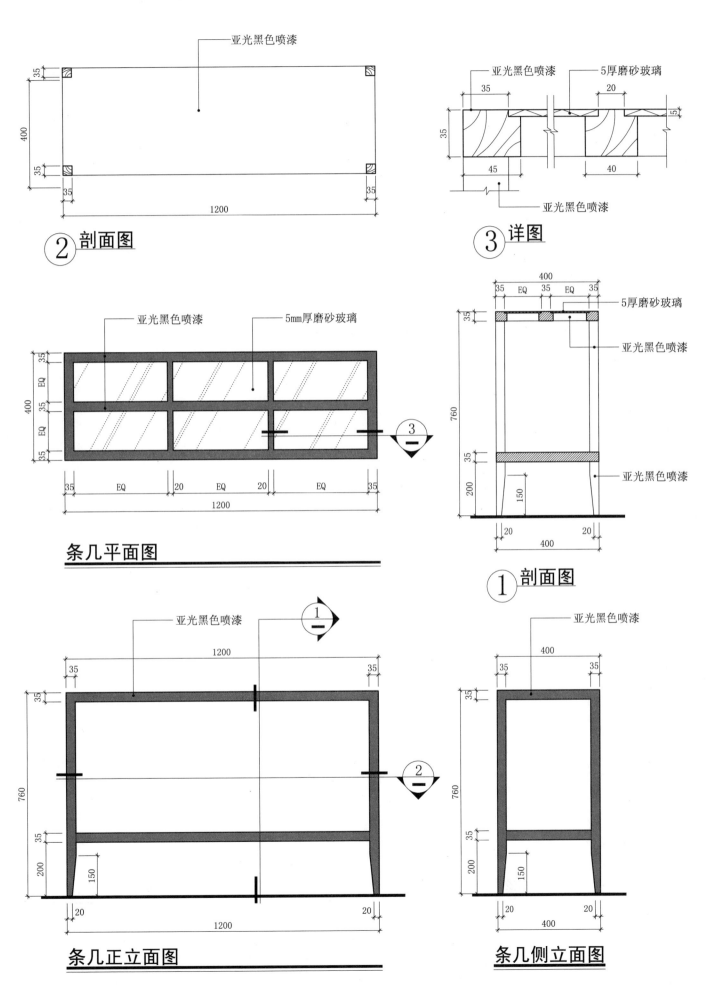

桌案类 - 几案
F6-100 条几

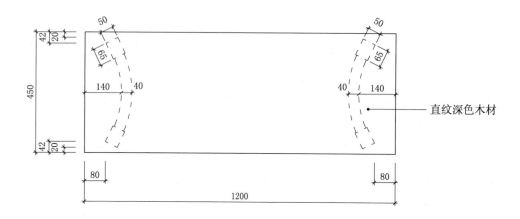

条几平面图

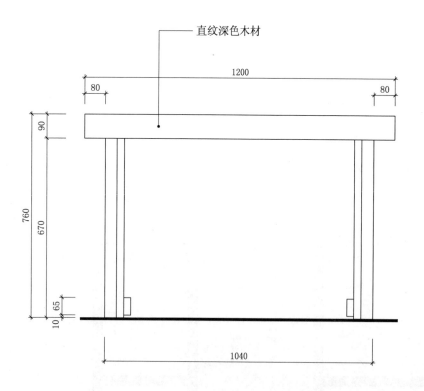

条几正立面图

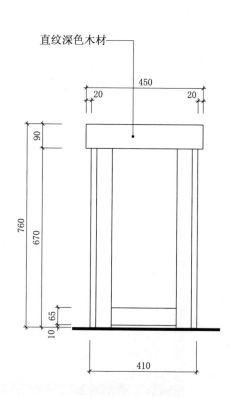

条几侧立面图

桌案类 – 几案
F6-101 条几

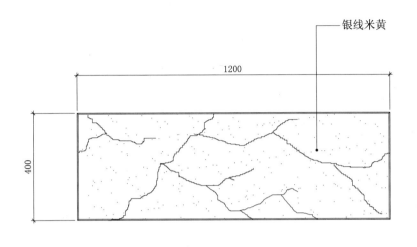

条几平面图

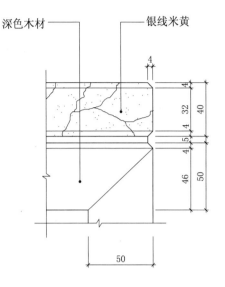

Ⓐ **详图**

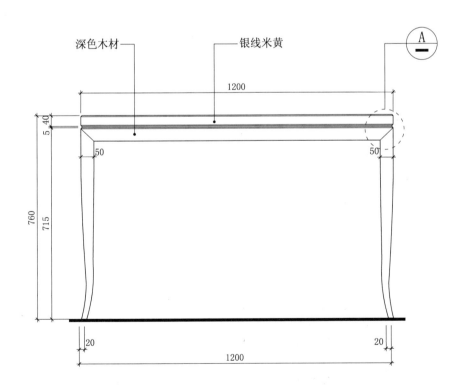

条几正立面图

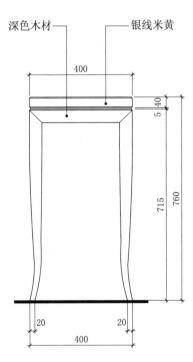

条几侧立面图

桌案类 — 几案
F6-102 条几

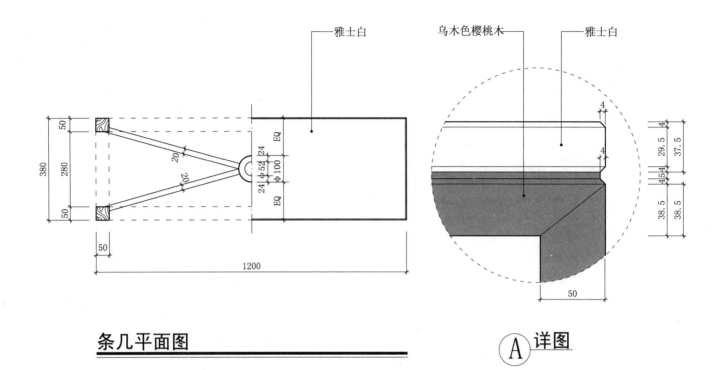

条几平面图　　　　　　　A 详图

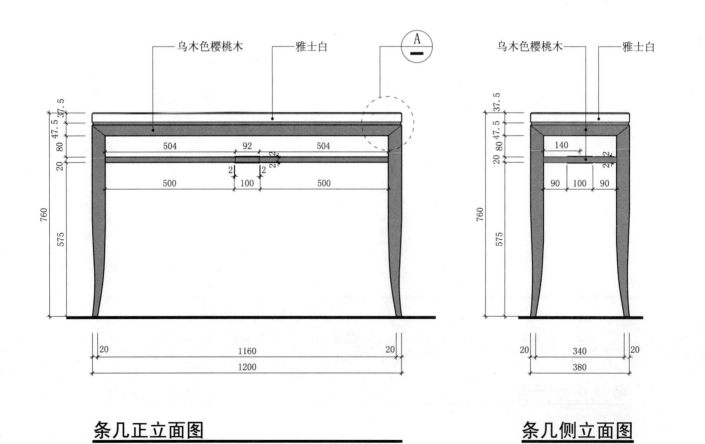

条几正立面图　　　　　　条几侧立面图

桌案类 — 几案
F6-103　中式花几

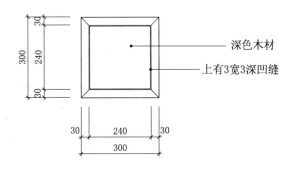

中式花几平面图

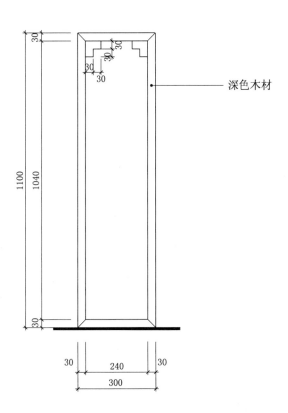

中式花几立面图

可选尺寸
高（H）
900
950
1000
1050
1100
1150
1200
1250
1300

桌案类 - 几案
F6-104　中式花几

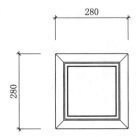

中式花几平面图

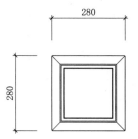

中式花几平面图

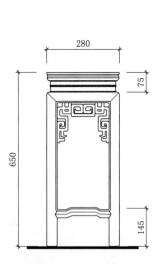

中式花几立面图

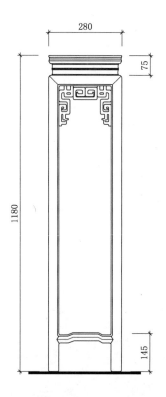

中式花几立面图

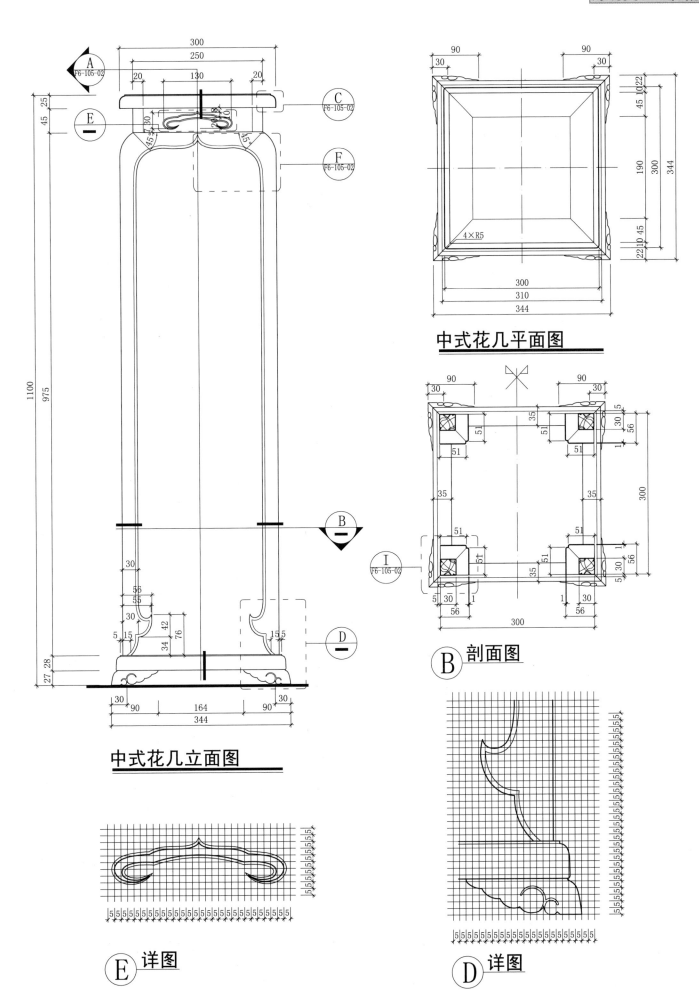

桌案类 - 几案
F6-105-02 中式花几

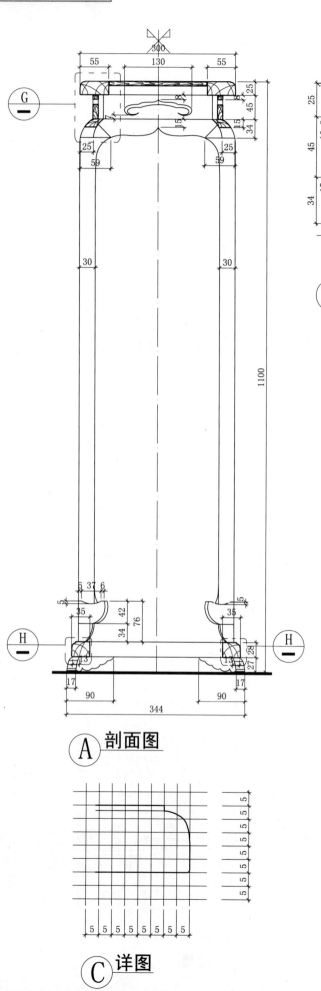

A 剖面图

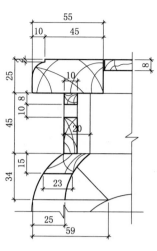

G 详图

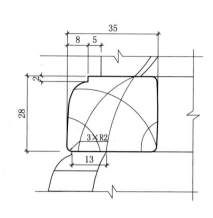

H 详图

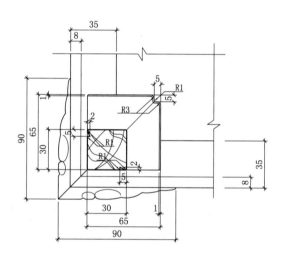

I 详图

C 详图

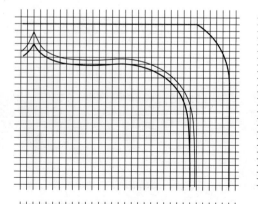

F 详图

492

桌案类 - 几案
F6-106　案桌

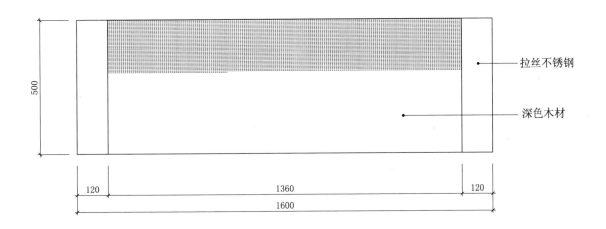

案桌平面图

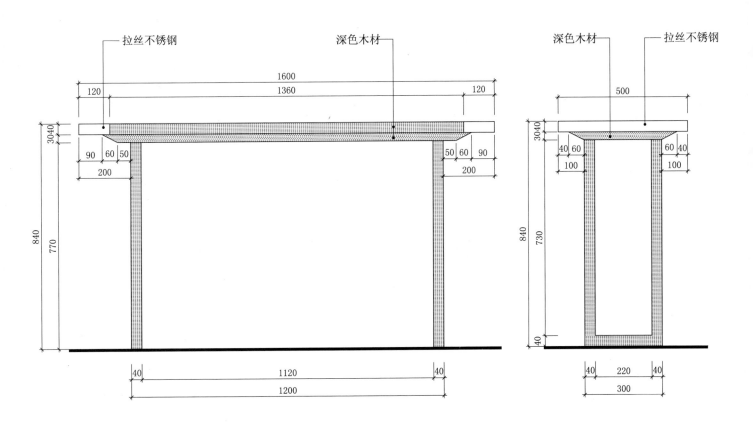

案桌正立面图　　　案桌侧立面图

桌案类 - 几案
F6-107 案桌

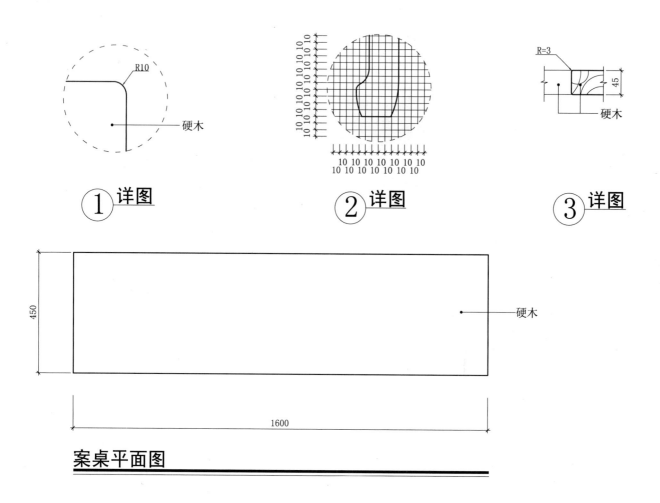

① 详图　② 详图　③ 详图

案桌平面图

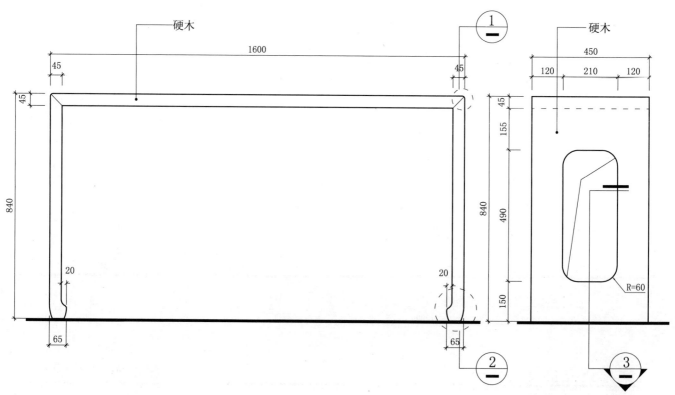

案桌正立面图　案桌侧立面图

桌案类 - 几案
F6-108 案桌

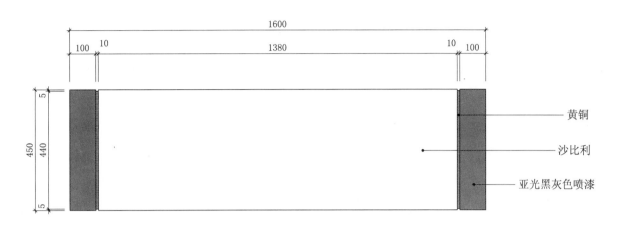

案桌平面图

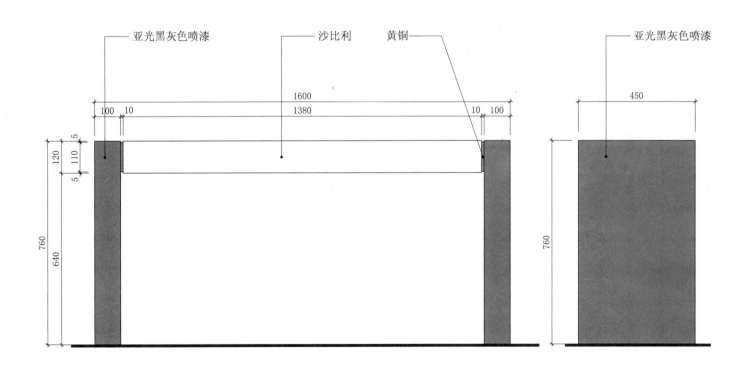

案桌正立面图　　　　**案桌侧立面图**

桌案类 - 几案
F6-109 案桌

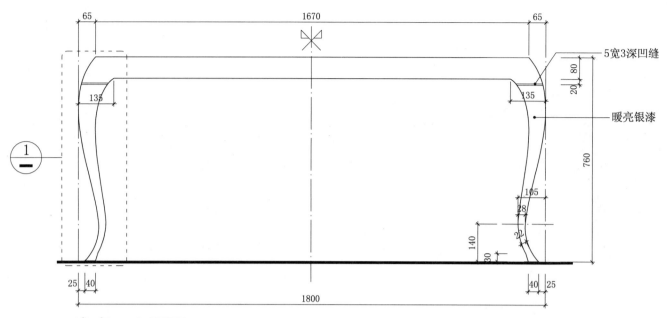

案桌正立面图

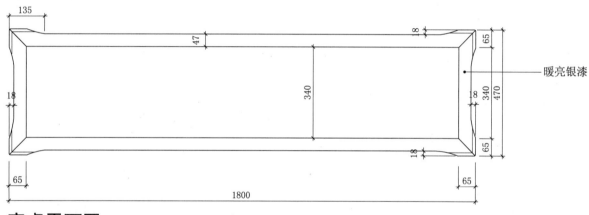

案桌平面图

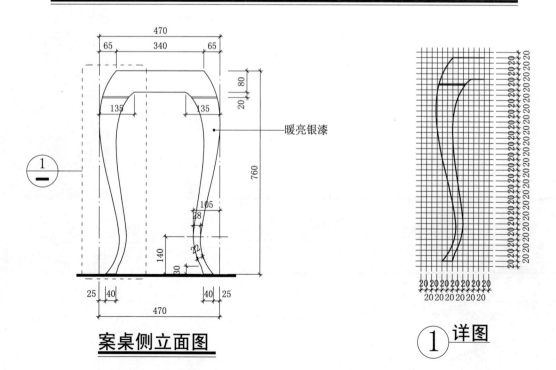

案桌侧立面图

① 详图

桌案类 - 几案

F6-110 案桌

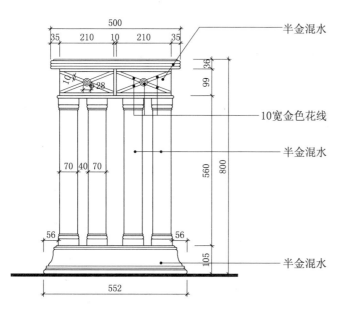

案桌侧立面图

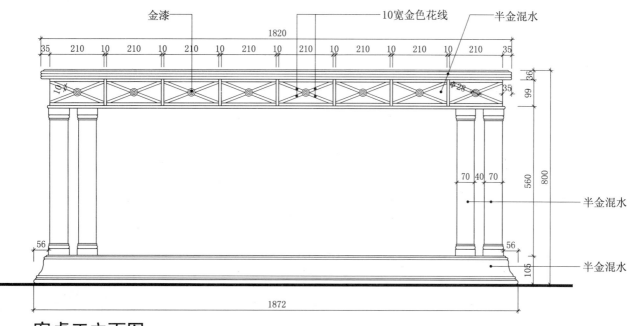

案桌平面图

案桌正立面图

桌案类 - 几案
F6-111　案桌

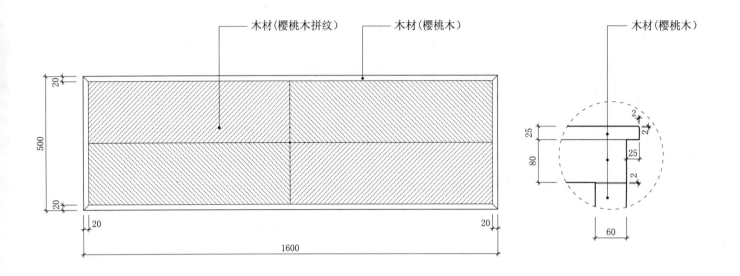

案桌平面图　　　　　　　　　A 详图

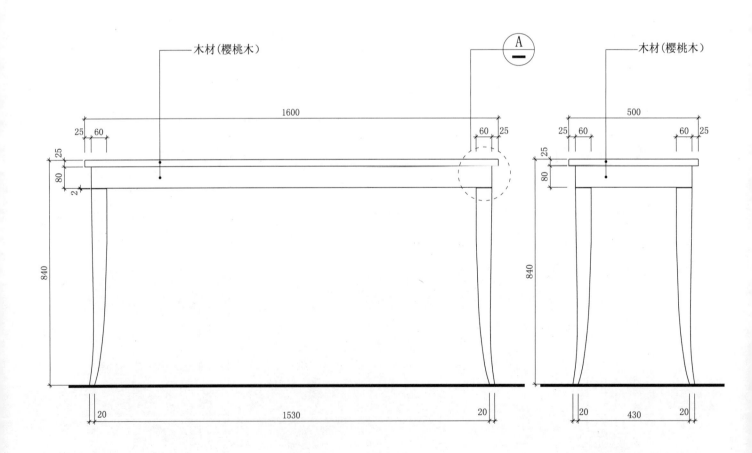

案桌正立面图　　　　　　　　案桌侧立面图

桌案类 - 几案
F6-112 案桌

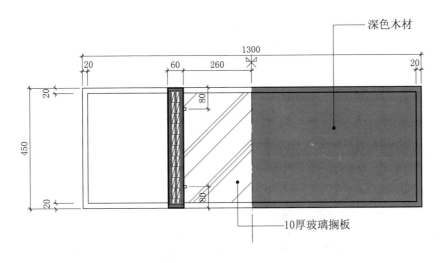

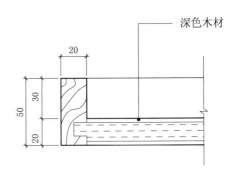

案桌平面图

Ⓐ 详图

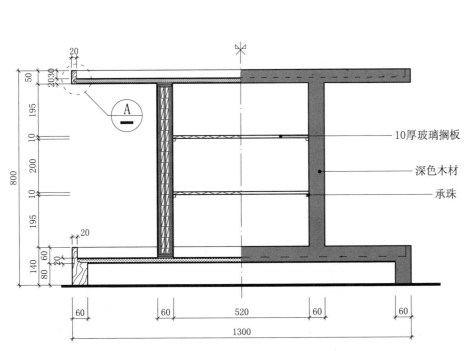

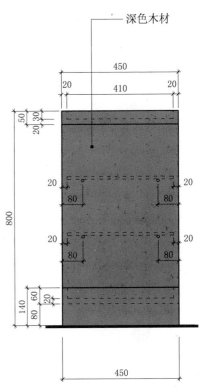

案桌正立面图

案桌侧立面图

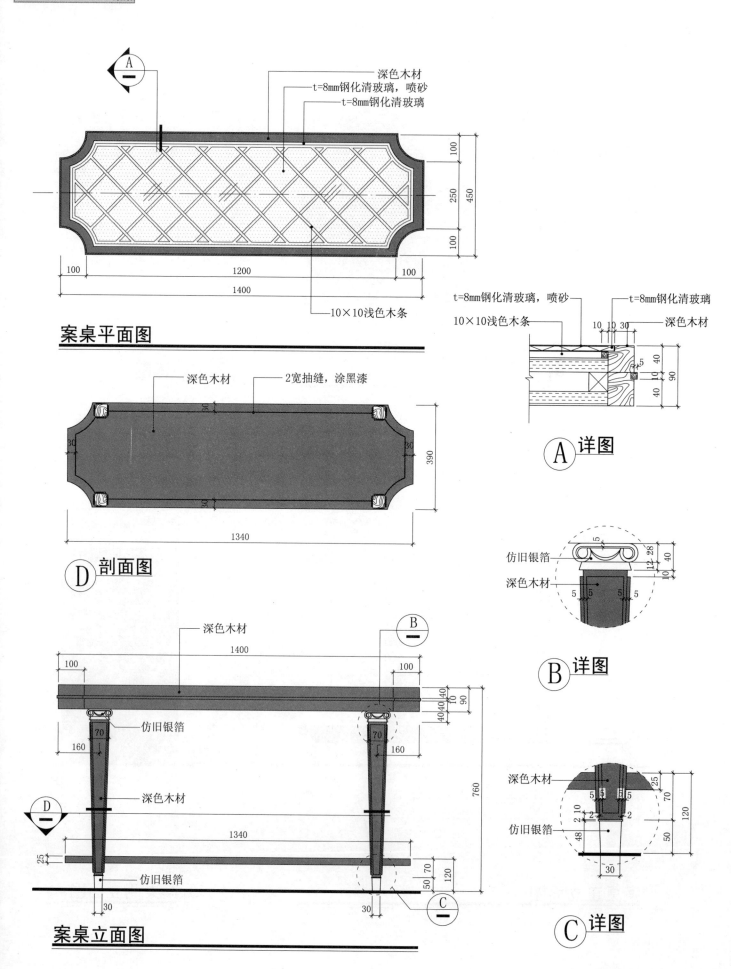

桌案类 - 几案

F6-114 长条案

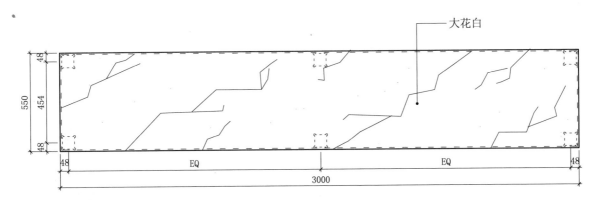

长条案平面图

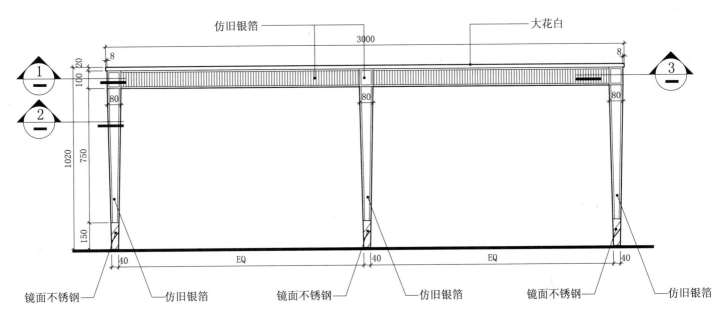

长条案正立面图

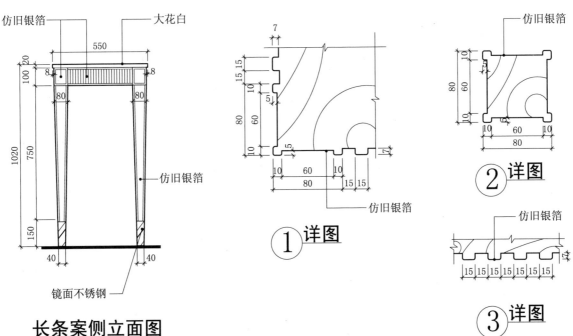

长条案侧立面图

① 详图

② 详图

③ 详图

桌案类 - 几案
F6-115 中式翘头案

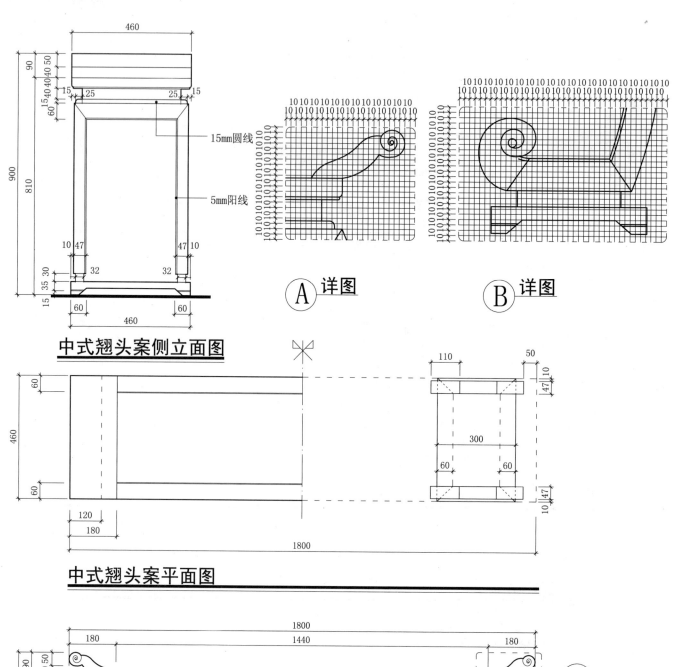

中式翘头案侧立面图

A 详图

B 详图

中式翘头案平面图

中式翘头案正立面图

桌案类 - 几案
F6-116-01 中式翘头案

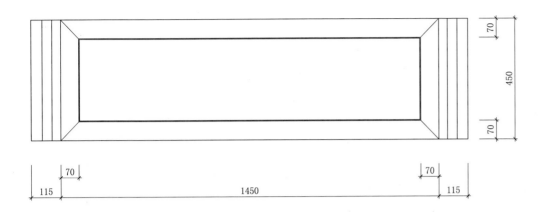

中式翘头案平面图

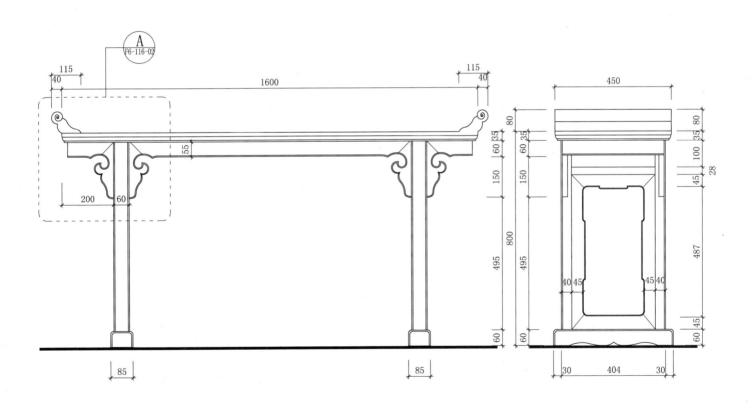

中式翘头案正立面图　　　　　　　　　　　　**中式翘头案侧立面图**

桌案类 - 几案
F6-116-02 中式翘头案

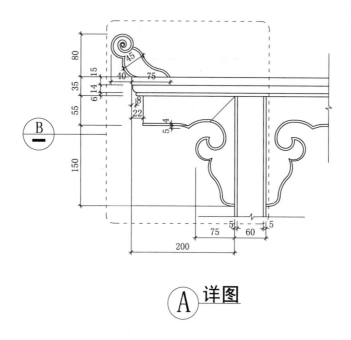

A 详图

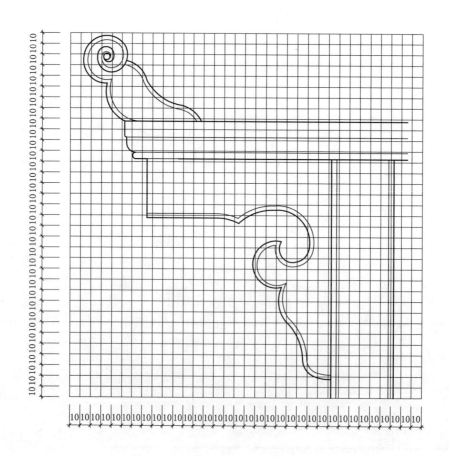

B 详图

桌案类 – 办公桌
F7-01 办公桌

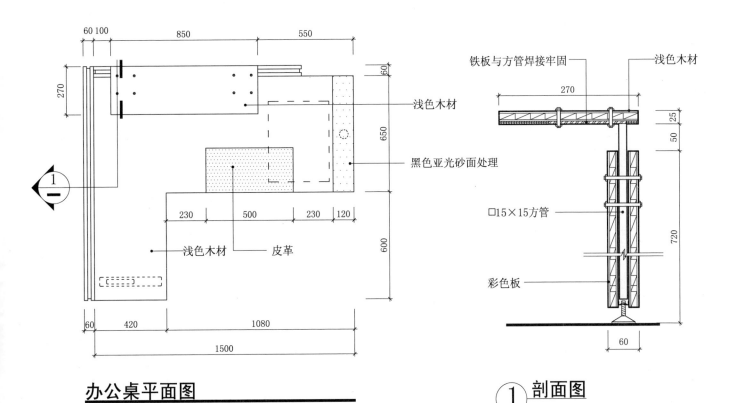

办公桌平面图　　　①剖面图

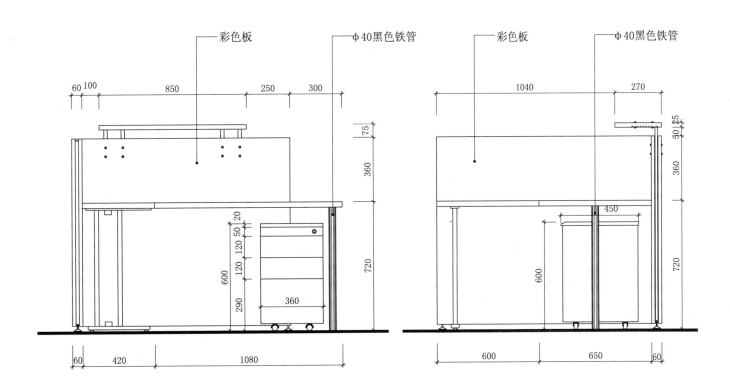

办公桌正立面图　　办公桌侧立面图

桌案类 – 办公桌

F7-02 办公桌

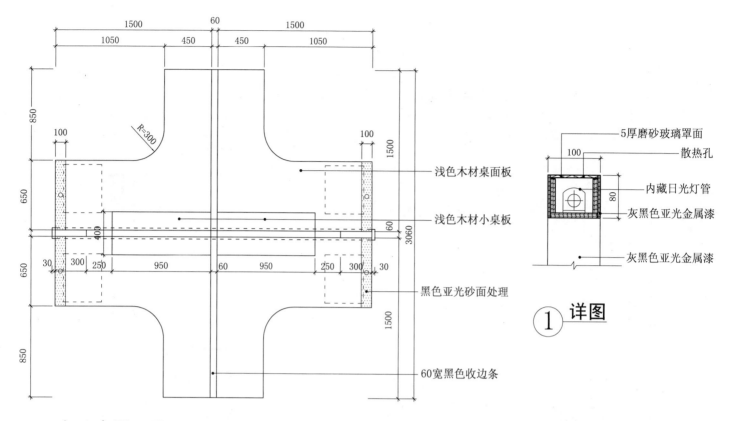

办公桌平面图

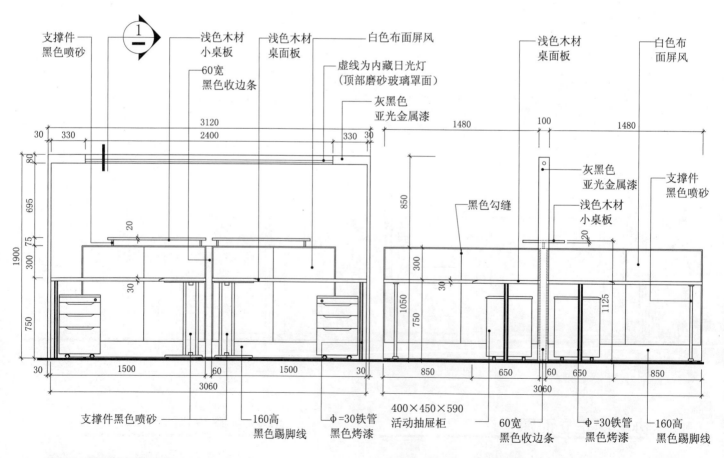

办公桌正立面图　　办公桌侧立面图

桌案类 - 办公桌

F7-03 办公桌

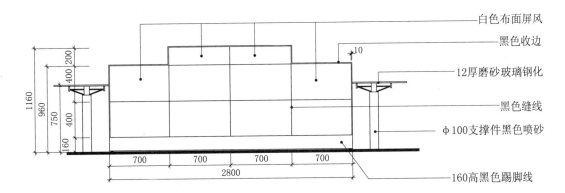

办公桌正立面图

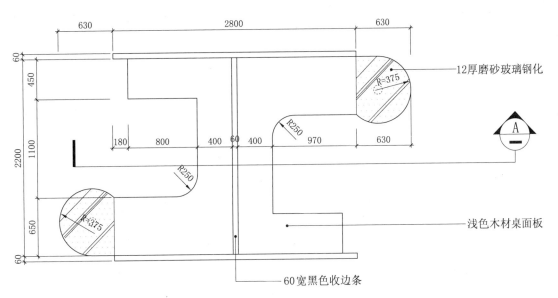

办公桌平面图

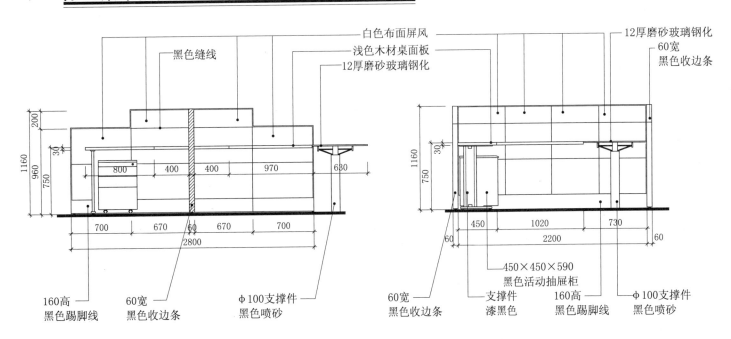

A 剖面图   办公桌侧立面图

桌案类 － 办公桌
F7-04　办公桌

办公桌轴测图

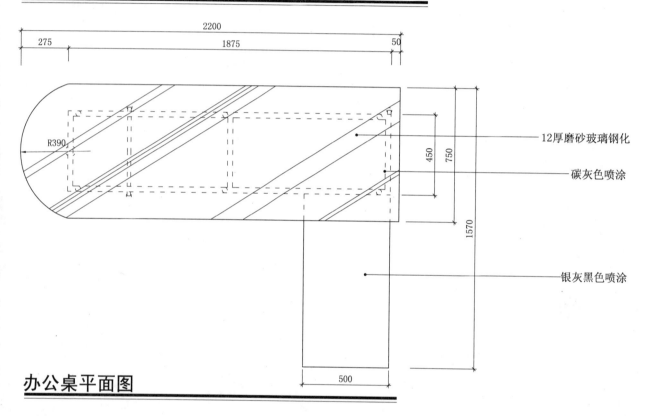

办公桌平面图

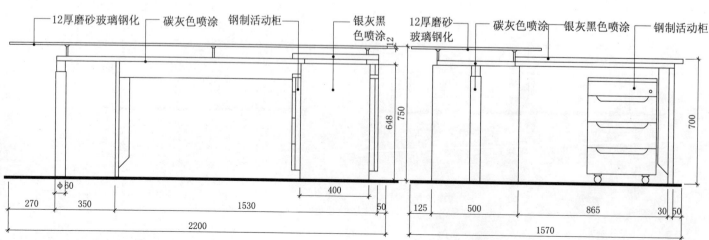

办公桌正立面图　　　　　　　　　　**办公桌侧面图**

桌案类 – 办公桌
F7-05 办公桌

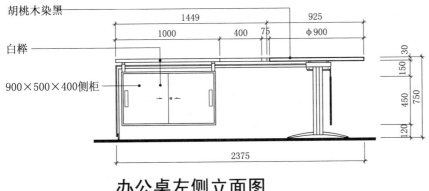

办公桌左侧立面图

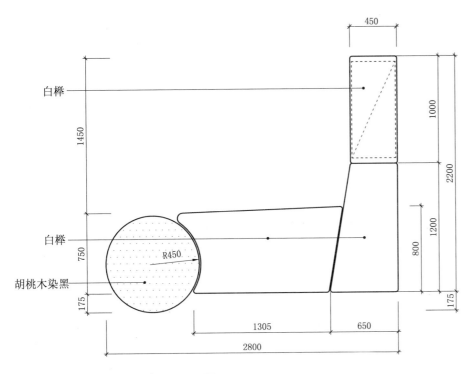

办公桌平面图

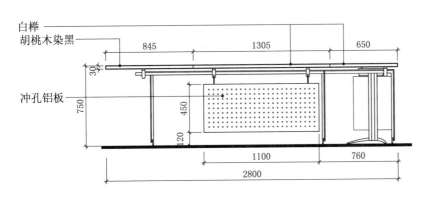

办公桌正立面图

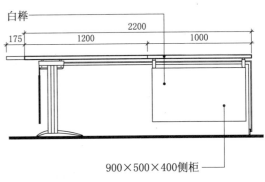

办公桌右侧立面图

桌案类 – 办公桌
F7-06 办公桌

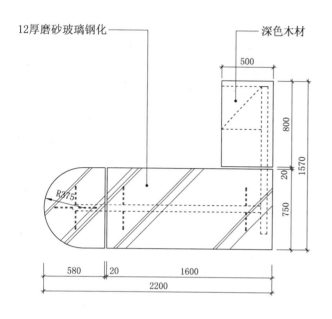

办公桌平面图

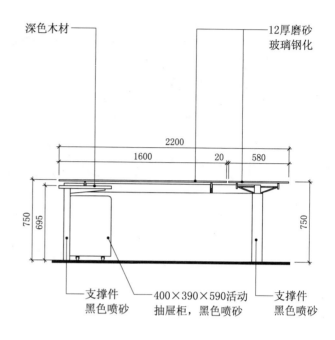

办公桌背立面图

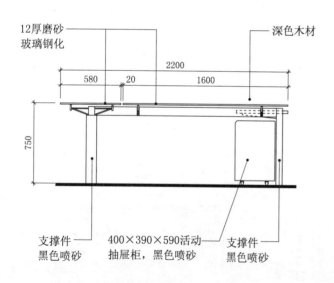

办公桌正立面图

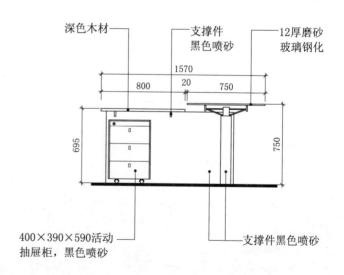

办公桌左侧立面图

桌案类 – 办公桌
F7-07 办公桌

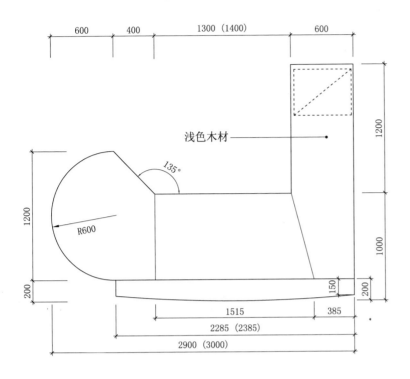

办公桌平面图

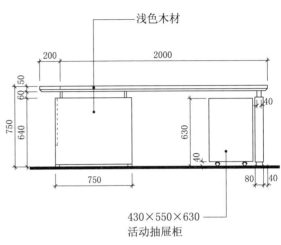

办公桌右侧立面图

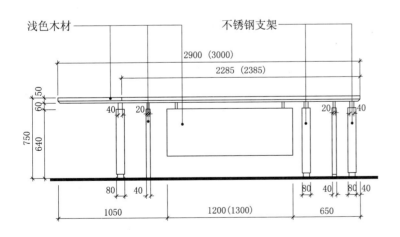

办公桌正立面图

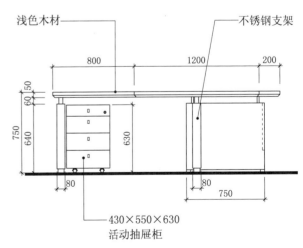

办公桌左侧立面图

桌案类 - 办公桌
F7-08-01　办公家具

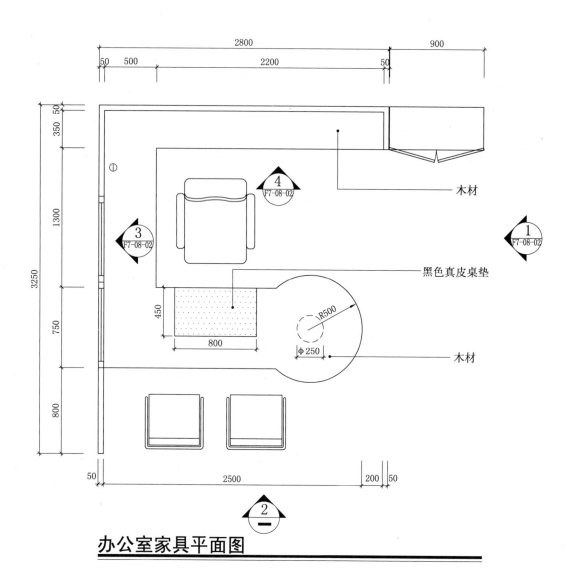

办公室家具平面图

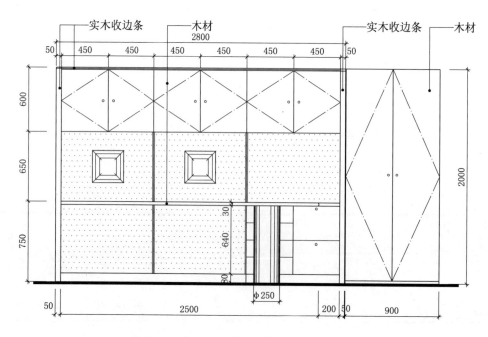

② **办公室家具立面图**

桌案类 - 办公桌

F7-08-02　办公家具

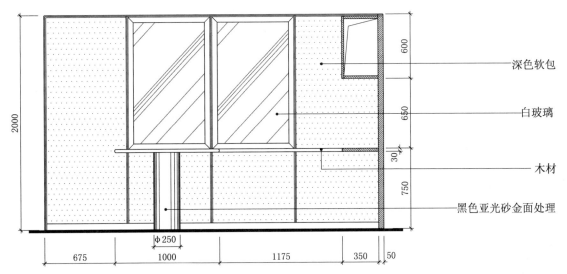

① 办公室家具立面图

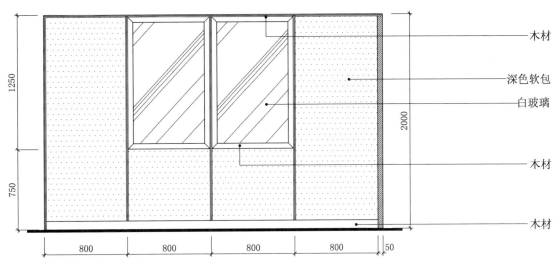

③ 办公室家具立面图

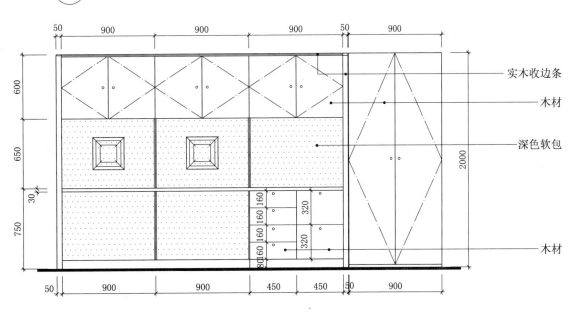

④ 办公室家具立面图

桌案类 － 办公桌

F7-09 办公桌

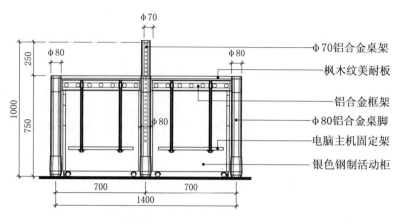

办公桌侧立面图

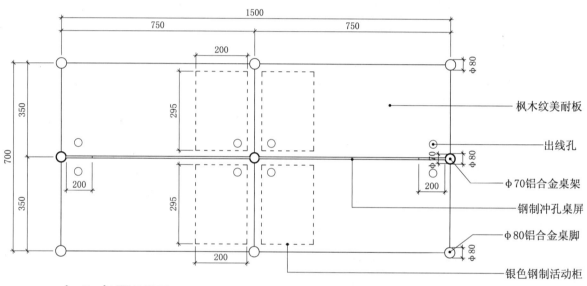

办公桌平面图

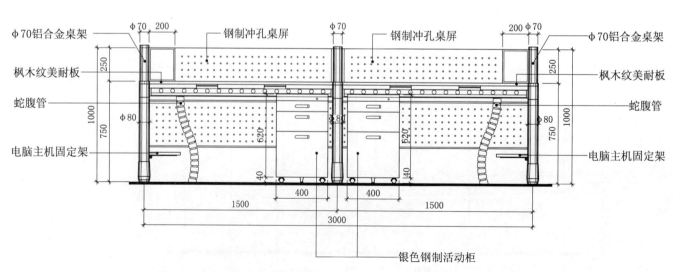

办公桌正立面图

桌案类 - 办公桌
F7-10 办公桌

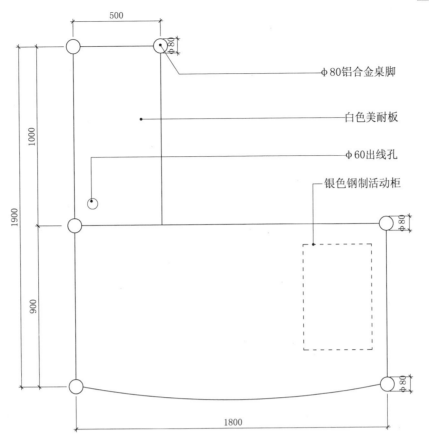

办公桌平面图

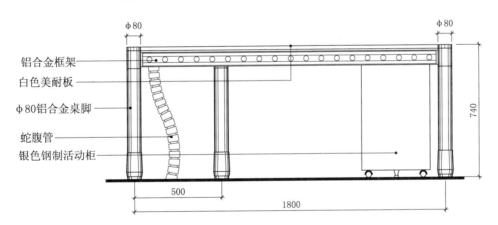

办公桌正立面图

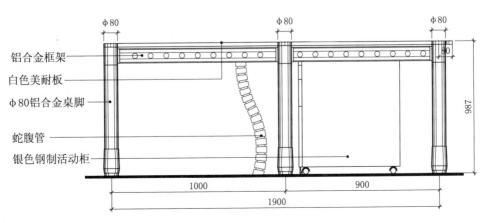

办公桌侧立面图

桌案类 - 办公桌
F7-11 办公桌

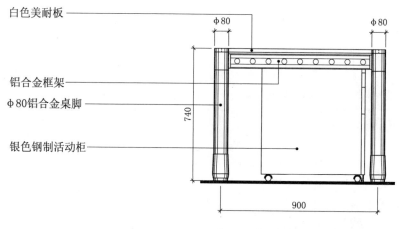

办公桌右侧立面图

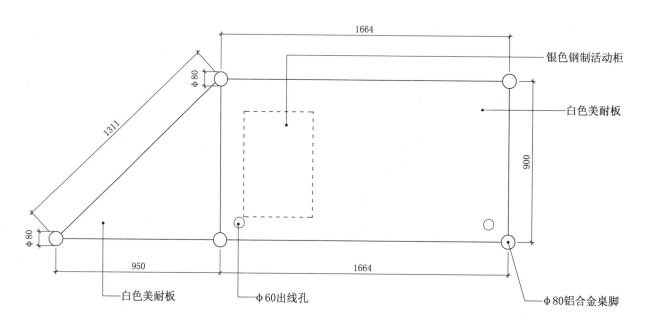

办公桌平面图

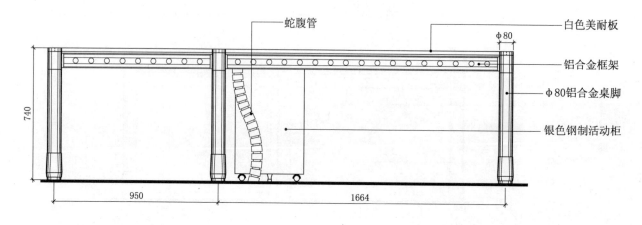

办公桌正立面图

桌案类 - 办公桌

F7-12 办公桌

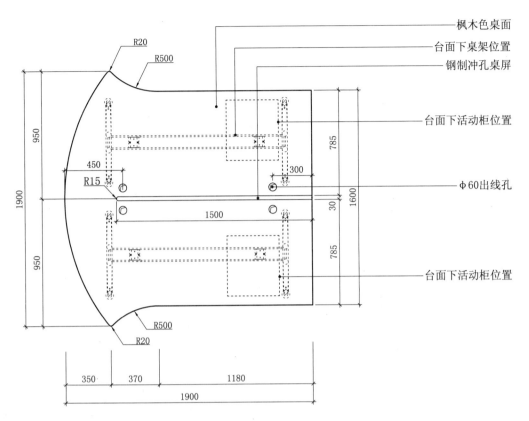

两人办公桌平面图

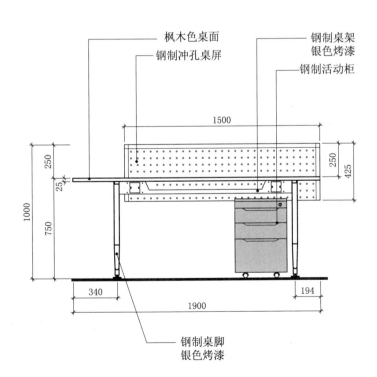

两人办公桌正立面图

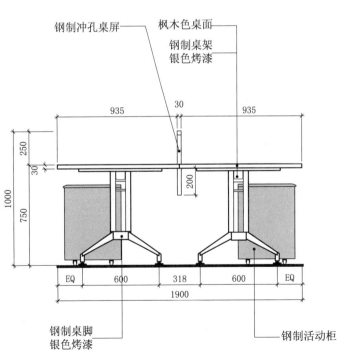

两人办公桌侧立面图

桌案类 - 办公桌
F7-13 办公桌

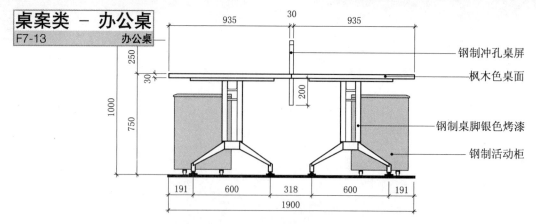

四人办公桌侧立面图

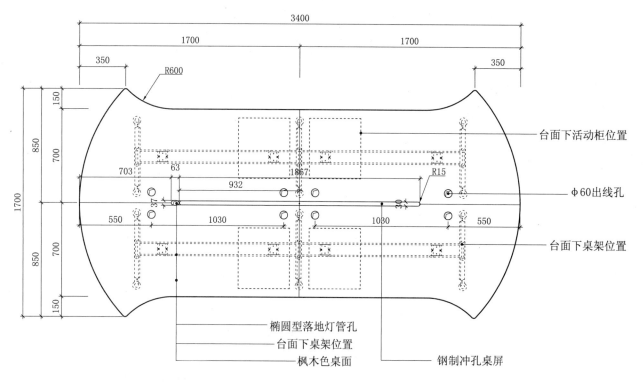

四人办公桌平面图

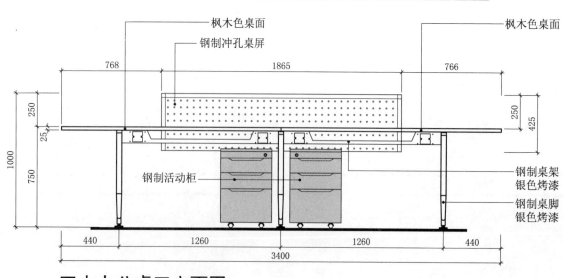

四人办公桌正立面图

桌案类 – 办公桌
F7-14 办公桌

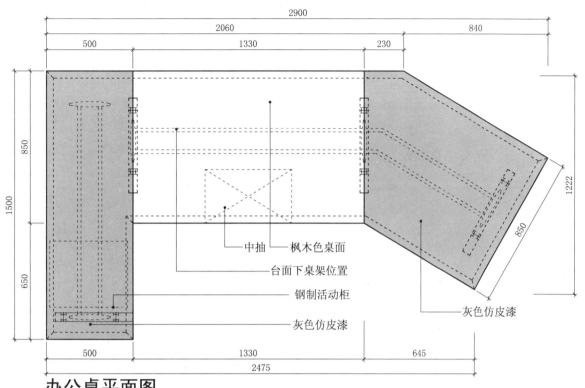

办公桌平面图

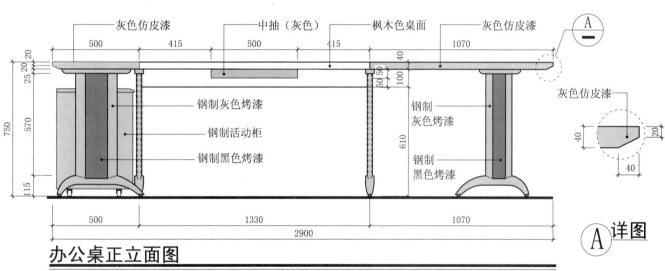

办公桌正立面图

A 详图

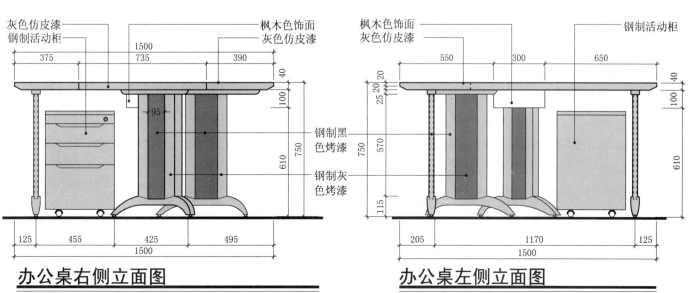

办公桌右侧立面图　　　　**办公桌左侧立面图**

桌案类 - 办公桌
F7-15-01 办公桌

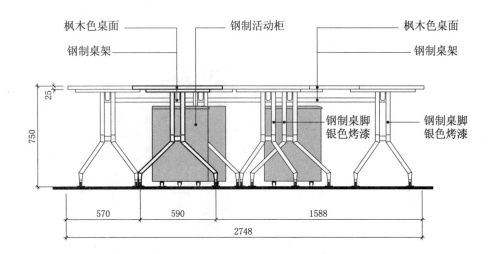

③ 办公桌组合立面图

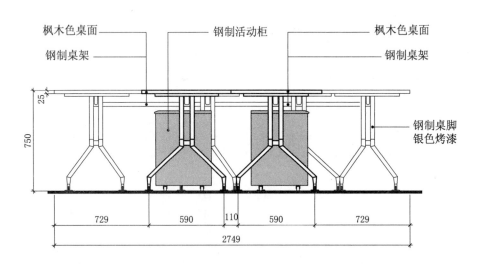

② 办公桌组合立面图

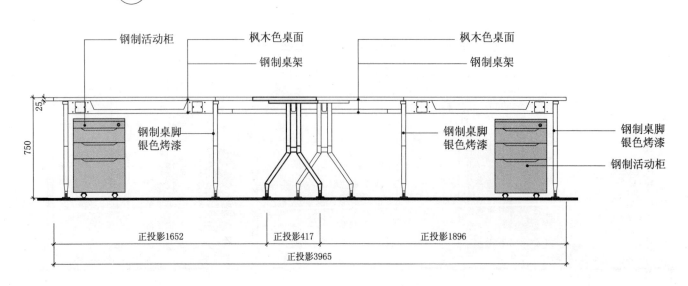

① 办公桌组合立面图

桌案类 - 办公桌

F7-15-02　办公桌

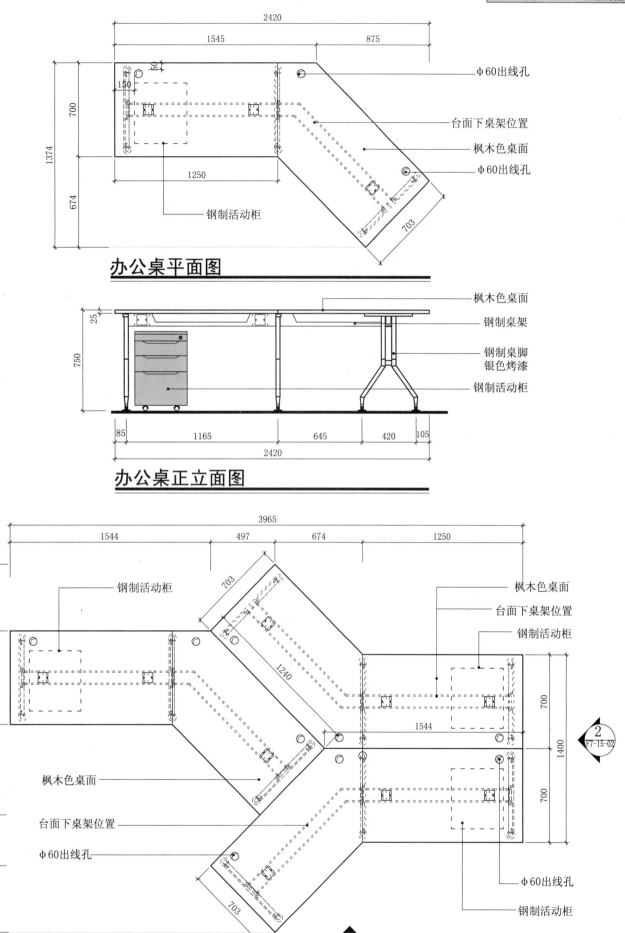

办公桌平面图

办公桌正立面图

办公桌组合平面图

桌案类 – 办公桌
F7-16 办公桌构件

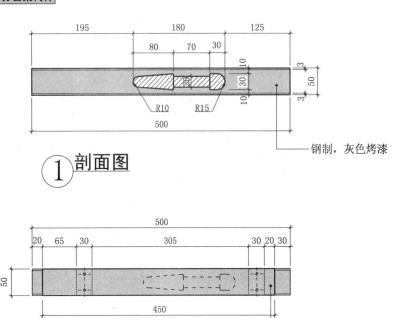

① 剖面图

办公桌脚平面图

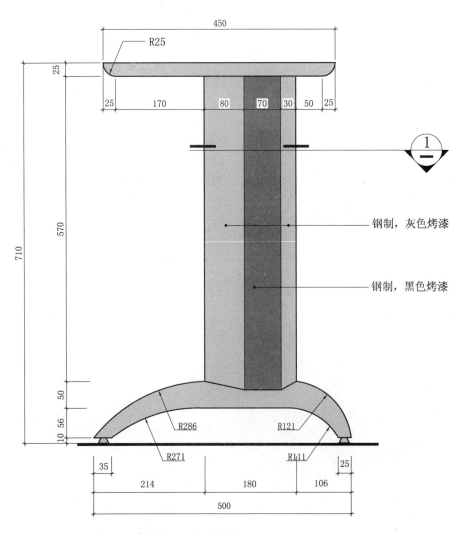

办公桌脚正立面图

办公桌脚侧立面图

桌案类 - 办公桌

F7-17 办公桌

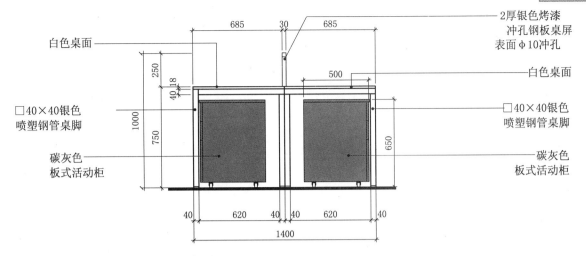

四人办公桌侧立面图

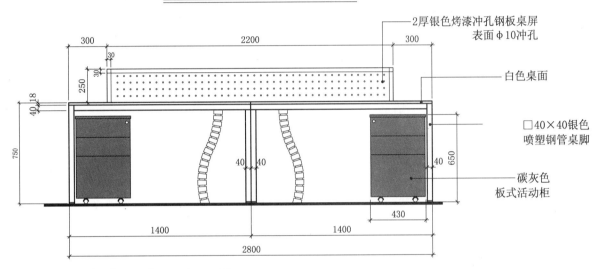

四人办公桌正立面图

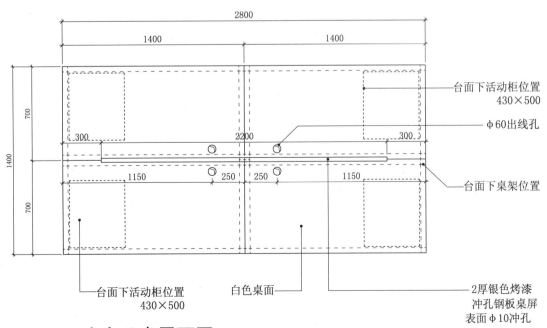

四人办公桌平面图

桌案类 - 办公桌

F7-18　办公桌

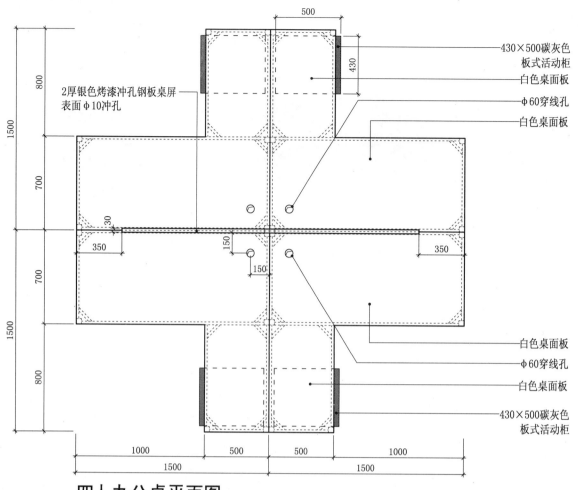

四人办公桌平面图

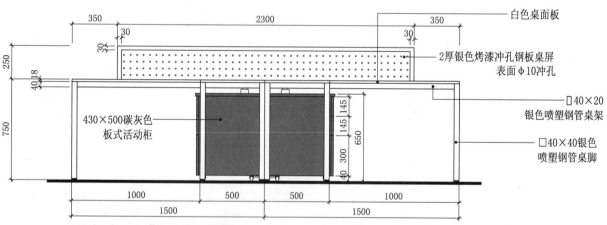

四人办公桌正立面图

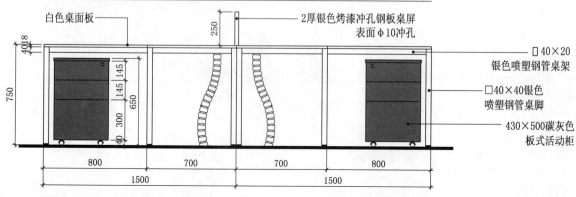

四人办公桌侧立面图

桌案类 - 办公桌

F7-19 办公桌

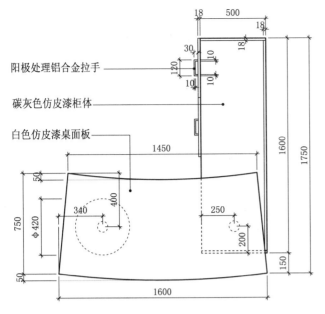

办公桌平面图

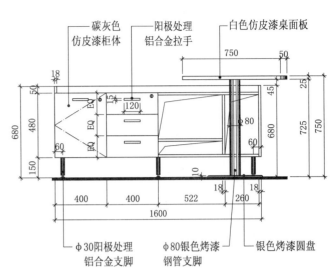

办公桌左侧立面图

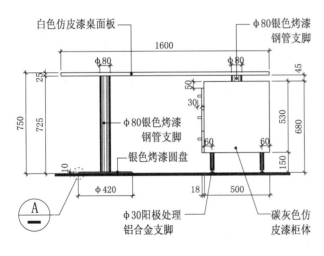

办公桌正立面图

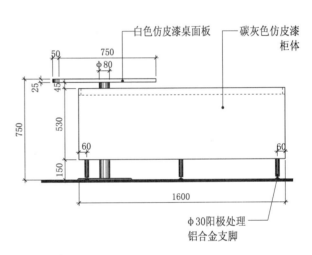

办公桌右侧立面图

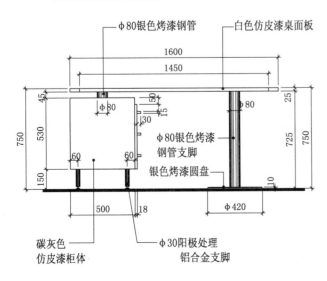

办公桌背立面图

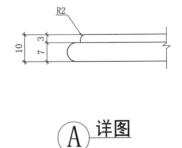

A 详图

桌案类 – 会议桌

F8-01 会议桌

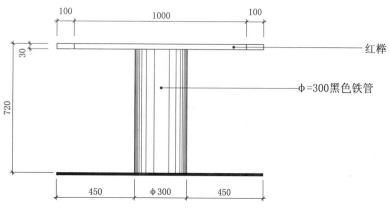

会议桌侧立面图

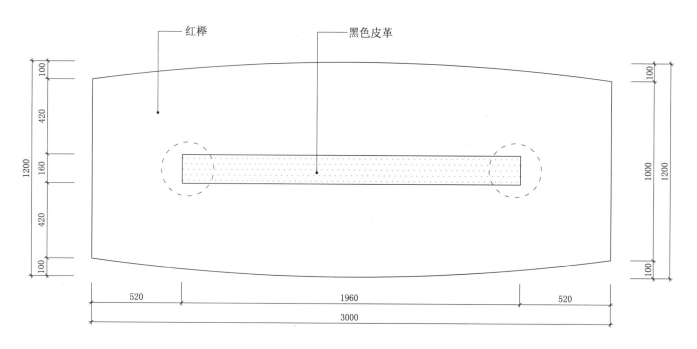

会议桌平面图

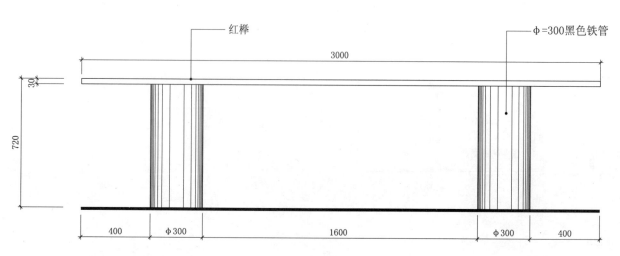

会议桌正立面图

桌案类 - 会议桌

F8-02 会议桌

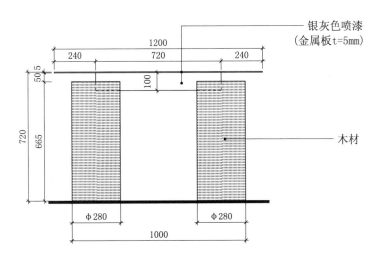

会议桌侧立面图

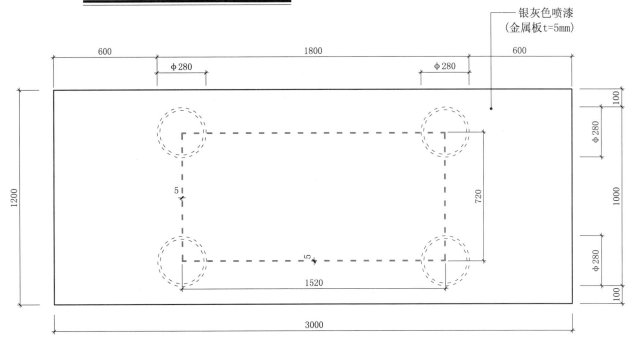

会议桌平面图

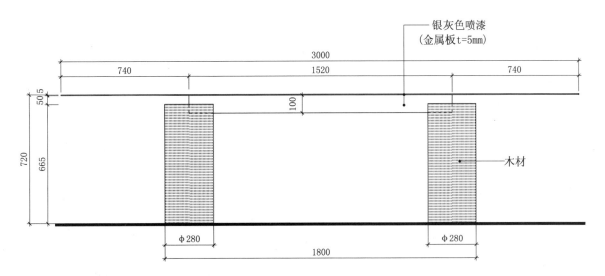

会议桌正立面图

桌案类 - 会议桌
F8-03 多功能会议桌

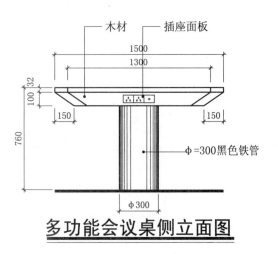

多功能会议桌侧立面图

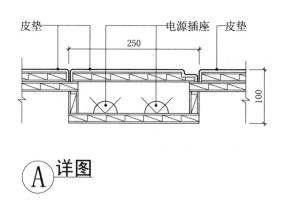

A 详图

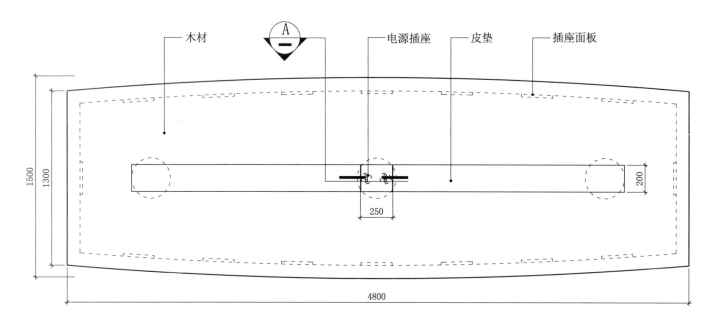

多功能会议桌平面图

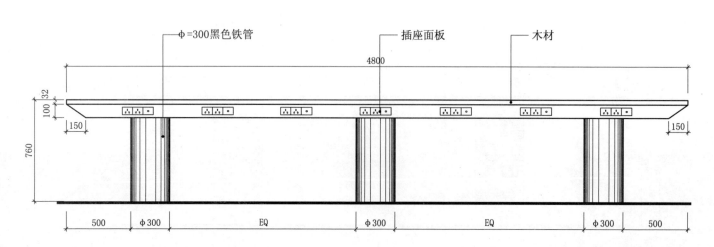

多功能会议桌正立面图

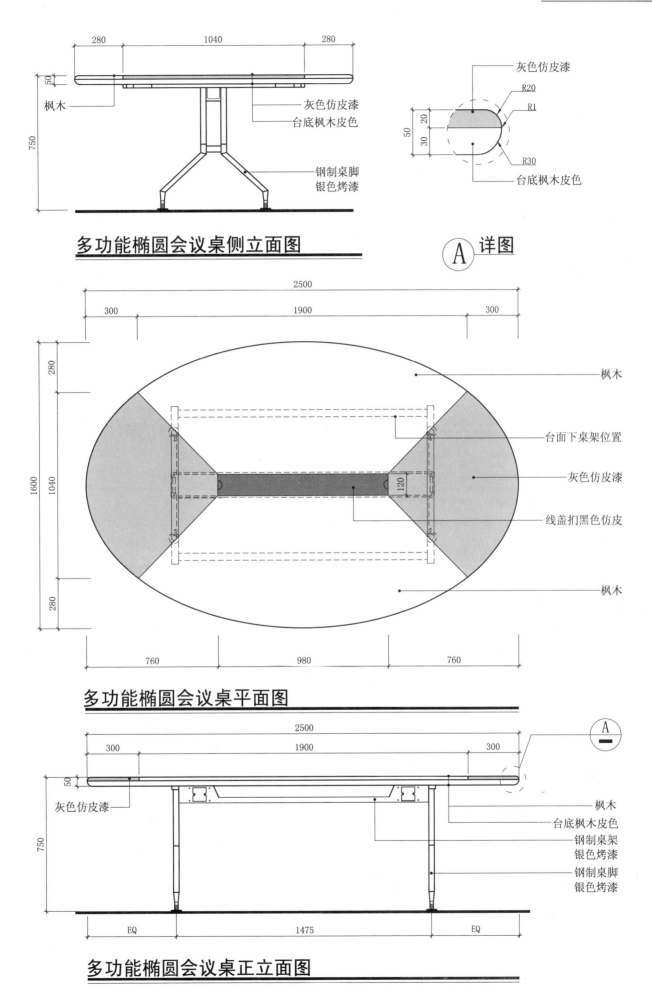

桌案类 - 会议桌
F8-05 多功能会议桌

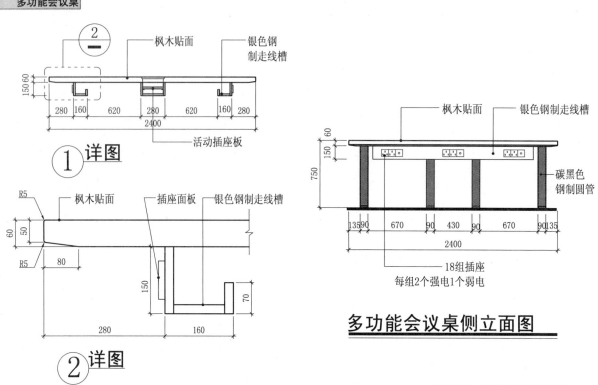

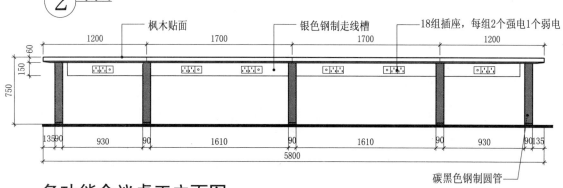

多功能会议桌正立面图

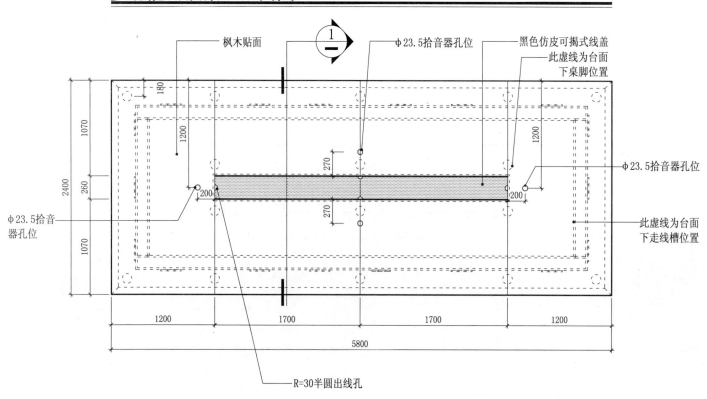

多功能会议桌平面图

桌案类 – 会议桌
F8-06 多功能会议桌

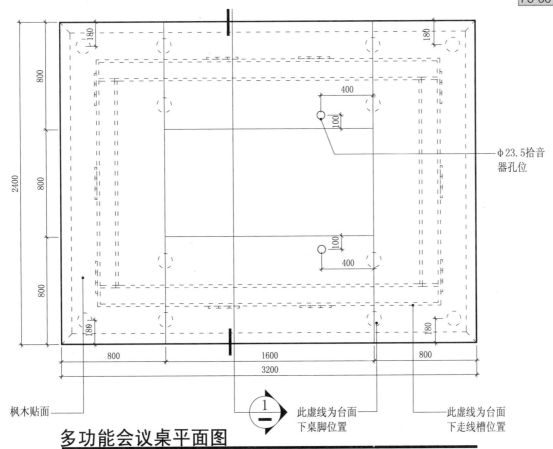

多功能会议桌平面图

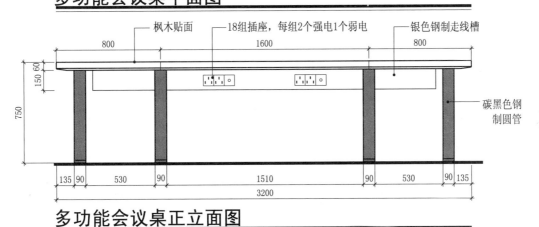

多功能会议桌正立面图

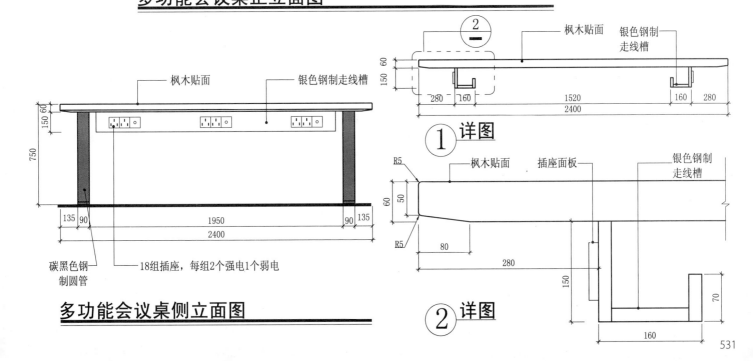

多功能会议桌侧立面图

① 详图

② 详图

桌案类 - 会议桌
F8-07　多功能会议桌

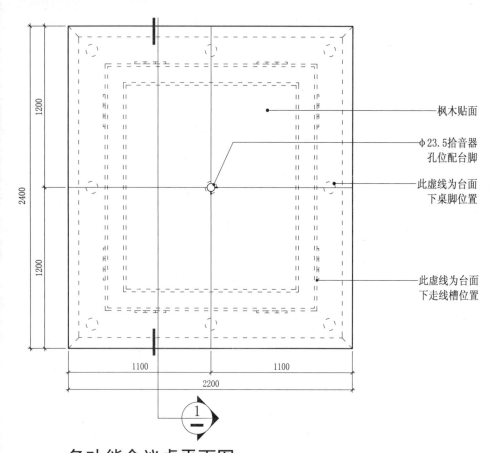

多功能会议桌平面图

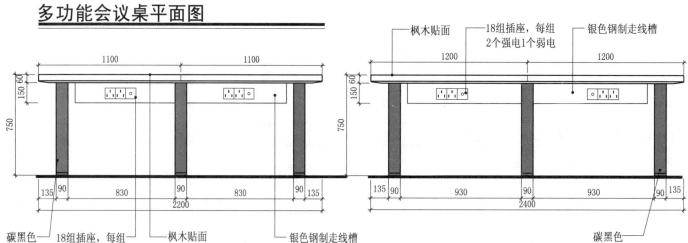

多功能会议桌正立面图　　多功能会议桌侧立面图

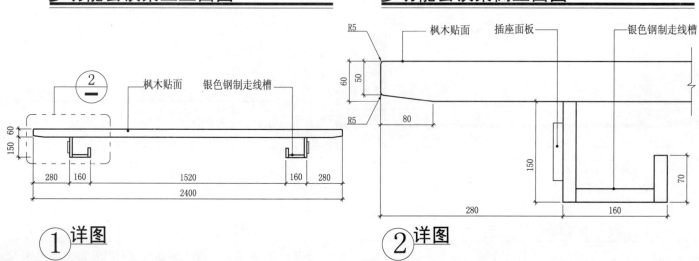

① 详图　　② 详图

桌案类 - 会议桌
F8-08 多功能会议桌

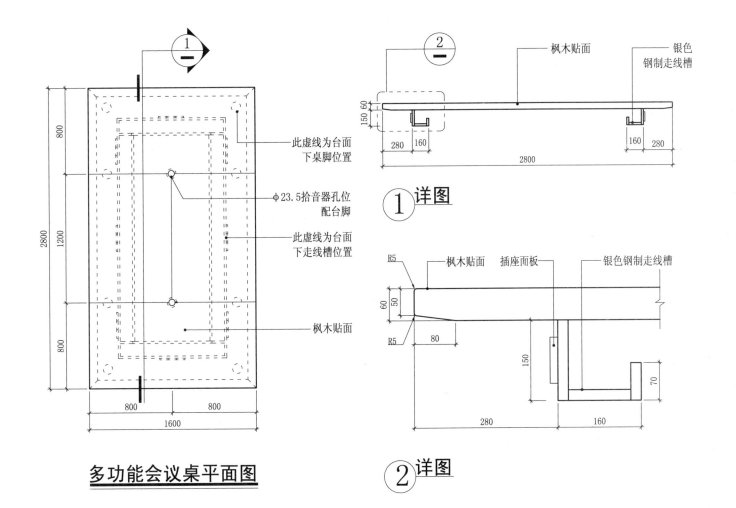

多功能会议桌平面图

① 详图

② 详图

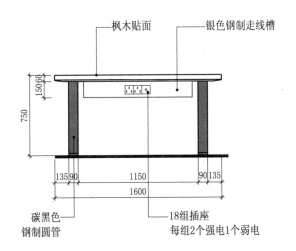

多功能会议桌正立面图

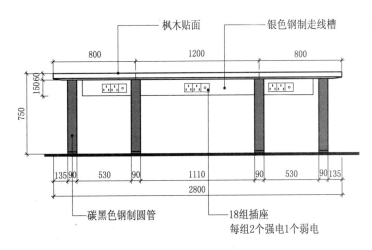

多功能会议桌侧立面图

桌案类 – 会议桌

F8-09　多功能会议桌

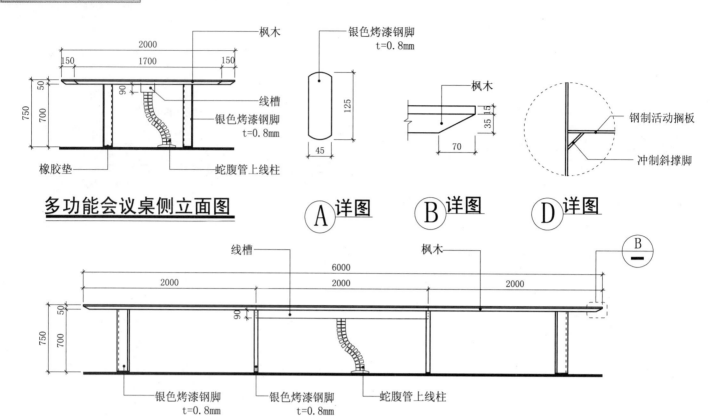

多功能会议桌侧立面图　　Ⓐ详图　　Ⓑ详图　　Ⓓ详图

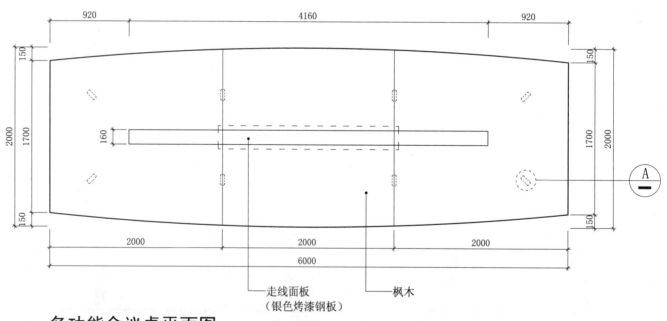

多功能会议桌正立面图

多功能会议桌平面图

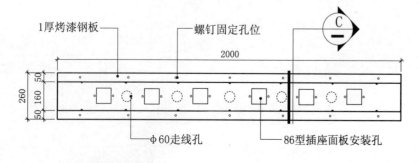

走线槽平面图

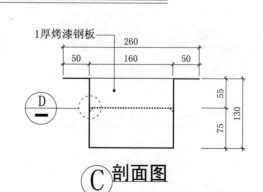

Ⓒ剖面图

桌案类 - 会议桌
F8-10-01　组合式会议桌

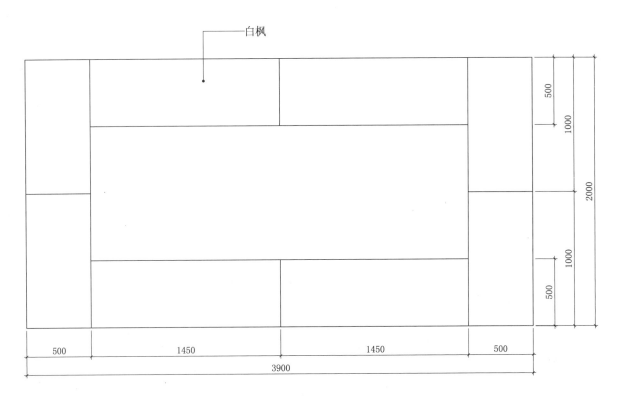

组合式会议桌平面图

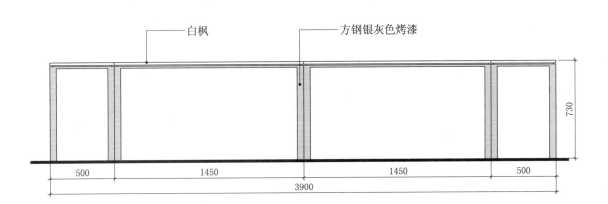

组合式会议桌正立面图

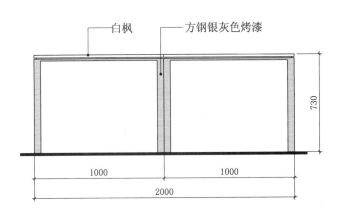

组合式会议桌侧立面图

桌案类 - 会议桌

F8-10-02　　组合式会议桌

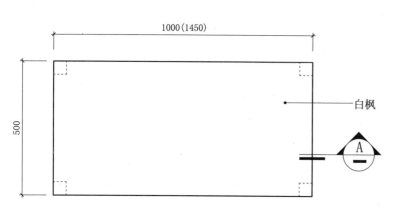

组合式会议桌平面图

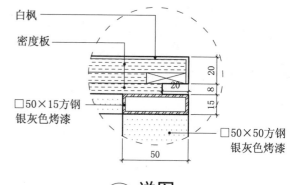

Ⓐ 详图

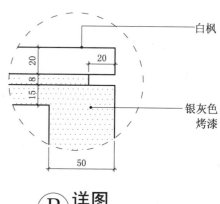

Ⓑ 详图

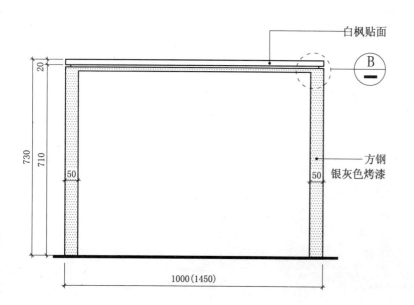

组合式会议桌正立面图

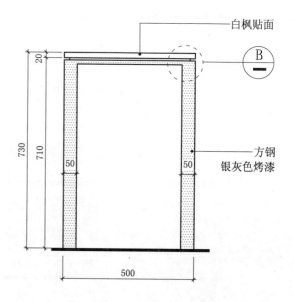

组合式会议桌侧立面图

桌案类 - 会议桌

F8-11 会议桌

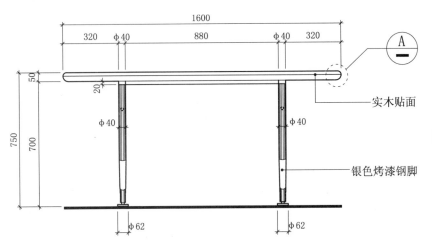

会议桌正立面图

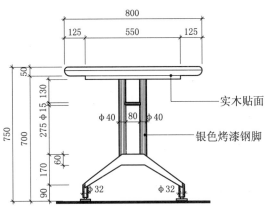

会议桌侧立面图

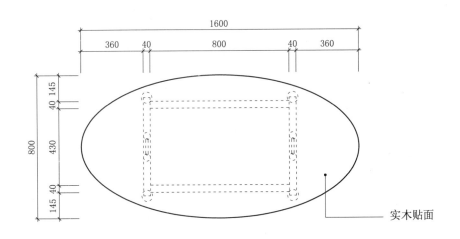

会议桌平面图

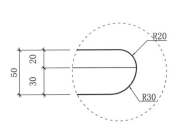

A 详图

桌案类 - 会议桌
F8-12 会议桌

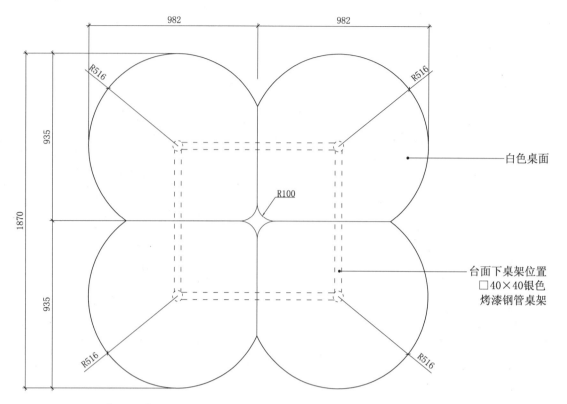

会议桌平面图

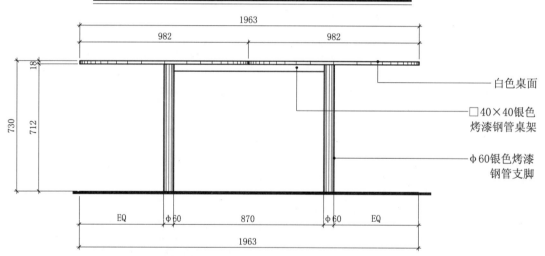

会议桌正立面图

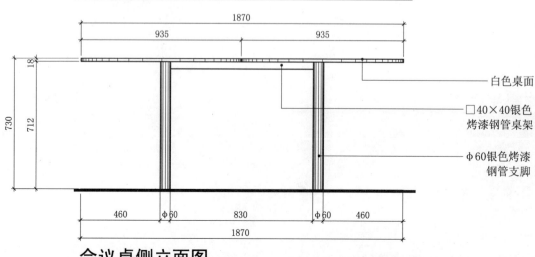

会议桌侧立面图

储物类

F9 *橱柜*
F10 *柜架*

储物类 - 橱柜
F9-01 电视柜

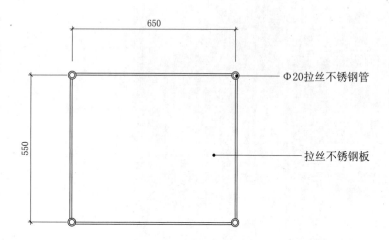

25″电视柜平面图

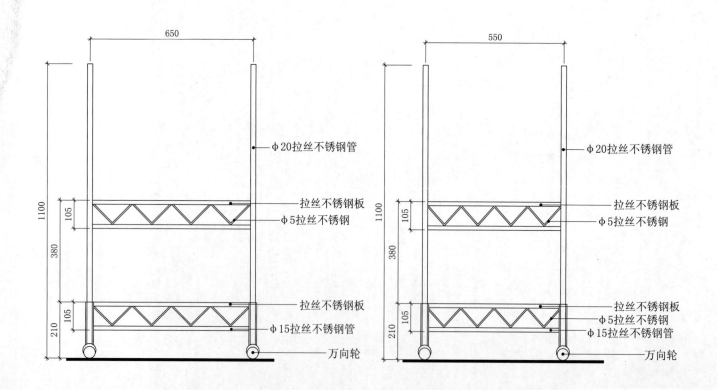

25″电视柜立面图　　　25″电视柜侧立面图

储物类 – 橱柜
电视柜
F9-02

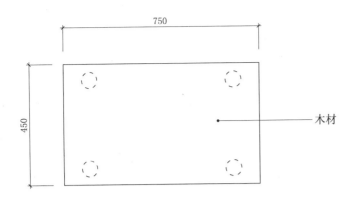

29"电视柜平面图

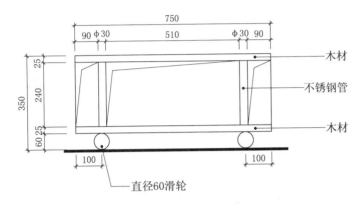

29"电视柜正立面图

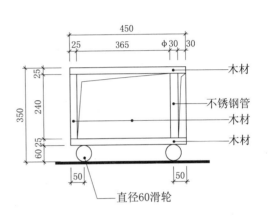

29"电视柜侧立面图

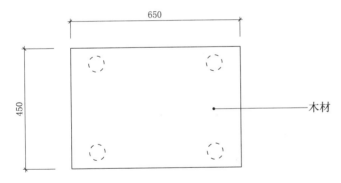

25"电视柜平面图

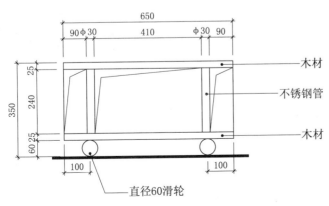

25"电视柜正立面图

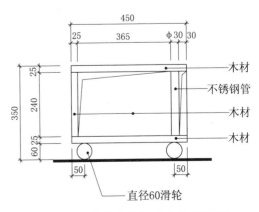

25"电视柜侧立面图

储物类 - 橱柜
F9-03　电视柜

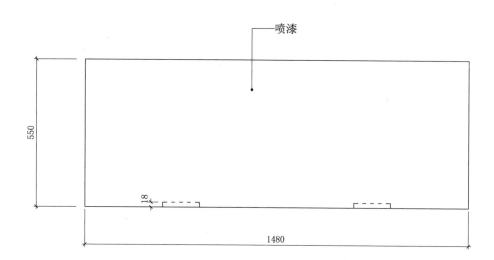

电视柜平面图

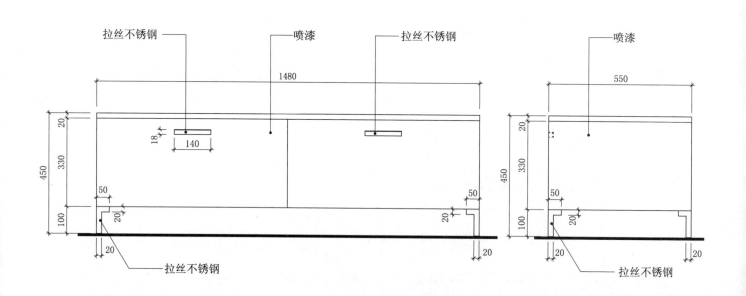

电视柜正立面图　　　　　　　　**电视柜侧立面图**

储物类 – 橱柜
F9-04 电视柜

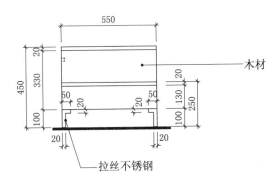

电视柜侧立面图

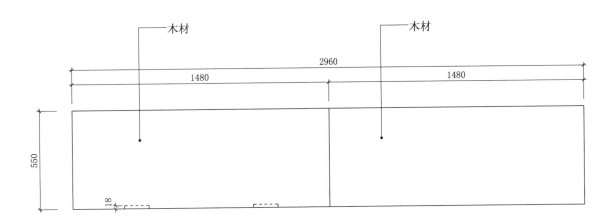

电视柜平面图

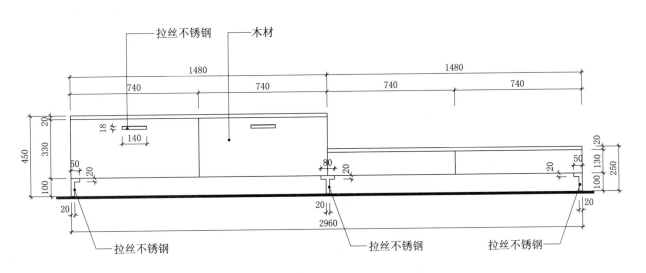

电视柜正立面图

储物类 – 橱柜
F9-05　电视柜

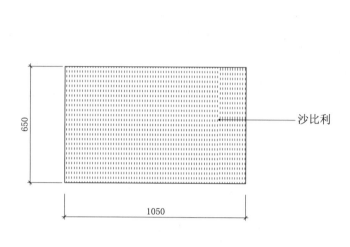

电视柜平面图

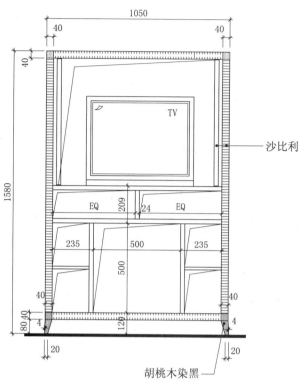

电视柜内部结构立面图

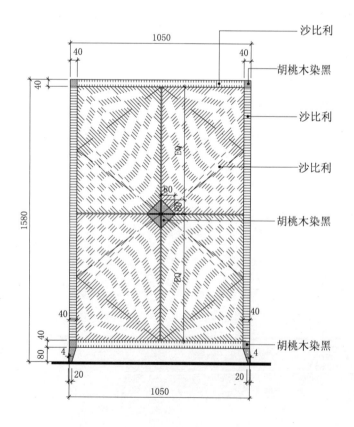

电视柜正立面图

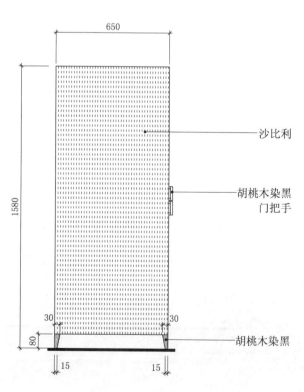

电视柜侧立面图

储物类 - 橱柜
F9-06 电视柜

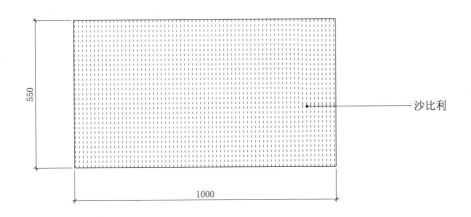

电视柜平面图

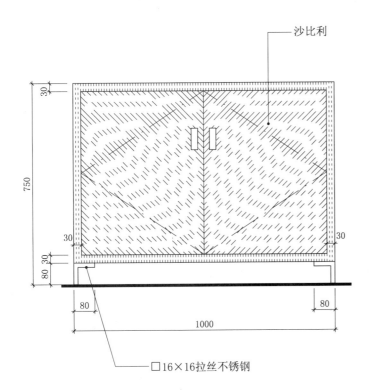

电视柜正立面图

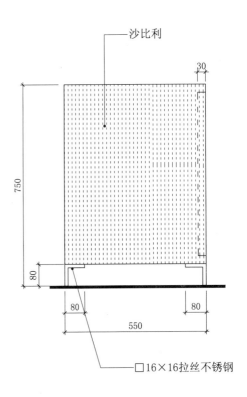

电视柜侧立面图

储物类 – 橱柜
F9-07 电视柜

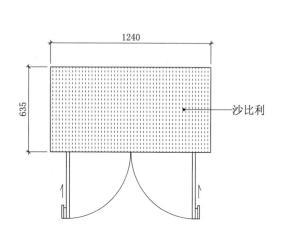

电视柜平面图

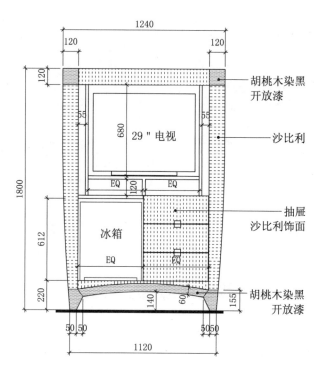

电视柜内部结构立面图

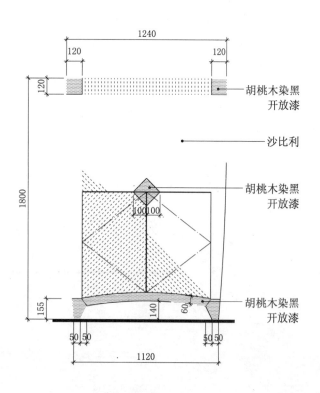

电视柜立面图

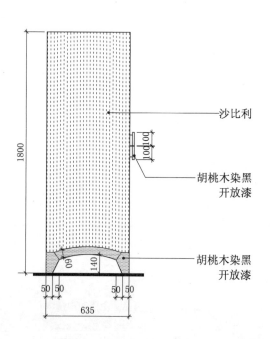

电视柜侧立面图

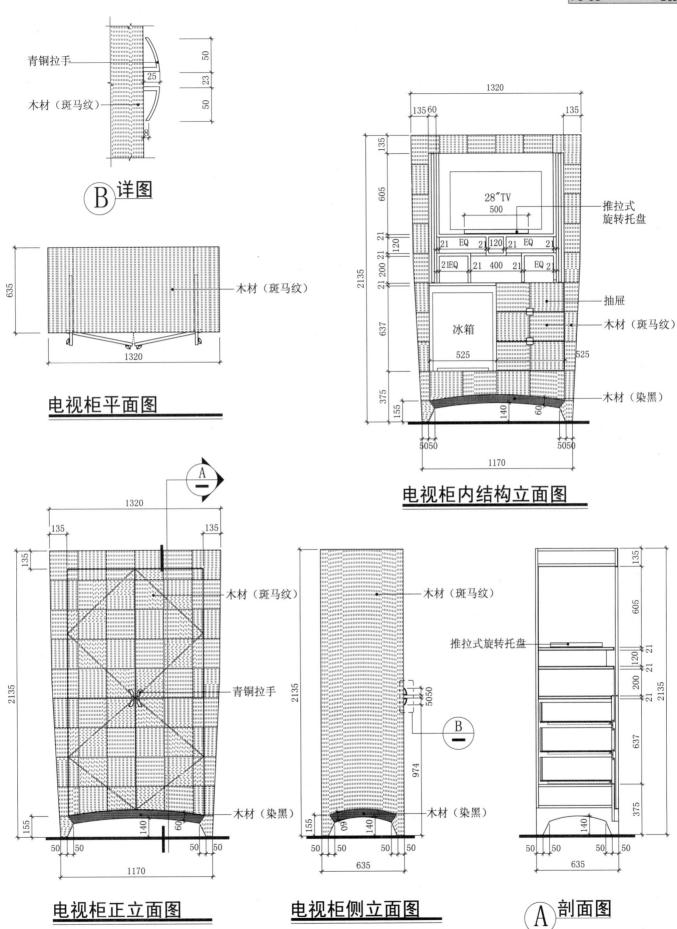

储物类 — 橱柜
F9-09 电视柜

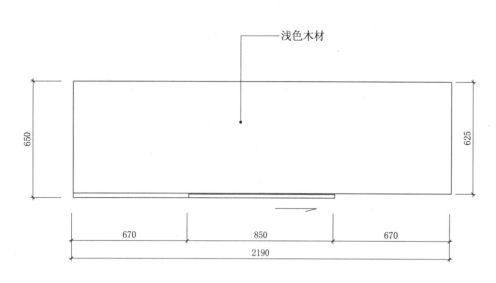

电视柜平面图

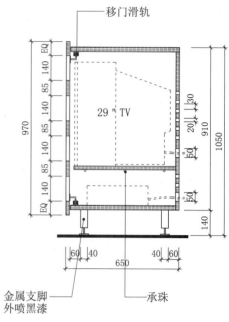

A 剖面图

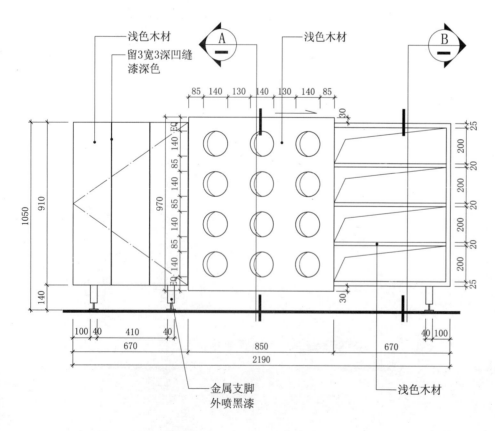

电视柜正立面图

B 剖面图

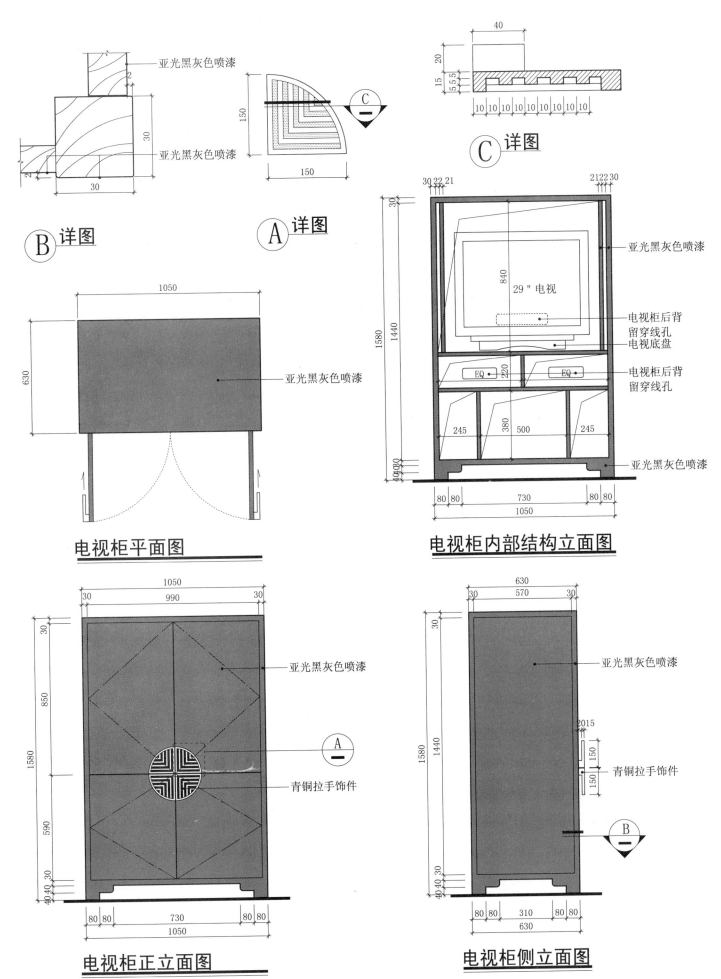

储物类 – 橱柜
F9-11 电视柜

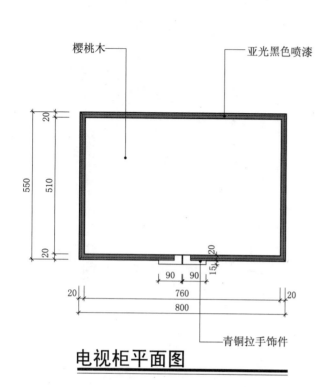

电视柜平面图

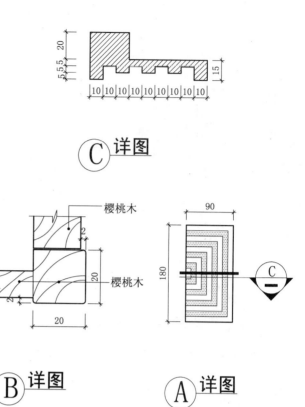

C 详图

B 详图　　A 详图

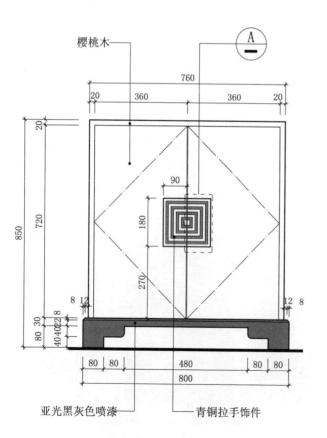

电视柜正立面图

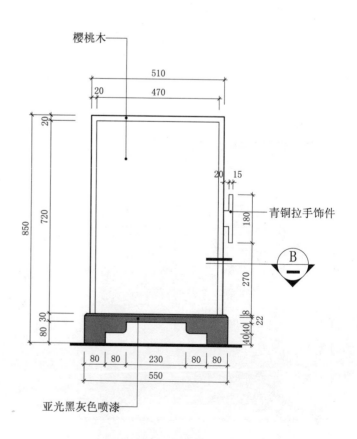

电视柜侧立面图

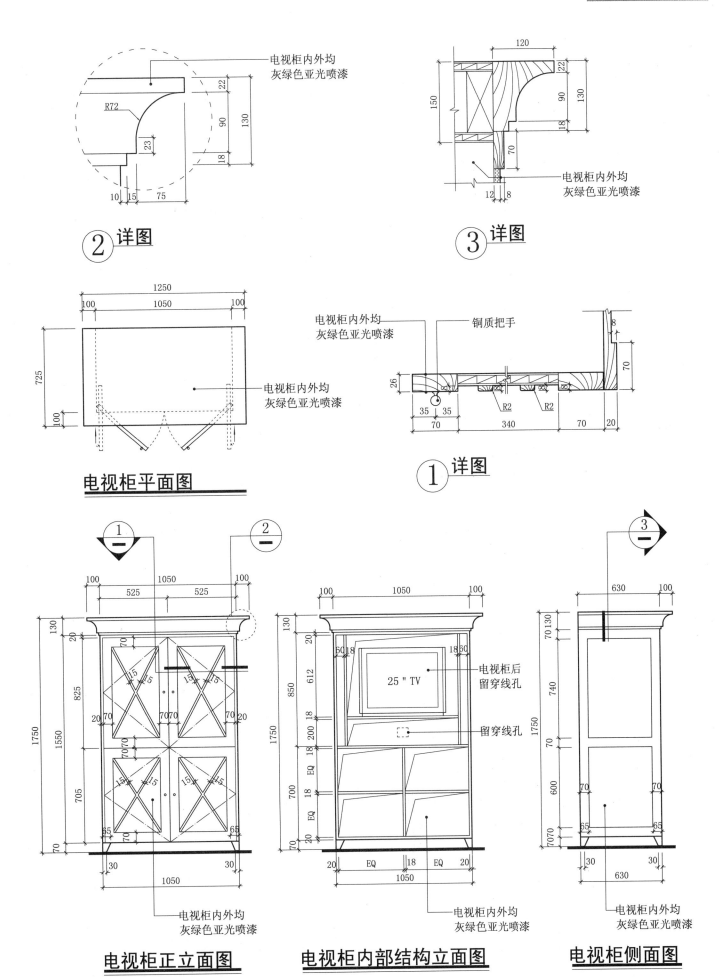

储物类 - 橱柜
F9-13-01　电视柜

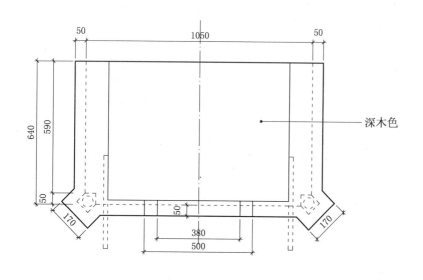

电视柜平面图

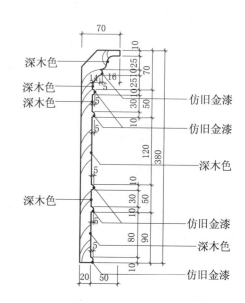

D 详图

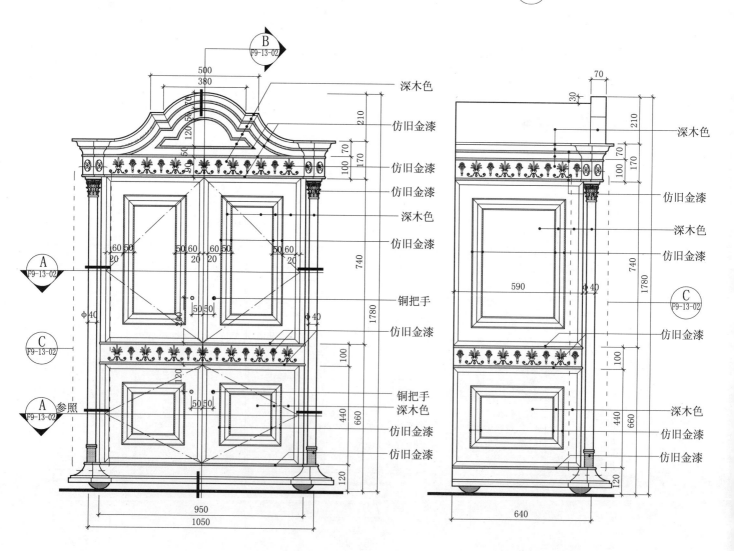

电视柜正立面图　　　　**电视柜侧立面图**

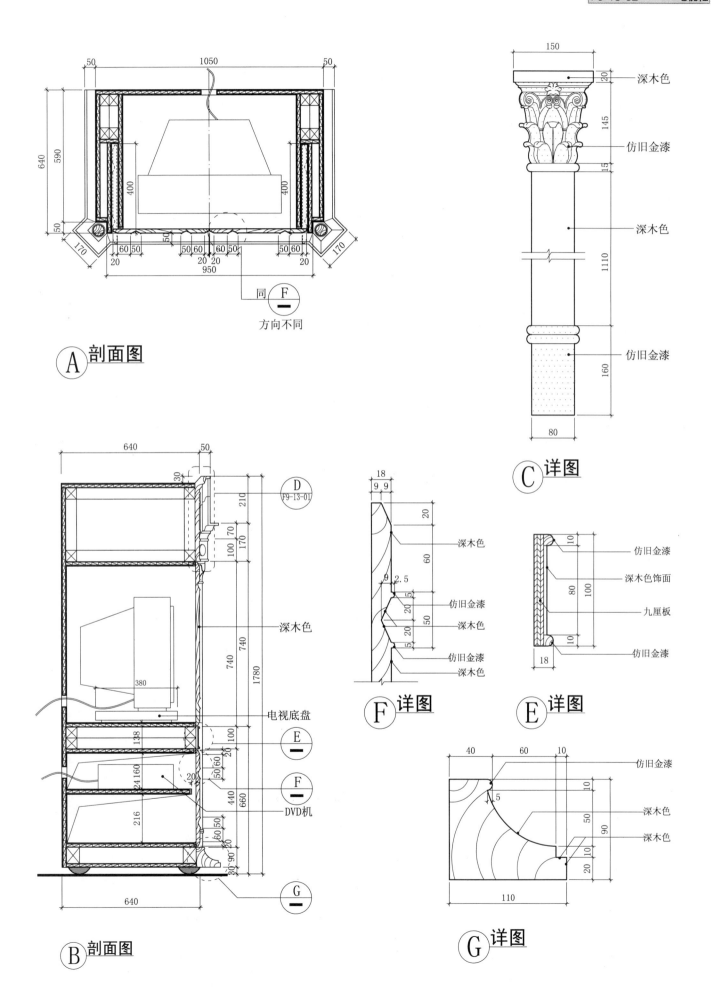

储物类 - 橱柜
F9-14 电视柜

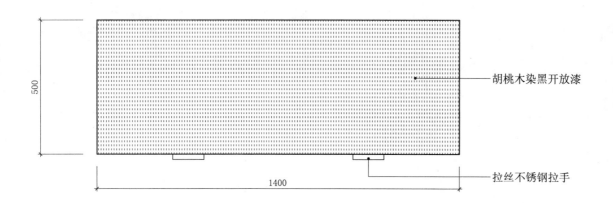

电视柜平面图

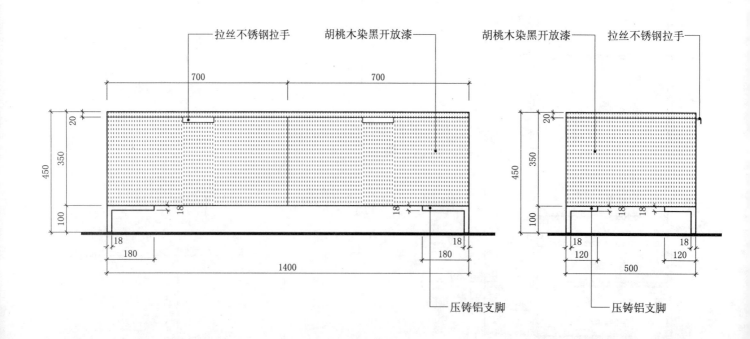

电视柜正立面图　　　　　　　　**电视柜侧立面图**

储物类 – 橱柜
F9-15-01　电视柜

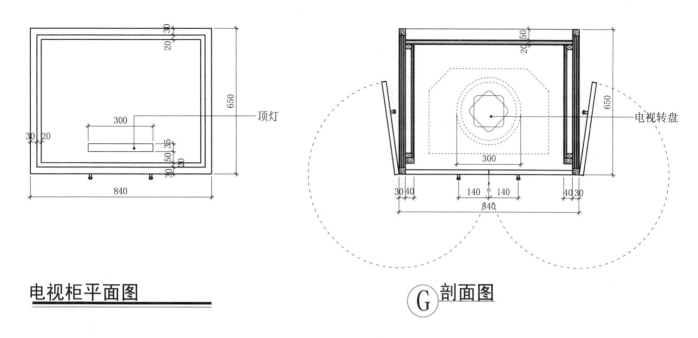

电视柜平面图　　　　G 剖面图

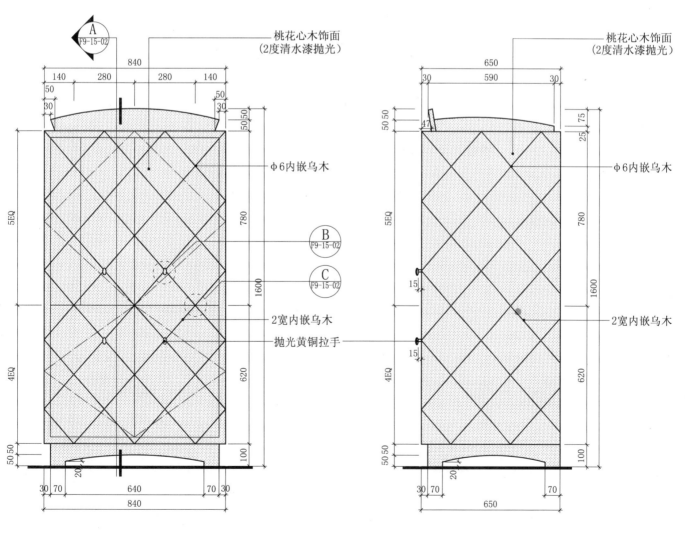

电视柜正立面图　　　　电视柜侧立面图

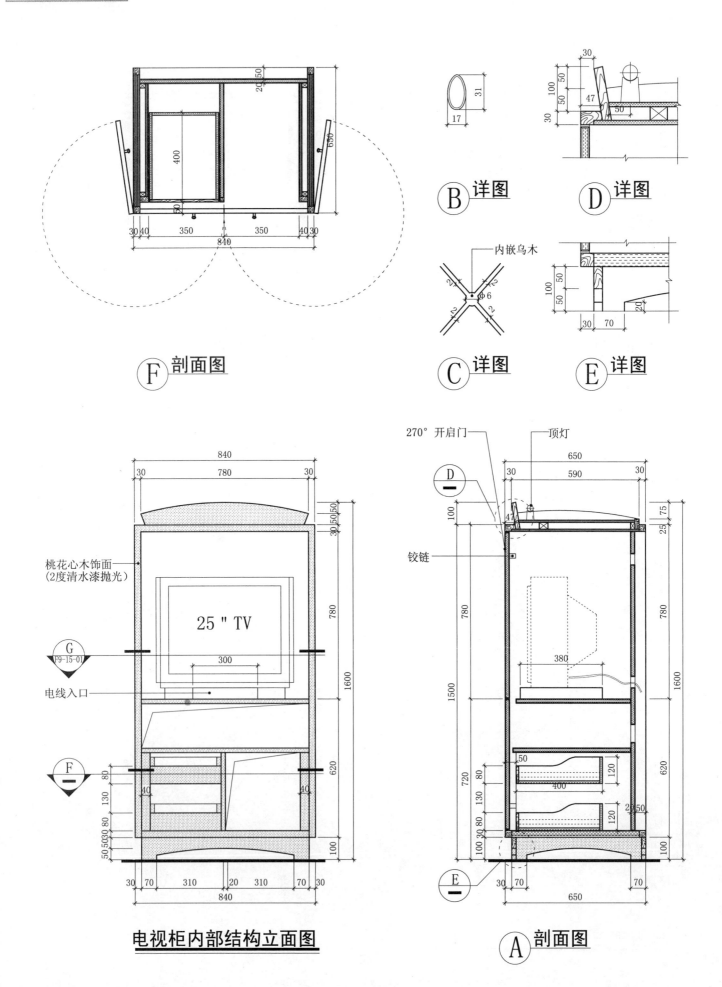

储物类 – 橱柜
F9-16-01
电视柜

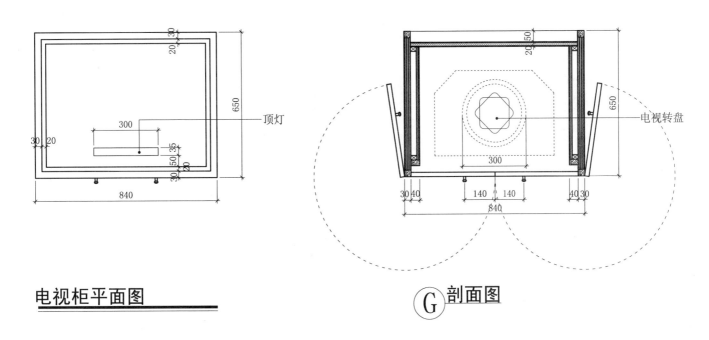

电视柜平面图　　　　　　G 剖面图

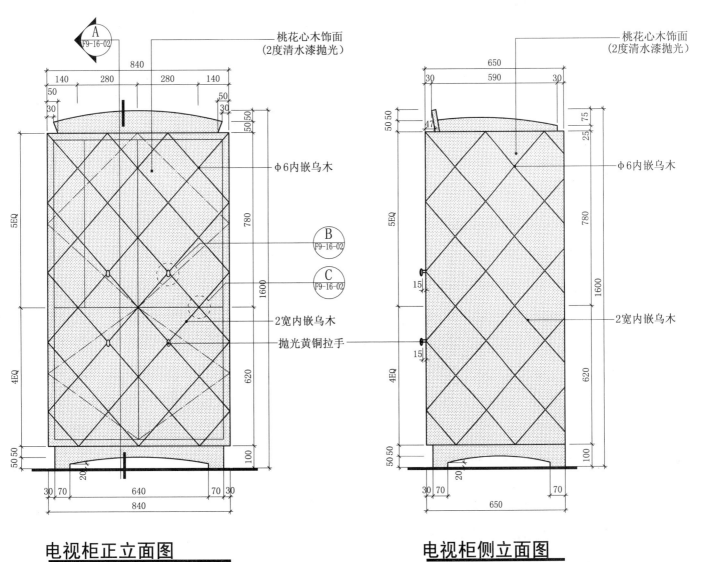

电视柜正立面图　　　　　　电视柜侧立面图

储物类 – 橱柜
F9-16-02　电视柜

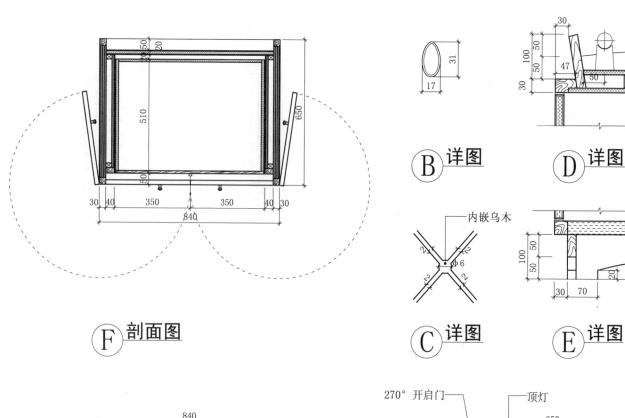

F 剖面图

B 详图　　D 详图

内嵌乌木

C 详图　　E 详图

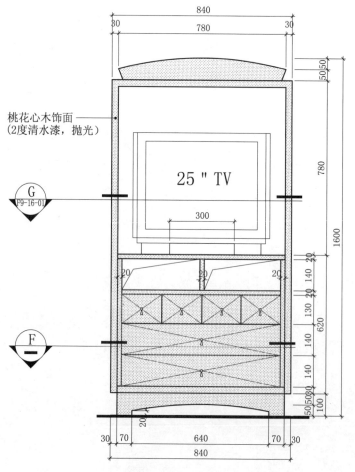

桃花心木饰面
（2度清水漆，抛光）

25" TV

电视柜内部结构立面图

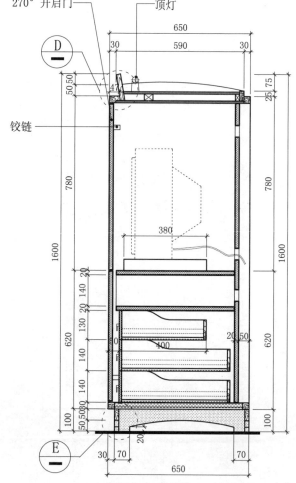

270°开启门　　顶灯

铰链

A 剖面图

储物类 - 橱柜
F9-17 墙边柜

可选尺寸
900mm×600mm
1200mm×600mm
1600mm×600mm
2000mm×600mm

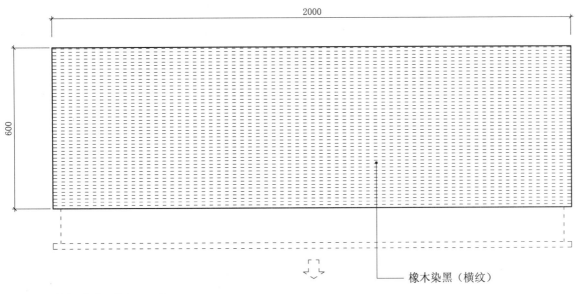

墙边柜平面图

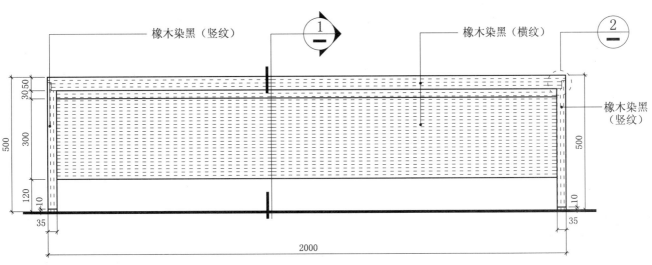

墙边柜正立面图

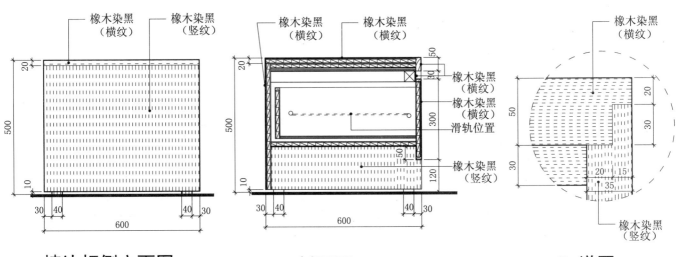

墙边柜侧立面图　　①剖面图　　②详图

储物类 – 橱柜
F9-18 墙边柜

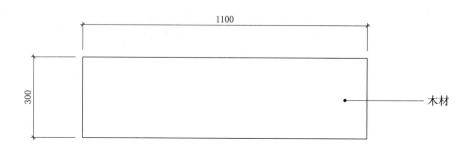

墙边柜平面图

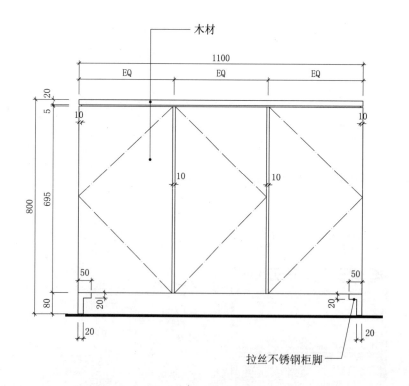

墙边柜正立面图

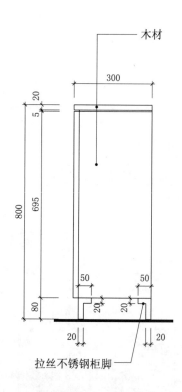

墙边柜侧立面图

储物类 — 橱柜
F9-19 墙边柜

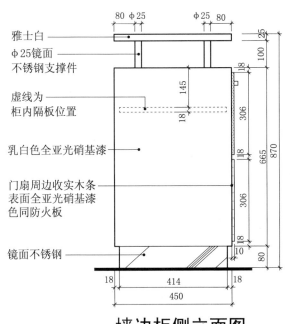

墙边柜侧立面图

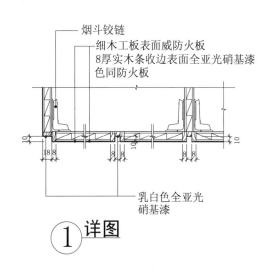

① 详图

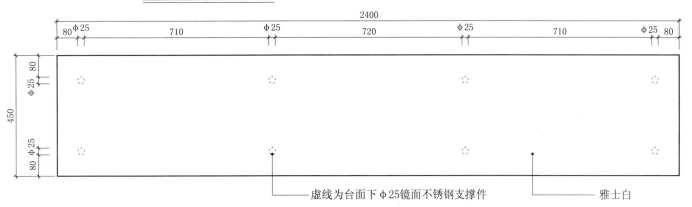

墙边柜平面图

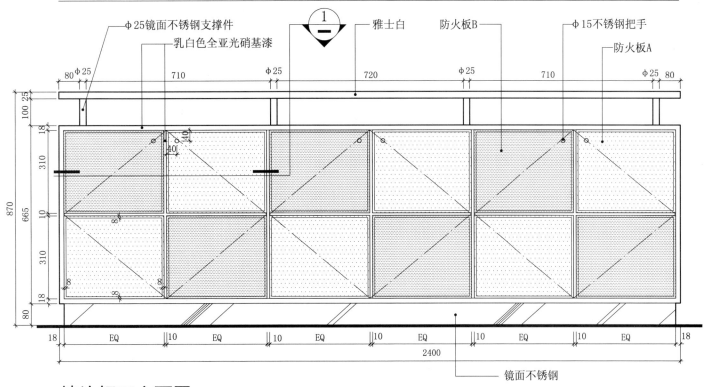

墙边柜正立面图

储物类 – 橱柜
F9-20　墙边柜

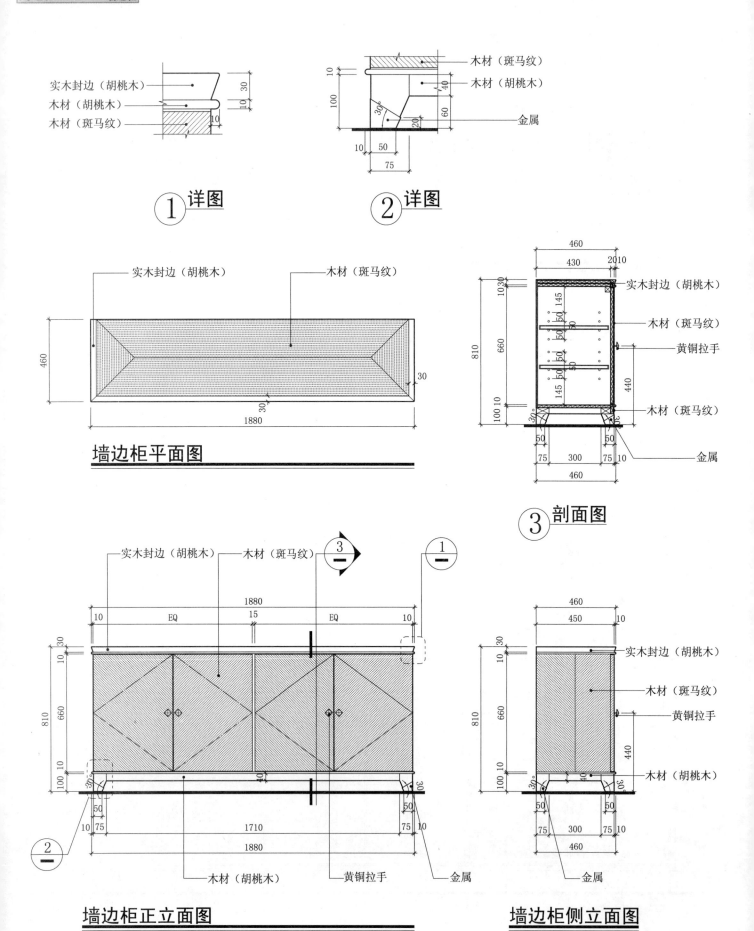

储物类 – 橱柜
F9-21　墙边柜

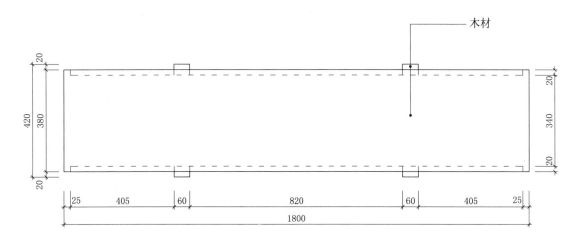

墙边柜平面图

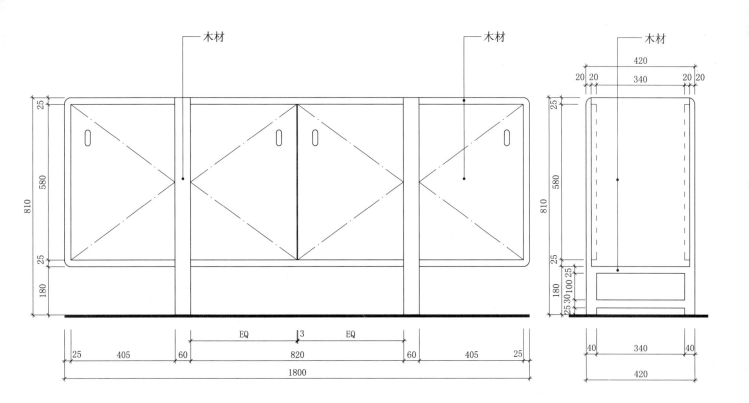

墙边柜正立面图　　　　　　　　　　　**墙边柜侧立面图**

储物类 - 橱柜
F9-22 墙边柜

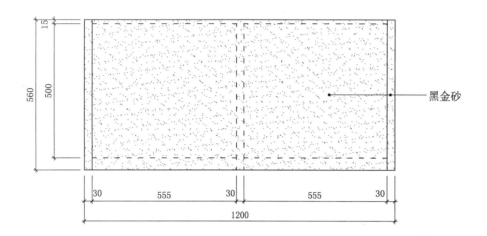

墙边柜平面图

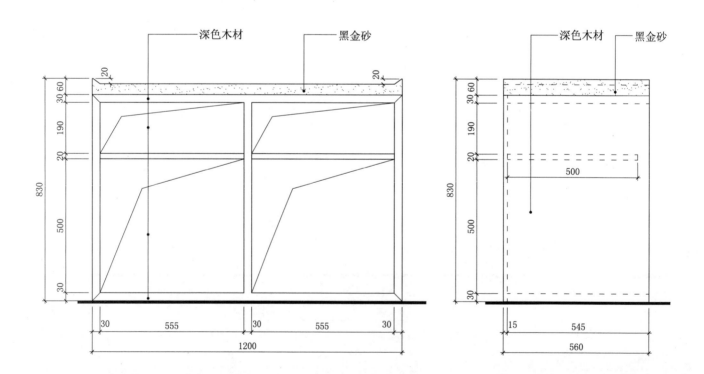

墙边柜正立面图　　　　**墙边柜侧立面图**

储物类 — 橱柜
F9-23 墙边柜

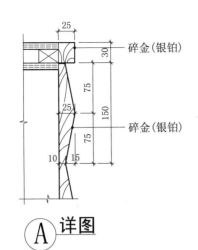

A 详图

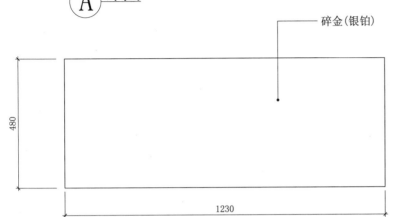

墙边柜平面图

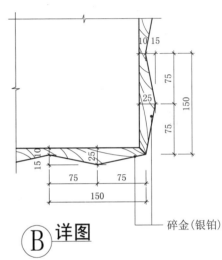

B 详图

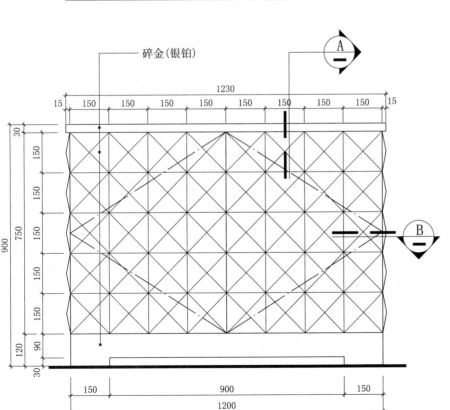

墙边柜正立面图

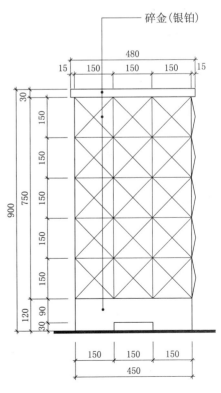

墙边柜侧立面图

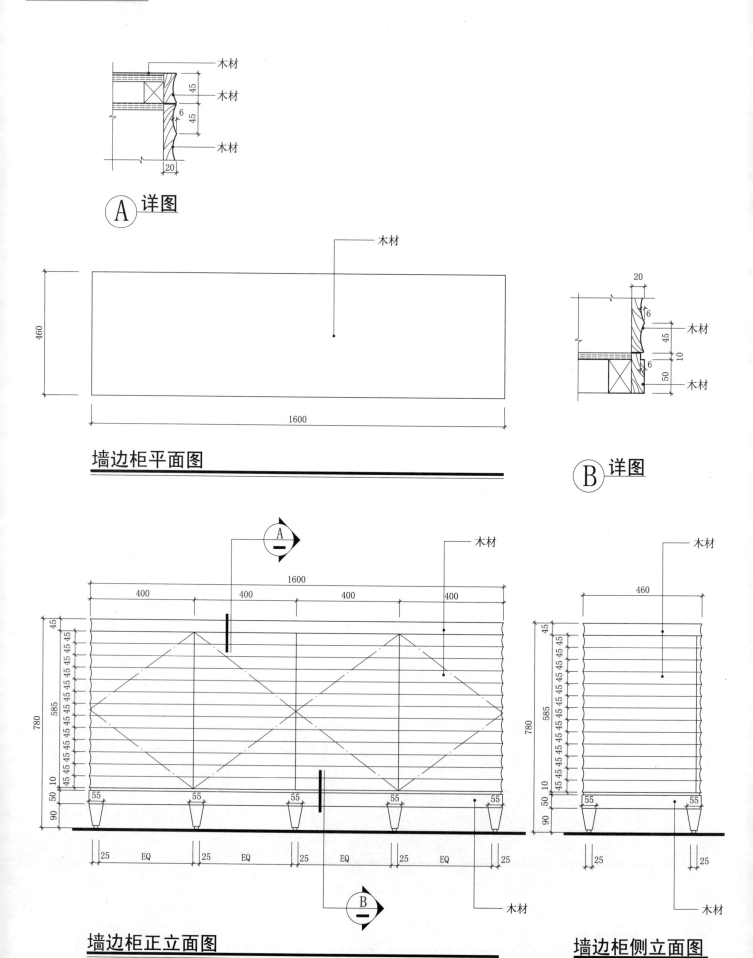

储物类 — 橱柜
F9-25 墙边柜

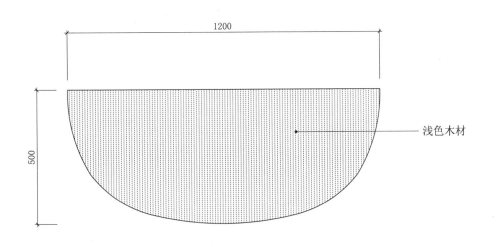

墙边柜平面图

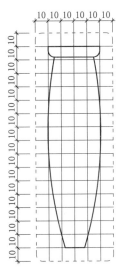

Ⓐ 详图

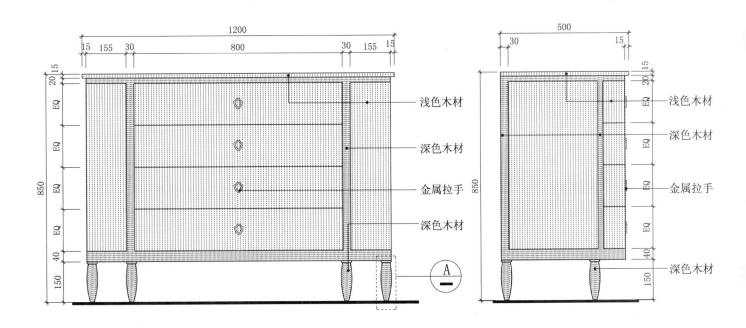

墙边柜正立面图　　　　墙边柜侧立面图

储物类 – 橱柜
F9-26 墙边柜

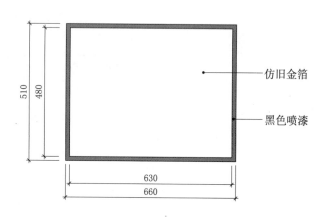

墙边柜平面图

A 详图

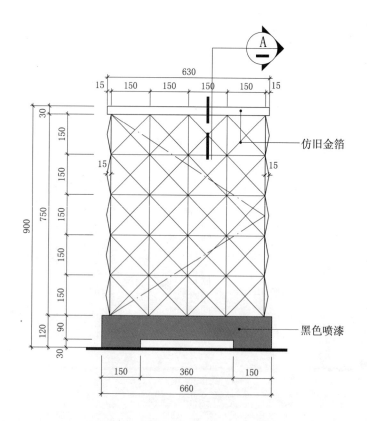

墙边柜正立面图

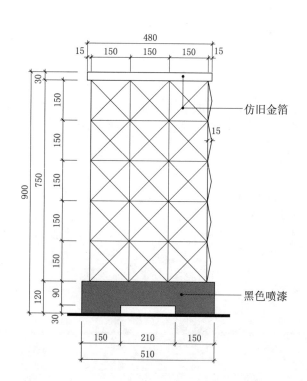

墙边柜侧立面图

储物类 - 橱柜
F9-27 墙边柜

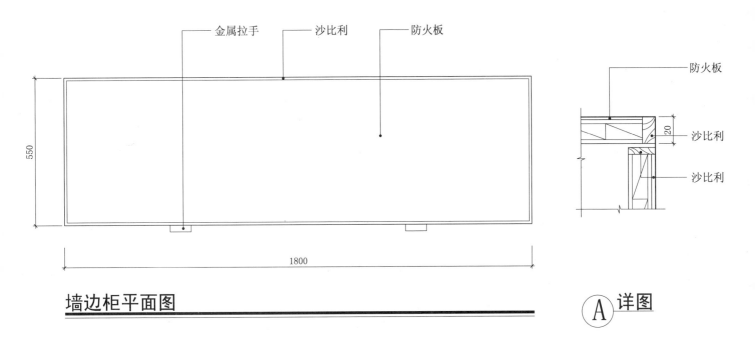

墙边柜平面图　　　　　　　　　　　Ⓐ 详图

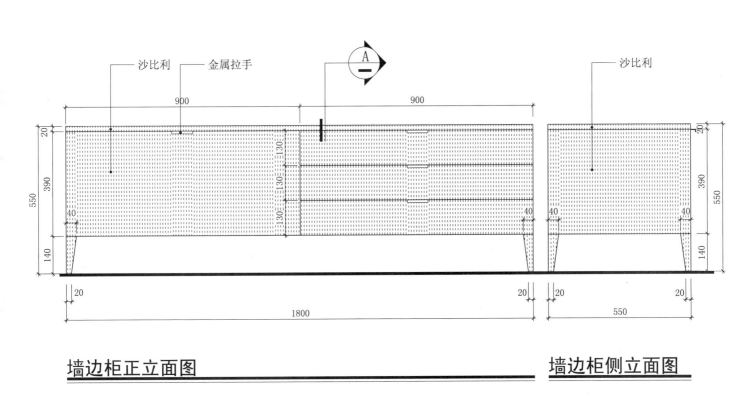

墙边柜正立面图　　　　　　　　　　墙边柜侧立面图

储物类 – 橱柜
F9-28 备餐柜

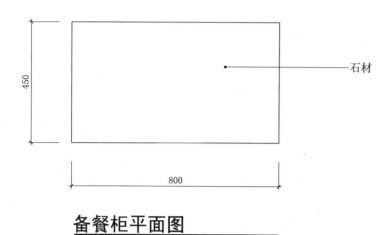

备餐柜平面图

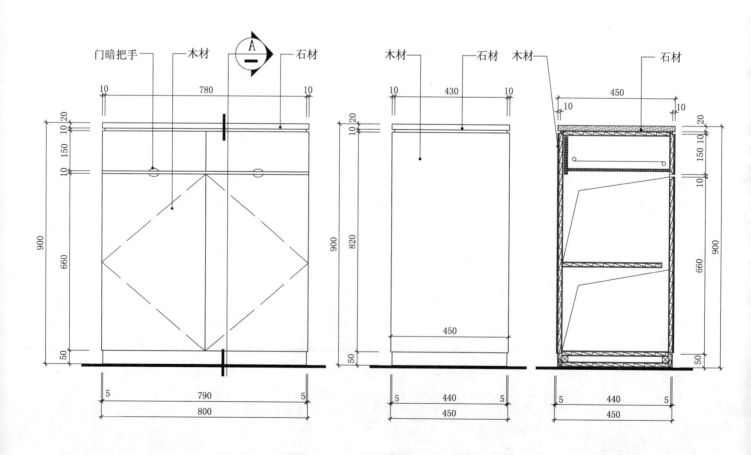

备餐柜正立面图　　**备餐柜侧立面图**　　**A 剖面图**

储物类 - 橱柜
F9-29 备餐柜

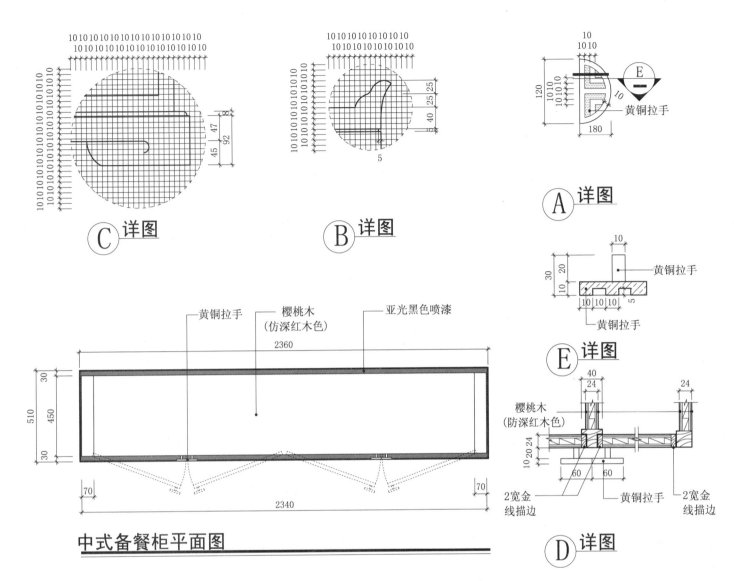

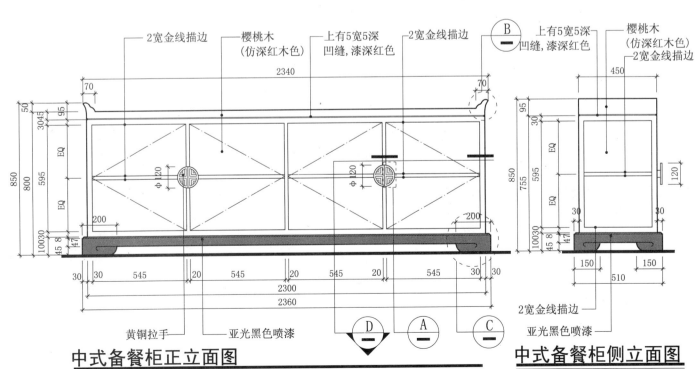

中式备餐柜正立面图　　中式备餐柜侧立面图

储物类 – 橱柜
F9-30 备餐柜

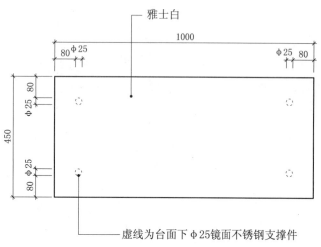

备餐柜平面图

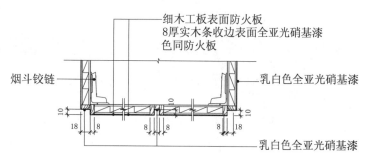

① 详图

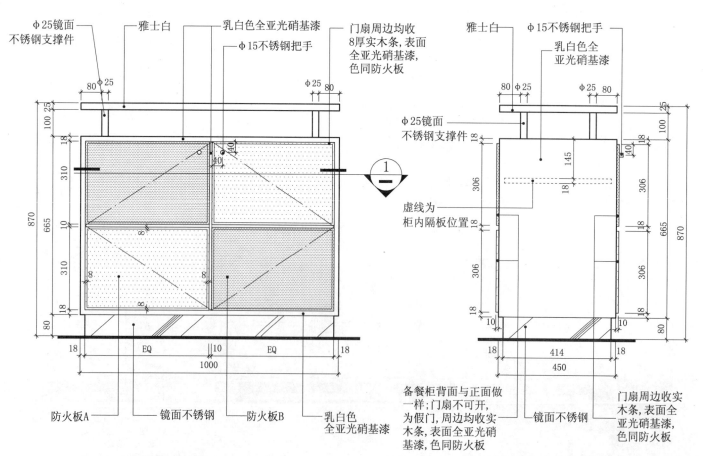

备餐柜正立面图　　　备餐柜侧立面图

储物类 – 橱柜
备餐柜　F9-31

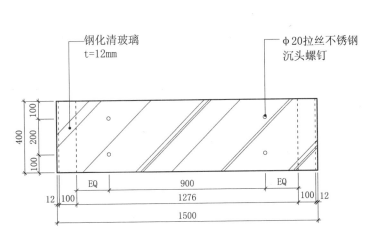

备餐柜平面图

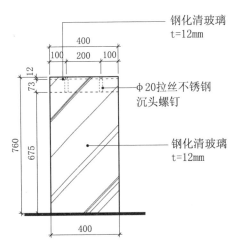

备餐柜侧立面图

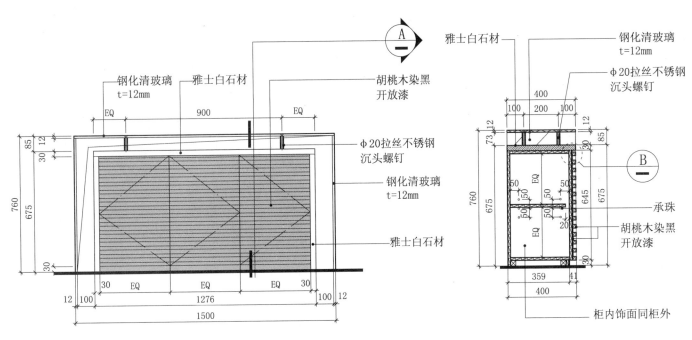

备餐柜正立面图　　Ⓐ **剖面图**

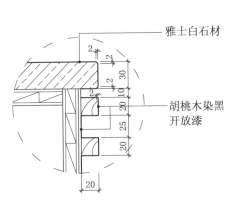

Ⓑ **详图**

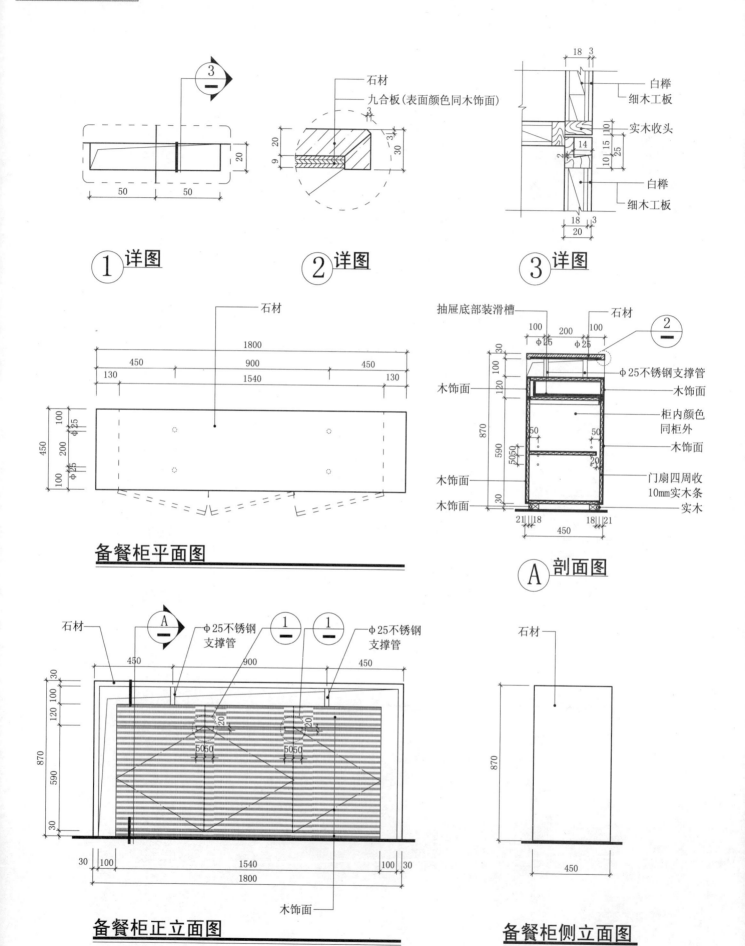

储物类 – 橱柜
F9-33 备餐柜

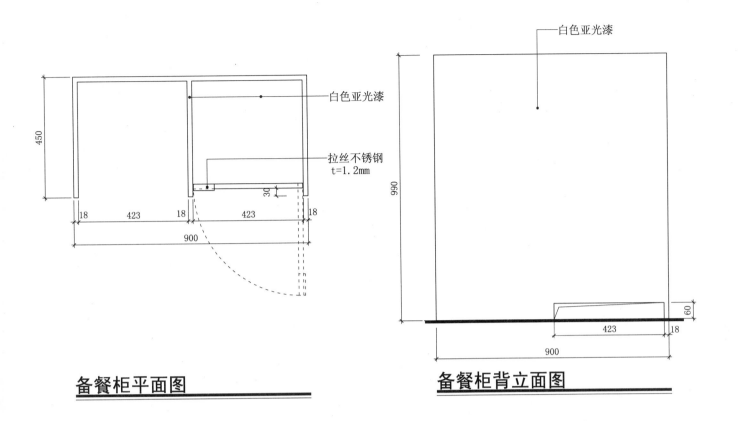

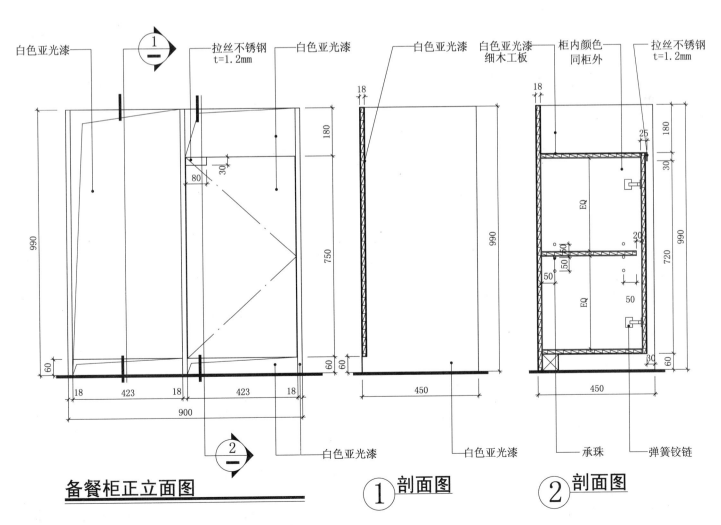

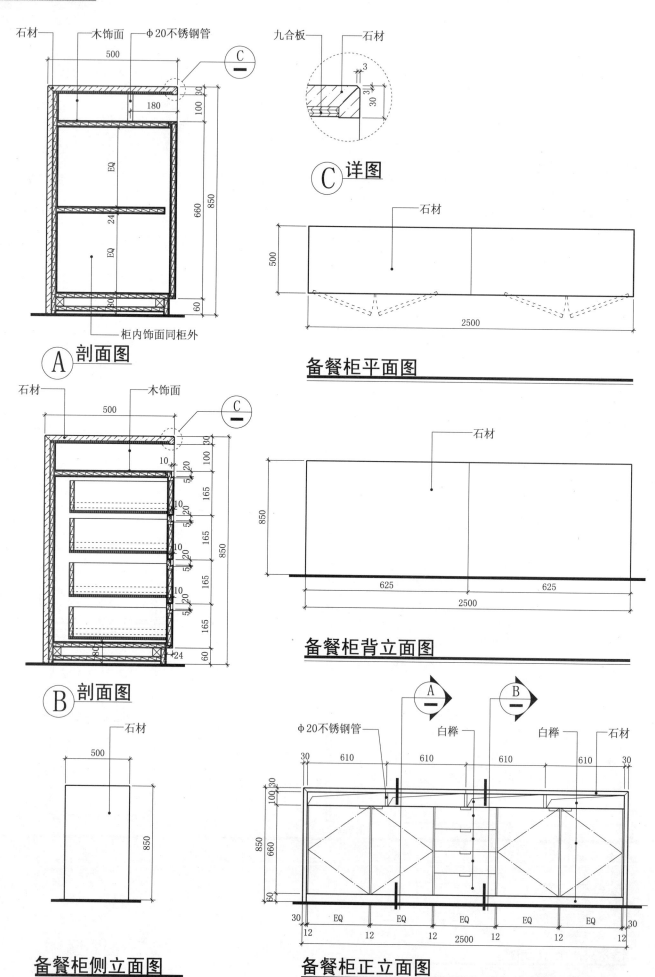

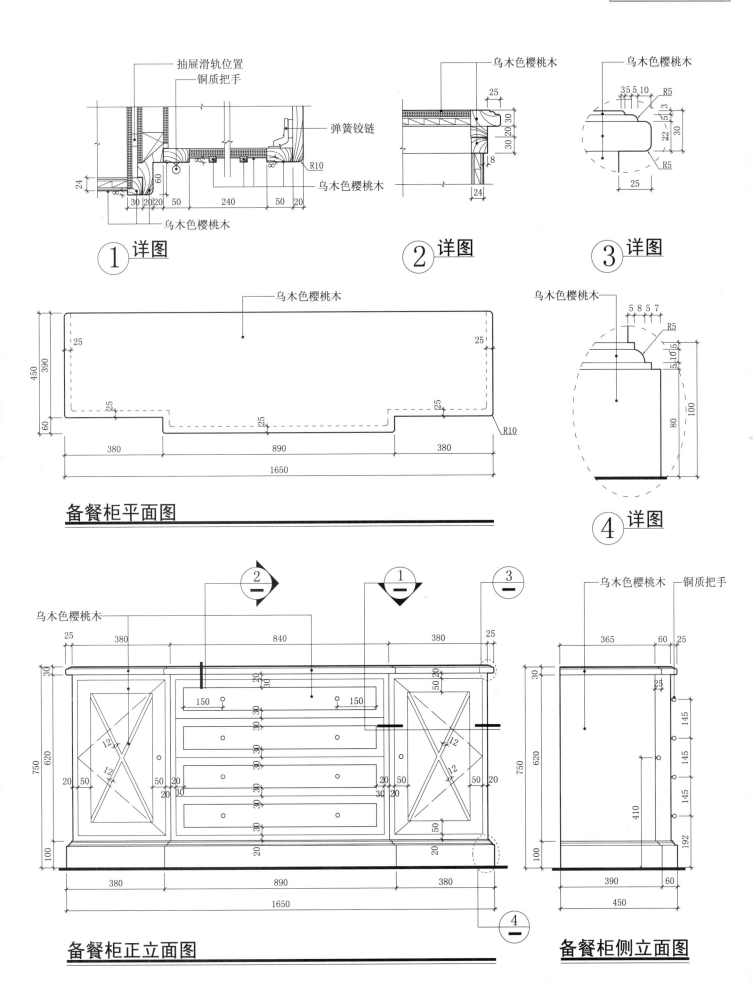

储物类 - 橱柜
F9-36 储物柜

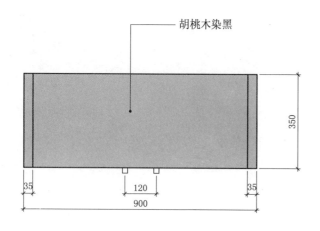

储物柜平面图

A 剖面图

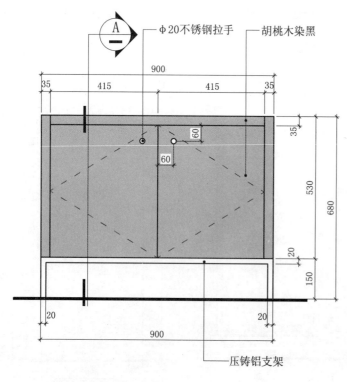

储物柜正立面图

储物柜侧立面图

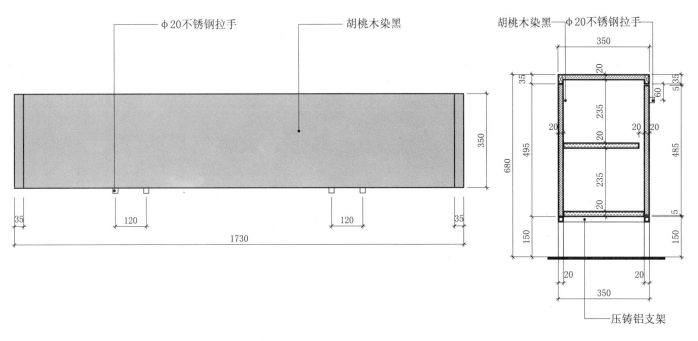
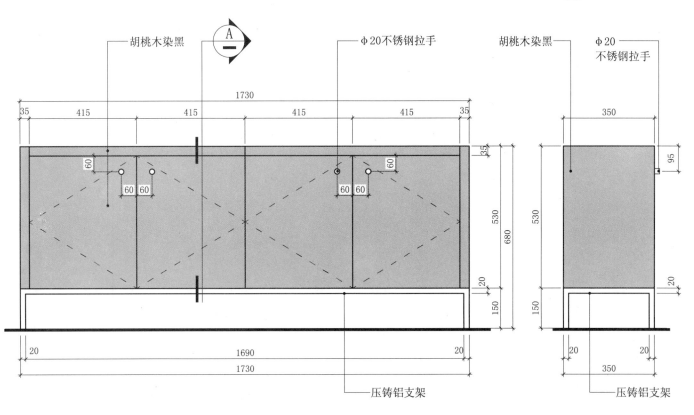

储物类 - 橱柜

F9-38 储物柜

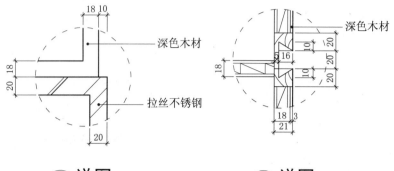

②详图　　③详图

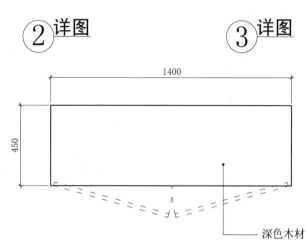

储物柜平面图

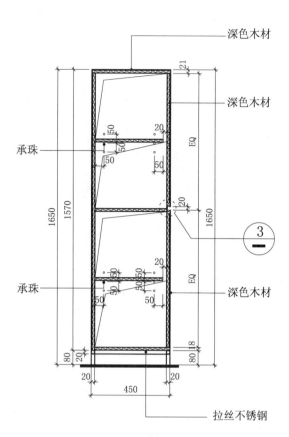

①剖面图

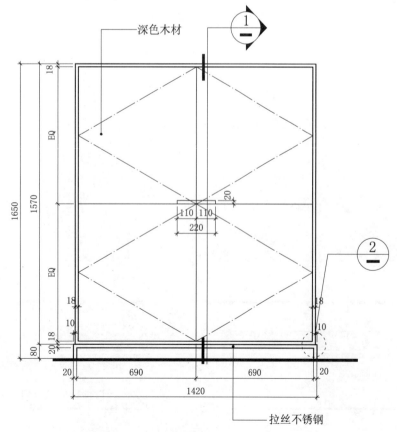

储物柜正立面图

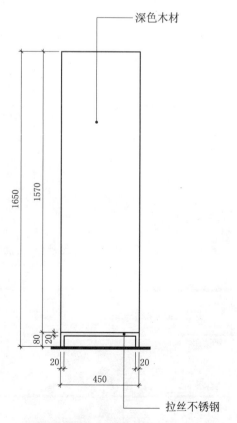

储物柜侧立面图

储物类 - 橱柜

F9-39 储物柜

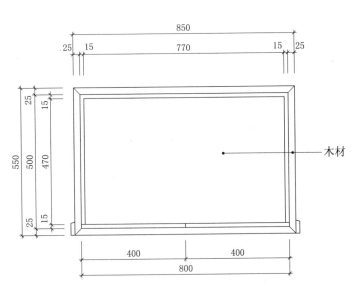

明式储物柜平面图

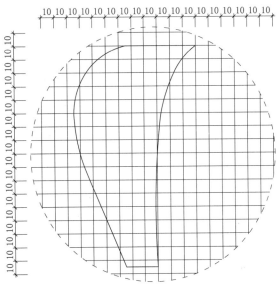

Ⓐ 详图

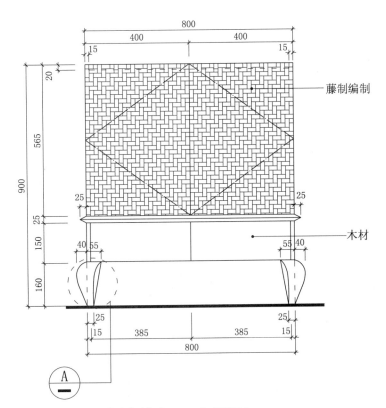

明式储物柜正立面图

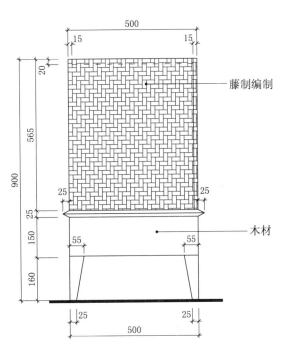

明式储物柜侧立面图

储物类 - 橱柜
F9-40 储物柜

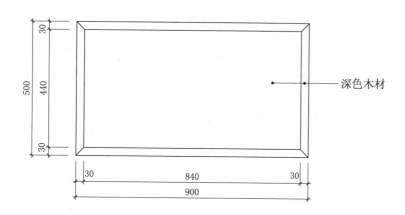

中式储物柜平面图

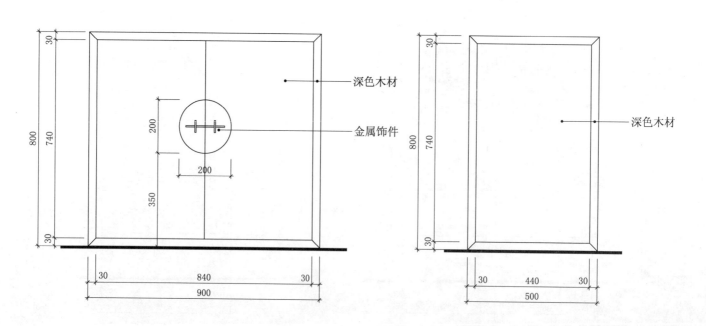

中式储物柜正立面图　　　　**中式储物柜侧立面图**

储物类 - 橱柜

F9-41　储物柜

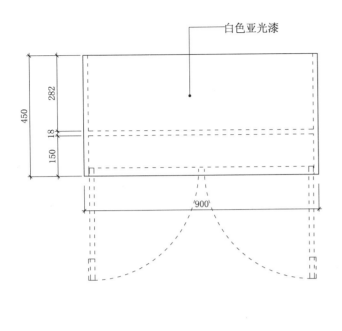

储物柜平面图

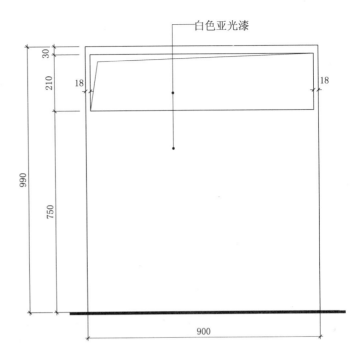

储物柜背立面图

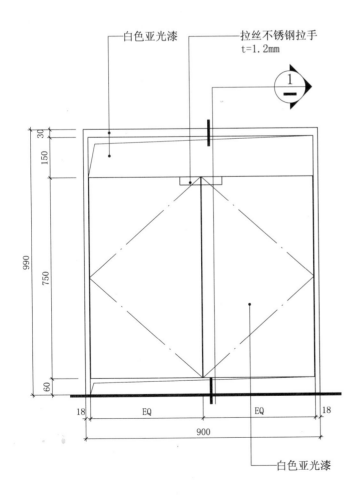

储物柜正立面图

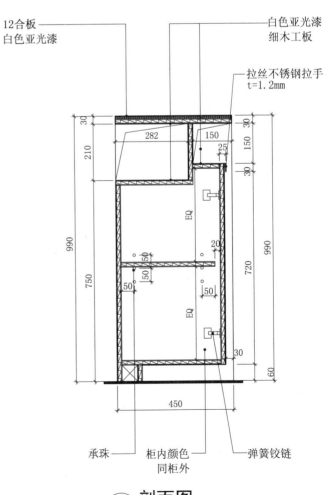

① 剖面图

储物类 – 橱柜
F9-42 抽屉柜

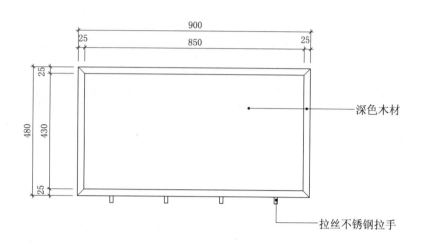

可选尺寸	
长（W）	高（H）
750	750
800	800
850	850
900	900
950	950
1000	1000
1050	1050
1100	1100
1150	1150
1200	1200
1250	1250

抽屉柜平面图

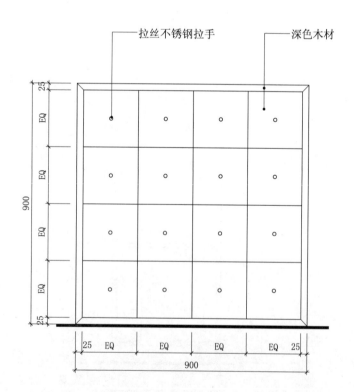

抽屉柜正立面图　　**抽屉柜侧立面图**

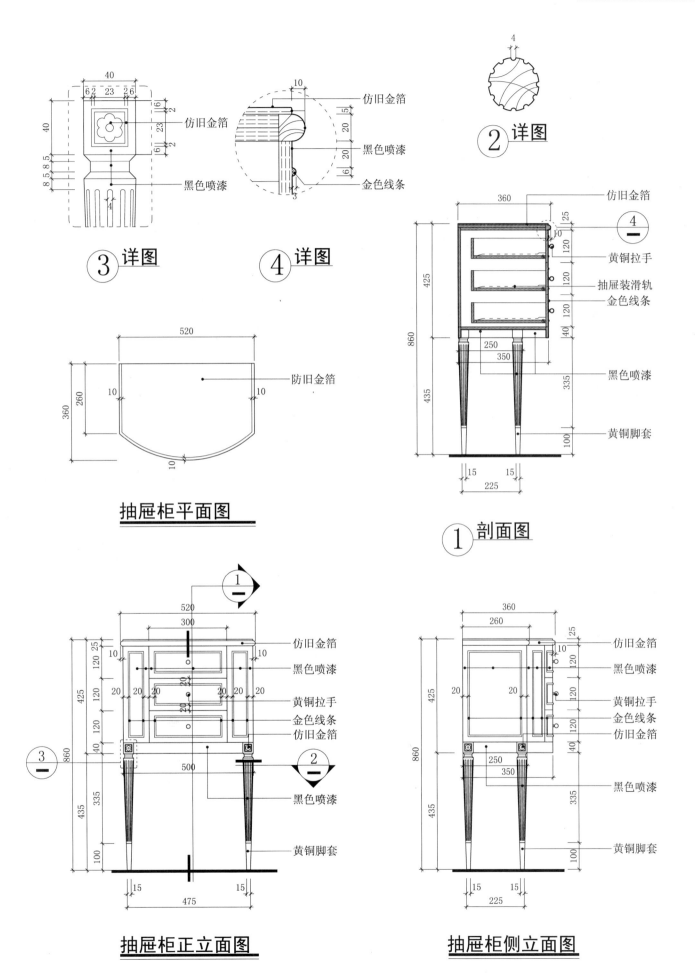

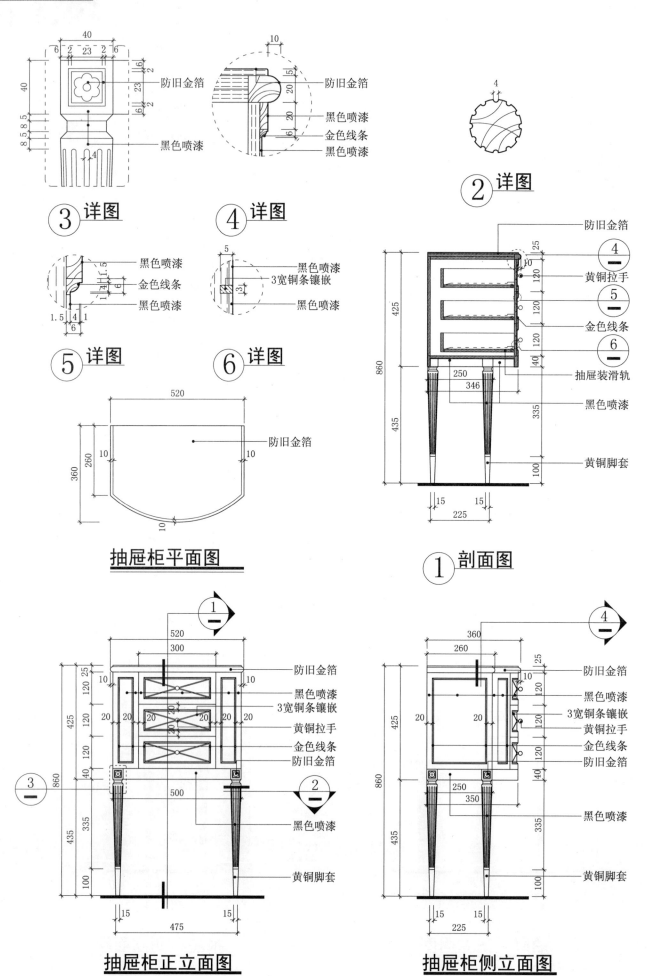

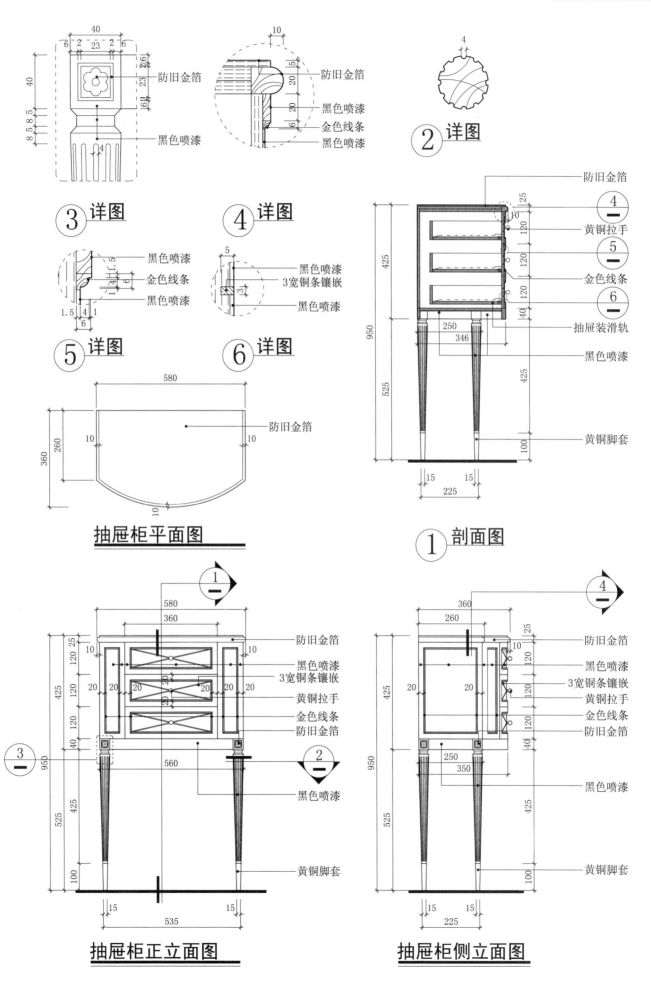

储物类 – 橱柜
F9-46 抽屉柜

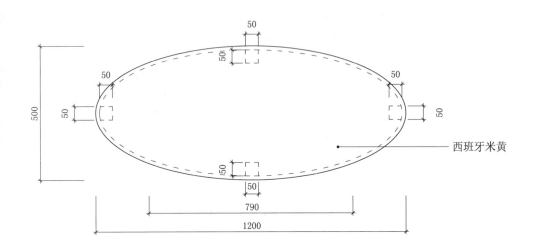

抽屉柜平面图

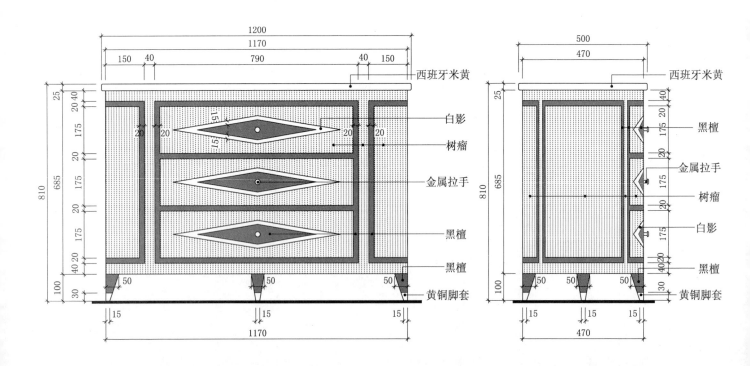

抽屉柜正立面图　　　抽屉柜侧立面图

储物类 - 橱柜
F9-47 抽屉柜

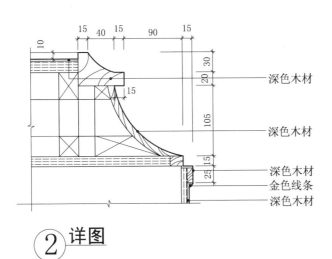

② 详图

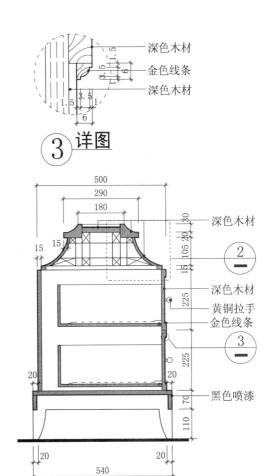

③ 详图

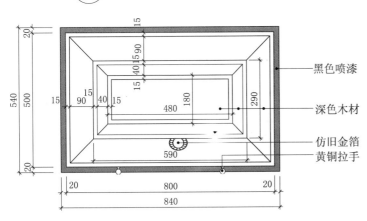

抽屉柜平面图

① 剖面图

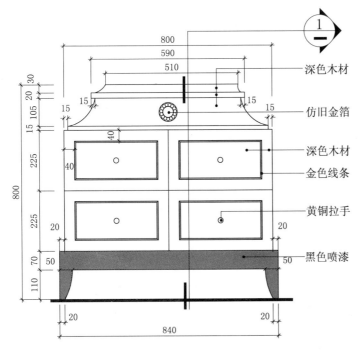

抽屉柜正立面图

抽屉柜侧立面图

储物类 - 橱柜
F9-48 抽屉柜

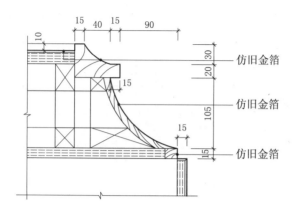

② 详图

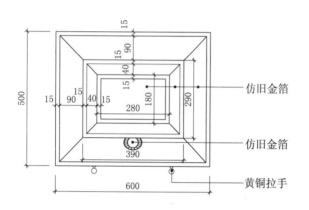

抽屉柜平面图

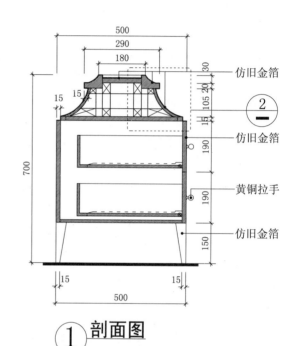

① 剖面图

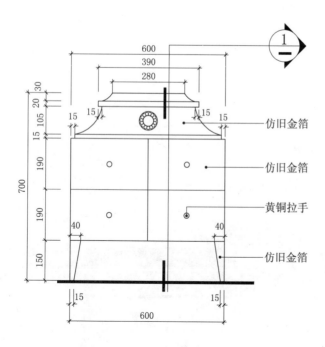

抽屉柜正立面图

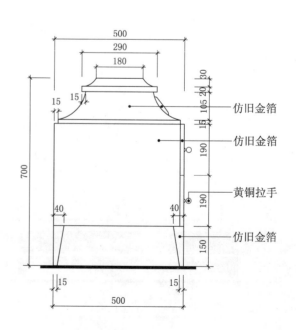

抽屉柜侧立面图

储物类 – 橱柜
F9-49 抽屉柜

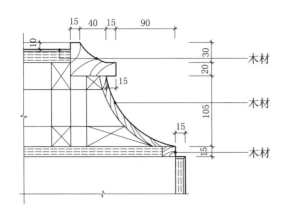

② 详图

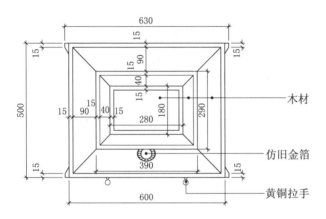

抽屉柜平面图

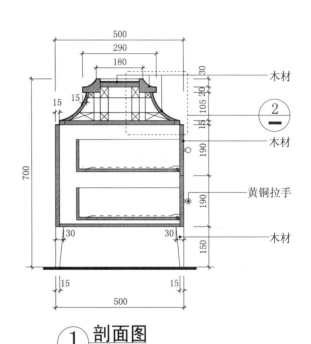

① 剖面图

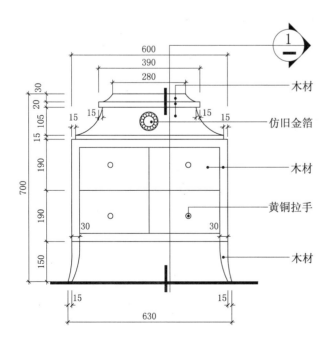

抽屉柜正立面图

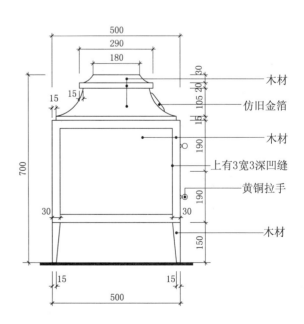

抽屉柜侧立面图

储物类 – 橱柜
F9-50 抽屉柜

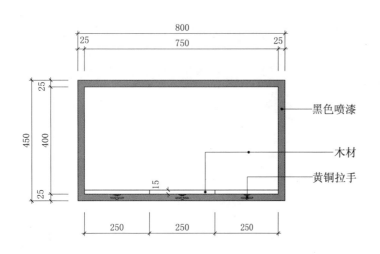

抽屉柜平面图

① 剖面图

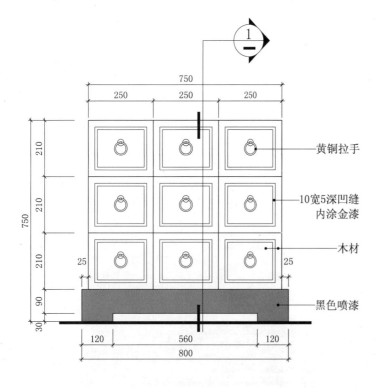

抽屉柜正立面图

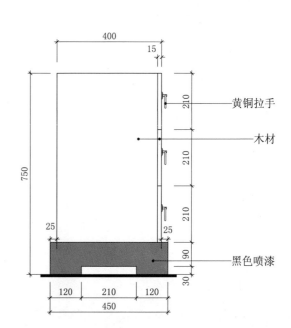

抽屉柜侧立面图

储物类 - 橱柜
F9-51 抽屉柜

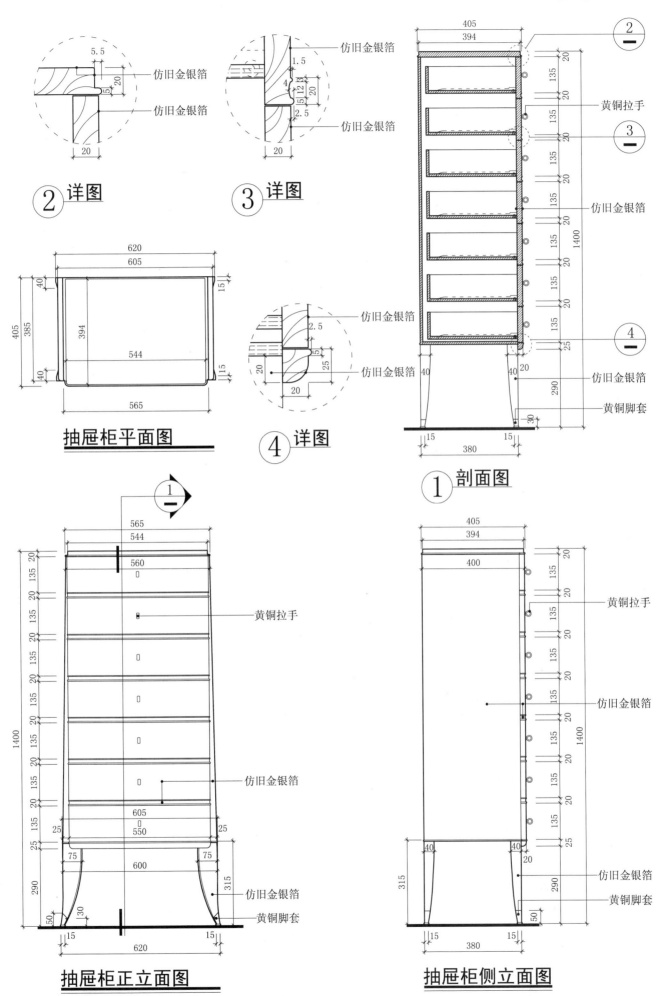

储物类 — 橱柜
F9-52 抽屉柜

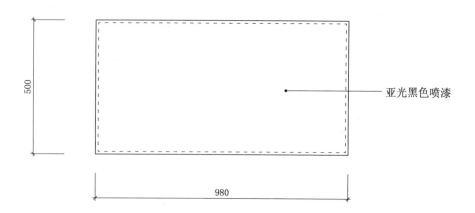

抽屉柜平面图

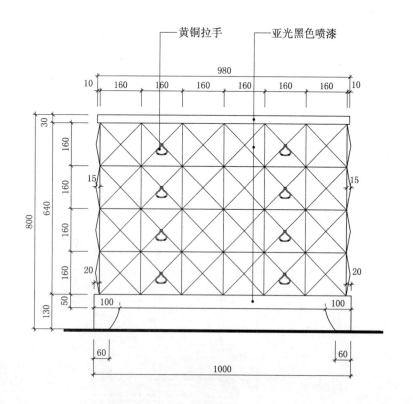

抽屉柜正立面图

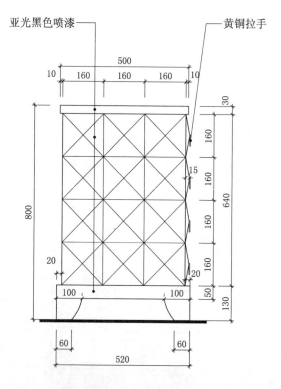

抽屉柜侧立面图

储物类 — 橱柜
F9-53 抽屉柜

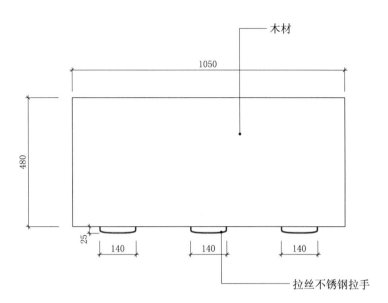

抽屉柜平面图

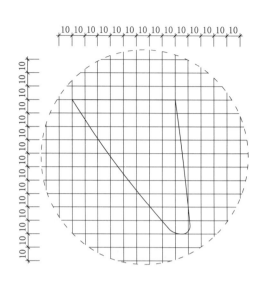

Ⓐ 详图

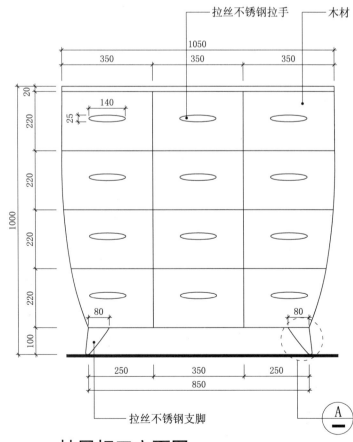

抽屉柜正立面图

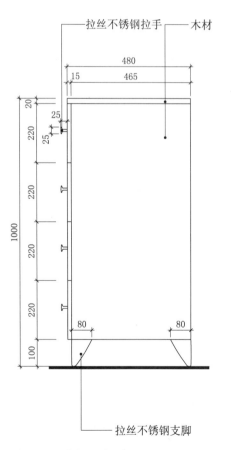

抽屉柜侧立面图

储物类 - 橱柜
F9-54　　抽屉柜

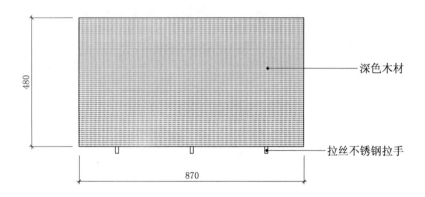

抽屉柜平面图

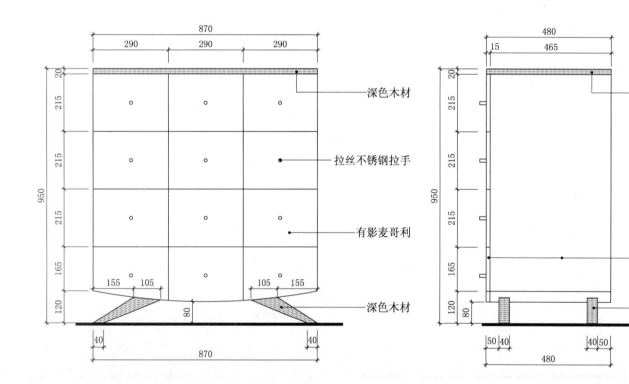

抽屉柜正立面图　　　　　　**抽屉柜侧立面图**

储物类 - 橱柜
F9-55 装饰柜

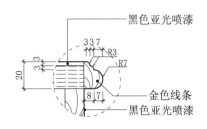

② 详图

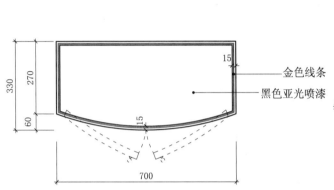

装饰柜平面图

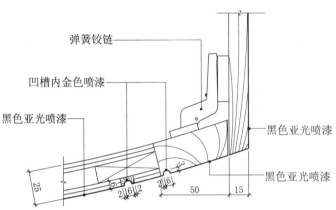

① 详图

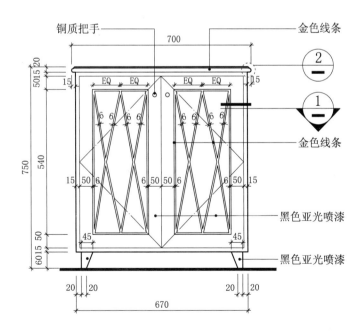

装饰柜正立面图

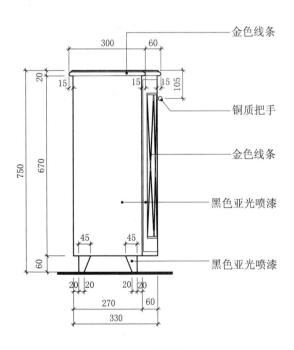

装饰柜侧立面图

储物类 – 橱柜
F9-56 装饰柜

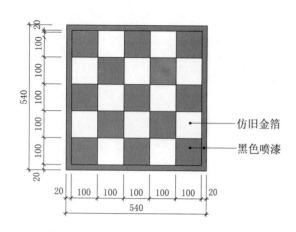

装饰柜平面图

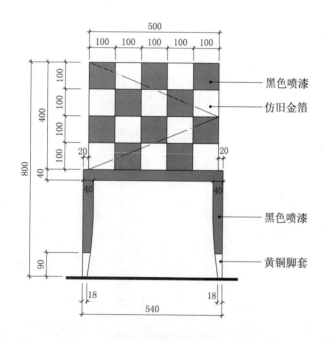

装饰柜正立面图

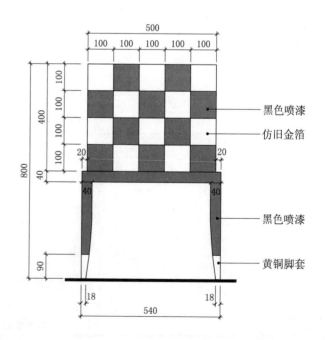

装饰柜侧立面图

储物类 – 橱柜
F9-57 装饰柜

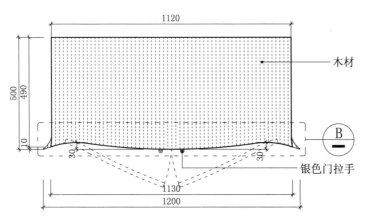

装饰柜平面图

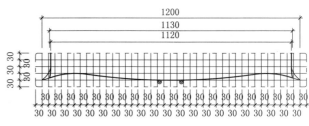

B 详图

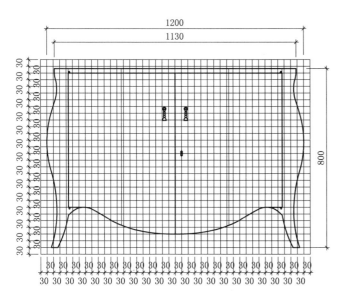

装饰柜正立面放样图

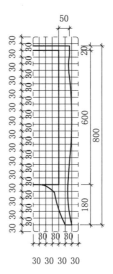

A 详图

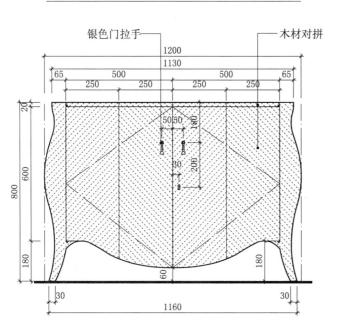

装饰柜正立面图

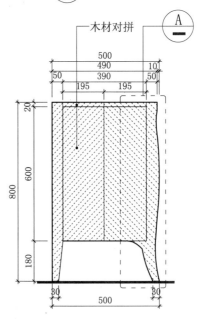

装饰柜侧立面图

储物类 — 橱柜
F9-58-01　装饰柜

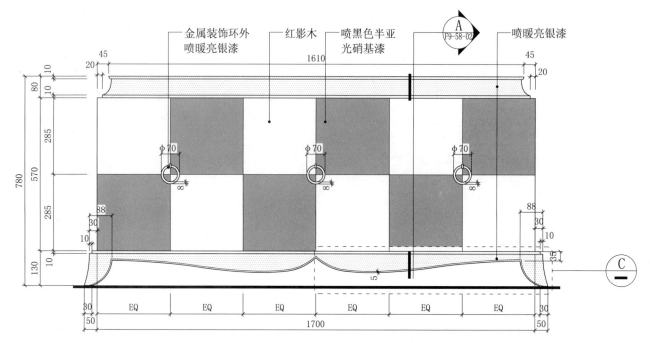

装饰柜正立面图

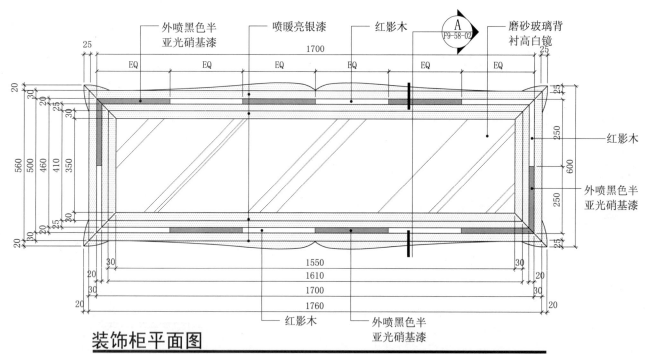

装饰柜平面图

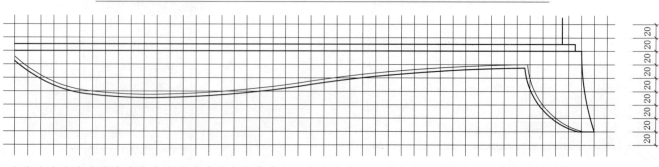

C 详图

储物类 - 橱柜
F9-58-02 装饰柜

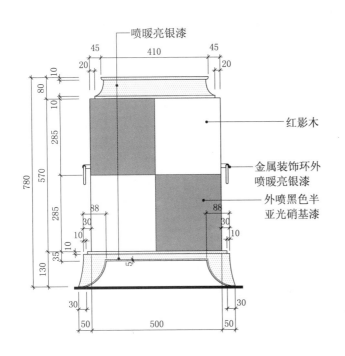

装饰柜侧立面图

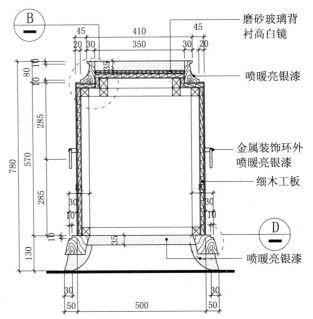

A 剖面图

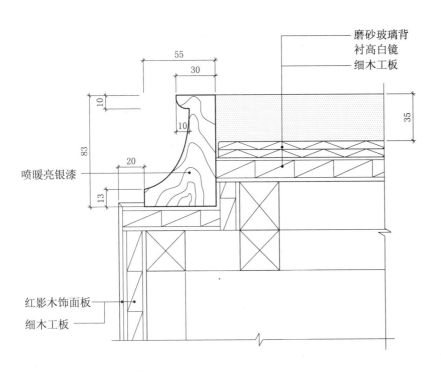

B 详图

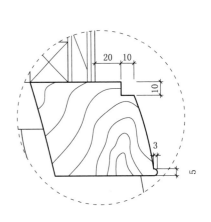

D 详图

601

储物类 - 橱柜
F9-59 装饰柜

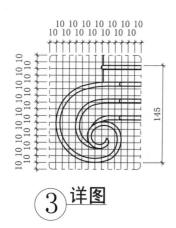

③ 详图

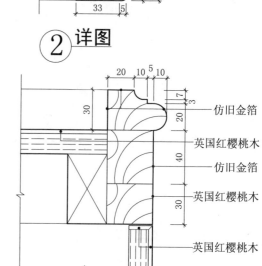

② 详图

① 详图

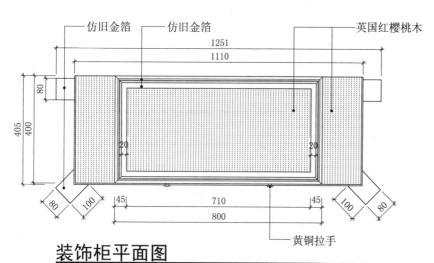

装饰柜平面图

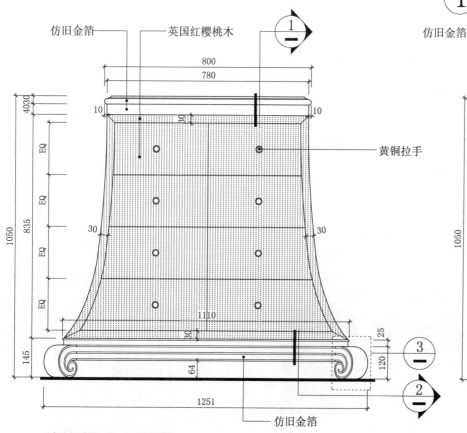

装饰柜正立面图

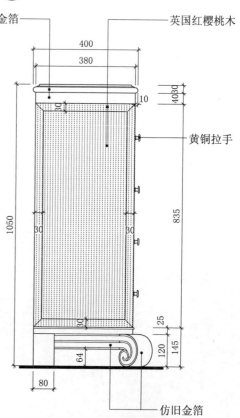

装饰柜侧立面图

储物类 – 橱柜

F9-60　装饰柜

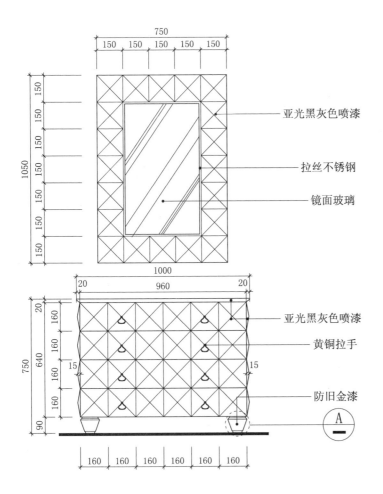

装饰柜/镜子正立面图

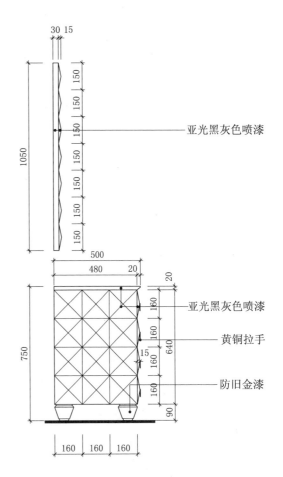

装饰柜/镜子侧立面图

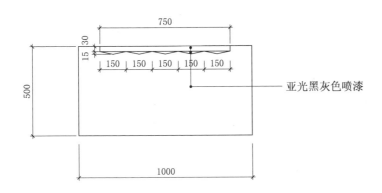

装饰柜/镜子平面图

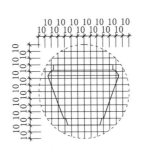

A 详图

储物类 — 橱柜
F9-61 装饰柜

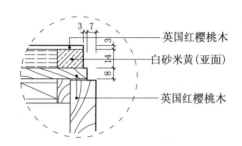

② 详图

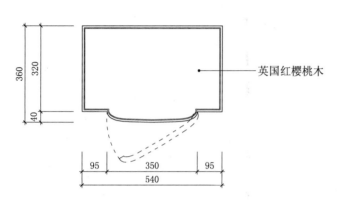

装饰柜平面图

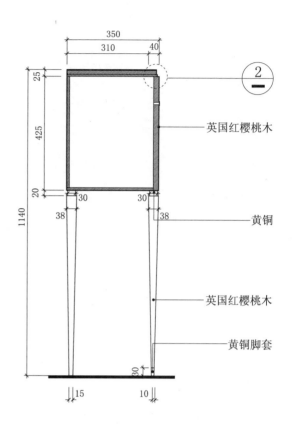

① 剖面图

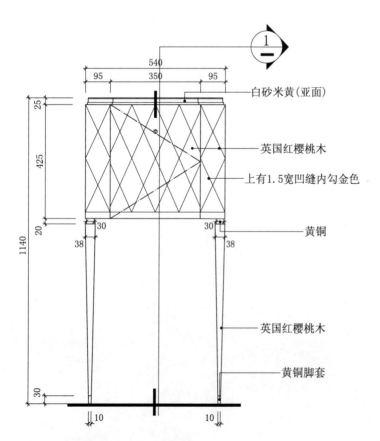

装饰柜正立面图

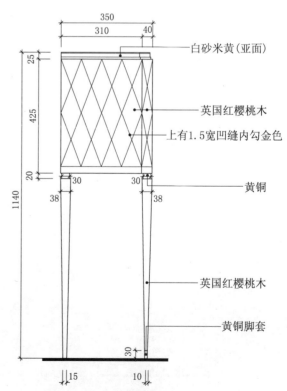

装饰柜侧立面图

储物类 - 橱柜
F9-62 装饰柜

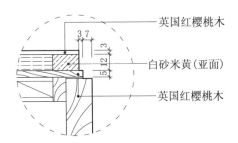

② 详图

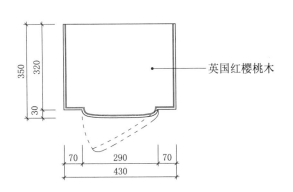

装饰柜平面图

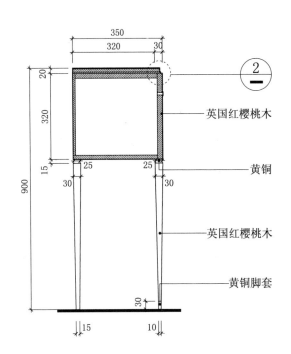

① 剖面图

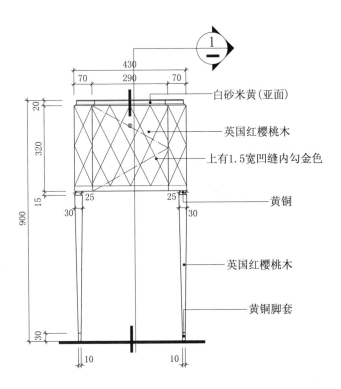

装饰柜正立面图

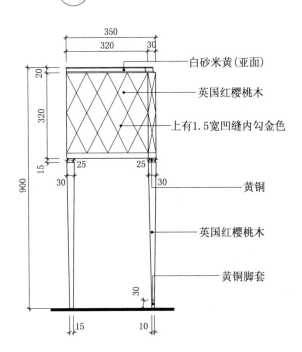

装饰柜侧立面图

605

储物类 - 橱柜
F9-63 椭圆形柜

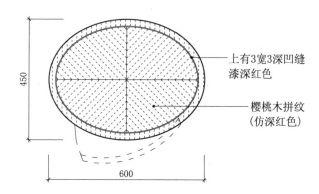

椭圆形柜子平面图

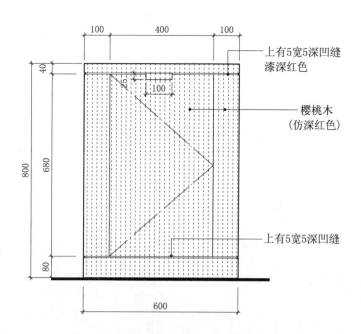

椭圆形柜子正立面图　　**椭圆形柜子侧立面图**

储物类 - 橱柜
F9-64 行李柜

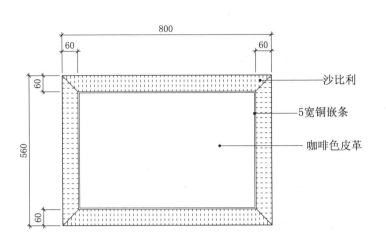

行李柜平面图

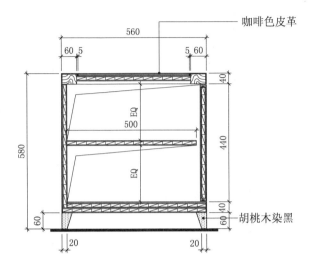

① 剖面图

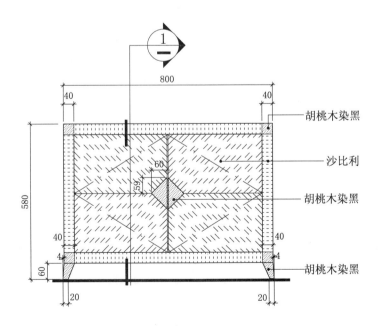

行李柜正立面图

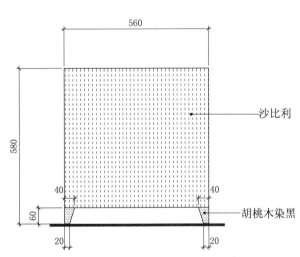

行李柜正立面图

储物类 - 橱柜

F9-65 中式矮柜

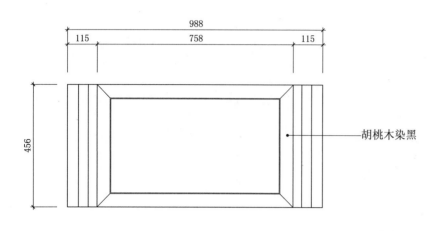

中式矮柜平面图

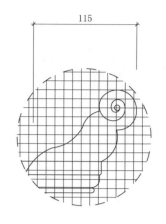

A 详图

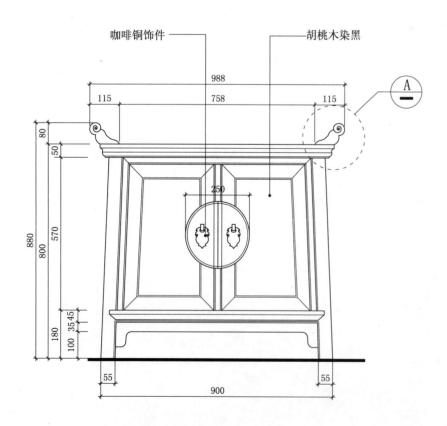

中式矮柜正立面图

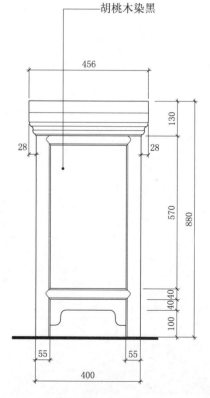

中式矮柜侧立面图

储物类 – 橱柜
F9-66 中式矮柜

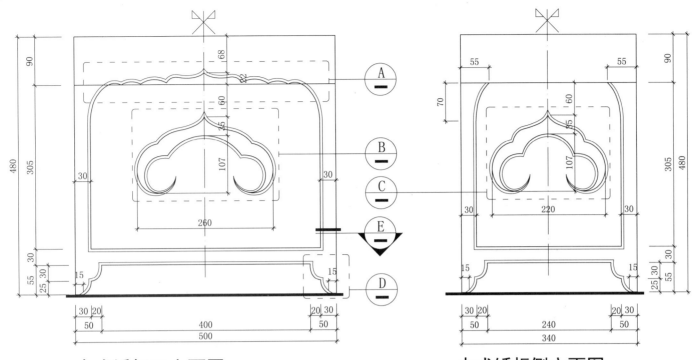

中式矮柜正立面图　　　　　中式矮柜侧立面图

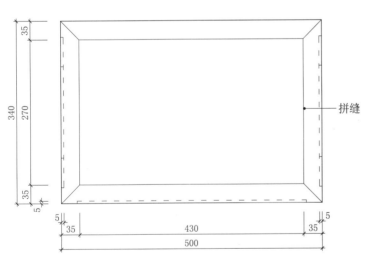

中式矮柜平面图

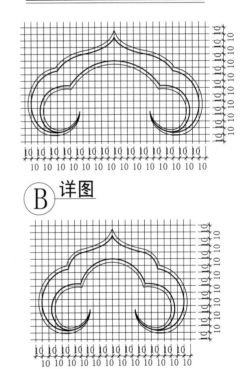

B 详图

C 详图

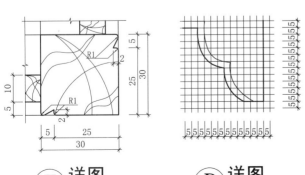

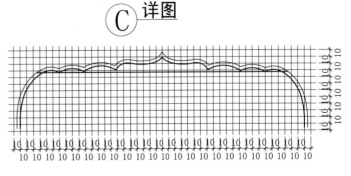

E 详图　　D 详图　　A 详图

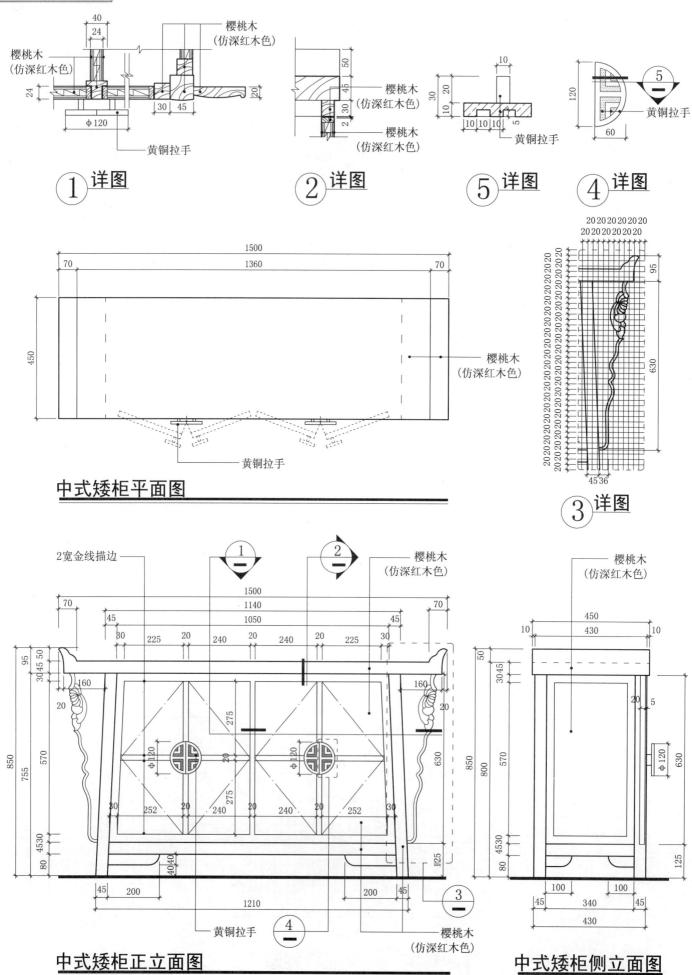

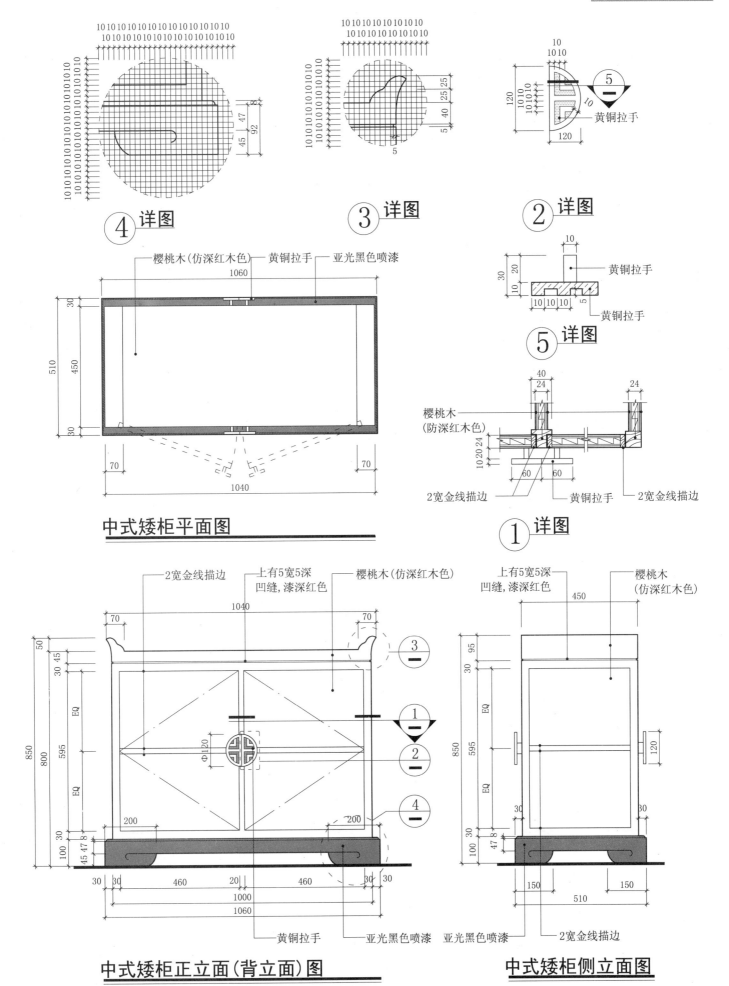

储物类 — 橱柜
F9-69 中式矮柜

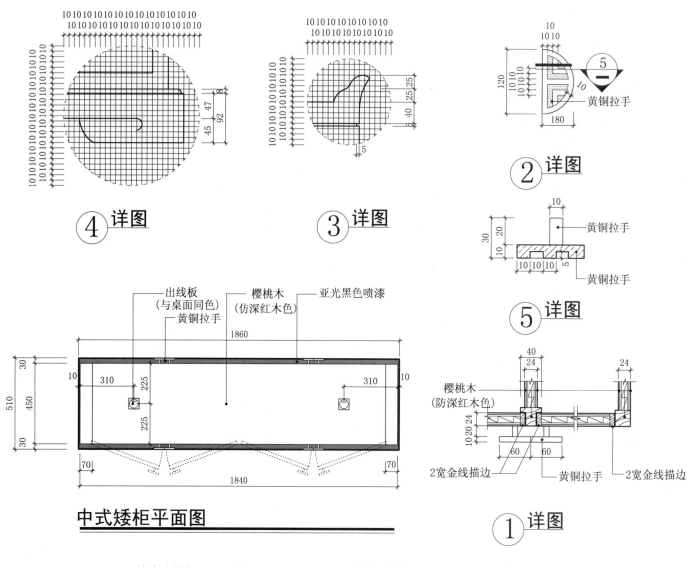

中式矮柜平面图

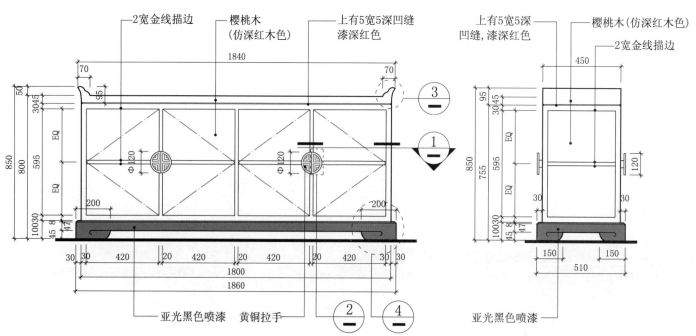

中式矮柜正立面图　　　中式矮柜侧立面图

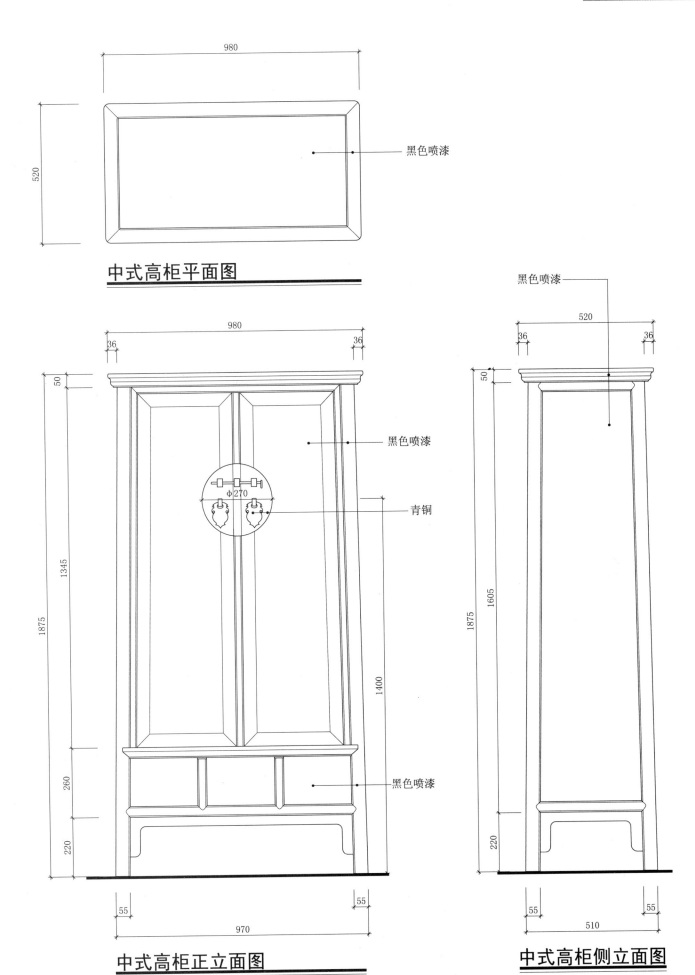

储物类 – 橱柜
F9-71-01　文件柜

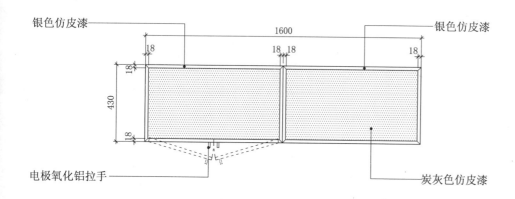

文件柜平面图

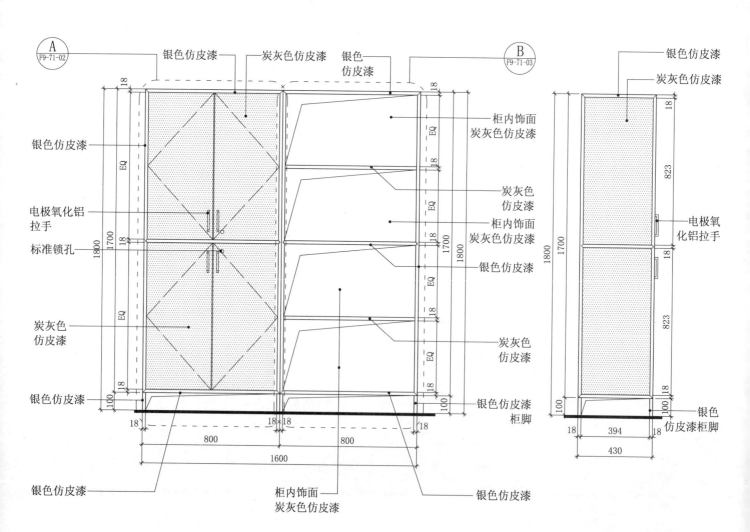

文件柜正立面图　　　文件柜侧立面图

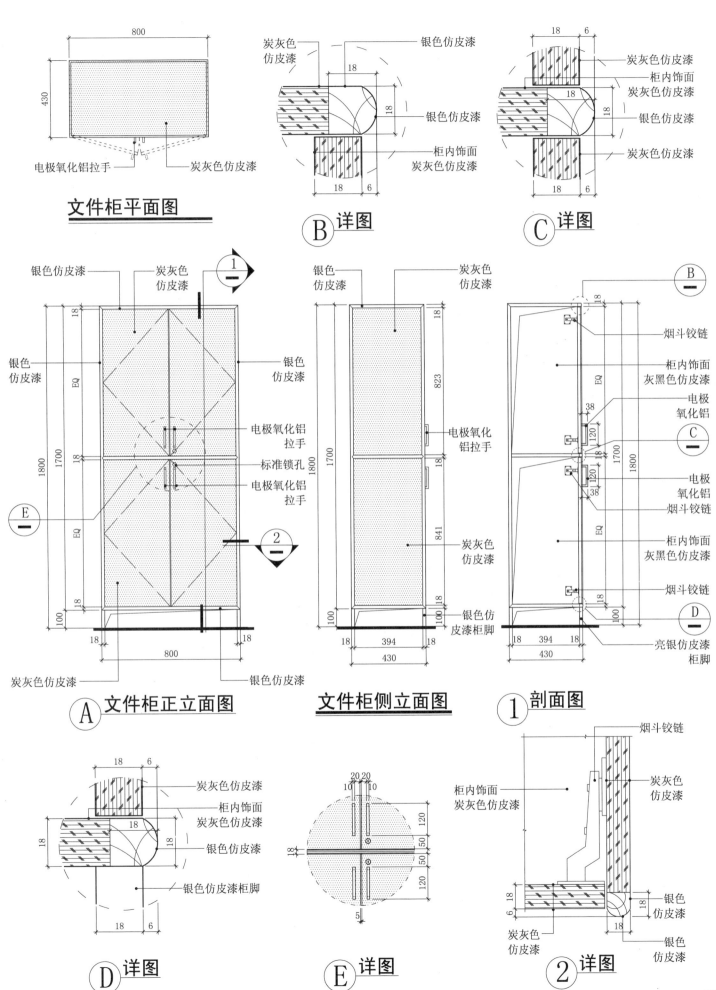

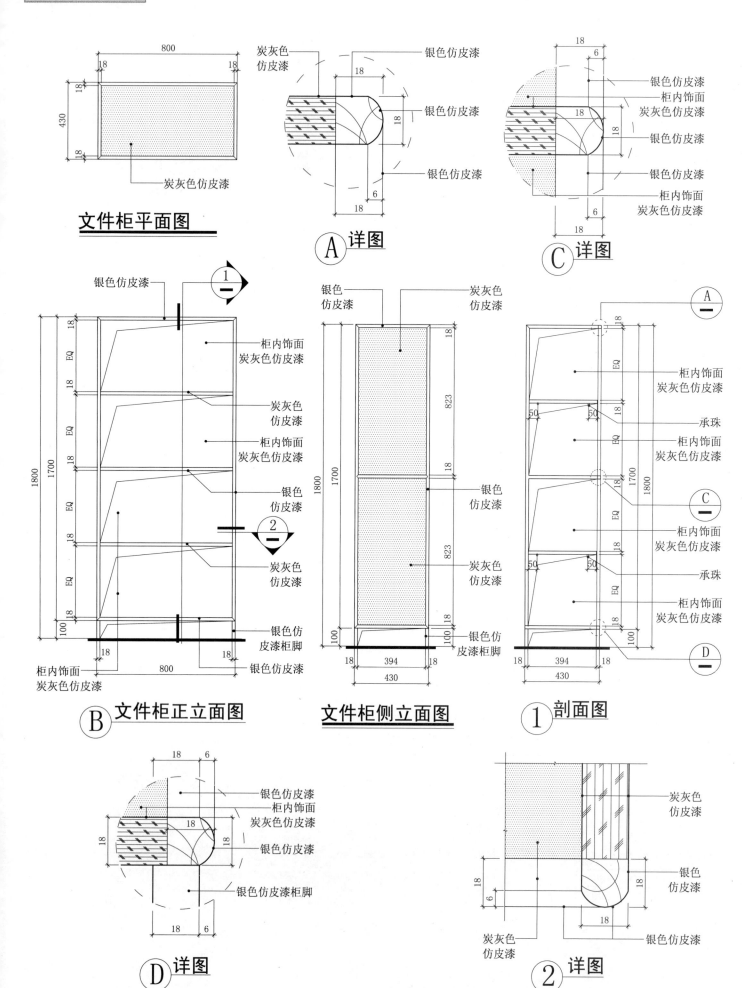

储物类 - 橱柜
F9-72-01 文件柜

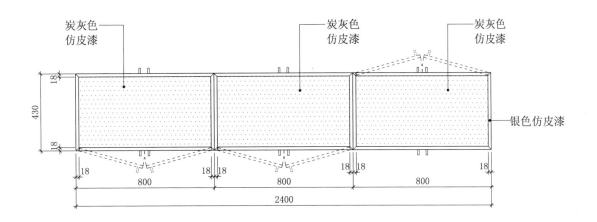

文件柜平面图

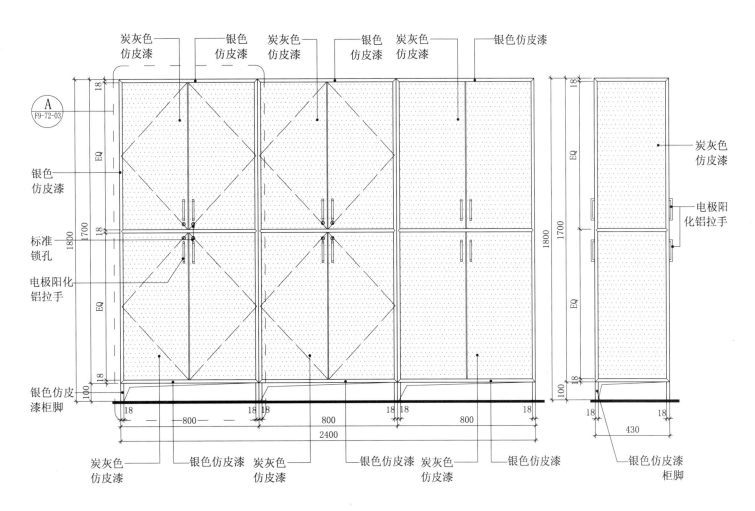

文件柜正立面图　　　　　　　　　**文件柜侧立面图**

储物类 - 橱柜
F9-72-02 文件柜

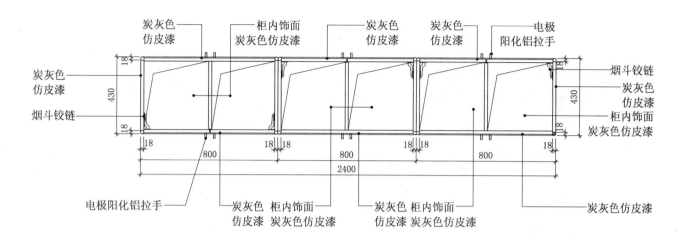

① 剖面图

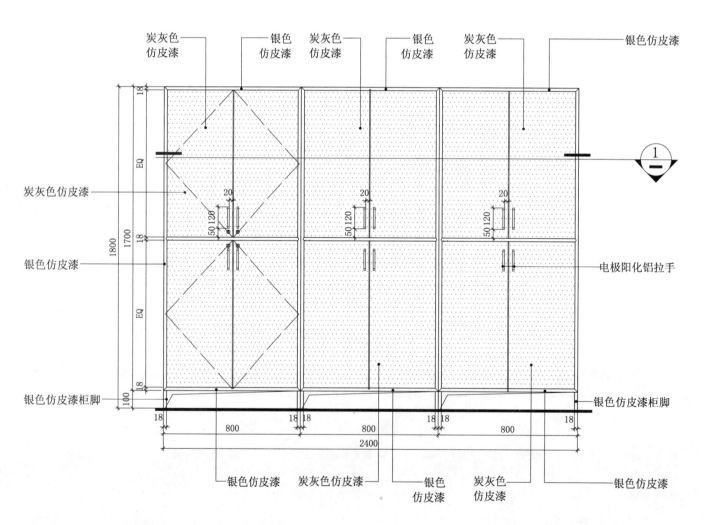

文件柜背立面图

储物类 – 橱柜
F9-72-03 文件柜

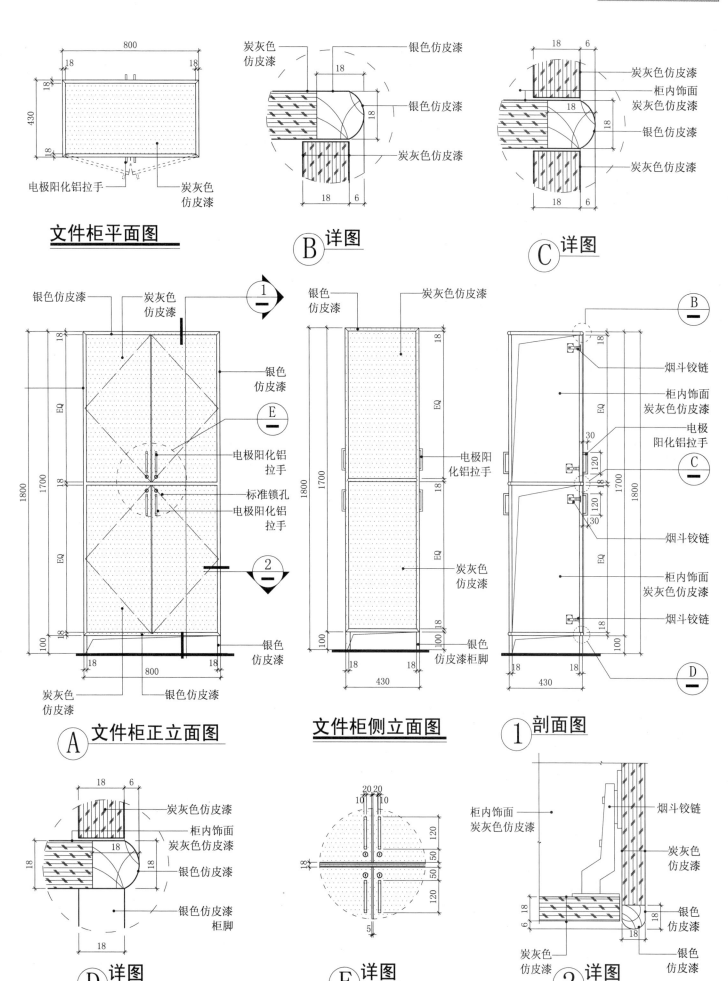

储物类 - 橱柜
F9-73 钢制衣柜

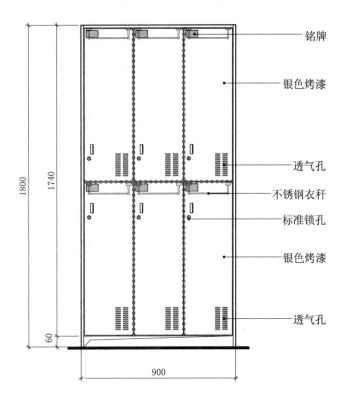

钢制衣柜正立面图

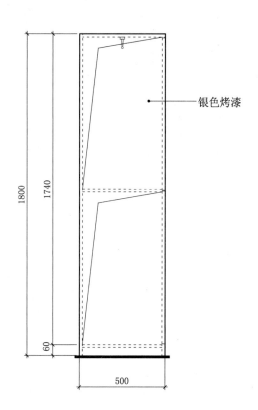

钢制衣柜侧立面图

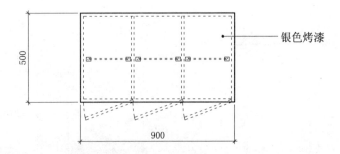

钢制衣柜平面图

储物类 – 橱柜
F9-74-01　中式备餐柜

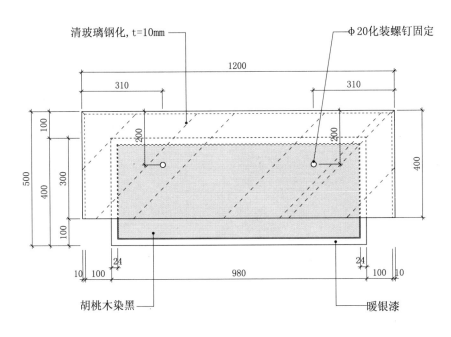

中式备餐柜平面图

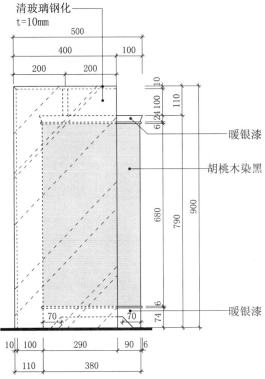

中式备餐柜侧立面图

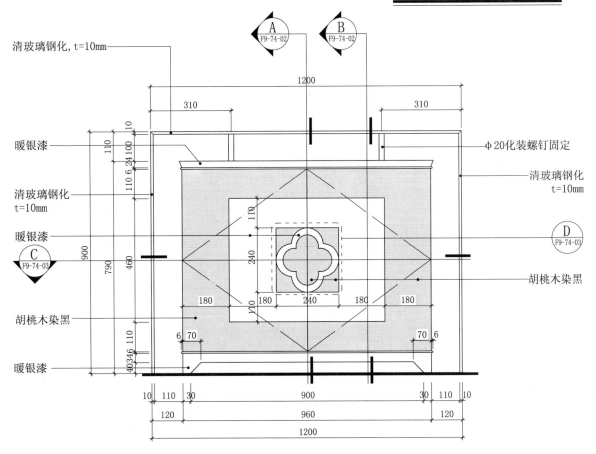

中式备餐柜正立面图

储物类 – 橱柜
F9-74-02 中式备餐柜

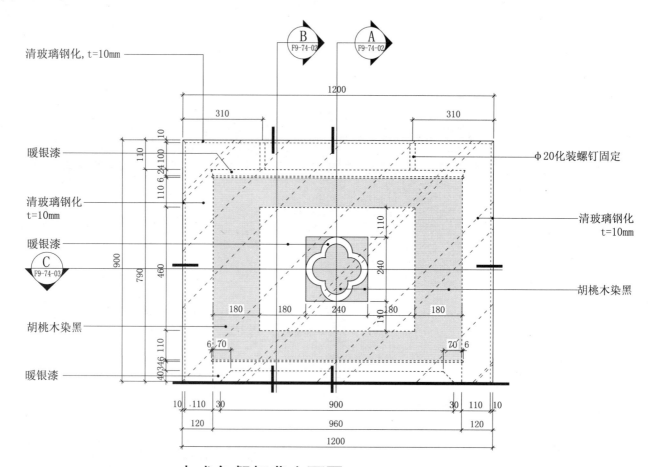

中式备餐柜背立面图

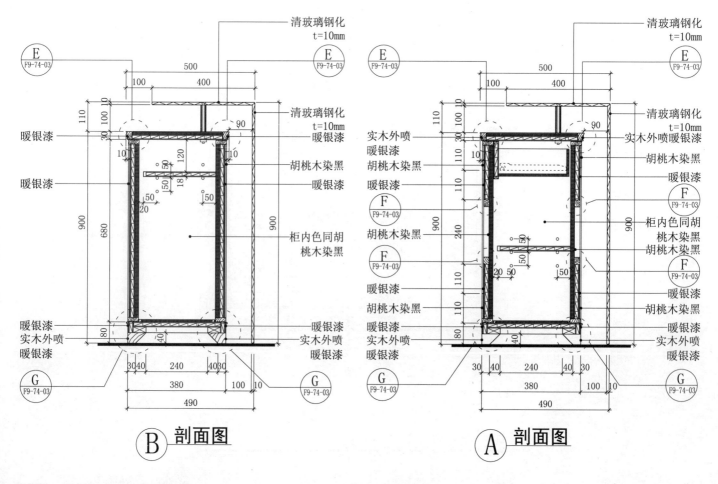

B 剖面图   A 剖面图

储物类 - 橱柜

F9-74-03 中式备餐柜

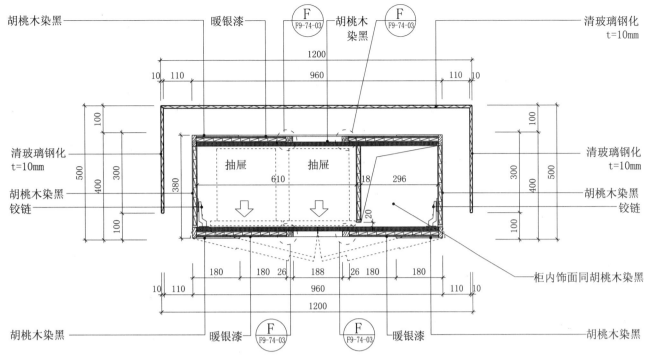

C 剖面图

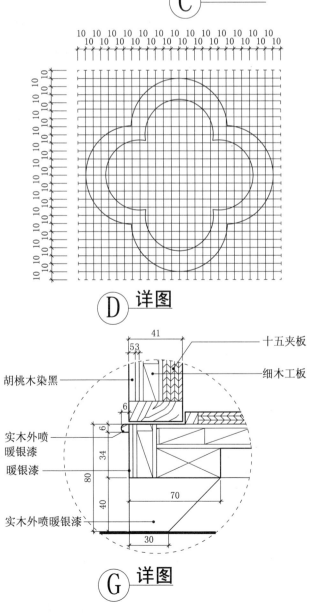

D 详图

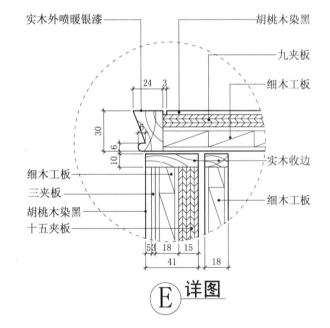

E 详图

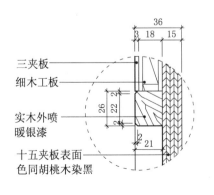

G 详图　　F 详图

623

储物类 - 柜架
F10-01　　书架

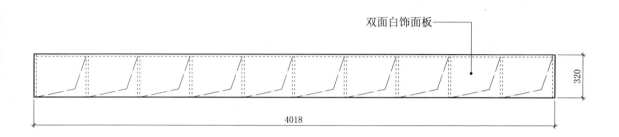

书架平面图

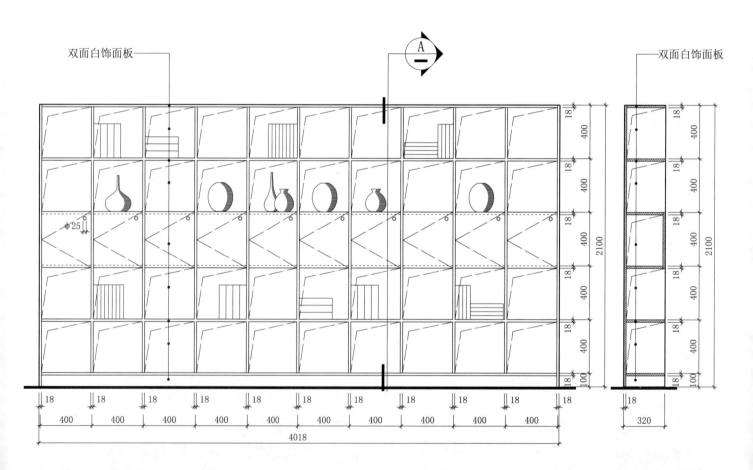

书架正立面图　　A 剖面图

储物类 - 柜架
F10-02 书架

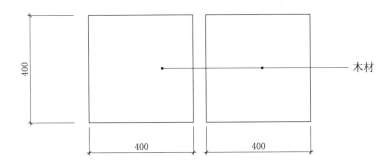

书架平面图

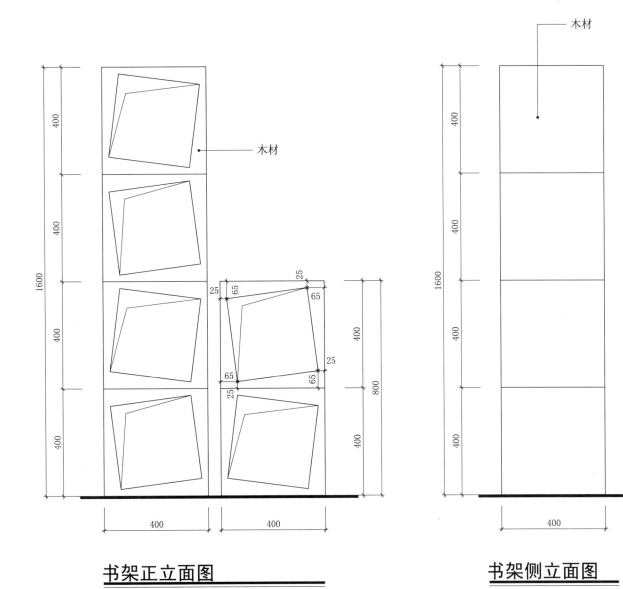

书架正立面图　　　　　　书架侧立面图

储物类 - 柜架
F10-03 书架

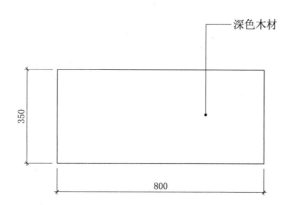

书架平面图

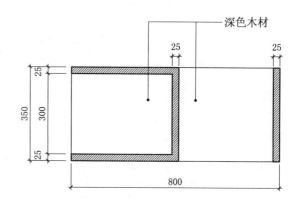

① 剖面图

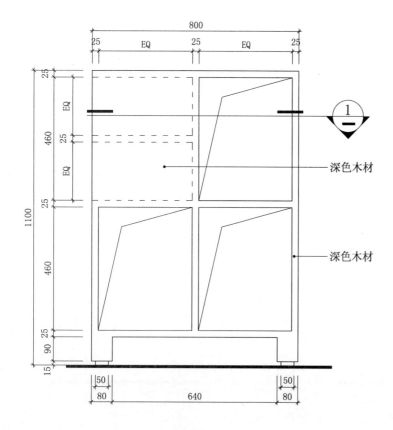

书架正立面图

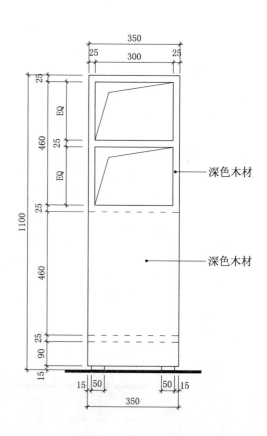

书架侧立面图

储物类 – 柜架
F10-04　书桌书架

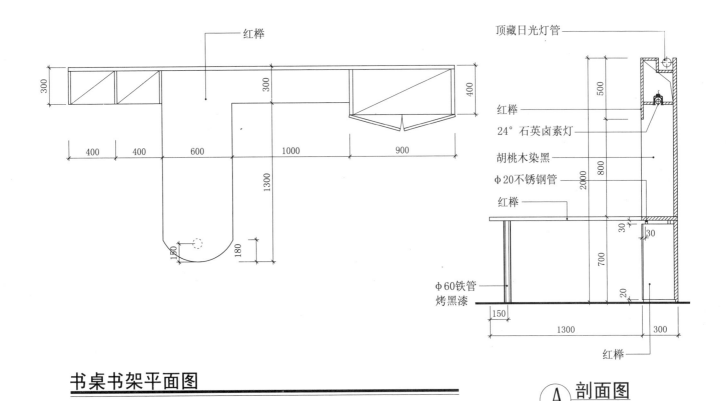

书桌书架平面图

A 剖面图

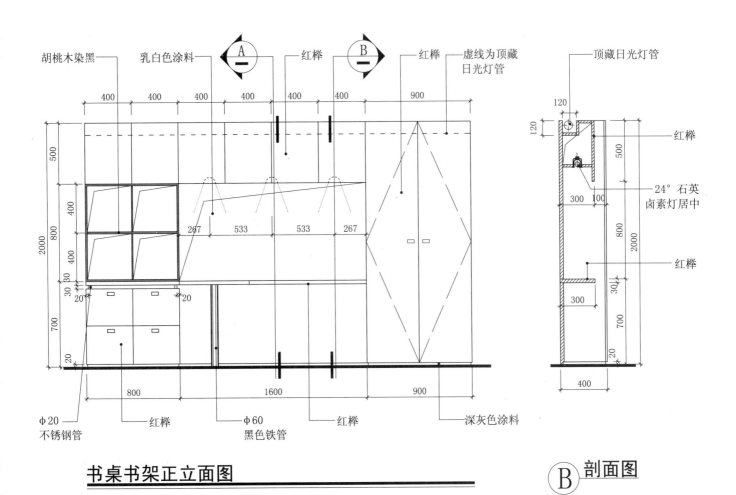

书桌书架正立面图

B 剖面图

储物类 - 柜架

F10-05　装饰架

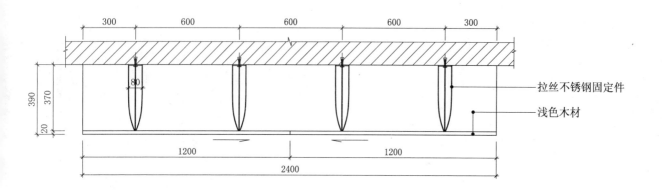

装饰架平面图

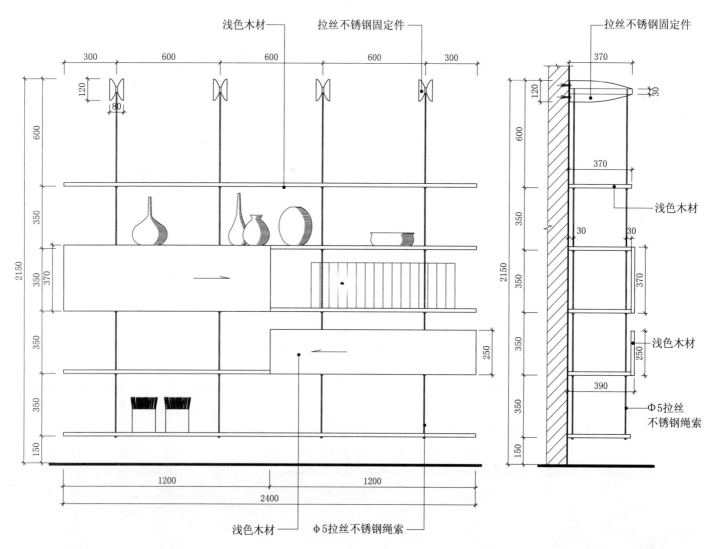

装饰架正立面图　　**装饰架侧立面图**

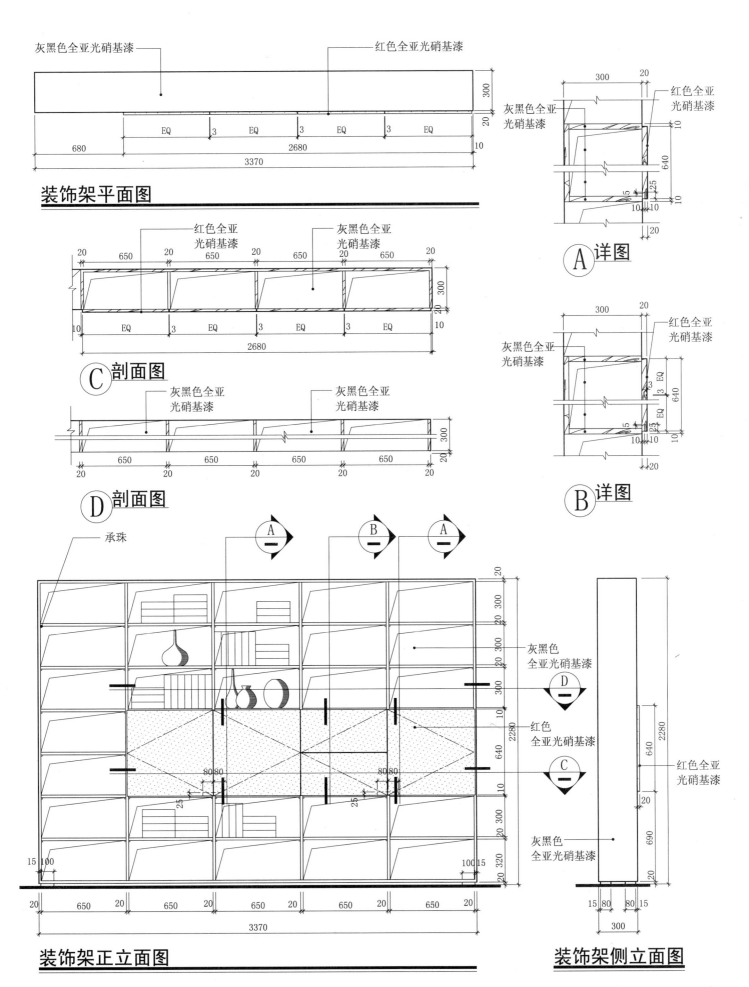

储物类 – 柜架
F10-07 装饰架

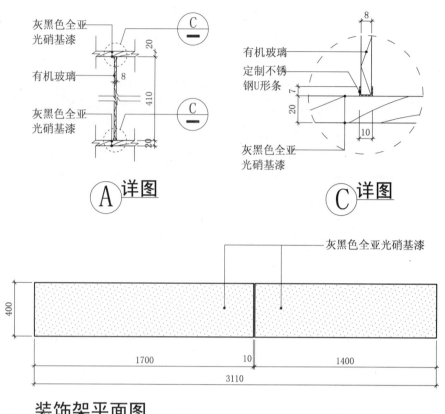

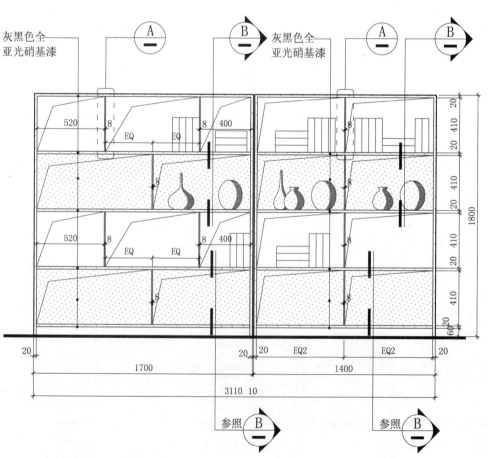

装饰架平面图

装饰架正立面图

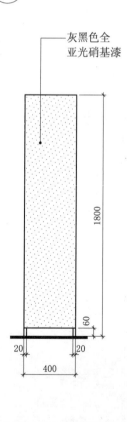

装饰架侧立面图

储物类 - 柜架
F10-08 行李架

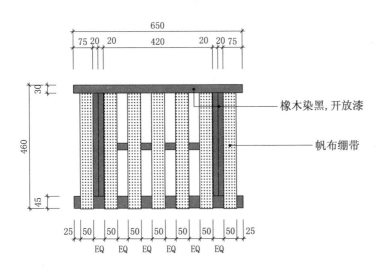

行李架平面图

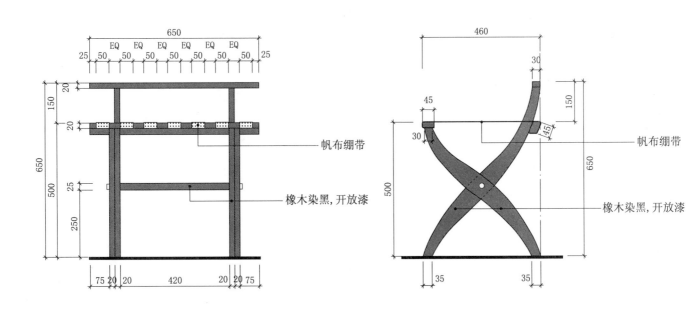

行李架正立面图　　行李架侧立面图

储物类 - 柜架

F10-09　CD架

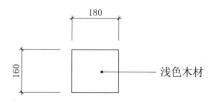

CD架平面图

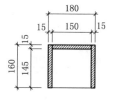

① 剖面图

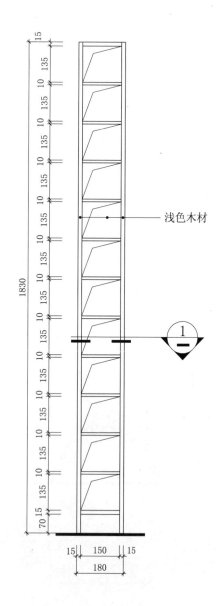

CD架正立面图

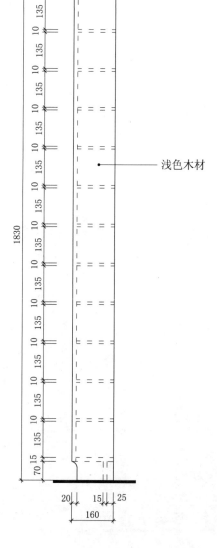

CD架侧立面图

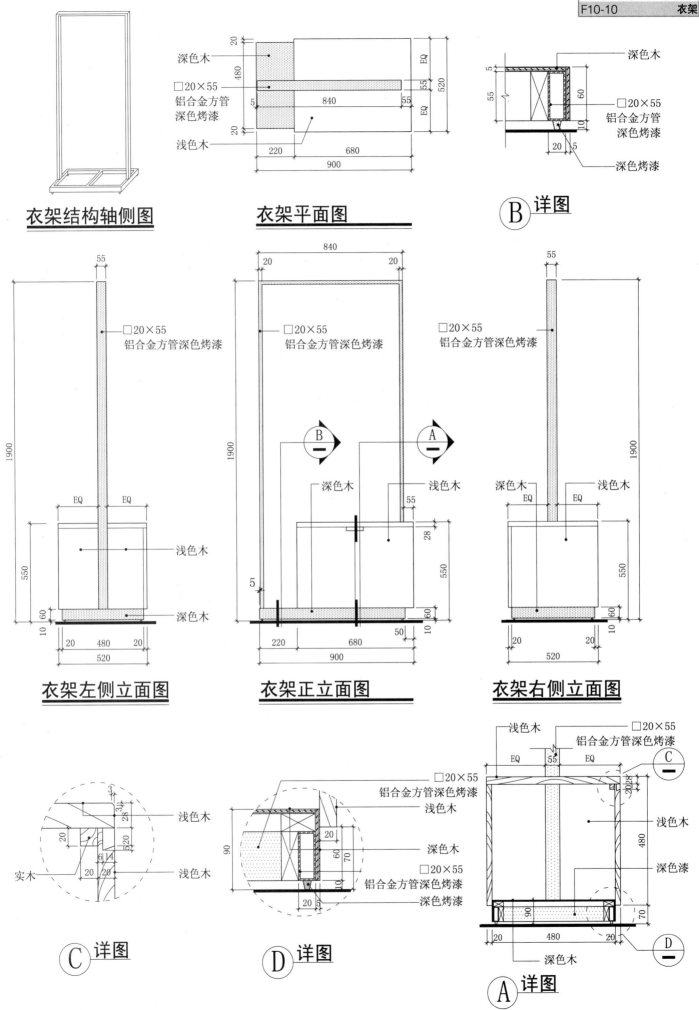

储物类 – 柜架
F10-11 电话架

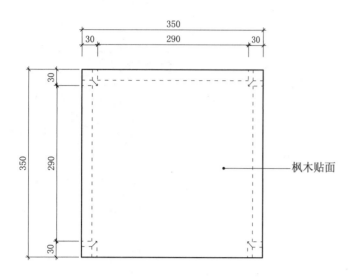

电话架平面图

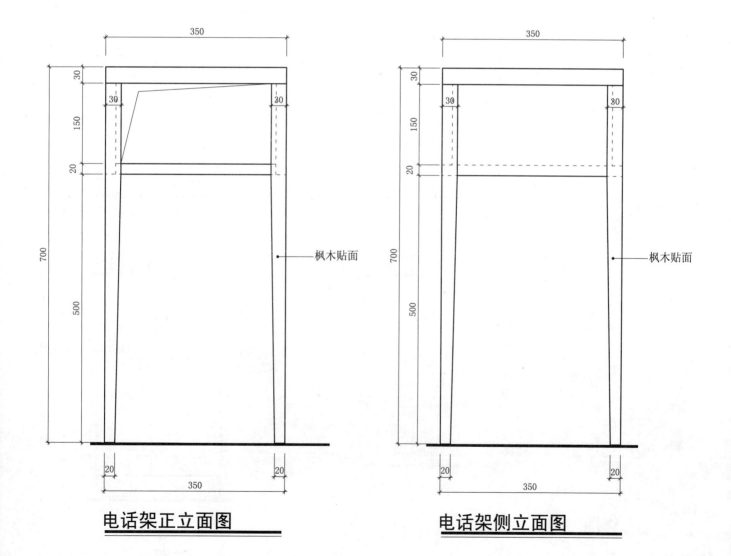

电话架正立面图　　　　　电话架侧立面图

储物类 - 柜架

F10-12 储物架

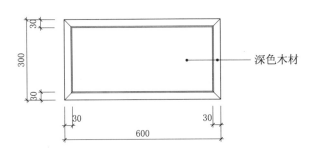

储物架平面图

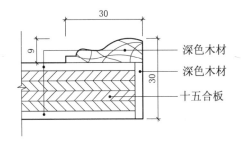

A 详图

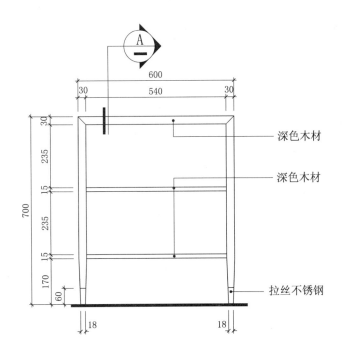

储物架正立面图

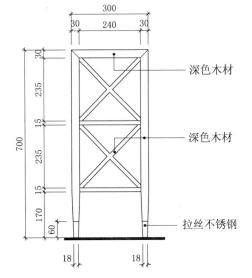

储物架侧立面图

储物类 – 柜架
F10-13 储物架

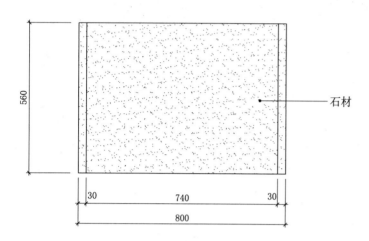

储物架平面图

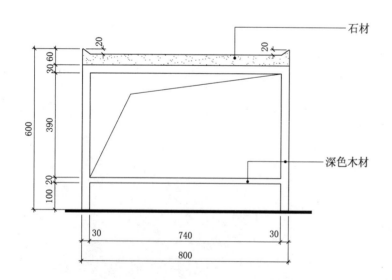

储物架正立面图

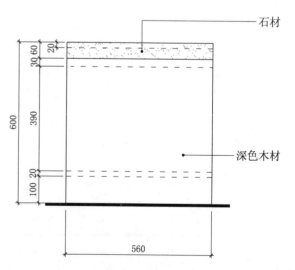

储物架侧立面图

卧具类

F11 *床榻*
F12 *床头柜*

卧具类 － 床榻

F11-01　双人床、床头柜

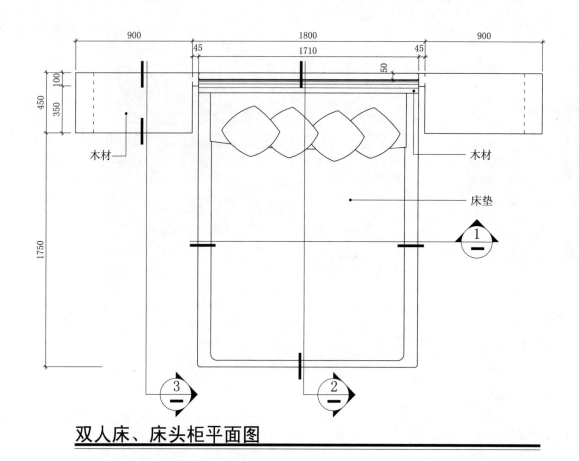

双人床、床头柜平面图

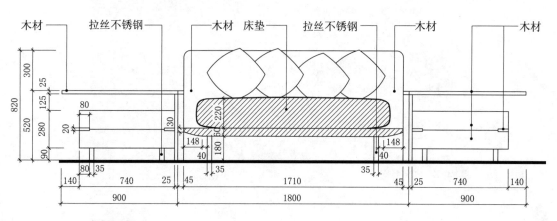

① 剖面图

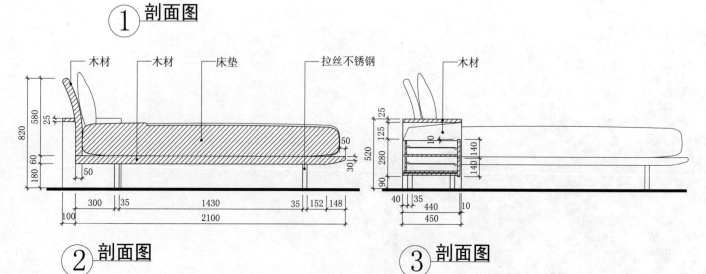

② 剖面图　　　　③ 剖面图

卧具类 — 床榻
F11-02 双人床

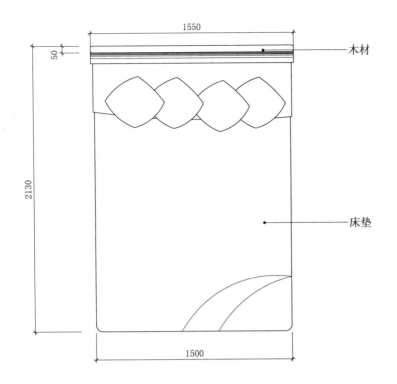

双人床平面图

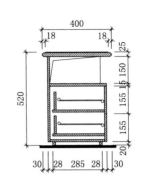

A 剖面图

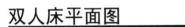

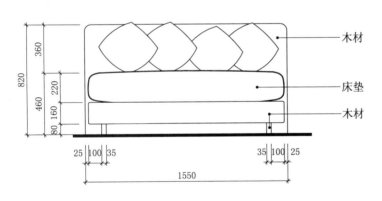

双人床正立面图

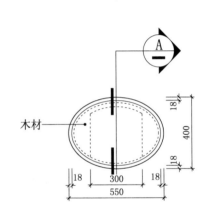

床头柜平面图

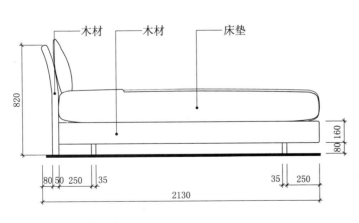

双人床侧立面图

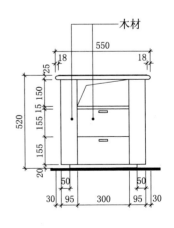

床头柜正立面图

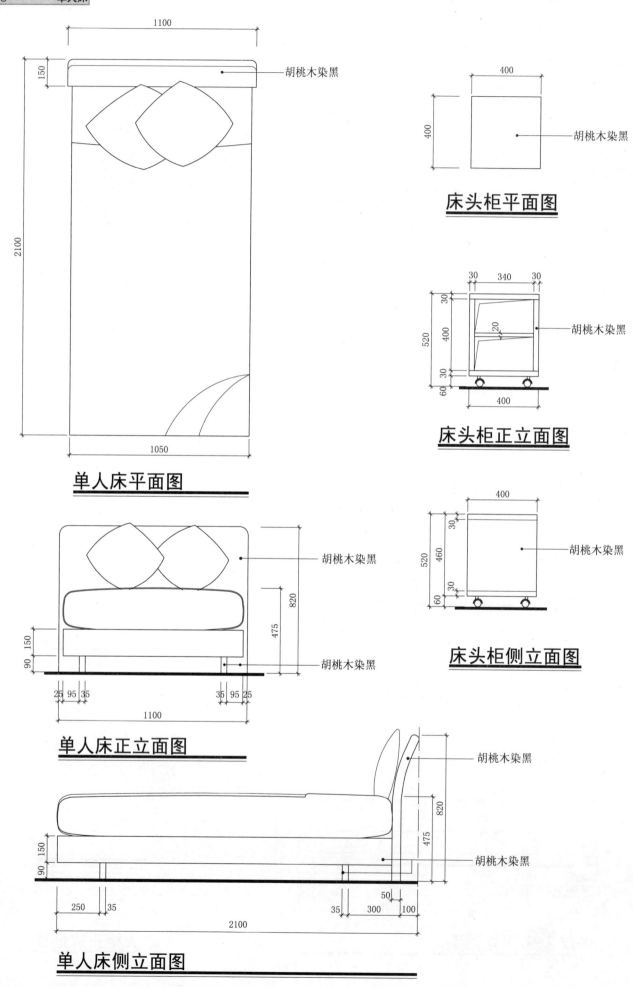

卧具类 – 床榻
F11-04　双人床

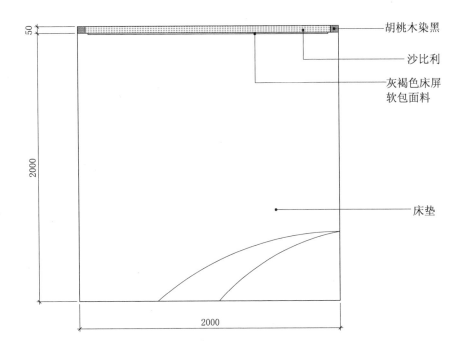

双人床平面图

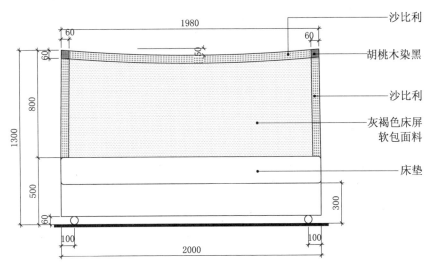

双人床正立面图

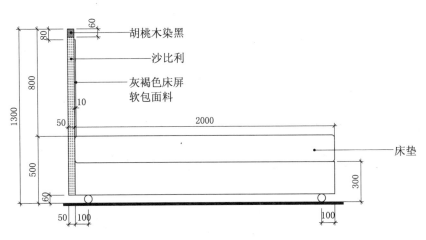

双人床侧立面图

卧具类 - 床榻
F11-05　单人床

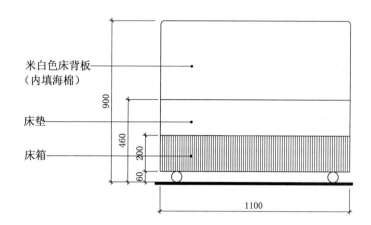

单人床正立面图

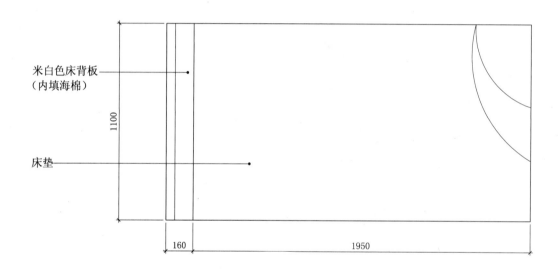

单人床平面图

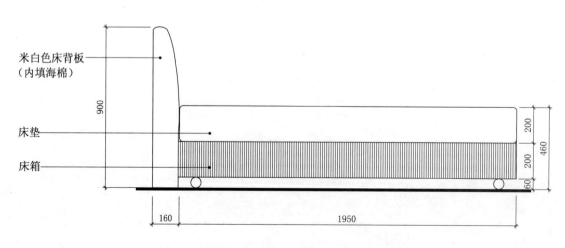

单人床侧立面图

卧具类 - 床榻
F11-06　双人床

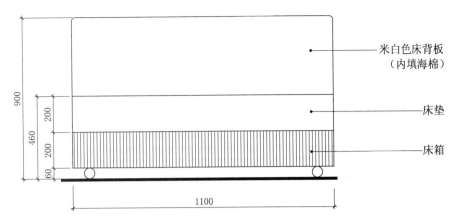

双人床正立面图

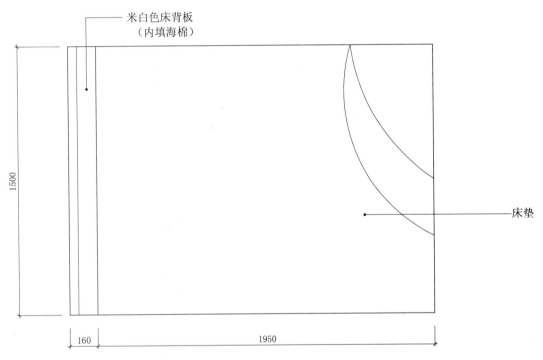

双人床平面图

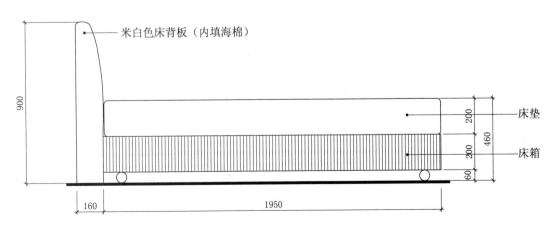

双人床侧立面图

卧具类 - 床榻
F11-07 双人床

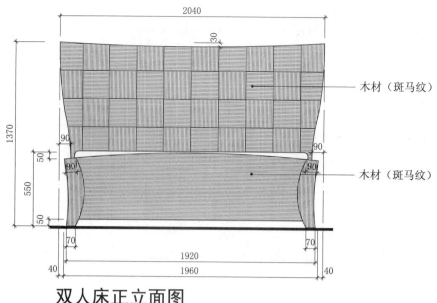

双人床正立面图

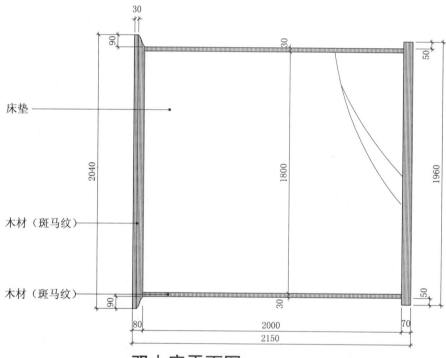

双人床平面图

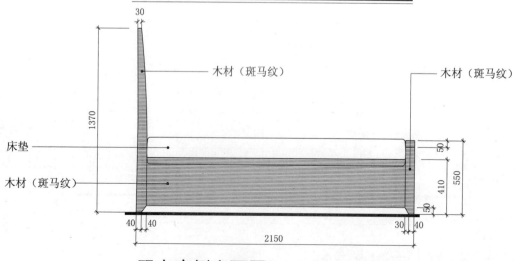

双人床侧立面图

卧具类 - 床榻
F11-08　双人床

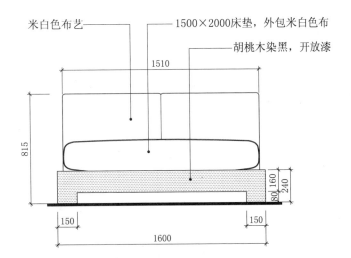

双人床正立面图

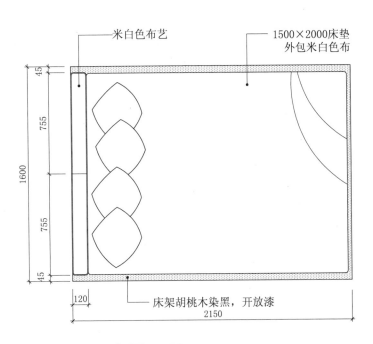

双人床平面图

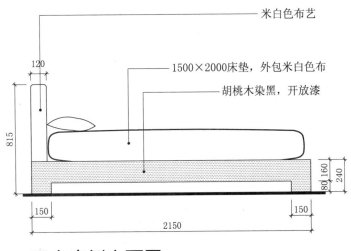

双人床侧立面图

卧具类 - 床榻
F11-09 双人床

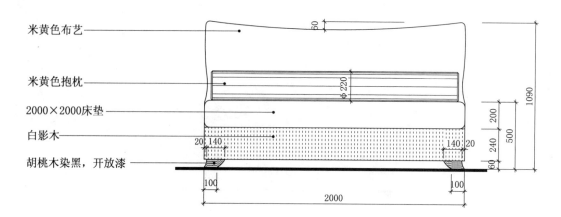

双人床正立面图

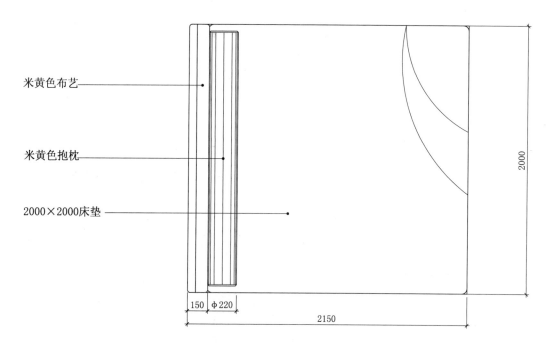

双人床平面图

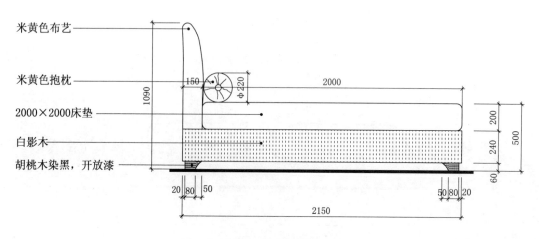

双人床侧立面图

卧具类 - 床榻
F11-10 双人床

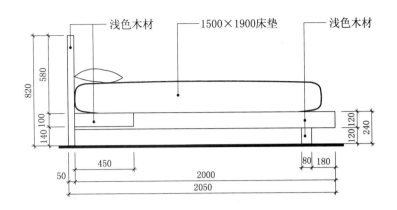

双人床侧立面图

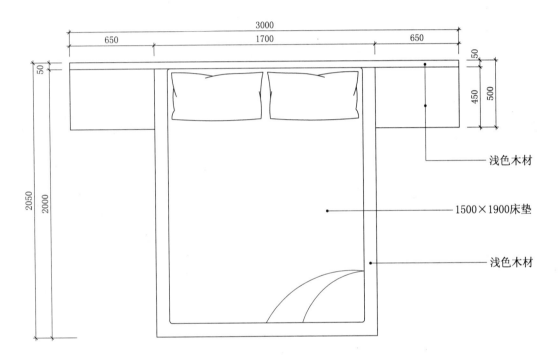

双人床平面图

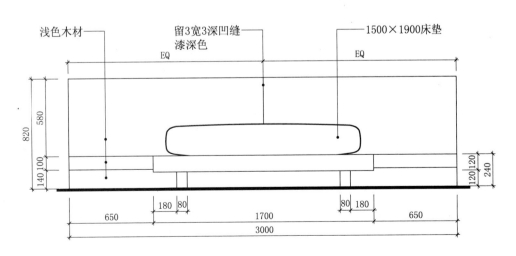

双人床正立面图

卧具类 – 床榻
F11-11 双人床

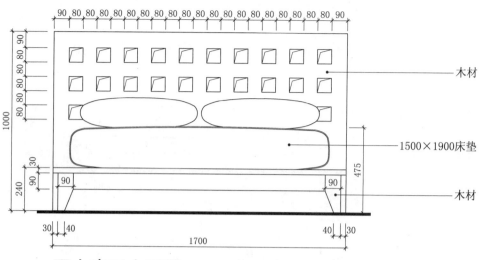

双人床正立面图

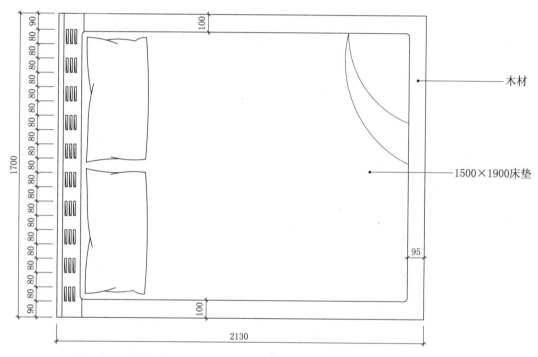

双人床平面图

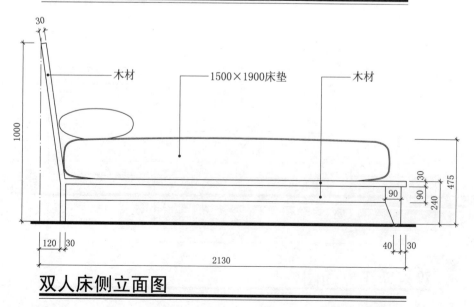

双人床侧立面图

卧具类 - 床榻
F11-12　单人床

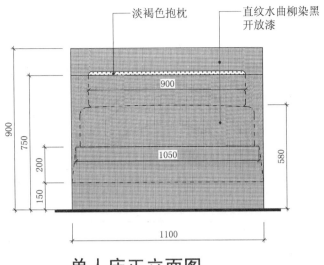

单人床正立面图

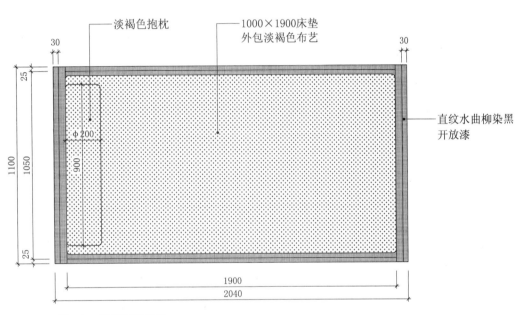

单人床平面图

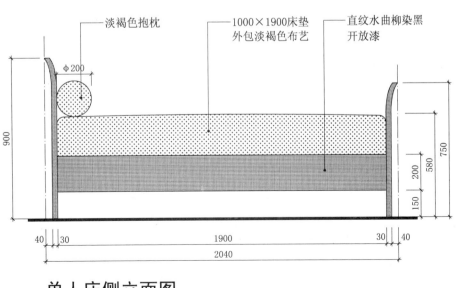

单人床侧立面图

卧具类 - 床榻
F11-13 双人床

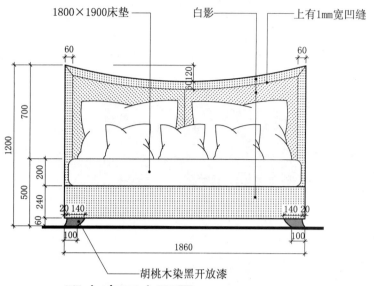

双人床正立面图

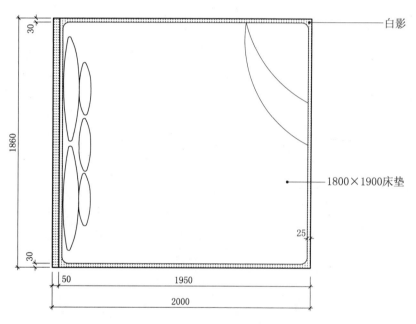

双人床平面图

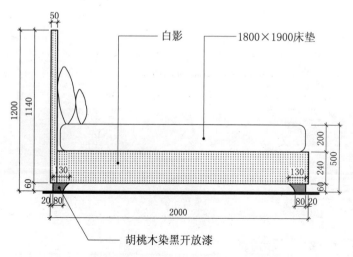

双人床侧立面图

卧具类 - 床榻
F11-14 双人床

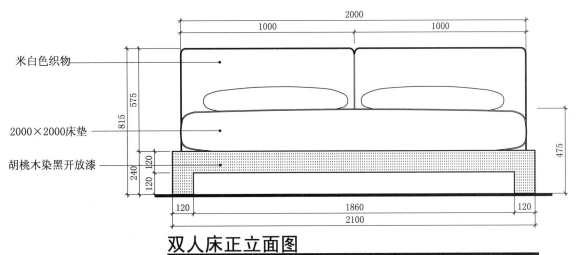

双人床正立面图

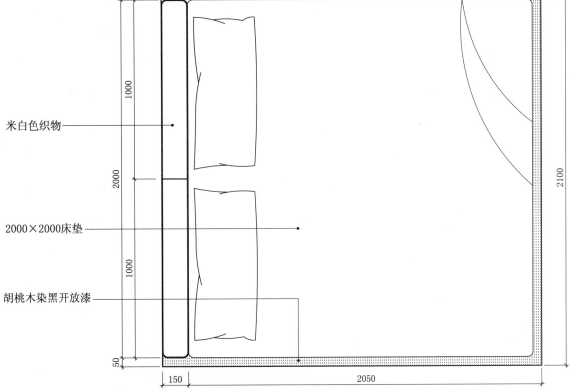

双人床平面图

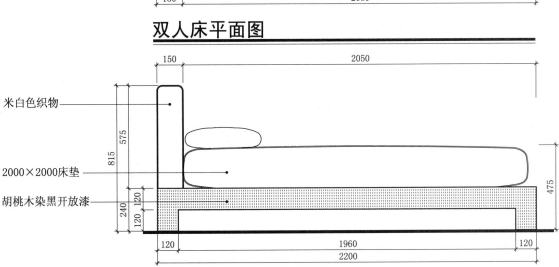

双人床侧立面图

卧具类 - 床榻
F11-15 双人床

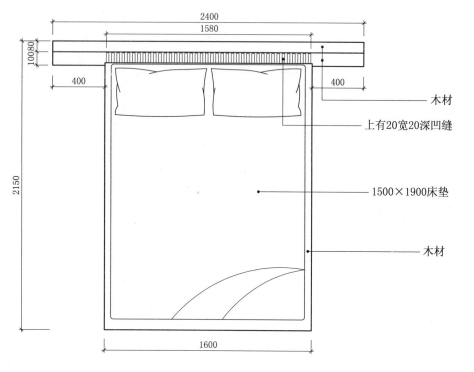

双人床平面图

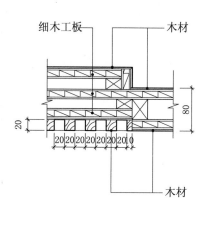

① 详图

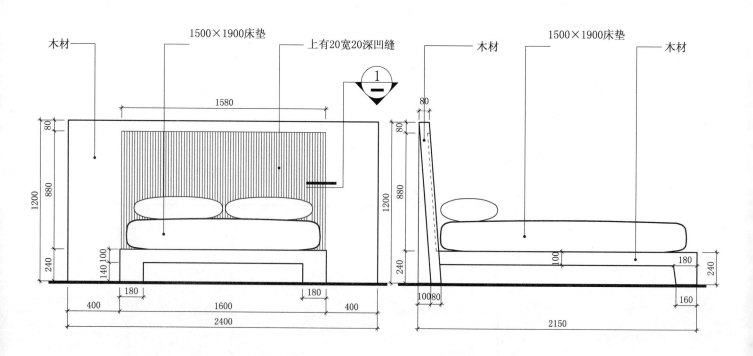

双人床正立面图　　　双人床侧立面图

卧具类 - 床榻
F11-16　四柱帐幔床

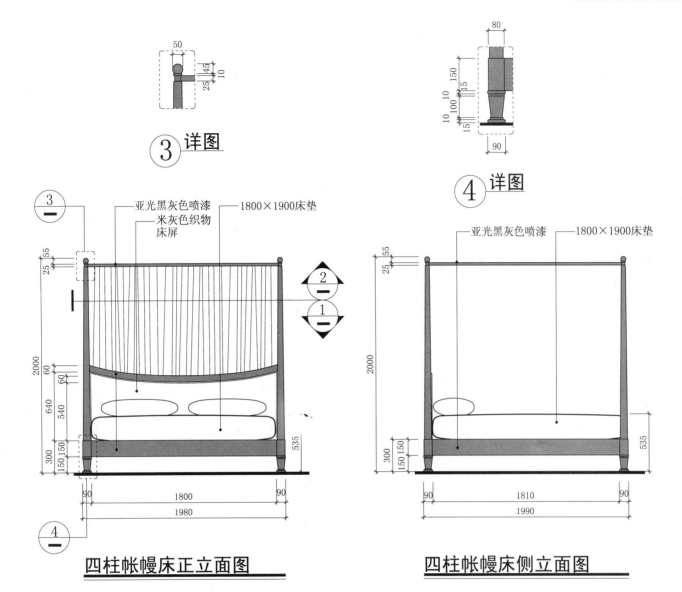

③ 详图

④ 详图

四柱帐幔床正立面图

四柱帐幔床侧立面图

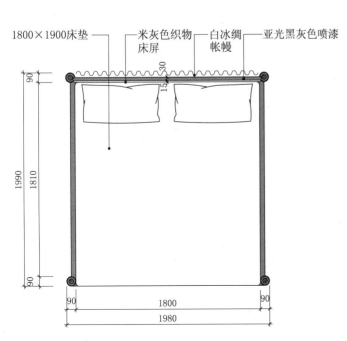

① 剖面图

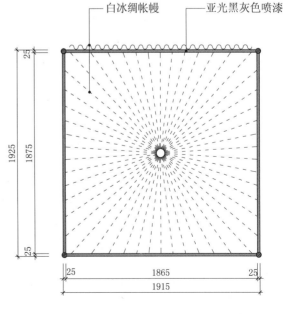

② 剖面图

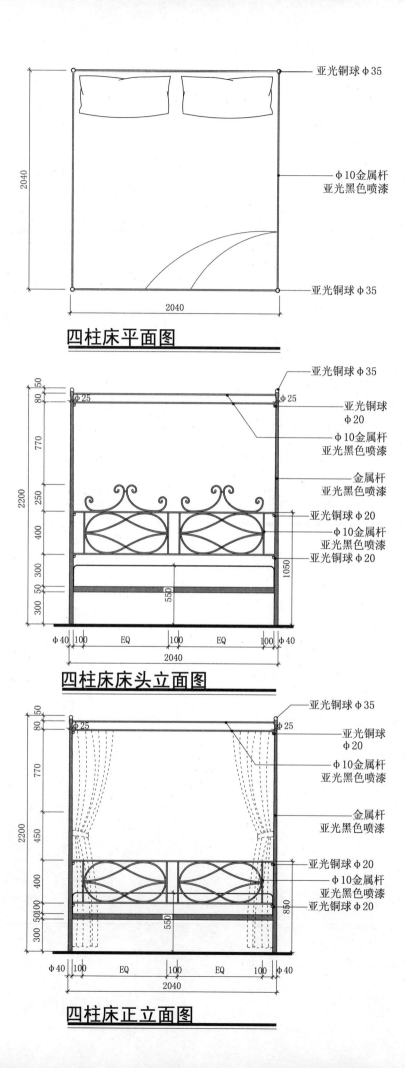

卧具类 - 床榻
F11-18　四柱床

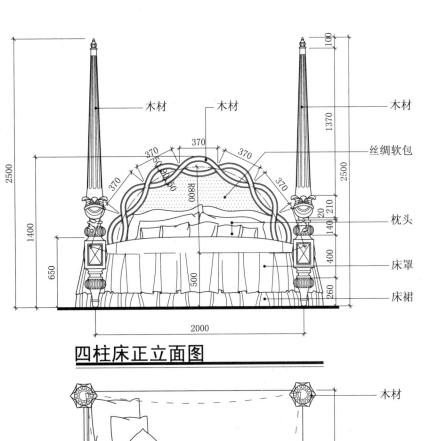

四柱床正立面图

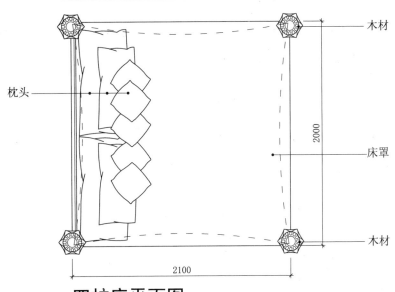

四柱床平面图

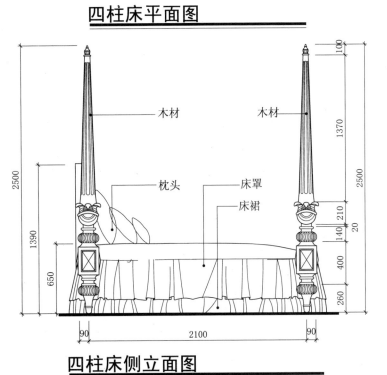

四柱床侧立面图

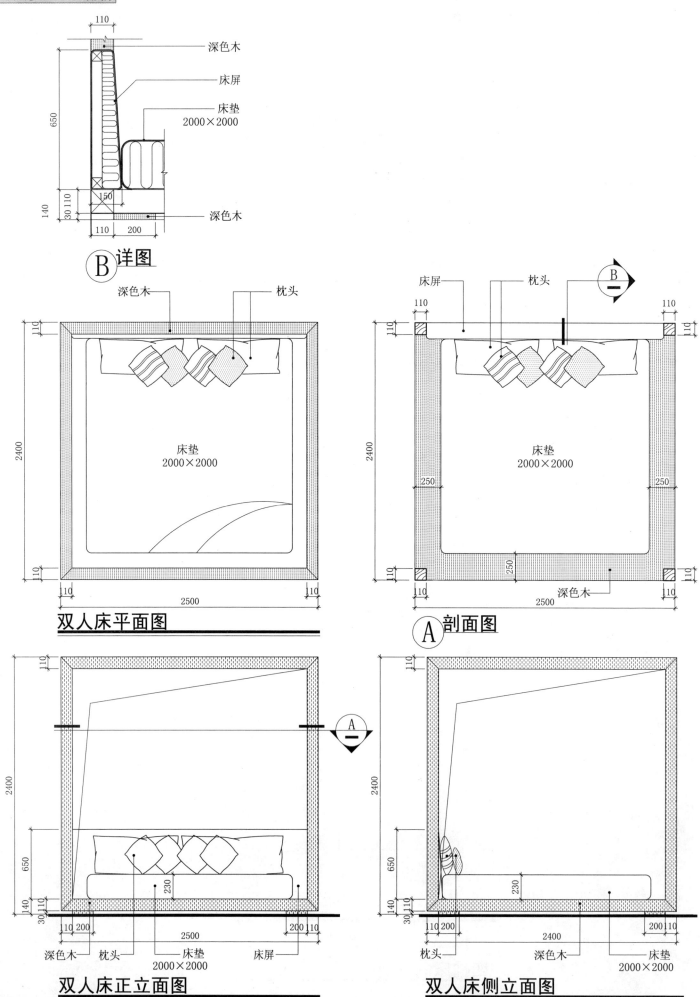

卧具类 - 床榻
F11-20 床箱

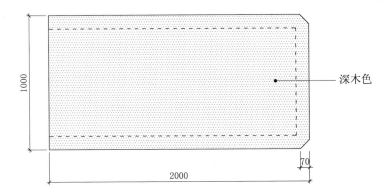

1000×2000床箱平面图

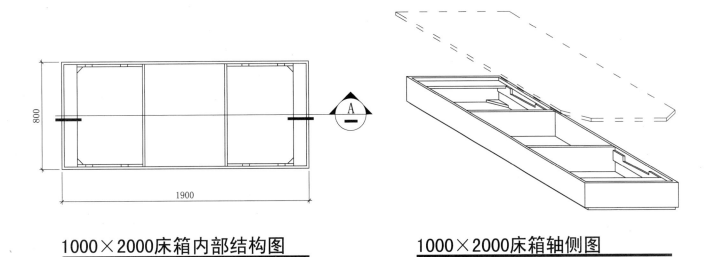

1000×2000床箱内部结构图　　1000×2000床箱轴侧图

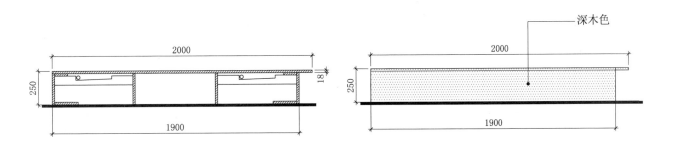

A 剖面图　　1000×2000床箱立面图

卧具类 — 床榻
F11-21 床箱

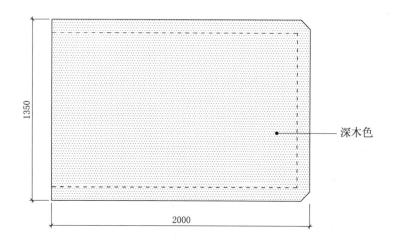

1350×2000床箱平面图

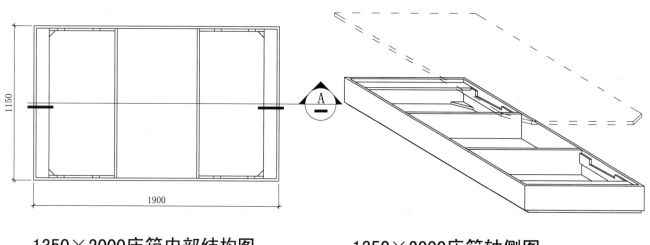

1350×2000床箱内部结构图　　1350×2000床箱轴侧图

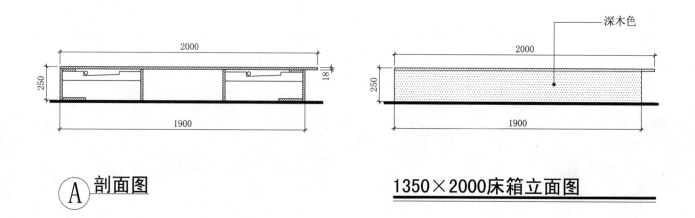

Ⓐ 剖面图　　　　　　　　1350×2000床箱立面图

卧具类 - 床榻
F11-22 床箱

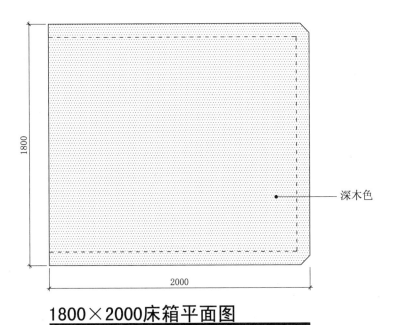

1800×2000床箱平面图

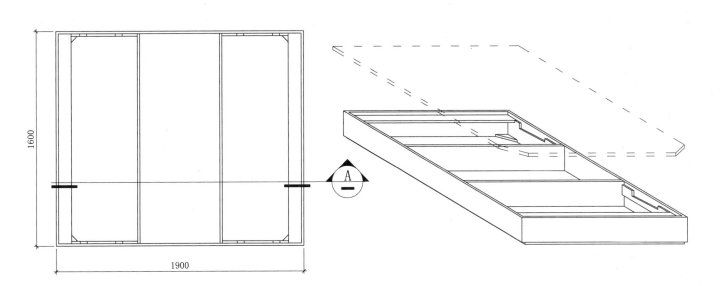

1800×2000床箱内部结构图　　1800×2000床箱轴侧图

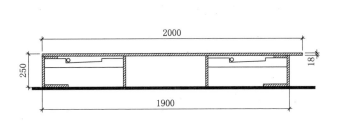

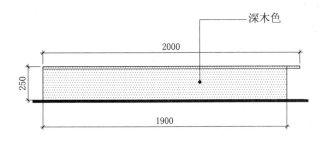

A 剖面图　　1800×2000床箱侧立面图

卧具类 - 床榻
F11-23-01 标房成套家具

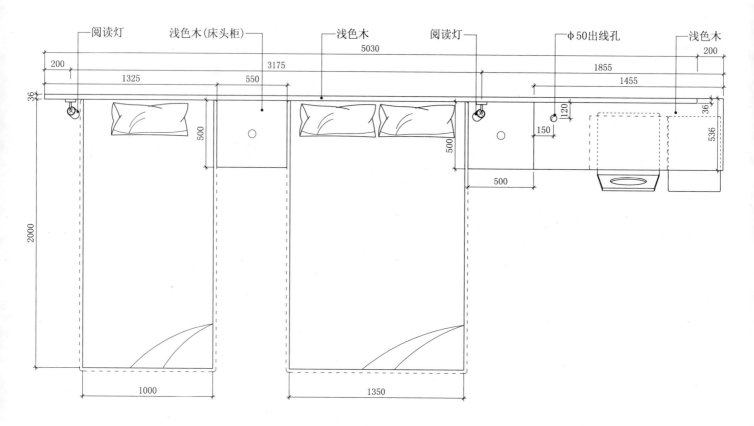

标房成套家具平面图

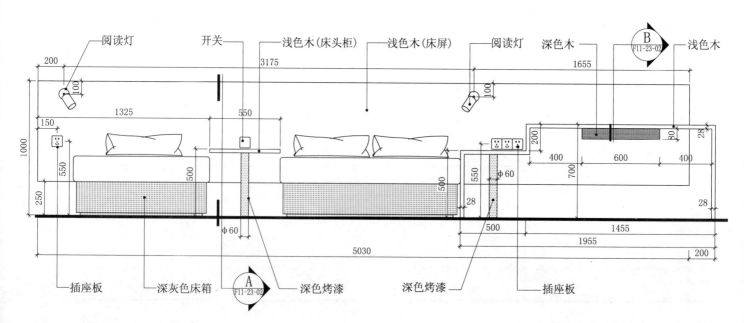

标房成套家具正立面图

卧具类 - 床榻
F11-23-02 标房成套家具

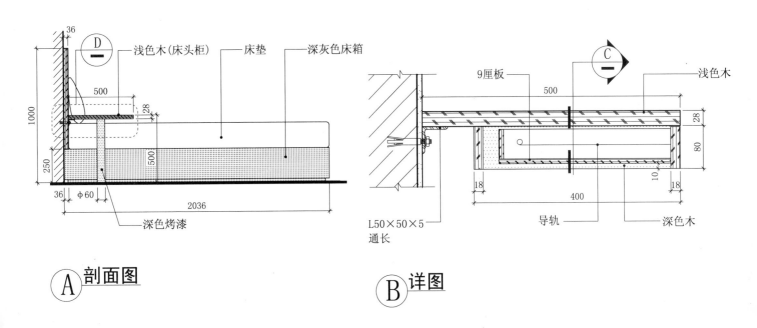

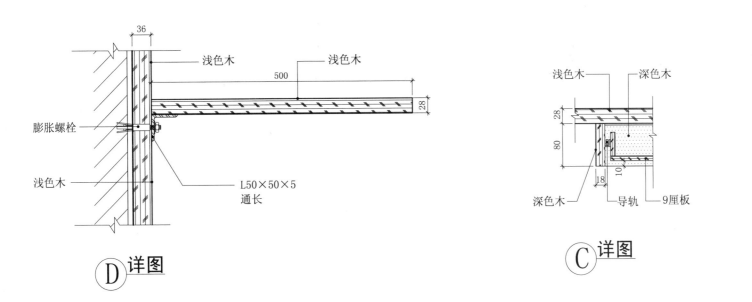

卧具类 – 床榻
F11-24-01 标房成套家具

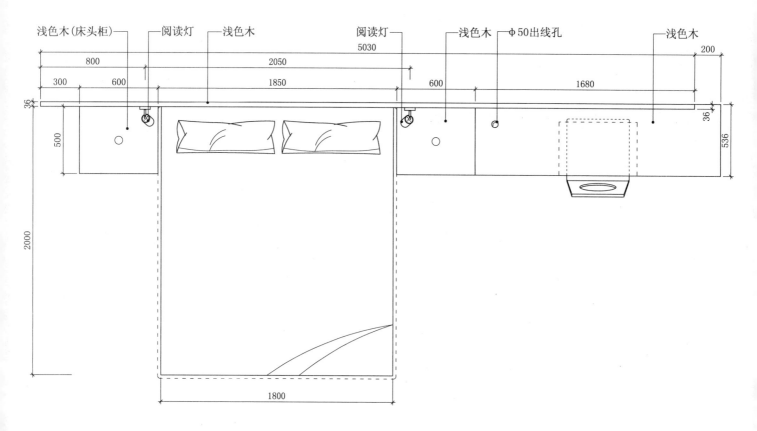

标房成套家具平面图

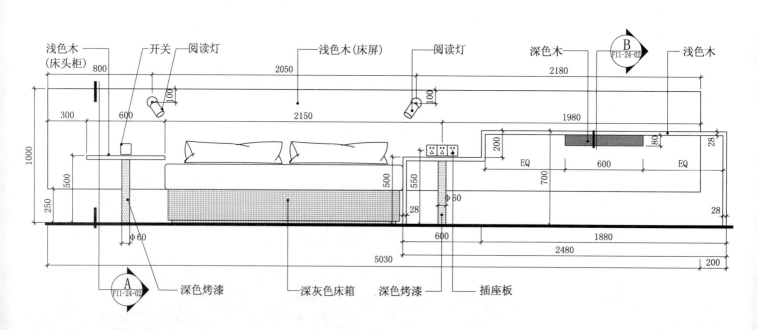

标房成套家具平面图

卧具类 — 床榻
F11-24-02 标房成套家具

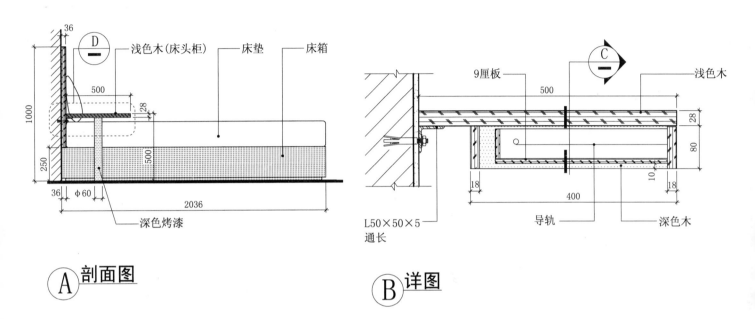

A 剖面图

B 详图

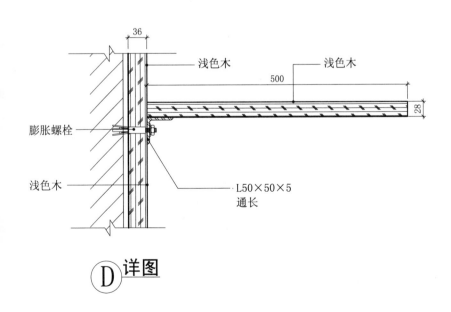

D 详图

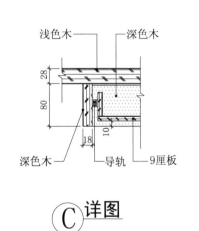

C 详图

卧具类 — 床榻
F11-25-01　中式床榻

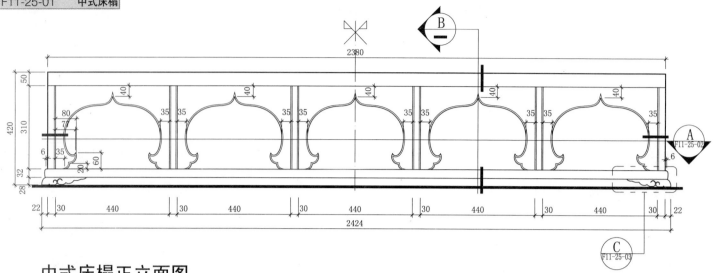

中式床榻正立面图

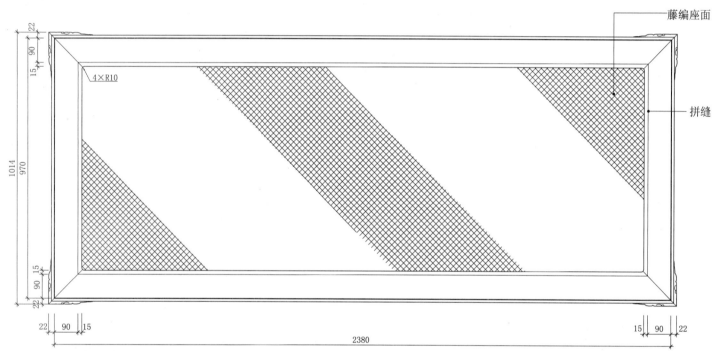

中式床榻平面图

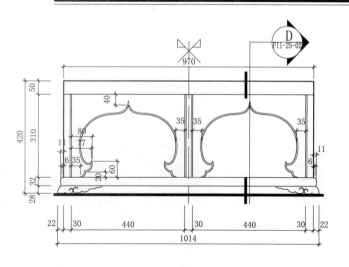

中式床榻正立面图

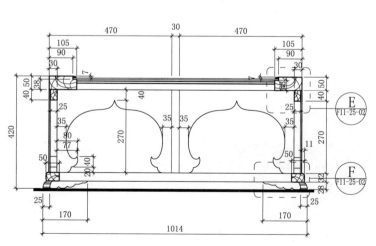

B 剖面图

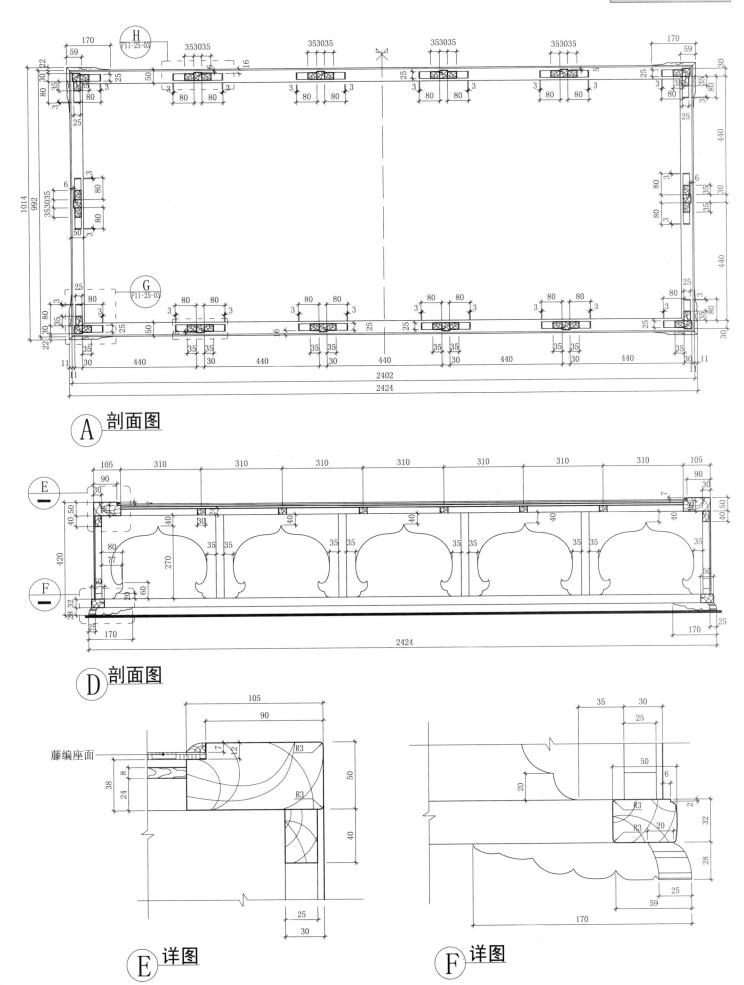

卧具类 - 床榻
F11-25-03　中式床榻

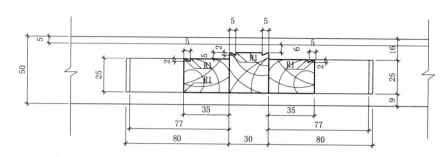

H 详图

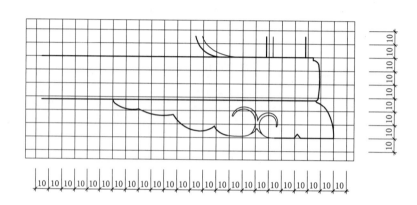

C 详图

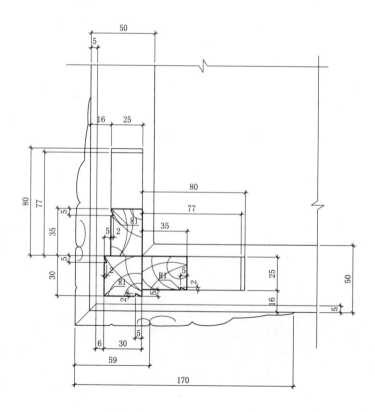

G 详图

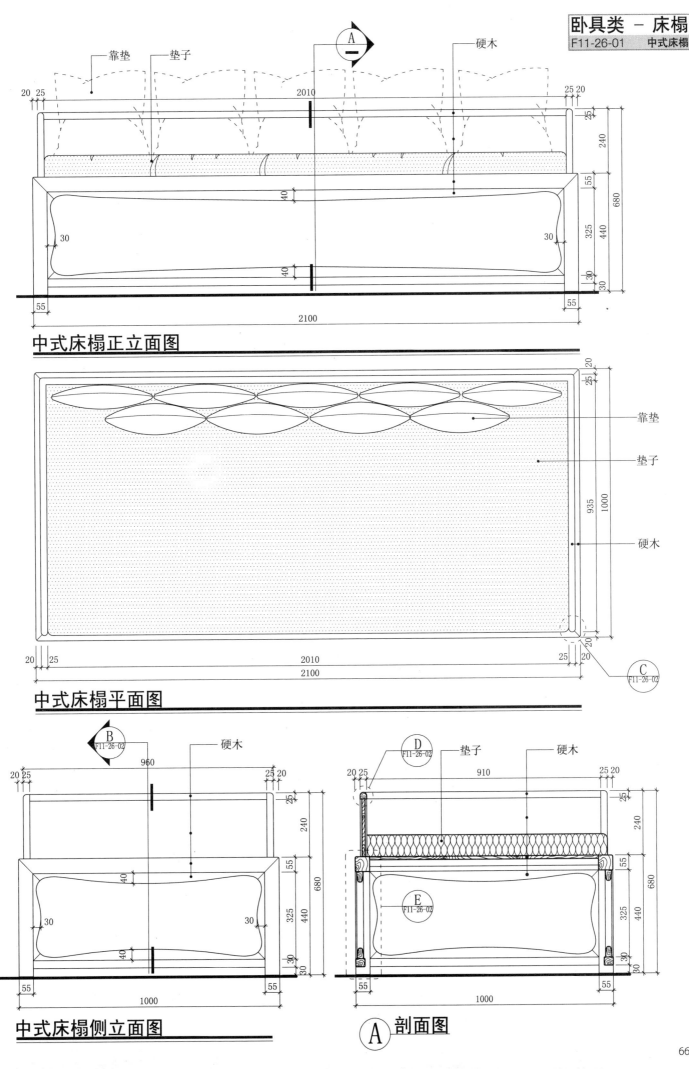

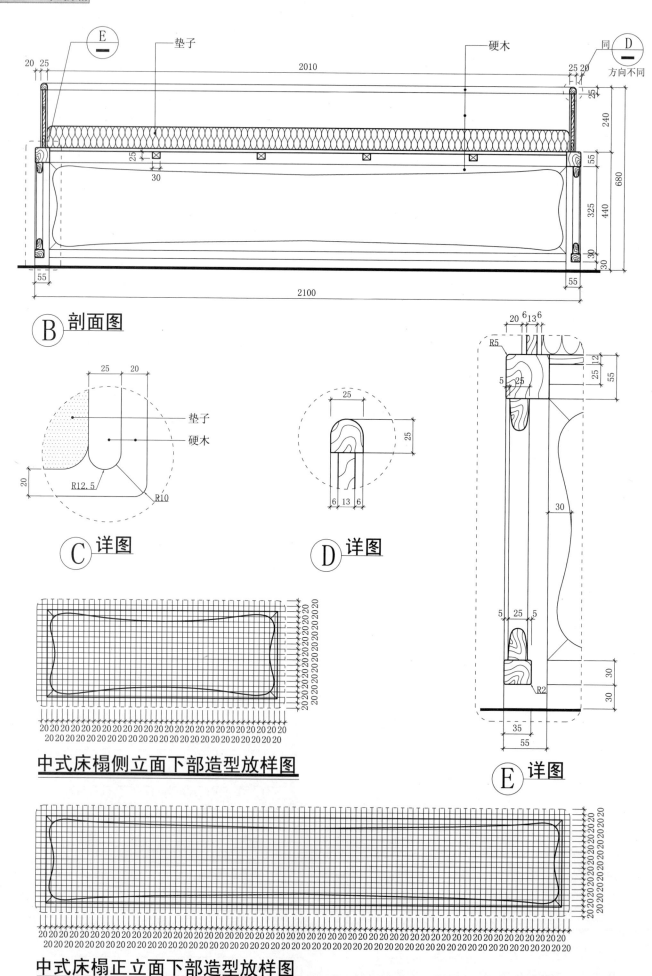

卧具类 - 床头柜

F12-01 床头柜

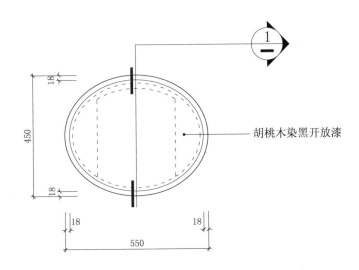

床头柜平面图

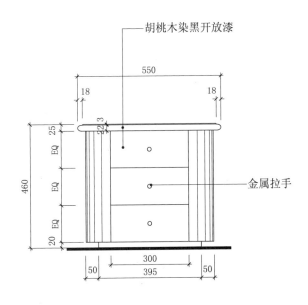

床头柜正立面图

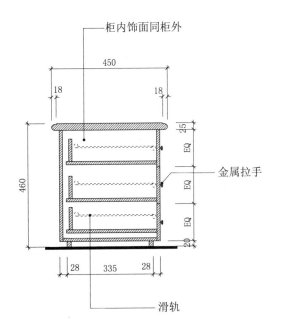

① 剖面图

卧具类 – 床头柜

F12-02 床头柜

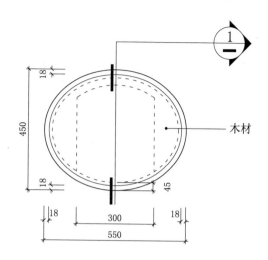

床头柜平面图

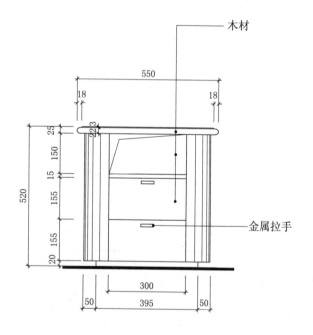

床头柜正立面图

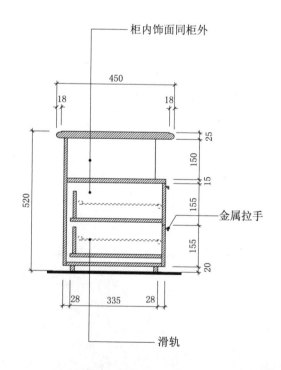

① 剖面图

卧具类 – 床头柜

F12-03 床头柜

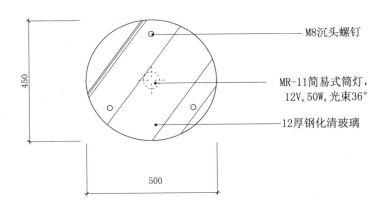

床头柜平面图

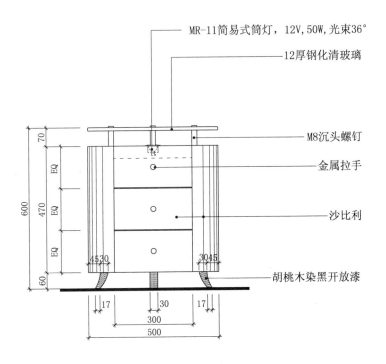

床头柜正立面图

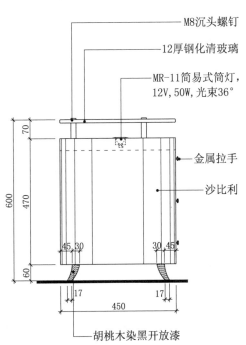

床头柜侧立面图

卧具类 - 床头柜
F12-04 床头柜

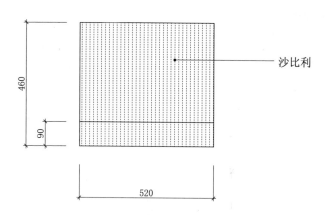

床头柜平面图

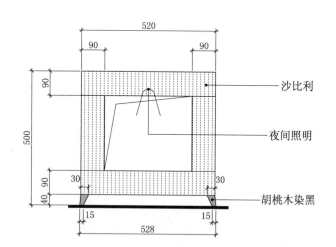

床头柜正立面图

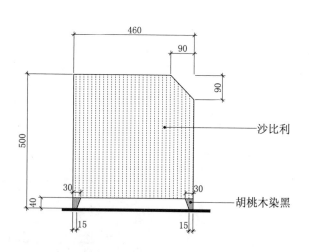

床头柜侧立面图

卧具类 - 床头柜
F12-05 床头柜

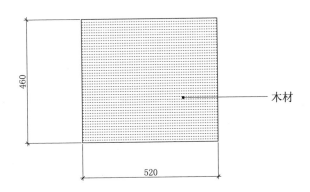

床头柜平面图

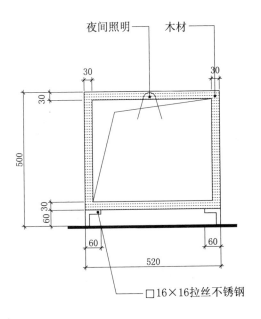

床头柜正立面图

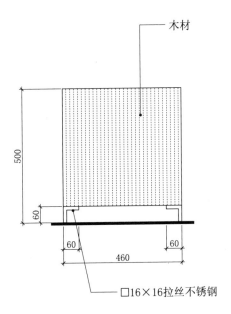

床头柜侧立面图

卧具类 - 床头柜

F12-06 床头柜

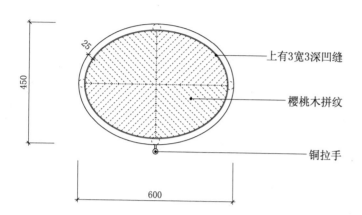

床头柜平面图

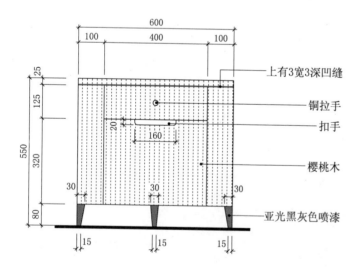

床头柜正立面图

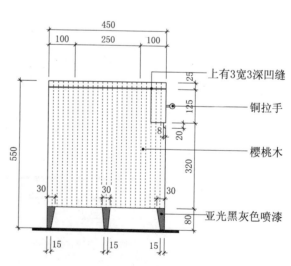

床头柜侧立面图

卧具类 - 床头柜
F12-07 床头柜

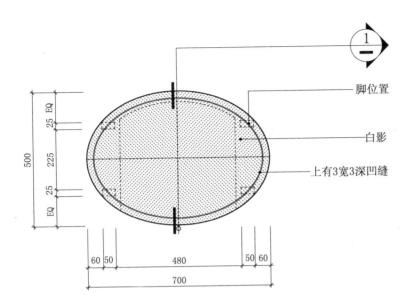

床头柜平面图

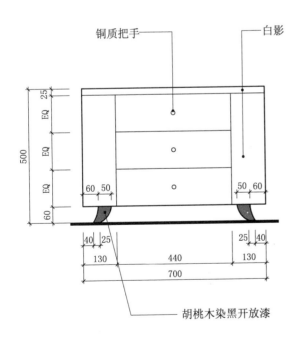

床头柜正立面图

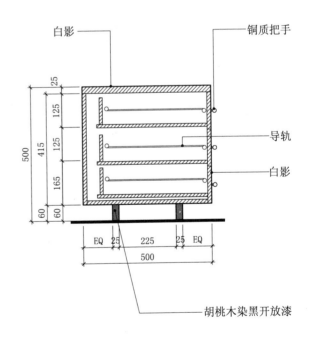

① **剖面图**

卧具类 - 床头柜
F12-08　床头柜

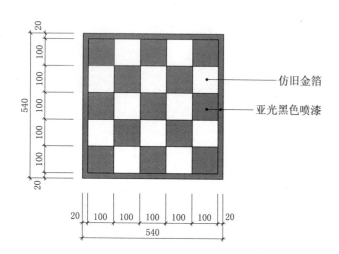

床头柜平面图

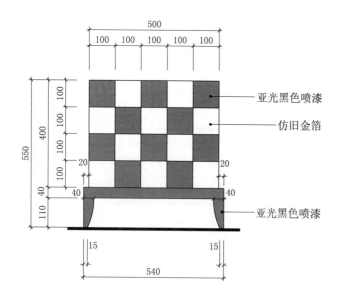

床头柜正立面图

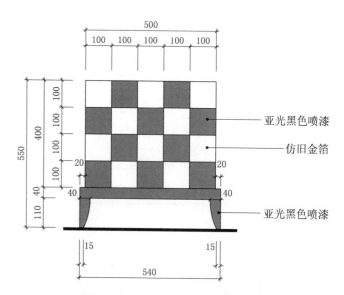

床头柜侧立面图

卧具类 - 床头柜

F12-09 床头柜

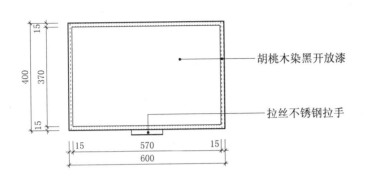

床头柜平面图

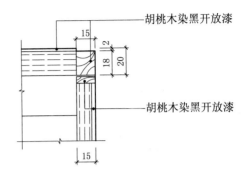

① 详图

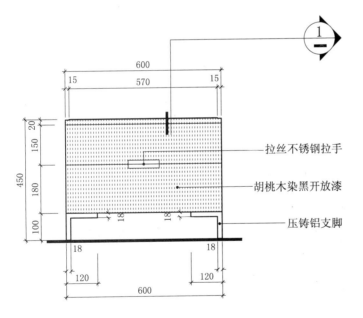

床头柜正立面图

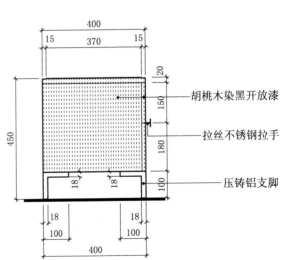

床头柜侧立面图

卧具类 - 床头柜
F12-10 床头柜

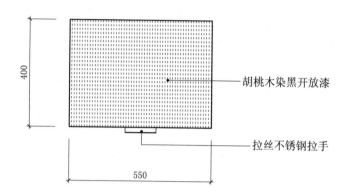

床头柜平面图

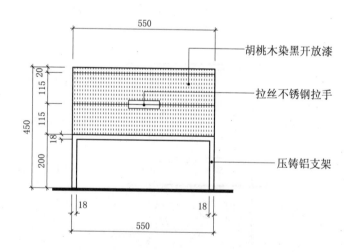

床头柜正立面图

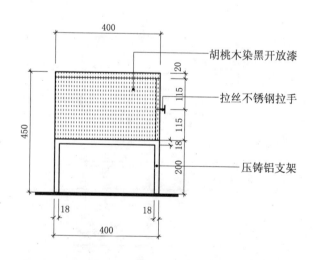

床头柜侧立面图

卧具类 - 床头柜

F12-11 床头柜

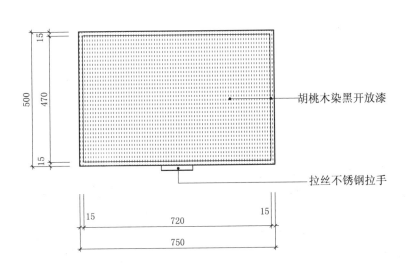

床头柜平面图

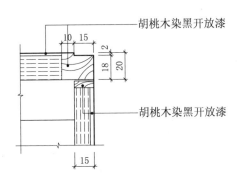

① 详图

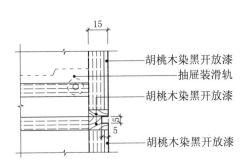

② 详图

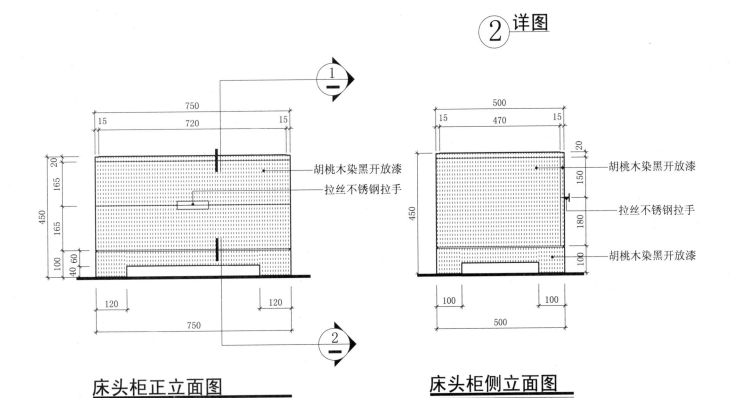

床头柜正立面图　　　床头柜侧立面图

卧具类 - 床头柜
F12-12 床尾凳

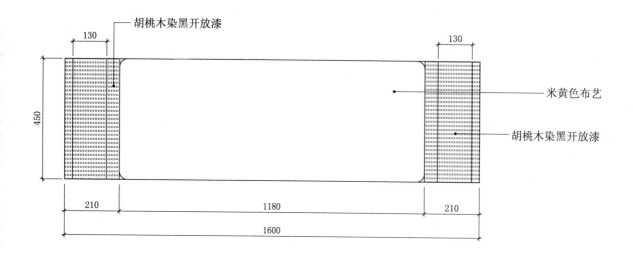

床尾凳平面图

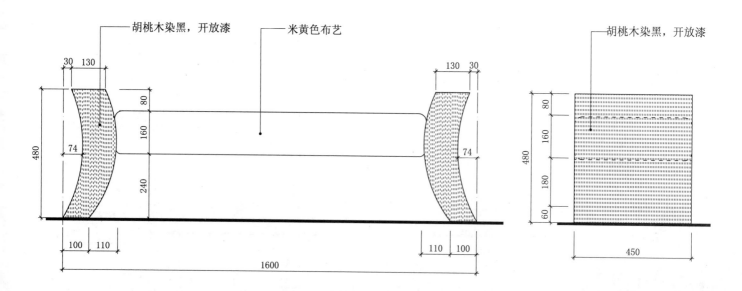

床尾凳正立面图　　　　　　　　　　　　　**床尾凳侧立面图**

卧具类 – 床头柜
F12-13　床尾凳

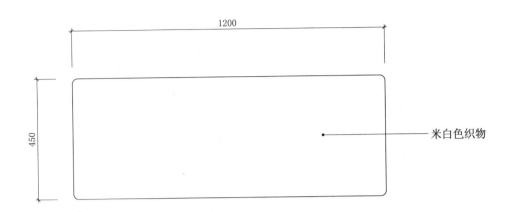

床尾凳平面图

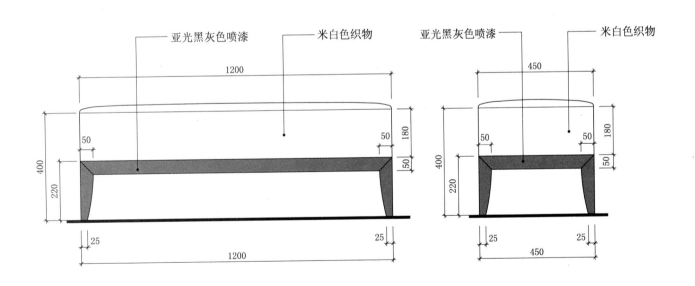

床尾凳正立面图　　　**床尾凳侧立面图**

卧具类 - 床头柜
F12-14 床尾凳

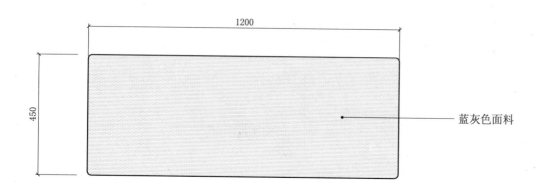

床尾凳平面图

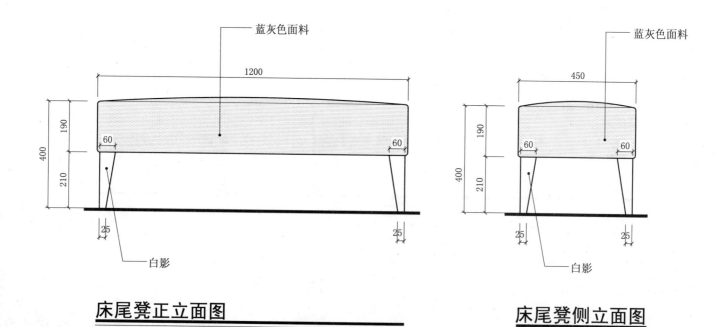

床尾凳正立面图　　　　　　　　　　**床尾凳侧立面图**

卧具类 - 床头柜
F12-15　床尾凳

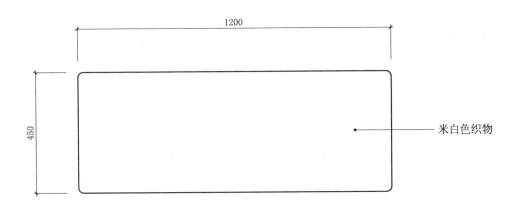

床尾凳平面图

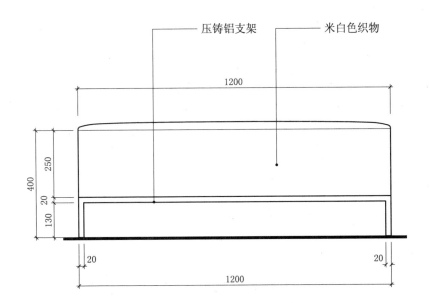

床尾凳正立面图

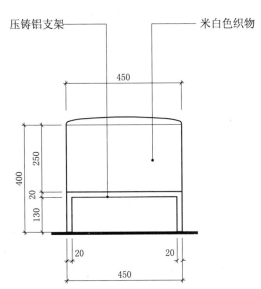

床尾凳侧立面图

后　记

历经多年的努力研习，本资料集终于问世了。这是我们泓叶人的愿望：让社会、让设计师、让需要此书的更多人士能共享专业财富，为方便广大设计师的工作，提供自己有限的资料。本书的出版是上海泓叶室内设计工作室全体成员共同努力的成果，它反映了泓叶人认真踏实的设计风范与专业精神。更值得一提的是，在普遍存有对知识与技术保守观念的岁月中，泓叶一系列的出版物更反映出泓叶人作为传统"知识分子"所持有的对社会和专业领域的那份人文关怀与奉献，这是一种使命与品格……

在此我感谢多年来在泓叶工作过的那些员工们，尤其感谢杨越、秦赛、郑思南、黄洁、许嘉文等设计师，他（她）们为本书至初始到完成付出了长期的辛劳。同时，感谢中国建筑工业出版社的编辑人员，没有他们的一再鼓励和提议，就没有本书的顺利出版。

叶　铮
2007年07月